▶▶▶▶▶▶▶▶▶▶

业扩报装人员应知应会

国网山西省电力公司 组编

浙江人民出版社
ZHEJIANG PEOPLE'S PUBLISHING HOUSE

国家能源局主管

中国电力传媒集团
CHINA ELECTRIC POWER MEDIA GROUP

图书在版编目（CIP）数据

业扩报装人员应知应会 / 国网山西省电力公司组编 . —杭州：浙江人民出版社，2016.10

ISBN 978-7-213-07482-0

Ⅰ. ①业… Ⅱ. ①国… Ⅲ. ①用电管理－职业培训－教材 Ⅳ. ①TM92

中国版本图书馆 CIP 数据核字（2016）第 150038 号

业扩报装人员应知应会

国网山西省电力公司 组编

出版发行：浙江人民出版社　中国电力传媒集团

经　　销：中电联合（北京）图书有限公司
销售部电话：（010）52238170　52238190

印　　刷：廊坊飞腾印刷包装有限公司

责任编辑：殷俊莹　宗　合

责任印制：郭福宾

网　　址：http://www.cpnn.com.cn/tsyxzx/

版　　次：2016 年 10 月第 1 版 · 2016 年 10 月第 1 次印刷

规　　格：787mm×1092mm　16 开本 · 29 印张 · 600 千字

书　　号：ISBN 978-7-213-07482-0

定　　价：**82.00** 元

编　委　会

主　任　安彦斌

副主任　王生明　申庆斌　王尚斌　魏凤霞　靳　龙

编　委　陈扬波　吴浩林　郭　欣　朱志瑾　李　娟
　　　　张　宇

编　写　组

主　编　潘美容

副主编　陈扬波　王普辉

成　员　卢建生　张　丽　成慧娟　李文转　石振东
　　　　杨利兵　杨林涛　肖　春　杨　洋　郝　晋
　　　　张　伟　张俊伟　高　峰　杜雅飞　郝俊博
　　　　曹　琼

前　言

　　业扩报装作为供电服务的售前服务环节，服务质量与效率会直接影响到客户的感受，具有很强的时效性和规范性，对公司企业形象和市场开拓有着举足轻重的作用。业扩报装人员需要熟悉国家及行业政策、熟练掌握全方位的专业知识才能更好地服务于电力客户。以客户需求为导向，为客户提供优质、快捷、高效、人性化的服务，是供电服务企业长远发展、获得电力客户认可最有效的途径。本书旨在从业扩报装服务、业扩技术、业扩新模式、业扩新业务和法律法规等方面全方位指导业扩报装人员提升业务素质与服务水平，更好地服务于电力客户，服务于社会。

　　由于编写仓促，本教材难免存在疏漏之处，恳请各位专家和读者提出宝贵意见，使之不断完善。

《业扩报装人员应知应会》编委会

2016 年 3 月

目　　录

业扩服务类

一个不满的用户

一个投诉不满的用户背后有 25 个不满的用户

一个不满的用户会把他的糟糕经历告诉 10～20 人

投诉者比不投诉者更有意愿继续与公司保持联系

投诉者的问题得到解决，会有 60% 的投诉者愿与公司保持联系

如果迅速得到解决，会有 90%～95% 的用户与公司保持联系

一个满意的用户

一个满意的用户会告诉 1～5 个人

100 个满意的用户会带来 25 个新用户

维持一个老用户的成本只有吸引一个新用户的 1/5

一个满意的客户会关注公司更多的产品并长时间对公司的产品保持忠诚

一个满意的客户会对别人说公司产品的好话，较少注意竞争品牌的广告

一个满意的客户会给公司提供有关产品和服务的好主意

一、填空题

1．供电企业遵循一定的_____和_____，以特定的方式和手段，满足用户现实或者潜在用电需求的活动。

答案：标准，规范

2．用户受电工程简称受电工程，是由用户出资建设，在用户办理_____、_____、_____用电等用电业务时涉及的电力工程。

答案：新装，增容，变更

3．电力供应方法和形式，一般依据_____、_____以及_____的供电能力等因素确定。

答案：国家的有关政策，用户的用电需求，电力系统

4．根据供电电源电压等级的不同，供电方式可以分为_____和_____。

答案：高压供电方式，低压供电方式

5．分别来自两个不同变电站，或来自不同电源进线的同一变电站内两端母线，为供电_____供电电源。

答案：同一用户负荷供电的两路

6．供电系统用户供电可靠性是指供电系统对用户_____。

答案：持续供电的能力

7．供电企业应当严格执行国家_____政策，加强需求侧管理，向用户宣传并指导用户做好安全用电、节约用电和科学用电工作。

答案：节能减排

8．《供电服务规范》中规定，供电企业工作人员工作期间应当使用规范化文明用语、提倡使用_____。

答案：普通话

9．《供电服务规范》中规定，供电企业工作人员应当严格遵守国家法律、法规；依照国家的保密制度，保护用户_____和_____；诚实守信、_____。

答案：个人信息，商业秘密，爱岗敬业

10．企业对用户受点工程不得指定设计单位、_____和设备材料供应单位。

答案：施工单位

11．供电企业如需对用户受电工程中_____进行中间检查，应当在受电工程施工之前，将中间检查内容告知用户，并与用户协商确定中间检查的环节。

答案：隐蔽工程

12．自收到用户变更的文件和资料起，审核后的受电工程设计文件和有关资料如有变更，供电企业复核的期限应当符合：低压供电用户一般不超过_____个工作日。

答案：5

13. 因电网发生故障或者电力供需紧张等原因需要停电、限电的，供电企业应当按照批准的_____方案执行。

答案：有序用电

14. 《供电服务规范》中规定，供电服务热线电话应当具备录音功能，电话录音至少应当保留_____。

答案：3个月

15. 《供电服务规范》中规定，供电企业应当建立供电服务热线_____。对用户投诉，应当跟踪投诉处理全过程，并进行回访。

答案：回访制度

16. 供电企业应当告知用户选择依法取得_____的电工在受电装置上从事相关工作，并查验有关资质。

答案：电工进网作业许可证

17. 供电企业应当告知用户选择依法取得_____及承装（修、试）电力设施许可证的企业从事相关业务，并查验有关资质。

答案：设计资质

18. 供电企业应当坚持安全第一、_____、综合治理的方针。

答案：预防为主

19. 因不可抗力、紧急避险或者确有_____行为的，可以立即中止供电。

答案：窃电

20. 《供电服务规范》中规定，供电企业应当为交费用户提供_____，用户如需结算清单的，供电企业应当及时提供。

答案：电费发票

21. 供电方案按照电压等级划分，可以分为高压供电方案和低压供电方案，低压供电方案为_____用户的供电方案。

答案：220V 或 380V

22. 《供电服务规范》中"电力用户"指：依法与供电企业形成_____的组织和个人，简称用户。

答案：供用电关系

23. 自备应急电源是指由用户自行配备的，在正常供电电源全部中断的情况下，能满足用户_____可靠供电的独立电源。

答案：保安负荷

24. 供电企业应当加快推进城乡电网"_____"改造工程，逐步实现抄表及收费到户。

答案：一户一表

25．对于竣工检验合格的用户受电工程，供电企业应当尽快组织_____。

答案：装表接电

26．供电企业应当向申请用电的用户书面答复供电方案，向用户提供供电方案的期限应当符合：自受理之日起，居民用户不超过_____个工作日。

答案：3

27．供电企业应当对用户受电工程建设提供必要的_____和技术服务。

答案：业务咨询

28．供电企业执行_____用户以及执行功率因数调整电费用户的抄表周期一般不宜大于1个月。

答案：两部制电价

29．《供电服务规范》中规定重要电力用户应当由_____确定。

答案：当地政府

30．《供电服务规范》中规定，因供电设施计划检修需要停电的，供电企业应当提前_____公告_____、_____、_____，并通知_____，同时做好相关记录。

答案：7日，停电区域，停电线路，停电时间，重要电力用户

31．《供电服务规范》中规定，用电检查人员在执行用电检查任务时，应当为用户_____，不得在检查现场_____进行电工作业。

答案：保密，替代用户

32．《供电服务规范》中规定，供电企业完成受电工程设计文件和有关资料的审核后，应当告知用户受电工程_____及受电设施_____的相关准备工作。

答案：竣工检验标准，投运前

33．《供电服务规范》中规定，自收到用户变更的文件和资料起，审核后的受电工程设计文件和有关资料如有变更，供电企业复核的期限应当符合：低压供电用户一般不超过_____；高压供电用户一般不超过_____。

答案：5个工作日，15个工作日

34．《供电服务规范》中规定，供电企业应当根据_____、_____，或_____确定用户的供电电压等级。

答案：用户最大需量，用电设备容量，受电变压器总容量

35．《供电服务规范》中规定，输配设备事故、检修引起停电，用户询问时，应当告知用户_____，并主动_____。

答案：停电原因，致歉

36．《供电服务规范》中规定，营业场所内应当具备可供用户查询相关资料的手段。有条件的，可以设置用户_____的计算机终端。

答案：自助查询

37．《供电服务规范》中规定，供电企业应当建立用电投诉处理制度，公开_____。

答案：投诉电话

38．供电企业应当依照《供电企业信息公开实施办法》等相关法律法规开展_____工作，保障用户的知情权。

答案：供电信息的公开和披露

39．供电企业应当积极开展_____宣传，促进用户电气工作人员提高技能水平，指导用户做好电气设备的安全运行管理工作。

答案：安全供用电

40．如发现重要用户的用电设施存在_____，应当及时告知用户，并将排查和治理情况及时报政府有关部门备案。

答案：安全隐患

41．因用户违法用电或者拖欠电费，供电企业需对用户中止供电的，应在停电前_____天内，将停电通知书送达用户，对重要用户的停电，还应将停电通知书报送同级电力管理部门。

答案：3～7

42．供电企业应当不断提高_____管理水平，减少设备检修和电力系统事故对用户的停电次数及每次停电持续时间。

答案：供电可靠性

43．因_____、紧急避险或者确有窃电行为的，可以立即中止供电。

答案：不可抗力

44．供电企业应当建立完善的_____制度，公开报修电话，保持电话的通畅，_____小时受理供电故障报修。

答案：报修服务，24

45．供电企业应当向申请用电的用户书面答复供电方案，向用户提供供电方案的期限应当符合：自受理之日起，高压单电源供电用户不超过_____个工作日。

答案：20

46．中间检查应当根据审核同意的设计方案进行，检查内容一般包括_____、_____的埋设等隐藏工程。

答案：电缆沟工程，接地装置

47．自受电装置检验合格并办结相关手续之日起，装表接电的期限应当符合：供压电力用户不超过_____个工作日。

答案：5

48．在电力系统正常运行条件下，_____及以下三相供电电压偏差为标称电压的±7%。

答案：20kV

49.《供电服务规范》中指出，趸购转售电企业是一类特殊用户。其中，趸购转售指从_____趸购电能，再向其_____的用户售电的经营方式。

答案：大电网，营业区内

50．保安负荷指用于保障用电场所_____安全所需的电力负荷。

答案：人身与财产

51．供电企业应当与申请用电的用户通过协商确定_____以及供用电合同的有关条款。

答案：供电方式

52．供电企业应当由用电营业机构_____办理用户的各类用电业务。

答案：统一归口

53．供电企业应当审核的低压用户的受电工程设计文件和有关资料包括负荷组成和_____。

答案：用电设备清单

54．供电企业应当保障电力用户合法的基本用电权益，不断丰富供电服务渠道及手段、提高供电_____和_____。

答案：能力，供电服务水平

55．供电企业应当按照国家有关规定，履行_____义务。

答案：电力社会普遍服务

56．35kV 及以上电压供电的，电压正、负偏差的绝对值之和不超过额定值的_____。

答案：10%

57．城市居民客户端电压合格率不低于_____，农网居民客户端电压合格率不低于_____。

答案：95%，90%

58．客户填写业务登记表时，营业人员应给予_____，并_____，如发现填写有误，应及时向客户指出。

答案：热情的指导和帮助，认真审核

59．到客户现场工作时，应遵守客户内部有关规章制度，尊重客户的_____。

答案：风俗习惯

60．供电企业应向客户提供不少于_____可供选择的缴纳电费方式。

答案：两种

61．《国家电网公司供电服务规范》规定对产权不属于供电企业的电力设施进行维护和抢修实行_____的原则。

答案：有偿服务

62．《国家电网公司供电服务规范》规定在尊重客户、有利于公平结算的前提下，供电企业可采用客户乐于接受的_____、结算和_____进行抄表收费工作。

答案：技术手段，付费方式

63．《国家电网公司供电服务规范》规定提供_____小时电力故障报修服务，对电力报修请求做到_____、有效处理。

答案：24，快速反应

64．《国家电网公司供电服务规范》规定严格执行国家规定的_____政策及_____标准。严禁利用各种方式和手段变相扩大收费范围或提高收费标准。

答案：电费电价，业务收费

65．因_____、_____引起停电，客户询问时，应告知客户停电原因，并主动致歉。

答案：输配电设备事故，检修

66．供电企业在新装、换装及现场校验后应_____，并请客户在工作凭证上签章。如居民客户不在家，应以其他方式通知其电表底数。拆回的电能计量装置应在表库至少存放_____，以便客户提出异议时进行复核。

答案：对电能计量装置加封，1个月

67．《国家电网公司供电服务规范》中规定，严格保密制度，尊重客户意愿，满足客户_____请求，为投诉举报人做好_____。

答案：匿名，保密工作

68．35kV电网电压奇次谐波电压含有率不超过_____。

答案：2.4%

69．供电设备计划检修时，对35kV及以上电压等级供电的客户的停电次数，每年不应超过_____；对10kV电压等级供电的客户，每年不应超过_____。

答案：1次，3次

70．《国家电网公司供电服务规范》中规定营业场所外设置规范的_____和_____。

答案：供电企业标志，营业时间牌

71．《国家电网公司供电服务规范》中规定，保持仪容仪表美观大方，不得_____，不得敞怀、将_____，不得戴墨镜。

答案：浓妆艳抹，长裤卷起

72．《国家电网公司供电服务规范》中规定供电服务人员上岗必须_____，并_____。

答案：统一着装，佩戴工号牌

73．供电企业工作人员应当严格遵守国家法律、法规，依照国家的保密制度，保护_____；诚实守信、爱岗敬业；工作期间应当使用_____，提倡使用普通话。

答案：用户个人信息和商业秘密，规范化文明用语

74．给用户供电前，供电企业应当按照有关规定，遵循_____、_____、_____的原则，与用户签订供用电合同。

答案：平等自愿，协商一致，诚实信用

75．用户申请资料包括_____、_____、用电性质、用电设备清单、用电负荷、用户自备应急电源、用电规划等。

答案：用电地点，电力用途

76．《供电服务规范》（GB/T 28583—2012）中规定，供电企业应当依据有关法律法规办理用户的新装用电、_____、_____。

答案：增加用电容量，变更用电业务

77．接到用户报修后，如判断属用户内部故障，应当_____用户排查故障。

答案：积极引导

78．《供电服务规范》中规定，供电服务网站提供在线咨询或留言功能的，应当及时回复用户的_____和_____。

答案：意见，建议

79．《供电服务规范》（GB/T 28583—2012）明确：供电企业应当按照国家有关规定，履行电力_____义务。

答案：社会普遍服务

80．《国家电网公司供电服务规范》中"_____"的规定就是无论办理业务是否对口，接待人员都要认真倾听，热心引导，快速衔接，并为客户提供准确的联系人、联系电话和地址。

答案：首问负责制

81．《供电服务规范》（GB/T 28583—2012）中规定供电企业应当根据用户最大需量、用电设备容量或_____确定用户的供电电压等级。

答案：受电变压器总容量

82．《供电监管办法》规定为了加强供电监管，_____，_____，_____的合法权益和社会公共利益，根据（《电力监管条例》）和国家有关规定，制定本办法。

答案：规范供电行为，维护供电市场秩序，保护电力使用者

83．《供电企业信息公开实施办法》中所称供电企业是指已取得供电类_____，依法从事_____的企业。

答案：电力业务许可证，供电业务

84．《供电监管办法》规定供电监管应当依法进行，并遵循_____、_____和_____的原则。

答案：公开，公正，效率

85．《供电企业信息公开实施办法》规定供电企业信息公开应当遵循_____、_____、_____的原则，并对本企业发布的信息内容负责。

答案：真实准确，规范及时，便民利民

86．《供电企业信息公开实施办法》中规定，由_____部门及其派出机构对供电企业信

息公开的情况实施监管。

答案：国务院能源主管

87．《供电企业信息公开实施办法》中，供电企业信息公开的内容，分为_____公开的信息和_____公开的信息。

答案：主动，依申请

88．《供电监管办法》规定在电力系统正常的情况下应向用户提供电能质量符合或者_____标准。

答案：国家标准，电力行业

89．《供电监管办法》规定，在电力系统正常的情况下，供电企业的供电质量应当符合下列规定：城市地区年供电可靠率不低于_____，城市居民用户受电端电压合格率不低于_____，10kV 以上供电用户受电端电压合格率不低于_____。

答案：99%，95%，98%

90．《供电监管办法》规定，_____应当审核_____、_____的情况，按照国家有关规定_____不符合规定的用电设施接入电网。

答案：供电企业，用电设施产生谐波，冲击负荷，拒绝

91．《供电监管办法》规定，用电设施产生谐波、冲击负荷影响供电质量或者干扰电力系统安全运行的，供电企业应当及时告知用户采取有效措施予以消除；用户不采取措施或者采取措施不力，产生的谐波、冲击负荷仍超过_____的，供电企业可以按照国家有关规定_____或者_____。

答案：国家标准，拒绝其接入电网，中止供电

92．《供电监管办法》规定，供电企业应当按照下列规定选择电压监测点：_____供电用户和_____供电用户应当设置电压监测点。

答案：35kV 专线，110kV 以上

93．《供电监管办法》规定，35kV 非专线供电用户或者 66kV 供电用户、10（6、20）kV 供电用户，每_____kW 负荷选择具有代表性的用户设置_____个以上电压监测点，所选用户应当包括对供电质量有较高要求的_____用户和变电站 10（6、20）kV 母线所带具有代表性线路的_____用户。

答案：10000，1，重要电力，末端

94．《供电监管办法》规定，低压供电用户，每百台配电变压器选择具有代表性的用户设置_____个以上电压监测点，所选用户应当是_____用户和低压配电网的_____用户。

答案：1，重要电力，首末两端

95．《供电监管办法》规定，供电企业应当按照国家有关规定_____电压监测装置，_____用户电压情况。监测数据和统计数据应当_____、_____、_____。

答案：选择、安装、校验，监测和统计，及时，真实，完整

96.《供电监管办法》规定，供电企业应当坚持_____、_____、_____的方针，遵守有关供电安全的法律、法规和规章，加强供电安全管理，建立、健全供电安全责任制度，完善安全供电条件，维护电力系统安全稳定运行，依法处置供电突发事件，保障电力稳定、可靠供应。

答案：安全第一，预防为主，综合治理

97.《供电监管办法》规定，供电企业应当按照国家有关规定加强重要电力用户安全供电管理，指导重要电力用户配置和使用_____，建立自备应急电源基础档案数据库。

答案：自备应急电源

98.《供电监管办法》规定，供电企业发现用电设施存在_____，应当及时告知用户采取有效措施进行治理。用户应当按照国家有关规定消除用电设施安全隐患。用电设施存在严重威胁_____和_____，用户_____的，供电企业可以按照国家有关规定对该用户_____。

答案：安全隐患，电力系统安全运行，人身安全的隐患，拒不治理，中止供电

99.《供电监管办法》规定，供电企业应当按照国家规定依法保障_____能够按照国家规定的价格获得最基本的_____。

答案：任何人，供电服务

100.《供电监管办法》规定，供电企业办理用电业务的期限应当符合下列规定：向用户提供供电方案的期限，自受理用户用电申请之日起，_____用户不超过 3 个工作日，_____用户不超过 8 个工作日，_____用户不超过 20 个工作日，_____用户不超过 45 个工作日。

答案：居民，其他低压供电，高压单电源供电，高压双电源供电

101.《供电监管办法》规定，对用户受电工程设计文件和有关资料审核的期限，自受理之日起，_____用户不超过 8 个工作日，_____不超过 20 个工作日。

答案：低压供电，高压供电用户

102.《供电监管办法》规定，对用户受电工程启动中间检查的期限，自接到用户申请之日起，_____不超过 3 个工作日，_____不超过 5 个工作日。

答案：低压供电用户，高压供电用户

103.《供电监管办法》规定，对用户受电工程启动竣工检验的期限，自_____和_____之日起，_____用户不超过 5 个工作日，_____用户不超过 7 个工作日。

答案：接到用户受电装置竣工报告，检验申请，低压供电，高压供电

104.《供电监管办法》规定，给用户装表接电的期限，自_____并_____之日起，_____不超过 3 个工作日，其他低压供电用户不超过 5 个工作日，_____不超过 7 个工作日。

答案：受电装置检验合格，办结相关手续，居民用户，高压供电用户

105.《供电监管办法》规定，受电工程设计，用户应当按照供电企业确定的_____进行。

答案：供电方案

106.《供电监管办法》规定，_____应当对用户受电工程建设提供必要的业务咨询和技术标准咨询；对用户受电工程进行_____和_____，应当执行国家有关标准；发现用户受电设施存在故障隐患时，应当_____用户并指导其予以消除；发现用户受电设施存在严重威胁电力系统安全运行和人身安全的隐患时，应当指导其_____，在隐患消除前不得_____。

答案：供电企业，中间检查，竣工检验，及时一次性书面告知，立即消除，送电

107.《供电监管办法》规定，在电力系统正常的情况下，供电企业应当_____向用户供电。

答案：连续

108.《供电监管办法》规定，需要停电或者限电的，应当符合下列规定：因供电设施_____需要停电的，供电企业应当提前7日公告停电区域、停电线路、停电时间。

答案：计划检修

109.《供电监管办法》规定，需要停电或者限电的，应当符合下列规定：因供电设施_____需要停电的，供电企业应当提前24小时公告停电区域、停电线路、停电时间。

答案：临时检修

110.《供电监管办法》规定，需要停电或者限电的，应当符合下列规定：因_____或者_____等原因需要停电、限电的，供电企业应当按照_____批准的有序用电方案或者事故应急处置方案执行。

答案：电网发生故障，电力供需紧张，所在地人民政府

111.《供电监管办法》规定，引起停电或者限电的_____后，供电企业应当尽快恢复正常供电。

答案：原因消除

112.《供电监管办法》规定，供电企业应当建立完善的报修服务制度，公开_____，保持_____，24小时受理_____。

答案：报修电话，电话畅通，供电故障报修

113.《供电监管办法》规定，供电企业工作人员到达现场抢修的时限，自_____之时起，_____不超过60分钟。因天气、交通等特殊原因无法在规定时限内到达现场的，应当向用户做出解释。

答案：接到报修，城区范围

114.《供电监管办法》规定，供电企业工作人员到达现场抢修的时限，自接到报修之时起，农村地区不超过_____分钟，因天气、交通等特殊原因无法在规定时限内到达现场的，应当向用户做出解释。

答案：120

115.《供电监管办法》规定，供电企业工作人员到达现场抢修的时限，自接到报修之时起，边远、交通不便地区不超过_____分钟。因天气、交通等特殊原因无法在规定时限内到达现场的，应当向用户做出解释。

答案：240

116.《供电监管办法》规定，因抢险救灾、突发事件需要紧急供电时，_____应当及时提供电力供应。

答案：供电企业

117.《供电监管办法》规定，供电企业应当建立用电投诉处理制度，公开投诉电话。对用户的投诉，供电企业应当自_____之日起 10 个工作日内提出处理意见并_____。

答案：接到投诉，答复用户

118.《供电监管办法》规定，供电企业应当在_____设置公布电力服务热线电话和电力监管投诉举报电话的标识，该标识应当固定在供电营业场所的显著位置。

答案：供电营业场所

119.《供电监管办法》规定，供电企业应当遵守国家有关_____、_____、_____和_____等规定。

答案：供电营业区，供电业务许可，承装（修、试）电力设施许可，电工进网作业许可

120.《供电监管办法》规定，电力监管机构对供电企业公平、无歧视开放供电市场的情况实施监管。供电企业_____不得拒绝用户用电申请。

答案：无正当理由

121.《供电监管办法》规定，电力监管机构对供电企业公平、无歧视开放供电市场的情况实施监管。供电企业不得对趸购转售电企业符合国家规定条件的输配电设施，_____或者_____接入系统。

答案：拒绝，拖延

122.《供电监管办法》规定，电力监管机构对供电企业公平、无歧视开放供电市场的情况实施监管。供电企业不得违反市场竞争规则，以_____损害竞争对手的商业信誉或者排挤竞争对手。

答案：不正当手段

123.《供电监管办法》规定，电力监管机构对供电企业公平、无歧视开放供电市场的情况实施监管。供电企业不得对用户受电工程指定_____、_____和_____。

答案：设计单位，施工单位，设备材料供应单位

124.《供电监管办法》规定，供电企业应当严格执行国家电价政策，按照_____或者_____，依据计量检定机构依法认可的_____的记录，向用户计收电费。

答案：国家核准电价，市场交易价，用电计量装置

125.《供电监管办法》规定，供电企业不得_____电价，不得擅自_____电价，不得擅

自在电费中_____或者_____国家政策规定以外的其他费用。

答案：自定，变更，加收，代收

126.《供电监管办法》规定，供电企业不得自立项目或者自定_____；对国家已经明令取缔的收费项目，不得向用户收取费用。

答案：标准收费

127.《供电监管办法》规定，供电企业应用户要求对产权属于用户的电气设备提供有偿服务时，应当执行_____或者_____。

答案：政府定价，政府指导价

128.《供电监管办法》规定，供电企业应当按照国家有关规定，遵循_____、_____、_____的原则，与用户、趸购转售电单位签订供用电合同，并按照合同约定供电。

答案：平等自愿，协商一致，诚实信用

129.《供电监管办法》规定，供电企业应当依照《中华人民共和国政府信息公开条例》《电力企业信息披露规定》，采取便于用户获取的方式，公开供电服务信息。供电企业公开信息应当_____、_____、_____。

答案：真实，及时，完整

130.《供电监管办法》规定，供电企业应当方便用户查询下列信息：_____和办理进度；_____处理情况；其他用电信息。

答案：用电报装信息，用电投诉

131.《供电监管办法》规定，供电企业应当按照《电力企业信息报送规定》向电力监管机构报送信息。供电企业报送信息应当_____、_____、_____。

答案：真实，及时，完整

132.《供电监管办法》规定，供电企业应当严格执行政府有关部门依法作出的对_____企业、_____企业或者_____企业采取停限电措施的决定。未收到政府有关部门决定恢复送电的通知，供电企业不得擅自对政府有关部门责令限期整改的用户恢复送电。

答案：淘汰，关停，环境违法

133.《供电监管办法》规定，供电企业应当按照国家有关电力需求侧管理规定，采取有效措施，指导用户_____、_____和_____用电，提高电能使用效率。

答案：科学，合理，节约

134.《供电监管办法》规定，电力监管机构依法履行职责，可以采取下列措施：进行现场检查：进入_____进行检查；询问供电企业的工作人员，要求其对有关_____作出说明。对检查中发现的_____，可以当场予以纠正或者要求限期改正。

答案：供电企业，检查事项，违法行为

135.《供电监管办法》规定，电力监管机构依法履行职责，可以采取下列措施：进行现场检查：_____、_____与检查事项有关的文件、资料，对可能被转移、隐匿、损毁的文件、资料予以_____。

答案：查阅，复制，封存

136.《供电监管办法》规定，电力监管机构依法履行职责，可以采取下列措施：对检查中发现的_____，可以当场予以纠正或者要求限期改正。

答案：违法行为

137.《供电监管办法》规定，电力监管机构可以在用户中依法开展_____调查等供电情况调查，并向社会公布调查结果。

答案：供电满意度

138.《供电监管办法》规定，供电企业违反国家有关供电监管规定的，电力监管机构应当依法查处并予以记录；造成重大损失或者重大影响的，电力监管机构可以对供电企业的_____和_____依法提出处理意见和建议。

答案：主管人员，其他直接责任人员

139.《供电监管办法》规定，电力监管机构对供电企业违反国家有关供电监管规定，损害用户合法权益和社会公共利益的行为及其处理情况，可以_____。

答案：向社会公布

140.《供电监管办法》规定，电力监管机构从事监管工作的人员违反电力监管有关规定，损害_____、_____的合法权益以及社会公共利益的，依照国家有关规定追究其责任；应当承担纪律责任的，依法给予处分；构成犯罪的，依法追究刑事责任。

答案：供电企业，用户

141.《供电监管办法》规定，供电企业违反《供电监管办法》规定，没有能力对其供电区域内的用户提供供电服务并造成严重后果的，电力监管机构可以_____或者_____电力业务许可证，指定其他供电企业供电。

答案：变更，吊销

142.《供电监管办法》规定，电力监管机构对供电企业公平、无歧视开放供电市场的情况实施监管。供电企业违反规定，由电力监管机构责令改正，拒不改正的，处_____罚款；对直接负责的主管人员和其他直接责任人员，依法给予处分；情节严重的，可以_____。

答案：10万元以上100万元以下，吊销电力业务许可证

143.《供电监管办法》规定，电力监管机构对供电企业执行国家规定的电价政策和收费标准的情况实施监管。供电企业违反规定的，电力监管机构可以_____并向有关部门提出行政处罚建议。

答案：责令改正

144.《供电监管办法》规定，供电企业有下列情形之一的，由电力监管机构责令改正；拒不改正的，处_____罚款，对直接负责的主管人员和其他直接责任人员，依法给予处分；构成犯罪的，依法追究刑事责任：拒绝或者阻碍电力监管机构及其从事监管工作的人员依

法履行监管职责的；提供虚假或者隐瞒重要事实的文件、资料的；未按照国家有关电力监管规章、规则的规定公开有关信息的。

答案：5 万元以上 50 万元以下

145．《供电监管办法》规定，对于违反本办法并造成严重后果的供电企业主管人员或者直接责任人员，电力监管机构可以建议将其_____，3 年内不得担任供电企业同类职务。

答案：调离现任岗位

146．《供电监管办法》自_____起施行。2005 年 6 月 21 日电监会发布的《供电服务监管办法（试行）》同时废止。

答案：2010 年 1 月 1 日

147．《供电营业规则》规定，供电企业供电的额定频率为交流_____赫兹。

答案：50

148．《供电营业规则》规定，供电企业供电的额定电压：低压供电，单相为_____V，三相为_____V；高压供电：为 10、35（63）、110、220kV。除发电厂直配电压可采用_____kV 或_____kV 外，其他等级的电压应逐步过渡到上列额定电压。用户需要的电压等级不在上列范围时，应自行采取变压措施解决。

答案：220，380，3，6

149．《供电营业规则》规定，用户需要的电压等级在_____kV 及以上时，其受电装置应作为终端变电站设计，方案需经_____企业审批。

答案：110，省电网经营

150．《供电营业规则》规定，供电企业对申请用电的用户提供的供电方式，应从供用电的_____、_____、_____和_____出发，依据国家的有关政策和规定、电网的规划、用电需求以及当地供电条件等因素，进行技术经济比较，与用户协商确定。

答案：安全，经济，合理，便于管理

151．《供电营业规则》规定，用户单相用电设备总容量不足_____kW 的可采用低压 220V 供电。但有单台设备容量超过 lkW 的单相电焊机、换流设备时，用户必须采取有效的技术措施以消除对电能质量的影响，否则应改为其他方式供电。

答案：10

152．《供电营业规则》规定，用电负荷密度较高的地区。经过技术经济比较，采用低压供电的技术经济性明显_____时，低压供电的容量界限可适当提高。具体容量界限由省电网经营企业作出规定。

答案：优于高压供电

153．《供电营业规则》规定，供电企业可以对距离发电厂较近的用户，采用_____供电方式，但不得以发电厂的厂用电源或变电站（所）的站用电源对用户供电。

答案：发电厂直配

154.《供电营业规则》规定,用户需要备用、保安电源时,供电企业应按其_____、_____和_____,与用户协商确定。

答案:负荷重要性,用电容量,供电的可能性

155.《供电营业规则》规定,使用临时电源的用户不得向外转供电,也不得转让给其他用户,供电企业也不受理其变更用电事宜。如需改为正式用电,应按_____办理。

答案:新装用电

156.《供电营业规则》规定,因抢险救灾需要紧急供电时,供电企业应迅速组织力量,架设临时电源供电。架设临时电源所需的工程费用和应付的电费,由地方人民政府有关部门负责从_____中拨付。

答案:救灾经费

157.《供电营业规则》规定,用户不得自行转供电。在公用供电设施尚未到达的地区,供电企业征得该地区有供电能力的直供用户同意,可采用_____方式向其附近的用户转供电力,但不得委托重要的国防军工用户转供电。

答案:委托

158.《供电营业规则》规定,任何单位或个人需新装用电或增加用电容量、变更用电都必须按本规则规定,事先到供电企业用电营业场所_____,办理手续。

答案:提出申请

159.《供电营业规则》规定,供电企业的用电营业机构统一归口办理用户的用电申请和报装接电工作。包括用电申请书的_____、_____、_____、_____、_____、_____、_____、供用电合同(协议)签约、装表接电等项业务。

答案:发放及审核,供电条件勘查,供电方案确定及批复,有关费用收取,受电工程设计的审核,施工中间检查,竣工检验

160.《供电营业规则》规定,用户申请新装或增加用电时,应向供电企业提供用电工程项目批准的文件及有关的用电资料,包括_____、_____、_____、_____、_____、用电规划等,并依照供电企业规定的格式如实填写用电申请书及办理所需手续。

答案:用电地点,电力用途,用电性质,用电设备清单,用电负荷,保安电力

161.《供电营业规则》规定,新建受电工程项目在立项阶段,用户应与供电企业联系,就工程_____、_____和_____等达成意向性协议,方可定址,确定项目。未按前款规定办理的,供电企业_____受理其用电申请。

答案:供电的可能性,用电容量,供电条件,有权拒绝

162.《供电营业规则》规定,如因供电企业供电能力不足或政府规定限制的用电项目,供电企业可通知用户_____。

答案:暂缓办理

163.《供电营业规则》规定,用户对供电企业答复的供电方案有不同意见时,应在

_____月内提出意见，双方可再行协商确定。

答案：一个

164.《供电营业规则》规定，用户应根据确定的_____进行受电工程设计。

答案：供电方案

165.《供电营业规则》规定，为保障用电安全，便于管理，用户应将重要负荷与非重要负荷、生产用电与生活区用电_____。新装或增加用电的用户应按上述规定确定内部的配电方式，对目前尚未达到上述要求的用户应逐步进行改造。

答案：分开配电

166.《供电营业规则》规定，用户新装、增装或改装受电工程的_____、_____应符合国家有关标准；国家尚未制订标准的，应符合电力行业标准；国家和电力行业尚未制定标准的，应符合省（自治区、直辖市）电力管理部门的规定和规程。

答案：设计安装，试验与运行

167.《供电营业规则》规定，在供电设施上发生事故引起的法律责任，按_____确定。产权归属于谁，谁就承担其拥有的供电设施上发生事故引起的法律责任。但产权所有者不承担受害者因违反安全或其他规章制度，擅自进入供电设施非安全区域内而发生事故引起的法律责任，以及在委托维护的供电设施上，因代理方维护不当所发生事故引起的法律责任。

答案：供电设施产权归属

168.《供电营业规则》规定，无功电力应就地平衡。用户应在提高用电自然功率因数的基础上，按有关标准设计和安装_____，并做到随其负荷和电压变动及时投入或切除，防止无功电力倒送。

答案：无功补偿设备

169.《供电营业规则》规定，供电企业和用户分工维护管理的供电和受电设备，除另有约定者外，未经管辖单位同意，对方不得_____或_____；如因紧急事故必须操作或更动者，事后应_____。

答案：操作，更动，迅速通知管辖单位

170.《供电营业规则》规定，因建设引起建筑物、构筑物与供电设施相互妨碍，需要迁移供电设施或采取防护措施时，应按_____的原则，确定其担负的责任。

答案：建设先后

171.95598客户服务业务包括_____、_____、_____、投诉、_____、_____、_____、_____等，各项业务流程实行闭环管理。

答案：信息查询，业务咨询，故障报修，举报，建议，意见，表扬

172.《供电营业规则》规定，用户重要负荷的保安电源，可由供电企业提供，也可由_____。

答案：用户自备

173.《供电营业规则》规定，对_____、_____、_____等非永久性用电，可供给临时电源。

答案：基建工地，农田水利，市政建设

174.《供电监管办法》规定，受电工程设计，用户应当按照_____确定的供电方案进行。

答案：供电企业

二、单选题

1．供电企业应当在其营业场所公告用电的程序、制度和（   ），并提供用户须知资料。

A．厕所位置　　　　　　　　B．用电口号

C．企业经营状况　　　　　　D．收费标准

答案：D

2．供电企业查电人员和抄表收费人员进入用户，进行用电安全检查或者抄表收费时，应当出示（   ）。

A．有关证件　B．企业批文　C．政府批文　D．电力法规

答案：A

3．供电企业应当建立用电投诉处理制度，公开投诉电话。对用户的投诉，供电企业应当自接到投诉之日起（   ）个工作日内提出处理意见并答复用户。

A．4　　　　B．6　　　　C．7　　　　D．10

答案：D

4．因用户或者第三人的过错给供电企业或者其他用户造成损害的，该（   ）应当依法承担赔偿责任。

A．用户　　　　　　　　　　B．第三人

C．供电企业　　　　　　　　D．用户或者第三人

答案：D

5．根据《国家电网公司供电服务规范》规定，拆回的电能计量装置应在表库至少存放（   ），以便客户提出异议时进行复核。

A．1个月　　　B．2个月　　　C．3个月　　　D．6个月

答案：A

6．"95598"客户服务热线应时刻保持电话畅通，电话铃响（   ）声内接听。

A．3　　　　B．4　　　　C．5　　　　D．6

答案：B

7．受理客户咨询时，对不能当即答复的，应说明原因，并在（   ）个工作日内回复。

A. 1　　B. 2　　C. 3　　D. 4

答案：C

8. 客户欠电费需依法采取停电措施的，提前（　　）送达停电通知书。

A. 3　　B. 5　　C. 7　　D. 10

答案：C

9. （　　）是供电企业向申请用电的用户提供的电源特性、类型及其管理关系的总称。

A. 供电方案　B. 供电容量　　C. 供电对象　　D. 供电方式

答案：D

10. 根据《国家电网公司供电服务规范》规定，拆回的电能计量装置应在表库至少存放（　　），以便客户提出异议时进行复核。

A. 1个月　B. 2个月　　C. 3个月　　D. 6个月

答案：A

11.《国家电网公司供电服务规范》是电网经营企业和供电企业在电力供应经营活动中，为电力客户提供供电服务时应达到的基本行为规范和（　　）。

A. 工作标准　B. 服务标准　　C. 道德标准　　D. 质量标准

答案：D

12.《国家电网公司供电服务规范》规定：城市居民客户端电压合格率不低于（　　），农网居民客户端电压合格率不低于90%。

A. 95%　　B. 90%　　C. 96%　　D. 99.89%

答案：A

13.《国家电网公司供电服务规范》规定：农网供电可靠率不低于（　　）。

A. 经国家电网公司核定后，由各省（市、区）电力公司公布承诺指标

B. 99.89%　　C. 96%　　D. 99%　　E. 99.90%

答案：D

14. 办理客户用电业务的时间一般每件不超过（　　）。

A. 10分钟　B. 15分钟　　C. 20分钟　　D. 5分钟

答案：C

15. 办理居民客户收费业务的时间一般每件不超过（　　）分钟。

A. 30　　B. 20　　C. 3　　D. 5

答案：D

16.《国家电网公司供电服务规范》第五条规定：以实现全社会电力资源优化配置为目标，开展（　　）和服务活动，减少客户用电成本，提高电网用电负荷率。

A. 节约用电　　　　　B. 用电管理

C. 电力需求侧管理　　　D. 安全用电

答案：C

17．《国家电网公司供电服务规范》第二十九条规定：投诉电话和举报电话分别应在（　　）、（　　）日内给予答复。

  A．5，10 B．3，7 C．6，9 D．5，7

答案：A

18．《国家电网公司供电服务规范》第十七条规定：在公共场所施工，应悬挂施工单位标志、（　　），并配有礼貌用语。

  A．安全警示 B．安全标示 C．安全标志 D．告示牌

答案：C

19．《国家电网公司供电服务规范》规定：供电设施产权属于电力企业的供电设施，由电力企业所提供的各项服务属于（　　）。

  A．有偿服务 B．无偿服务 C．特别服务 D．柜台服务

答案：B

20．《国家电网公司供电服务规范》规定：产权属于客户的供电设施，供电企业所提供的服务属于（　　）。

  A．有偿服务 B．无偿服务 C．特别服务 D．柜台服务

答案：A

21．供电设施计划检修停电，提前（　　）天向社会公告。对欠电费客户依法采取停电措施，提前（　　）天送达停电通知书，费用结清后（　　）小时内恢复供电。

  A．7，7，24   B．7，3至7，24

  C．7，3至7，72   D．3至7，7，24

答案：A

22．受理客户计费电能表校验申请后，（　　）个工作日内出具检测结果。客户提出抄表数据异常后，（　　）个工作日内核实并答复。

  A．5，7 B．5，10 C．3，7 D．3，5

答案：A

23．根据《供电服务规范》GB/T 28583—2012规定，窃电者拒绝承担窃电责任的，供电企业应报请（　　）依法处理。

  A．司法机关   B．电力企业

  C．电力管理部门   D．地方人民政府

答案：C

24．受理客户咨询时，对不能当即答复的，应说明原因，并在（　　）个工作日内回复。

  A．1   B．2   C．3   D．4

答案：C

25．客户欠电费需依法采取停电措施的，提前（　　）送达停电通知书。

　　A．3　　　　B．5　　　　　C．7　　　　　D．10

答案：C

26．城市地区供电可靠率不低于（　　）。

　　A．99%　　B．99.89%　　C．99.90%　　D．99.95%

答案：B

27．接到客户投诉或举报时，应向客户致谢，详细记录具体情况后，立即转递相关部门或领导处理。具体答复时间为（　　）。

　　A．投诉在5天、举报在7天内答复

　　B．投诉在5天、举报在10天内答复

　　C．投诉在7天、举报在10天内答复

　　D．投诉在5天、举报在15天内答复

答案：B

28．根据国家电网公司供电服务规范要求，为客户提供服务时，应礼貌、谦和、热情是对员工的（　　）规范。

　　A．基本道德　B．诚信服务　　C．行为举止　　D．仪容仪表

答案：C

29．《供电服务规范（GB/T 28583—2012）》规定，供电企业对执行两部制大工业电价用户以及执行功率因数调整电费用户的抄表周期一般不宜大于（　　）。

　　A．半个月　　B．一个月　　C．25天　　D．28天

答案：B

30．根据国家电网公司供电服务规范要求，（　　）供电营业场所实行无周休日。

　　A．省以上　　B．市以上　　C．县以上　　D．乡以上

答案：C

31．在公共场所施工，应有安全措施，悬挂（　　）、安全标志，并配有礼貌用语。

　　A．警告牌　　　　　　　　　　B．工期倒计时牌

　　C．提示标志　　　　　　　　　D．施工单位标志

答案：D

32．10kV公用电网电压总谐波畸变率限值为（　　）。

　　A．2%　　　B．3%　　　　C．4%　　　　D．5%

答案：C

33．《国家电网公司供电服务规范》中城市居民客户端电压合格率不低于（　　）。

　　A．90%　　B．95%　　　C．96%　　　D．98%

答案：B

34. 以（ ）为目标，开展电力需求侧管理和服务活动，减少客户用电成本，提高用电负荷率。

A．实现电力增供扩销

B．追求供用电双方利益共赢

C．实现全社会电力资源优化配置

D．树立供电企业形象

答案：C

35. 营业场所外设置规范的（ ）。

A．供电企业标志和95598小型灯箱

B．供电企业标志和营业时间牌

C．营业厅铭牌和营业时间牌

D．95598小型灯箱和营业时间牌

答案：B

36. 为了加强供电监管，规范供电行为，维护供电市场秩序，保护电力使用者的合法权益和社会公共利益，根据《电力监管条例》和国家有关规定，制定了（ ）。

A．《供电监管办法》　　　　　B．《供电服务规范》

C．《供电管理办法》

答案：A

37. 为了加强供电监管，规范供电行为，维护供电市场秩序，保护（ ）的合法权益和社会公共利益，根据《电力监管条例》和国家有关规定，制定了《供电监管办法》。

A．供电企业　B．电力企业　　C．电力使用者　D．用电企业

答案：C

38. 供电监管应当依法进行，并遵循公开、公正和（ ）的原则。

A．效率　　　B．公平　　　C．依法

答案：A

39.《供电监管办法》规定，供电监管应当依法进行，并遵循（ ）、公正和效率的原则。

A．公开　　　B．公平　　　C．依法

答案：A

40.《供电监管办法》规定，供电监管应当依法进行，并遵循公开、（ ）和效率的原则。

A．公平　　　B．公正　　　C．依法

答案：B

41.《供电监管办法》规定，在电力系统正常的情况下，供电企业向用户提供的电能质量符合国家标准或者（　　）标准。

　　　　A．电力企业　B．供电企业　　C．发电企业　　D．电力行业

答案：D

42.《供电监管办法》规定，在电力系统正常的情况下，供电企业向用户提供的电能质量符合（　　）或者电力行业标准。

　　　　A．国家标准　B．供电企业　　C．发电企业　　D．当地标准

答案：A

43.《供电监管办法》规定，在电力系统（　　）的情况下，供电企业向用户提供的电能质量符合国家标准或者电力行业标准。

　　　　A．一般　　　B．正常　　　　C．允许　　　　D．事故

答案：B

44.《供电监管办法》规定，在电力系统正常的情况下，城市地区年供电可靠率不低于（　　）。

　　　　A．98%　　　B．99%　　　　C．98.9%　　　D．99.9%

答案：B

45.《供电监管办法》规定，在电力系统正常的情况下，（　　）地区年供电可靠率不低于99%。

　　　　A．城市　　　B．农村　　　　C．城市和农村　D．偏远

答案：A

46.《供电监管办法》规定，在电力系统正常的情况下，（　　）居民用户受电端电压合格率不低于95%。

　　　　A．城市　　　B．农村　　　　C．城市和农村　D．偏远

答案：A

47.《供电监管办法》规定，在电力系统正常的情况下，城市居民用户受电端电压合格率不低于（　　）。

　　　　A．94%　　　B．95%　　　　C．96%　　　　D．97%

答案：B

48.《供电监管办法》规定，在电力系统正常的情况下，10kV以上供电用户受电端电压合格率不低于（　　）。

　　　　A．97%　　　B．98%　　　　C．99%

答案：B

49.《供电监管办法》规定，在电力系统正常的情况下，（　　）kV以上供电用户受电端电压合格率不低于98%。

A．0.4   B．10   C．35   D．110

答案：B

50.《供电监管办法》规定，供电企业应当审核用电设施产生谐波、冲击负荷的情况，按照国家有关规定（   ）不符合规定的用电设施接入电网。

A．协助   B．允许   C．拒绝

答案：C

51.《供电监管办法》规定，（   ）应当审核用电设施产生谐波、冲击负荷的情况，按照国家有关规定拒绝不符合规定的用电设施接入电网。

A．用电企业   B．发电企业

C．供电企业   D．电力管理部门

答案：C

52.《供电监管办法》规定，用电设施产生谐波、冲击负荷影响供电质量或者干扰电力系统安全运行的，供电企业应当及时告知用户采取有效措施予以消除用户不采取措施或者采取措施不力，产生的谐波、冲击负荷仍超过国家标准的，供电企业可以按照国家有关规定拒绝其接入电网或者（   ）。

A．限制负荷   B．终止供电   C．中止供电   D．终止合同

答案：C

53.《供电监管办法》规定，用电设施产生谐波，冲击负荷影响供电质量或者干扰电力系统安全运行的，（   ）应当及时告知用户采取有效措施予以消除。

A．用电企业   B．发电企业

C．供电企业   D．电力管理部门

答案：C

54.《供电监管办法》规定，35kV 专线供电用户和（   ）kV 以上供电用户应当设置电压监测点。

A．66   B．110   C．220   D．10

答案：B

55.《供电监管办法》规定，35kV 非专线供电用户或者 66kV 供电用户、10（6、20）kV 供电用户，每（   ）kW 负荷选择具有代表性的用户设置 1 个以上电压监测点，所选用户应当包括对供电质量有较高要求的重要电力用户和变电站 10（6、20）kV 母线所带具有代表性线路的末端用户。

A．1000   B．10000   C．100000   D．20000

答案：B

56.《供电监管办法》规定，35kV 非专线供电用户或者 66kV 供电用户、10（6、20）kV 供电用户，每 10000kW 负荷选择具有代表性的用户设置（   ）个以上电压监测点，

所选用户应当包括对供电质量有较高要求的重要电力用户和变电站 10（6、20）kV 母线所带具有代表性线路的末端用户。

    A．1   B．2   C．3   D．5

答案：A

57．《供电监管办法》规定，低压供电用户，（　　）配电变压器选择具有代表性的用户设置 1 个以上电压监测点，所选用户应当是重要电力用户和低压配电网的首末两端用户。

    A．每百台   B．每十台   C．每一台   D．每五十台

答案：A

58．《供电监管办法》规定，供电企业应当按照国家有关规定选择、安装、校验电压监测装置，监测和统计用户电压情况。监测数据和统计数据应当及时、（　　）、完整。

    A．及时   B．真实   C．完整   D．有效

答案：B

59．《供电监管办法》规定，供电企业应当按照国家有关规定选择、安装、校验电压监测装置，（　　）用户电压情况。监测数据和统计数据应当及时、真实、完整。

    A．监测   B．统计

    C．监测和统计   D．分析

答案：C

60．《供电监管办法》规定，供电企业应当按照国家有关规定加强重要电力用户安全供电管理，指导重要电力用户（　　）自备应急电源。

    A．配置和使用   B．配置

    C．使用   D．安装

答案：A

61．《供电监管办法》规定，供电企业应当按照国家有关规定加强重要电力用户安全供电管理，指导（　　）配置和使用自备应急电源。

    A．所有电力用户   B．一般电力用户

    C．重要电力用户   D．高压电力用户

答案：C

62．《供电监管办法》规定，供电企业发现用电设施存在安全隐患，应当（　　）用户采取有效措施进行治理。

    A．告知   B．及时告知   C．当面告知   D．通知

答案：B

63．《供电监管办法》规定，用户应当按照国家有关规定消除用电设施安全隐患。用电设施存在严重威胁（　　）的隐患，用户拒不治理的，供电企业可以按照国家有关规定对该用户中止供电。

A. 电力系统安全运行和人身安全

B. 电力系统安全运行

C. 人身安全

D. 电力系统安全运行和设备安全

答案：A

64.《供电监管办法》规定，用户应当按照国家有关规定消除用电设施安全隐患。用电设施存在严重威胁电力系统安全运行和人身安全的隐患，用户拒不治理的，供电企业可以按照国家有关规定对该用户（　　）。

A. 限制负荷　B. 终止供电　　C. 中止供电　　D. 终止合同

答案：C

65.《供电监管办法》规定，供电企业应当按照国家规定履行电力社会普遍服务义务，依法保障（　　）能够按照国家规定的价格获得最基本的供电服务。

A. 用户　　　B. 客户　　　C. 自然人　　　D. 任何人

答案：D

66.《供电监管办法》规定，供电企业应当按照国家规定履行电力社会普遍服务义务，依法保障任何人能够按照国家规定的价格获得最基本的（　　）。

A. 用电权利　B. 供电服务　　C. 用电保障　　D. 供电安全

答案：B

67.《供电监管办法》规定，供电企业向用户提供供电方案的期限，自受理用户用电申请之日起，居民用户不超过（　　）个工作日。

A. 1　　　　B. 2　　　　C. 3　　　　D. 5

答案：C

68.《供电监管办法》规定，供电企业向用户提供供电方案的期限，自（　　）起，居民用户不超过3个工作日。

A. 受理用户用电申请之日　　B. 用户用电申请之日

C. 完成之日　　　　　　　　D. 现场勘察

答案：A

69.《供电监管办法》规定，供电企业向用户提供供电方案的期限，自受理用户用电申请之日起，其他低压供电用户不超过（　　）个工作日。

A. 8　　　　B. 3　　　　C. 5　　　　D. 7

答案：A

70.《供电监管办法》规定，供电企业向用户提供供电方案的期限，自受理用户用电申请之日起，高压单电源供电用户不超过（　　）个工作日。

A. 8　　　　B. 20　　　　C. 10　　　　D. 15

答案：B

71.《供电监管办法》规定，供电企业向用户提供供电方案的期限，自受理用户用电申请之日起，高压双电源供电用户不超过（　　）个工作日。

　　A．20　　　　B．30　　　　C．45　　　　D．60

答案：C

72.《供电监管办法》规定，对用户受电工程设计文件和有关资料审核的期限，自受理之日起，低压供电用户不超过（　　）工作日。

　　A．5　　　　B．8　　　　C．10　　　　D．15

答案：B

73.《供电监管办法》规定，对用户受电工程设计文件和有关资料审核的期限，自（　　）之日起，低压供电用户不超过8个工作日。

　　A．受理　　　B．申请　　　C．工作计划　　D．电话通知

答案：A

74.《供电监管办法》规定，对用户受电工程设计文件和有关资料审核的期限，自受理之日起，高压供电用户不超过（　　）个工作日。

　　A．5　　　　B．10　　　　C．15　　　　D．20

答案：D

75.《供电监管办法》规定，对用户受电工程启动中间检查的期限，自接到用户申请之日起，低压供电用户不超过（　　）个工作日。

　　A．1　　　　B．3　　　　C．5　　　　D．10

答案：B

76.《供电监管办法》规定，对用户受电工程启动中间检查的期限，自接到用户申请之日起，高压供电用户不超过（　　）个工作日。

　　A．1　　　　B．3　　　　C．5　　　　D．10

答案：C

77.《供电监管办法》规定，对用户受电工程启动竣工检验的期限，自接到用户受电装置竣工报告和检验申请之日起，低压供电用户不超过（　　）个工作日。

　　A．3　　　　B．5　　　　C．7　　　　D．10

答案：B

78.《供电监管办法》规定，对用户受电工程启动竣工检验的期限，自接到用户受电装置竣工报告和检验申请之日起，高压供电用户不超过（　　）个工作日。

　　A．3　　　　B．5　　　　C．7　　　　D．10

答案：C

79.《供电监管办法》规定，对用户受电工程启动竣工检验的期限，自接到（　　）之

日起，高压供电用户不超过 7 个工作日。

    A．用户受电装置竣工报告和检验申请

    B．用户受电装置竣工报告

    C．用户检验申请

    D．用户完工

  答案：A

80.《供电监管办法》规定，给用户装表接电的期限，自受电装置检验合格并办结相关手续之日起，居民用户不超过（　　）个工作日。

    A．3　　　　B．5　　　　C．7　　　　D．10

  答案：A

81.《供电监管办法》规定，给用户装表接电的期限，自受电装置检验合格并办结相关手续之日起，其他低压供电用户不超过（　　）个工作日，高压供电用户不超过 7 个工作日。

    A．3　　　　B．5　　　　C．7　　　　D．10

  答案：B

82.《供电监管办法》规定，给用户装表接电的期限，自（　　）之日起，其他低压供电用户不超过 5 个工作日，高压供电用户不超过 7 个工作日。

    A．受电装置检验合格

    B．办结相关手续

    C．受电装置检验合格并办结相关手续

    D．完工

  答案：C

83.《供电监管办法》规定，给用户装表接电的期限，自受电装置检验合格并办结相关手续之日起，高压供电用户不超过（　　）个工作日。

    A．3　　　　B．5　　　　C．7　　　　D．10

  答案：C

84.《供电监管办法》规定，供电企业应当对用户受电工程建设提供必要的业务咨询和技术标准咨询，发现用户受电设施存在故障隐患时，应当及时（　　）告知用户并指导其予以消除。

    A．书面　　B．一次　　C．一次性书面　D．现场

  答案：C

85.《供电监管办法》规定，供电企业应当对用户受电工程建设提供必要的业务咨询和技术标准咨询，发现用户受电设施存在严重威胁电力系统安全运行和人身安全的隐患时，应当指导其（　　）消除，在隐患消除前不得送电。

    A．立即　　B．定期　　　C．尽快　　　D．现场

答案：A

86.《供电监管办法》规定，供电企业应当对用户受电工程建设提供必要的（　　），发现用户受电设施存在严重威胁电力系统安全运行和人身安全的隐患时，应当指导其立即消除，在隐患消除前不得送电。

　　A．业务咨询　　　　　　　　　B．技术标准咨询

　　C．业务咨询和技术标准咨询　　D．帮助和服务

答案：C

87.《供电监管办法》规定，在电力系统正常的情况下，供电企业应当连续向用户供电。因供电设施计划检修需要停电的，供电企业应当提前（　　）日公告停电区域、停电线路、停电时间。

　　A．3　　　　　B．5　　　　　C．7　　　　　D．10

答案：C

88.《供电监管办法》规定，在电力系统正常的情况下，供电企业应当连续向用户供电。因供电设施临时检修需要停电的，供电企业应当提前（　　）小时公告停电区域、停电线路、停电时间。

　　A．12　　　　　B．36　　　　　C．48　　　　　D．24

答案：D

89.《供电监管办法》规定，在电力系统正常的情况下，供电企业应当连续向用户供电。因供电设施临时检修需要停电的，供电企业应当提前24小时公告（　　）。

　　A．停电计划　　　　　　　　　B．停电区域

　　C．停电线路　　　　　　　　　D．停电区域、停电线路、停电时间

答案：D

90.《供电监管办法》规定，在电力系统正常的情况下，供电企业应当连续向用户供电。因电网发生故障或者电力供需紧张等原因需要停电、限电的，供电企业应当按照所在地人民政府批准的（　　）执行。

　　A．有序用电方案

　　B．事故应急处置方案

　　C．有序用电方案或者事故应急处置方案

　　D．有序用户方案以及事故应急处置方案

答案：C

91.《供电监管办法》规定，在电力系统正常的情况下，供电企业应当连续向用户供电。因电网发生故障或者电力供需紧张等原因需要停电.限电的，（　　）应当按照所在地人民政府批准的有序用电方案或者事故应急处置方案执行。

　　A．电力管理部门　　　　　　　B．供电企业

C．电力用户　　　　　　　D．供电管理部门

答案：B

92．《供电监管办法》规定，在电力系统正常的情况下，供电企业应当连续向用户供电。引起停电或者限电的原因消除后，供电企业应当（　　）恢复正常供电。

　　A．立即　　B．定期　　C．尽快　　D．现场

答案：C

93．《供电监管办法》规定，在电力系统正常的情况下，供电企业应当连续向用户供电。引起（　　）的原因消除后，供电企业应当尽快恢复正常供电。

　　A．停电　　　　　　　　B．限电
　　C．停电或者限电　　　　D．事故

答案：C

94．《供电监管办法》规定，供电企业应当建立完善的报修服务制度，公开报修电话，保持电话畅通，（　　）受理供电故障报修。

　　A．24小时　　B．及时　　C．5个工作日　D．专人的

答案：A

95．《供电监管办法》规定，供电企业工作人员在规定时限内到达现场抢修。因天气、交通等特殊原因无法在规定时限内到达现场的，应当向（　　）做出解释。

　　A．用户　　B．单位　　　C．监管部门　　D．派工人员

答案：A

96．《供电监管办法》规定，供电企业工作人员到达现场抢修的时限，自接到报修之时起，城区范围不超过（　　）分钟。因天气、交通等特殊原因无法在规定时限内到达现场的，应当向用户做出解释。

　　A．30　　　B．60　　　　C．120　　　　D．240

答案：B

97．《供电监管办法》规定，供电企业工作人员到达现场抢修的时限，自接到报修之时起，农村地区不超过（　　）分钟。因天气、交通等特殊原因无法在规定时限内到达现场的，应当向用户做出解释。

　　A．30　　　B．60　　　　C．120　　　　D．240

答案：C

98．《供电监管办法》规定，供电企业工作人员到达现场抢修的时限，自接到报修之时起，边远、交通不便地区不超过（　　）分钟。因天气、交通等特殊原因无法在规定时限内到达现场的，应当向用户做出解释。

　　A．30　　　B．60　　　　C．120　　　　D．240

答案：D

99.《供电监管办法》规定，供电企业应当建立用电投诉处理制度，公开投诉电话。对用户的投诉，供电企业应当自接到投诉之日起（　　）个工作日内提出处理意见并答复用户。

　　A．3　　　　　B．5　　　　　C．10　　　　　D．15

答案：C

100.《供电监管办法》规定，供电企业应当在供电营业场所设置公布（　　）的标识，该标识应当固定在供电营业场所的显著位置。

　　A．电力服务热线电话

　　B．电力监管投诉举报电话

　　C．电力服务热线电话和电力监管投诉举报电话

答案：C

101.《供电监管办法》规定，供电企业应当严格执行国家电价政策，按照国家核准电价或者市场交易价，依据（　　）依法认可的用电计量装置的记录，向用户计收电费。

　　A．计量检定机构

　　B．供电企业

　　C．计量检定机构和供电企业

　　D．计量检定机构或供电企业

答案：A

102.《供电监管办法》规定，供电企业不得自定电价，不得擅自变更电价，不得擅自在电费中加收或者代收（　　）规定以外的其他费用。

　　A．国家政策　　　　　　　　　　　　B．企业规定

　　C．行业规定　　　　　　　　　　　　D．上级规定

答案：A

103.《供电监管办法》规定，供电企业应用户要求对产权属于用户的电气设备提供有偿服务时，应当执行（　　）。

　　A．政府定价　　　　　　　　　　　　B．政府指导价

　　C．政府定价或者政府指导价　　　　　D．低于市场价格

答案：C

104.《供电监管办法》规定，供电企业应当严格执行政府有关部门依法作出的对淘汰企业、关停企业或者环境违法企业采取停限电措施的决定。未收到政府有关部门决定恢复送电的通知，供电企业不得擅自对政府有关部门责令限期整改的用户（　　）。

　　A．恢复送电　　　　　　　　　　　　B．临时送电

　　C．私自送电　　　　　　　　　　　　D．受理报装申请

答案：A

105.《供电监管办法》规定，（　　）可以在用户中依法开展供电满意度调查等供电情

况调查，并向社会公布调查结果。

    A．电力监管机构   B．用户

    C．供电企业   D．第三方

答案：A

106.《供电监管办法》规定，供电企业违反国家有关供电监管规定的，电力监管机构应当依法查处并予以记录；造成重大损失或者重大影响的，电力监管机构可以对供电企业的（　　）依法提出处理意见和建议。

    A．主管人员

    B．直接责任人员

    C．主管人员和其他直接责任人员

    D．有关人员

答案：C

107.供电企业违反《供电监管办法》第六条规定，没有能力对其供电区域内的用户提供供电服务并造成严重后果的，电力监管机构可以变更或者吊销（　　），指定其他供电企业供电。

    A．电力业务许可证   B．营业执照

    C．供电营业许可证   D．供电业务许可证

答案：A

108.《供电营业规则》规定，新建受电工程项目在立项阶段，用户应与供电企业联系，就工程供电的可能性、用电容量和供电条件等达成意向性协议，方可定址，确定项目。未按前款规定办理的，供电企业有权（　　）其用电申请。

    A．拒绝受理   B．暂缓受理

    C．及时受理   D．协商受理

答案：A

109.《供电营业规则》规定，如因供电企业供电能力不足或政府规定限制的用电项目，供电企业可通知用户（　　）办理。

    A．拒绝受理   B．暂缓

    C．及时   D．协商

答案：B

110.《国家电网公司供电服务规范》第十一条规定：客户在营业窗口办理用电业务的等候时间不超过20分钟，交费时间不超过（　　）分钟。

    A．30   B．20   C．3   D．5

答案：D

111.《国家电网公司供电服务规范》规定，城市地区供电可靠率不低于（　　），农网

供电可靠率不低于（   ）。

      A．99.80%，99%   B．98.89%，95%

      C．99.89%，99%   D．99.90%，96%

答案：C

三、多选题

1．在发供电系统正常情况下，供电企业应连续向用户供应电力，有下列情形的，不经批准即可对用户中止供电，但事后应报告本单位负责人。（   ）。

    A．不可抗力和紧急避险

    B．对危害供用电安全，扰乱供用电秩序，拒绝检查者

    C．受电装置经检验不合格，在指定期间未改善者

    D．确有窃电行为

答案：AD

2．供电设施因计划检修需要停电时，应提前（   ）将停电区域、线路、停电时间和恢复供电的时间进行公告，并通知重要客户。供电设施因临时检修需要停电的，应提前（   ）小时通知重要客户或进行公告。

    A．3 天   B．7 天   C．2 天   D．24 小时

答案：BD

3．受理用电业务时，营业人员应认真、仔细询问客户的办事意图，主动向客户说明该项业务需客户提供的资料、相关的收费项目和标准，并提供（   ）。

    A．法律文书   B．办理的基本流程

    C．业务咨询电话   D．其他相关内容

答案：BC

4．给用户供电前，供电企业应当按照有关规定，遵循（   ）的原则，与用户签订供用电合同。

    A．互惠互利   B．平等自愿

    C．诚实信用   D．合法

    E．协商一致

答案：BCE

5．电力运行事故由下列（   ）原因之一造成的，电力企业不承担赔偿责任。

    A．电网调度事故   B．用户自身过错

    C．电网设备事故   D．不可抗力

答案：BD

6. 电能质量是指（　　）质量。

A. 波形　　　B. 频率　　　C. 电压　　　D. 振幅

答案：ABC

7. 供电企业不得对用户受电工程指定（　　）。

A. 监理单位　　　　　　　　B. 施工单位

C. 设计单位　　　　　　　　D. 设备材料供应单位

答案：BCD

8. 供电企业若对欠费客户停止供电时，须满足（　　）条件。

A. 逾期欠费已超过 30 天

B. 经催交，在期限内仍未交纳

C. 停电前应按有关规定通知客户

D. 客户同意

答案：ABC

9. 供电企业应当按照合同约定的（　　）合理调度和安全供电。

A. 数量　　　B. 质量　　　C. 时间　　　D. 方式

答案：ABCD

10. 供电企业在发电、供电系统正常的情况下，应当连续像用户供电，不得中断，因（　　）等原因，需要中断供电时，供电企业应当按照国家有关规定事先通知用户。

A. 供电设施检修　　　　　　B. 依法限电

C. 用户违法用电　　　　　　D. 用户欠费

答案：ABC

11. 供电设施、受电设施的（　　）和运行应符合国家标准或电力行业标准。

A. 设计　　　B. 安装　　　C. 施工　　　D. 试验

答案：ACD

12. 供电设施因计划检修需要停电时，应提前 7 天将（　　）进行公告，并通知重要客户。

A. 停电区域　　　　　　　　B. 停电线路

C. 停电时间　　　　　　　　D. 恢复供电时间

答案：ABC

13. 供电设备计划检修时，对（　　）电压供电的用户的停电次数，每年不应超过一次对（　　）供电的用户，每年不应超过 3 次。

A. 10kV　　　　　　　　　　B. 35kV

C. 35kV 及以上　　　　　　D. 10kV 及以下

答案：AC

14．在电力系统正常的情况下，供电企业应当连续向用户供电。需要停电或者限电的，应当符合下列规定（　　　）。

  A．因供电设施计划检修需要停电的，供电企业应当提前 7 日公告停电区域、停电线路、停电时间，并通知重要用户

  B．因供电设施临时检修需要停电的，供电企业应当提前 24 小时通知重要用户

  C．因电网发生故障或者电力供需紧张等原因需要停电、限电的，供电企业应当按照政府批准的有序用电方案执行

  D．引起停电或者限电的原因消除后，供电企业应当尽快恢复正常供电

 答案：ABCD

15．根据《供电服务规范》规定，根据停电原因的不同，停电可分为（　　　）。

  A．故障停电　　　　　　　　　　B．预安排停电

  C．因客户违法行为造成的停电　　D．临时停电

 答案：ABC

16．营业场所内应张贴（　　　）的服务标语。

  A．优质　　　B．方便　　　C．规范　　　D．真诚

 答案：ABCD

17．属于供电营业厅的服务人员包括（　　　）。

  A．营业厅主管　　　　　　　　　B．业务受理员

  C．收费员　　　　　　　　　　　D．保洁员

 答案：ABCD

18．下列属于现场服务内容的有（　　　）。

  A．客户侧计费电能表电量抄见

  B．客户侧停电、复电

  C．客户侧用电情况的巡查

  D．客户侧计费电能表现场安装、校验

 答案：ABCD

19．与客户交接钱物时，应做到（　　　）。

  A．唱收唱付　　　　　　　　　　B．轻拿轻放

  C．不抛不丢　　　　　　　　　　D．使用标准欢迎语

 答案：ABC

20．进行有偿服务工作时，应向客户逐一列出（　　　）等清单，并经客户确认、签字。付费后，应开具正式发票。

  A．修复项目　　B．收费标准　　C．消耗材料　　D．单价

 答案：ABCD

21. 供电企业应当对用户受电工程建设提供必要的（　　　）。

　　A. 业务咨询　B. 现场指导　　C. 建设规划　　D. 技术服务

答案：AD

22. 隐蔽工程指被其他工作物遮掩的工程，具体是指（　　　）等需要覆盖、掩盖的工程。

　　A. 地基　　　　　　　　　B. 电气管线

　　C. 供水供热管线　　　　　D. 管沟

答案：ABC

23. 严格执行国家规定的电费电价政策及业务收费标准，严禁利用各种方式和手段变相（　　　）。

　　A. 另立收费项目　　　　　B. 扩大收费范围

　　C. 提高收费标准　　　　　D. 改变收费方式

答案：BC

24. 供电设施因临时检修需要停电的，应提前 24 小时（　　　）。

　　A. 通知所有用户　　　　　B. 通知重要用户

　　C. 通知 10kV 级以上用户　D. 进行公告

答案：BD

25. 接待客户时，应面带微笑，目光专注，做到（　　　）。

　　A. 来有迎声　B. 去有送声　　C. 有礼有节　　D. 不卑不亢

答案：AB

26. 对客户的咨询、投诉等（　　　），及时、耐心、准确地给予解答。

　　A. 不推诿　　B. 不拒绝　　C. 不搪塞　　D. 不拖延

答案：ABC

27. 到客户现场服务前，有必要且有条件的，应与客户预约时间，讲明（　　　），请客户予以配合。

　　A. 工作方式　　　　　　　B. 工作时间

　　C. 工作内容　　　　　　　D. 工作地点

答案：CD

28. 供电企业应当方便用户查询下列信息（　　　）。

　　A. 公用供电线路可开放容量　B. 用电报装信息和办理进度

　　C. 用电投诉处理情况　　　　D. 其他用电信息

答案：BCD

29. 《国家电网公司供电服务规范》适用于国家电网公司所属（　　　）。

　　A. 网省公司　　　　　　　B. 电网经营企业

C．电网服务企业　　　　　D．供电企业

答案：BD

30.《国家电网公司供电服务规范》要求供电企业，应公布（　　　），接受社会与客户的监督。

A．服务承诺　B．服务项目　C．服务范围　　D．服务程序

E．收费标准　F．收费依据

答案：ABCDEF

31.《国家电网公司供电服务规范》中，以下（　　　）为供电员工站立时的行为举止规范要求。

A．目视前方

B．双手下垂置于身体两侧或双手交叠自然下垂

C．双脚并拢

D．两肩平衡放松

E．不得不抖动腰腿

答案：BC

32．供电服务人员上岗必须统一着装，并佩戴工号牌保持仪容仪表美观大方，不允许（　　　）。

A．化妆　　　　　　　　　B．敞怀

C．将长裤卷起　　　　　　D．戴过多的首饰

答案：BC

33.《国家电网公司供电服务规范》要求营业场所内应公布（　　　），接受社会与客户的监督。

A．服务承诺　　　　　　　B．供电服务项目

C．电价表　　　　　　　　D．业务办理程序

E．收费项目及收费标准　　F．服务及投诉电话

G．岗位纪律

答案：ABCDEFG

34.《国家电网公司供电服务规范》规定："95598"客户服务热线的工作内容为（　　　）。

A．停电信息公告　　　　　B．电力故障报修

C．业扩报装受理　　　　　D．用电信息查询、咨询

E．服务质量投诉　　　　　F．业务受理等

答案：ABDEF

35.《国家电网公司供电服务规范》规定："95598"客户服务网页（网站）的功能为（　　　）。

A．停电信息公告　　　　　B．用电信息查询

C．业务办理信息查询　　　　　D．业扩报装受理

E．服务质量投诉　　　　　　　F．供用电政策法规查询

答案：ABCEF

36.《国家电网公司供电服务规范》规定，对客户受电工程的中间检查和竣工检验，应以有关的（　　　）为依据，不得提出不合理要求。

A．设计方案　　　　　　　　　B．技术规范

C．现场实际　　　　　　　　　D．施工设计

E．法律法规　　　　　　　　　F．技术标准

答案：BDEF

37．进行有偿服务工作时，应向客户逐一列出（　　　），并经客户确认、签字。付费后，应开具正式发票。

A．单价清单　　　　　　　　　B．修复项目清单

C．收费标准清单　　　　　　　D．工作量清单

答案：ABC

38.《国家电网公司供电服务规范》规定，可以通过（　　　）等方式接受客户的投诉和举报。

A．"95598"供电客户服务热线

B．专设的投诉举报电话

C．信函

D．营业场所设置意见箱或意见簿

E．营业厅投诉台

F．领导对外接待日

G．"95598"供电客户服务网页（网站）

答案：ABCDFG

39.在电力系统正常状况下,供电企业供到用户受电端的供电电压允许偏差为:（　　　）。

A．35kV 及以上电压供电的，电压正、负偏差之和不超过额定值的 10%

B．10kV 及以下三相供电的，为额定值的±7%

C．220V 单相供电的，为额定值的+7%，−10%

D．在电力系统非正常状况下，用户受电端的电压最大允许偏差不应超过额定值的±10%

答案：BCD

40．下列哪些行为属于服务规范的内容：（　　　）。

A．营业人员必须准点上岗，做好营业前的各项准备工作

B．实行首问负责制。无论办理业务是否对口，接待人员都要认真倾听，热心引

导，快速衔接，并为客户提供准确的联系人、联系电话和地址

　　C．实行限时办结制。办理居民客户收费业务的时间一般每件不超过 5 分钟，办理客户用电业务的时间一般每件不超过 20 分钟

　　D．当有特殊情况必须暂时停办业务时，应列示"暂停营业"标牌

答案：ABCD

41．下列属于供电服务规范中有偿服务规范内容的有：（　　　）。

　　A．对产权不属于供电企业的电力设施进行维护和抢修实行协商有偿服务的原则

　　B．应客户要求进行有偿服务的，电力修复或更换电气材料的费用，执行省（自治区、直辖市）物价管理部门核定的收费标准

　　C．进行有偿服务工作时，应向客户逐一列出修复项目、收费标准、消耗材料、单价等清单，并经客户确认、签字。付费后，应开具正式发票

　　D．有偿服务工作完毕后，应留下联系电话，并主动回访客户，征求意见

答案：ABCD

42．重要电力用户是指在国家或者一个地区（城市）的社会、政治、经济生活中占有重要地位，对其中断供电将可能造成（　　　）、社会公共秩序严重混乱的用电单位或对供电可靠性有特殊要求的用电场所。

　　A．人身伤亡　　　　　　　　B．较大环境污染

　　C．较大政治影响　　　　　　D．较大经济损失

答案：ABCD

43．《国家电网公司供电客户服务提供标准》中业务办理包括（　　　）。

　　A．用电指导　　　　　　　　B．信息订阅

　　C．办理咨询查询　　　　　　D．客户信息更新

答案：ABCD

44．《国家电网公司供电客户服务提供标准》中规定：客户现场服务的方式包括：（　　　）。

　　A．面对面　　B．电话　　　C．传真　　　　D．邮件

答案：ABC

45．《供电监管办法》规定，（　　　）需要紧急供电时，供电企业应当及时提供电力供应。

　　A．抢险救灾　B．突发事件　　C．基建电源　　D．农田水利

答案：AB

46．《供电监管办法》规定，供电企业应当遵守国家有关（　　　）等规定。

　　A．供电营业区

　　B．供电业务许可

　　C．承装（修、试）电力设施许可

D．电工进网作业许可

答案：ABCD

47.《供电监管办法》规定，电力监管机构对供电企业公平、无歧视开放供电市场的情况实施监管。供电企业不得从事下列行为：（   ）。

A．无正当理由拒绝用户用电申请

B．对趸购转售电企业符合国家规定条件的输配电设施，拒绝或者拖延接入系统

C．违反市场竞争规则，以不正当手段损害竞争对手的商业信誉或者排挤竞争对手

D．对用户受电工程指定设计单位．施工单位和设备材料供应单位

E．其他违反国家有关公平竞争规定的行为

答案：ABCDE

48.《供电监管办法》规定，供电企业应当按照国家有关规定，遵循（   ）的原则，与用户、趸购转售电单位签订供用电合同，并按照合同约定供电。

A．平等自愿　　　　　B．协商一致

C．诚实信用　　　　　D．合法依规

答案：ABC

49.《供电监管办法》规定，供电企业应当依照《中华人民共和国政府信息公开条例》、《电力企业信息披露规定》，采取便于用户获取的方式，公开供电服务信息。供电企业公开信息应当（   ）。

A．真实　　　B．及时　　　C．完整　　　D．全面

答案：ABC

50.《供电监管办法》规定，供电企业应当方便用户查询下列信息（   ）。

A．用电报装信息和办理进度

B．用电投诉处理情况

C．其他用电信息

答案：ABC

51.《供电监管办法》规定，电力监管机构依法履行职责，可以采取下列措施，进行现场检查：（   ）。

A．进入供电企业进行检查

B．询问供电企业的工作人员，要求其对有关检查事项作出说明

C．查阅、复制与检查事项有关的文件、资料，对可能被转移、隐匿、损毁的文件、资料予以封存

D．对检查中发现的违法行为，可以当场予以纠正或者要求限期改正

答案：ABCD

52. 《供电监管办法》规定，供电企业有下列情形之一的，由电力监管机构责令改正；拒不改正的，处 5 万元以上 50 万元以下罚款，对直接负责的主管人员和其他直接责任人员，依法给予处分构成犯罪的，依法追究刑事责任：（　　　）。

  A．拒绝或者阻碍电力监管机构及其从事监管工作的人员依法履行监管职责的

  B．提供虚假或者隐瞒重要事实的文件、资料的

  C．未按照国家有关电力监管规章、规则的规定公开有关信息的

答案：ABC

53. 下面为国家电网公司调度交易服务"十项措施"内容的有（　　　）。

  A．健全完善电网企业与发电企业、电网企业与用电客户沟通协调机制，定期召开联席会，加强技术服务，及时协调解决重大技术问题，保障电力可靠有序供应

  B．认真执行国家有关规定和调度规程，优化新机并网服务流程，为发电企业提供高效优质的新机并网及转商运服务

  C．严格执行《国家电网公司电力调度机构工作人员"五不准"规定》和《国家电网公司电力交易机构服务准则》，聘请"三公"调度交易监督员，省级及以上调度交易设立投诉电话，公布投诉电子邮箱

答案：ABC

54. 《供电监管办法》规定，供电企业违反国家有关供电监管规定的，电力监管机构应当依法查处并予以记录造成重大损失或者重大影响的，电力监管机构可以对供电企业的（　　　）依法提出处理意见和建议。

  A．主管人员   B．其他直接责任人员

  C．管理人员   D．有关人员

答案：AB

55. 下面为国家电网公司员工服务"十个不准"内容的有（　　　）。

  A．不准违规停电、无故拖延送电

  B．不准违反政府部门批准的收费项目和标准向客户收费

  C．不准为客户指定设计、施工、供货单位

  D．不准操作客户设备

答案：ABC

56. 下面为国家电网公司员工服务"十个不准"内容的有（　　　）。

  A．不准违反业务办理告知要求，造成客户重复往返

  B．不准违反首问负责制，推诿、搪塞、怠慢客户

  C．不准对外泄露客户个人信息及商业秘密

  D．不准工作时间饮酒及酒后上岗

答案：ABCD

57．下面为国家电网公司员工服务"十个不准"内容的有（　　　）。

A．不准营业窗口擅自离岗或做与工作无关的事

B．不准接受客户吃请和收受客户礼品、礼金、有价证券等

C．不准利用岗位与工作之便谋取不正当利益

D．不准对重要客户限电

答案：ABC

58．下面为国家电网公司供电服务"十项承诺"内容的有（　　　）。

A．城市地区：供电可靠率不低于99.90%，居民客户端电压合格率96%；农村地区：供电可靠率和居民客户端电压合格率，经国家电网公司核定后，由各省（自治区、直辖市）电力公司公布承诺指标

B．提供24小时电力故障报修服务，供电抢修人员到达现场的时间一般不超过：城区范围45分钟；农村地区90分钟；特殊边远地区2小时

C．供电设施计划检修停电，提前7天向社会公告。对欠电费客户依法采取停电措施，提前7天送达停电通知书，费用结清后24小时内恢复供电

D．严格执行价格主管部门制定的电价和收费政策，及时在供电营业场所和网站公开电价、收费标准和服务程序

答案：ABCD

59．下面为国家电网公司供电服务"十项承诺"内容的有（　　　）。

A．供电方案答复期限：居民客户不超过3个工作日，低压电力客户不超过7个工作日，高压单电源客户不超过15个工作日，高压双电源客户不超过30个工作日

B．装表接电期限：受电工程检验合格并办结相关手续后，居民客户3个工作日内送电，非居民客户5个工作日内送电

C．受理客户计费电能表校验申请后，5个工作日内出具检测结果。客户提出抄表数据异常后，7个工作日内核实并答复

答案：ABC

60．下面为国家电网公司供电服务"十项承诺"内容的有（　　　）。

A．当电力供应不足，不能保证连续供电时，严格按照政府批准的有序用电方案实施错避峰、停限电

B．供电服务热线"95598"24小时受理业务咨询、信息查询、服务投诉和电力故障报修

C．受理客户投诉后，1个工作日内联系客户，7个工作日内答复处理意见

答案：ABC

61. 下面为国家电网公司调度交易服务"十项措施"内容的有（　　　）。

    A. 规范《并网调度协议》和《购售电合同》的签订与执行工作，坚持公开、公平、公正调度交易，依法维护电网运行秩序，为并网发电企业提供良好的运营环境

    B. 按规定、按时向政府有关部门报送调度交易信息；按规定、按时向发电企业和社会公众披露调度交易信息

    C. 规范服务行为，公开服务流程，健全服务机制，进一步推进调度交易优质服务窗口建设

答案：ABC

62. 下面为国家电网公司调度交易服务"十项措施"内容的有（　　　）。

    A. 严格执行政府有关部门制定的发电量调控目标，合理安排发电量进度，公平调用发电机组辅助服务

    B. 健全完善问询答复制度，对发电企业提出的问询能够当场答复的，应当场予以答复；不能当场答复的，应当自接到问询之日起 6 个工作日内予以答复；如需延长答复期限的，应告知发电企业，延长答复的期限最长不超过 12 个工作日

    C. 充分尊重市场主体意愿，严格遵守政策规则，公开透明组织各类电力交易，按时准确完成电量结算

    D. 认真贯彻执行国家法律法规，严格落实小火电关停计划，做好清洁能源优先消纳工作，提高调度交易精益化水平，促进电力系统节能减排

答案：ABCD

四、判断题

1. 《供电服务规范》规定：城市居民客户端电压合格率不低于 96%，农网居民客户端电压合格率不低于 90%。　　　　　　　　　　　　　　　（　　）

答案：×

2. 根据《国家电网公司供电服务质量标准》规定：对高压业扩工程，送电后应 100%回访客户。　　　　　　　　　　　　　　　　　　　　　　　（　　）

答案：×

3. 电力系统公共连接点正常电压不平衡度允许值为 2%，短时不得超过 5%。

（　　）

答案：×

4. 当电力供应不足或因电网原因不能保证连续供电的，应执行政府批准的有序用电

方案。 （ ）

答案：√

5．供电企业应向客户提供不少于两种可供选择的缴纳电费方式。 （ ）

答案：√

6．对产权不属于供电企业的电力设施进行维护和抢修实行有偿服务的原则。

（ ）

答案：√

7．用户受电工程简称受电工程，是由用户出资，供电企业建设，在用户办理新装、增容、变更用电等用电业务时涉及的电力工程。 （ ）

答案：×

8．用户自备应急电源是指由用户自行配备的，在正常供电电源全部发生中断的情况下，能满足用户生产负荷可靠供电的独立电源。 （ ）

答案：×

9．供电客户服务是电力供应过程中，企业为满足客户获得和使用电力产品的各种相关需求的一系列活动的总称。 （ ）

答案：√

10．供电企业对申请用电的用户提供的供电方式，应当依据国家的有关政策和规定、电网的规划、用电需求以及当地供电条件等因素与用户协商确定；无正当理由时，应当就近供电。 （ ）

答案：√

11．供电企业如需对用户受电工程中的隐蔽工程进行中间检查，则应当在受电工程施工开始后，将中间检查内容告知用户，并与用户协商确定中间检查的环节。 （ ）

答案：×

12．国家电网公司的供电服务方针是"人民电业为人民"。 （ ）

答案：×

13．《国家电网公司供电服务规范》中规定，根据国家有关法律法规，本着平等、自愿、诚实信用的原则，以合同形式明确供电企业与客户双方的权利和义务，明确责任分界点，维护双方的合法权益。 （ ）

答案：×

14．尽量避免在客户面前打哈欠，打喷嚏，难以控制时，应尽量轻微，并向对方致歉。

（ ）

答案：×

15．当客户的要求与政策、法律、法规及本企业制度相悖时，应向客户耐心解释，争取客户理解，做到有理有节。遇有客户提出不合理要求时，应委婉拒绝客户。不得与客

发生争吵。 （　　）

答案：×

16．因计算机系统出现故障而影响业务办理时，若短时间内可以恢复，应主动向客户致歉，平复情绪，并请客户耐心等待。 （　　）

答案：×

17．当有特殊情况必须暂时停办业务时，应列示"暂停服务"标牌。 （　　）

答案：×

18．临下班时，对于正在处理中的业务应照常办理完毕后方可下班。下班如仍有等候办理业务的客户，应委婉告知，另约服务时间。 （　　）

答案：×

19．"95598"客户服务热线服务规范中关于建立客户回访制度：对客户投诉，应100%跟踪投诉受理全过程，5天内答复。对故障报修，必要时在修复后及时进行回访，听取意见和建议。 （　　）

答案：√

20．《供电服务规范》中"首问负责制"的规定就是无论办理业务是否对口，接待人员都要认真倾听，热心引导，快速衔接，并为客户提供准确的联系人、联系电话和地址。

（　　）

答案：√

21．《国家电网公司供电服务质量标准》中所说客户是指已经与供电企业建立供用电关系的组织或个人。 （　　）

答案：×

22．《国家电网公司供电服务质量标准》规定在电力系统非正常状况下，供电频率允许偏差不应超过±1.0Hz。 （　　）

答案：√

23．《国家电网公司供电服务质量标准》：当电力供应不足或因电网原因不能保证连续供电的，应执行政府和上级管理部门批准的有序用电方案。 （　　）

答案：×

24．《供电服务规范》（GB/T 28583—2012）规定，用户申请新装用电、增加用电容量或者变更用电时，供电企业无正当理由不得拒绝用户的用电申请，并一次性告知用电业务办理流程、办理期限、双方的权利和义务、供电企业规定的收费项目和收费标准等内容。

（　　）

答案：×

25．《供电服务规范》规定客户服务提供标准供电企业实现客户服务的过程中，向客户提供的各项服务资源的基本配置要求，包括服务功能、服务环境、服务方式、服务人员、

服务流程、服务设施及用品等。 （　）

答案：√

26.《供电服务规范》规定供电企业应当对用户受电工程建设提供必要的业务咨询和设计服务。 （　）

答案：×

27.《供电服务规范》规定，供电企业不得公开涉及国家机密、商业机密、个人信息及公开后可能影响公共安全和社会稳定的信息。对涉及敏感内容，不公开可能对公共利益造成重大影响的，不需经权利人同意，可以公开。 （　）

答案：×

28.《供电服务规范》规定供电企业应当按照有关规定开展重要电力用户安全供电服务及管理，如发现重要用户的用电设施存在安全隐患，应当及时告知用户，并将排查和治理情况及时报上级有关部门备案。 （　）

答案：×

29.《供电服务规范》规定，供电企业因不可抗力或用户自身过错违反供用电合同的约定，给用户造成损失的，应当依法承担赔偿责任。 （　）

答案：×

30.《供电服务规范》规定，供电企业应当为用户安全用电提供业务指导和技术服务，履行用电检查职责。 （　）

答案：√

31.《供电服务规范》规定，自接到用户受电装置竣工报告和检验申请次日起，用户受电工程启动竣工检验的期限应当符合：低压供电用户不超过5个工作日；高压供电用户不超过7个工作日。 （　）

答案：×

32.《供电服务规范》规定，供电企业对执行两部制电价用户的抄表周期一般不宜大于一个月，对执行功率因数调整电费用户的抄表周期一般不宜大于两个月。 （　）

答案：×

33.《供电服务规范》规定，供电企业应当向用户提供不少于四种可供选择的交纳电费方式，如营业场所交费、银行（邮政）代收交费、自助交费及充值卡付费等。 （　）

答案：×

34.《供电服务规范》规定，在电力系统正常的情况下，供电企业应当连续向用户供电。引起停电或者限电的原因消除后，供电企业应当尽快恢复正常供电，不能在3个工作日内恢复供电的，供电企业应当向用户说明原因。 （　）

答案：×

35.《供电服务规范》规定，供电企业应当为用户安全用电提供业务指导和技术咨询，

履行用电检查职责。 （ ）

答案：×

36.《供电服务规范》规定，客户对计费电能表的准确性提出异议，并要求进行校验的，校验费由客户承担。 （ ）

答案：×

37.《供电服务规范》规定与客户交接钱物时，应唱收唱付，轻拿轻放，不抛不丢。

（ ）

答案：√

38. 在电力系统正常状况下，10kV 及以下三相供电的，为额定值的+7%，−10%。

（ ）

答案：×

39. 供电设备计划检修时，对 35kV 及以上电压等级供电的客户的停电次数，每年不应超过 1 次；对 10kV 电压等级供电的客户，每年不应超过 3 次。 （ ）

答案：√

40. 对紧急情况下的停电或限电，客户询问时，应向客户做好解释工作，并尽快恢复正常供电。 （ ）

答案：√

41. 办理居民客户收费业务的时间一般每件不超过 15 分钟。 （ ）

答案：×

42. 客户填写业务登记表时，营业人员应给予热情的指导和帮助，并认真审核，如发现填写有误，应及时帮助改正。 （ ）

答案：×

43. 客户来办理业务时，应主动接待，不因遇见熟人或接听电话而怠慢客户。如前一位客户业务办理时间过长，应请客户在等待区等候。 （ ）

答案：×

44.《国家电网公司供电服务规范》要求，"95598"时刻保持电话畅通，电话铃响 3 声内接听，超过 3 声应道歉。应答时要首先问候，然后报出单位名称和工号。 （ ）

答案：×

45.《国家电网公司供电服务规范》规定，对客户投诉，应 100%跟踪投诉受理全过程，5 天内答复。 （ ）

答案：√

46. 到客户现场服务前，必须与客户预约时间，讲明工作内容和工作地点，请客户予以配合。 （ ）

答案：×

47.《国家电网公司供电服务规范》规定，已受理的用电报装，供电方案答复时限：低压电力客户最长不超过 7 天；高压单电源客户最长不超过 15 天；高压双电源客户最长不超过 1 个月，若不能如期确定供电方案时，供电企业应向客户说明原因。（　　）

答案：×

48.《国家电网公司供电服务规范》规定，对客户送审的受电工程设计文件和有关资料答复时限：高压供电的最长不超过 1 个月；低压供电的最长不超过 10 天，供电企业的审核意见应以书面形式连同所有审核过的受电工程设计文件和有关资料一并退还客户，以便客户据以施工。（　　）

答案：×

49. 用户使用的电力电量，以供电企业依法认可的用电计量装置的记录为准。

（　　）

答案：×

50. 供电企业在发电、供电系统正常的情况下，只允许短时间中断供电。

（　　）

答案：×

51. 禁止任何单位和个人在电费中加收其他费用；但是，法律、行政法规另有规定的除外。（　　）

答案：√

52. 电力企业或者用户违反供用电合同，给对方造成损失的，应当依法承担赔偿责任。

（　　）

答案：√

53. 因电力运行事故给客户或者第三人造成损害的，电力企业应当依法承担赔偿责任。

（　　）

答案：√

54. 电力运行事故由不可抗力造成的，电力企业不承担赔偿责任。（　　）

答案：√

55. 因客户或第三人的过错给电力企业或者其他客户造成损害的该客户或者第三人应当依法承担赔偿责任。（　　）

答案：√

56. 电力供应与使用双方应当根据平等自愿、等价有偿的原则，按照国务院制定的电力供应与使用办法签订供用电合同，确定双方的权利和义务。（　　）

答案：×

57.《国家电网公司供电服务规范》规定，受理居民客户申请用电后，5 个工作日内送电；其他客户在受电装置验收合格并签订供用电合同后，5 个工作日内送电。（　　）

答案：√

58．国家电网公司供电服务"十项承诺"规定：城市地区，供电可靠率不低于99.90%，居民客户端电压率95%。 （ ）

答案：×

59．国家电网公司供电服务"十项承诺"规定：农村地区，供电可靠率和居民客户端电压合格率，国家电网公司核定后，由各省（自治区、直辖市）电力公司公布承诺指标。

（ ）

答案：√

60．国家电网公司供电服务"十项承诺"规定：提供24小时电力故障报修服务，城区范围供电抢修人员到达现场的时间一般不超过30分钟。 （ ）

答案：×

61．国家电网公司供电服务"十项承诺"规定：提供24小时电力故障报修服务，农村地区供电抢修人员到达现场的时间一般不超过90分钟。 （ ）

答案：√

62．国家电网公司供电服务"十项承诺"规定：提供24小时电力故障报修服务，特殊边远地区供电抢修人员到达现场的时间一般不超过2小时。 （ ）

答案：√

63．国家电网公司供电服务"十项承诺"规定：供电设施计划检修停电，提前5天向社会公告。 （ ）

答案：×

64．国家电网公司供电服务"十项承诺"规定：对欠电费客户依法采取停电措施，提前7天送达停电通知书，费用结清后48小时内恢复供电。 （ ）

答案：×

65．国家电网公司供电服务"十项承诺"规定：严格执行价格主管部门制定的电价和收费政策，及时在供电营业场所和网站公开电价、收费标准和服务程序。 （ ）

答案：√

66．国家电网公司供电服务"十项承诺"规定：供电方案答复期限，居民客户不超过3个工作日。 （ ）

答案：√

67．国家电网公司供电服务"十项承诺"规定：供电方案答复期限，低压电力客户不超过7个工作日。 （ ）

答案：√

68．国家电网公司供电服务"十项承诺"规定：供电方案答复期限，高压单电源客户不超过15个工作日。 （ ）

答案：√

69．国家电网公司供电服务"十项承诺"规定：供电方案答复期限，高压双电源客户不超过 30 个工作日。　　　　　　　　　　　　（　　）

答案：√

70．国家电网公司供电服务"十项承诺"规定：装表接电期限，受电工程检验合格并办结相关手续后，居民客户 5 个工作日内送电。　　　　　　（　　）

答案：×

71．国家电网公司供电服务"十项承诺"规定：装表接电期限，受电工程检验合格并办结相关手续后，非居民客户 3 个工作日内送电。　　　　　（　　）

答案：×

72．国家电网公司供电服务"十项承诺"规定：受理客户计费电能表校验申请后，3 个工作日内出具检测结果。　　　　　　　　　　　　（　　）

答案：×

73．国家电网公司供电服务"十项承诺"规定：客户提出抄表数据异常后，5 个工作日内核实并答复。　　　　　　　　　　　　　　　（　　）

答案：×

74．国家电网公司供电服务"十项承诺"规定：当电力供应不足，不能保证连续供电时，严格按照供电企业批准的有序用电方案实施错避峰、停限电。　（　　）

答案：×

75．国家电网公司供电服务"十项承诺"规定：供电服务热线"95598"24 小时受理业务咨询、信息查询、服务投诉和电力故障报修。　　　　　（　　）

答案：√

76．国家电网公司供电服务"十项承诺"规定：受理客户投诉后，1 个工作日内联系客户。　　　　　　　　　　　　　　　　　　　　（　　）

答案：√

77．国家电网公司供电服务"十项承诺"规定：受理客户投诉后，5 个工作日内答复处理意见。　　　　　　　　　　　　　　　　　　（　　）

答案：×

78．国家电网公司员工服务"十个不准"规定：不准私自停电、无故拖延送电。
　　　　　　　　　　　　　　　　　　　　　　　　　　　　（　　）

答案：×

79．国家电网公司员工服务"十个不准"规定：不准违反公司批准的收费项目和标准向客户收费。　　　　　　　　　　　　　　　　　　（　　）

答案：×

80．国家电网公司员工服务"十个不准"规定：不准为客户指定设计、施工、供货单位。（ ）

答案：√

81．国家电网公司员工服务"十个不准"规定：不准违反业务办理告知要求，造成客户重复往返。（ ）

答案：√

82．国家电网公司员工服务"十个不准"规定：不准违反首问负责制，推诿、搪塞、怠慢客户。（ ）

答案：√

83．国家电网公司员工服务"十个不准"规定：不准对外泄露客户个人信息及商业秘密。（ ）

答案：√

84．国家电网公司员工服务"十个不准"规定：不准工作时间饮酒及酒后上岗。（ ）

答案：√

85．国家电网公司员工服务"十个不准"规定：不准营业窗口擅自离岗或做与工作无关的事。（ ）

答案：√

86．国家电网公司员工服务"十个不准"规定：不准接受客户吃请和收受客户礼品、礼金、有价证券等。（ ）

答案：√

87．国家电网公司员工服务"十个不准"规定：不准利用岗位与工作之便谋取不正当利益。（ ）

答案：√

88．国家电网公司员工服务"十个不准"规定：不准向客户提供技术标准。（ ）

答案：×

89．国家电网公司员工服务"十个不准"规定：不准擅自更动客户设备。（ ）

答案：×

90．国家电网公司调度交易服务"十项措施"规定：规范《并网调度协议》和《购售电合同》的签订与执行工作，坚持公开、公平、公正调度交易，依法维护电网运行秩序，为电力用户提供良好的运营环境。（ ）

答案：×

91．国家电网公司调度交易服务"十项措施"规定：按规定、按时向政府有关部门报送调度交易信息。（ ）

答案：√

92．国家电网公司调度交易服务"十项措施"规定：按规定、按时向发电企业和社会公众披露调度交易信息。　　　　　　　　　　　　　　　　　（　　）

答案：√

93．国家电网公司调度交易服务"十项措施"规定：规范服务行为，公开服务流程，健全服务机制，进一步推进调度交易优质服务窗口建设。　　　　　　（　　）

答案：√

94．国家电网公司调度交易服务"十项措施"规定：严格执行政府有关部门制定的发电量调控目标，合理安排发电量进度，公平调用发电机组辅助服务。　　（　　）

答案：√

95．国家电网公司调度交易服务"十项措施"规定：健全完善问询答复制度，对发电企业提出的问询能够当场答复的，应当场予以答复；不能当场答复的，应当自接到问询之日起 5 个工作日内予以答复。如需延长答复期限的，应告知发电企业，延长答复的期限最长不超过 12 个工作日。　　　　　　　　　　　　　　　　　（　　）

答案：×

96．国家电网公司调度交易服务"十项措施"规定：健全完善问询答复制度，对发电企业提出的问询能够当场答复的，应当场予以答复；不能当场答复的，应当自接到问询之日起 6 个工作日内予以答复。如需延长答复期限的，应告知发电企业，延长答复的期限最长不超过 10 个工作日。　　　　　　　　　　　　　　　　　（　　）

答案：×

97．国家电网公司调度交易服务"十项措施"规定：充分尊重市场主体意愿，严格遵守政策规则，公开透明组织各类电力交易，按时准确完成电量结算。　　（　　）

答案：√

98．国家电网公司调度交易服务"十项措施"规定：认真贯彻执行国家法律法规，严格落实小火电关停计划，做好清洁能源优先消纳工作，提高调度交易精益化水平，促进电力系统节能减排。　　　　　　　　　　　　　　　　　　　（　　）

答案：√

99．国家电网公司调度交易服务"十项措施"规定：健全完善电网企业与发电企业、发电企业与用电客户沟通协调机制，定期召开联席会，加强技术服务，及时协调解决重大技术问题，保障电力可靠有序供应。　　　　　　　　　　　　　（　　）

答案：×

100．国家电网公司调度交易服务"十项措施"规定：认真执行国家有关规定和调度规程，优化新机并网服务流程，为发电企业提供高效优质的新机并网及转商运服务。

（　　）

答案：√

101．国家电网公司调度交易服务"十项措施"规定：严格执行《国家电网公司电力调度机构工作人员"五不准"规定》和《国家电网公司电力交易机构服务准则》，聘请"三公"调度交易监督员，市级及以上调度交易设立投诉电话，公布投诉电子邮箱。　　　（　　　）

答案：×

102．《供电营业规则》规定：用户需要的电压等级在110kV及以上时，其受电装置应作为终端变电站设计，方案需经市电网经营企业审批。　　　　　　　　（　　　）

答案：×

103．《供电营业规则》规定：供电企业对申请用电的用户提供的供电方式，应从电网运行和便于管理出发，依据国家的有关政策和规定、电网的规划、用电需求以及当地供电条件等因素，进行技术经济比较后确定。　　　　　　　　　　　　　（　　　）

答案：×

104．《供电营业规则》规定：用户单相用电设备总容量不足20kW的可采用低压220V供电。　　　　　　　　　　　　　　　　　　　　　　　　　　　　　（　　　）

答案：×

105．《供电营业规则》规定：用户用电设备容量在50kW及以下或需用变压器容量在100kVA及以下者。可采用低压三相四线制供电，特殊情况也可采用高压供电。（　　　）

答案：×

106．《供电营业规则》规定：用户重要负荷的保安电源，必须由用户自备。（　　　）

答案：×

107．《供电营业规则》规定：用户重要负荷的保安电源，遇有下列情况者，保安电源应由用户自备：在电力系统瓦解或不可抗力造成供电中断时，仍需保证供电的。（　　　）

答案：√

108．《供电营业规则》规定：用户重要负荷的保安电源，遇有下列情况者，保安电源应由用户自备：用户自备电源比从电力系统供给更为经济合理的。　　　（　　　）

答案：√

109．《供电营业规则》规定：供电企业向有重要负荷的用户提供的保安电源，应符合独立电源的条件。有重要负荷的用户在取得供电企业供给的保安电源的同时，不再配置非电性质的应急措施。　　　　　　　　　　　　　　　　　　　　　（　　　）

答案：×

110．《供电营业规则》规定：对基建工地、农田水利、市政建设等非永久性用电，可供给临时电源。　　　　　　　　　　　　　　　　　　　　　　　　　　（　　　）

答案：√

111．《供电营业规则》规定：使用临时电源的用户不得向外转供电，也不得转让给其

他用户，供电企业及时受理其变更用电事宜。 （　　）

答案：×

112.《供电营业规则》规定：电网经营企业与趸购转售电单位应就趸购转售事宜签订供用电合同，明确双方的权利和义务。趸购转售电单位需新装或增加趸购容量时，不用办理新装增容手续。 （　　）

答案：×

113.《供电营业规则》规定：供电企业应在媒体公告办理各项用电业务的程序、制度和收费标准。 （　　）

答案：×

114.《供电监管办法》规定：电力监管机构依法履行职责，可以采取下列措施，进行现场检查：进入供电企业进行检查；询问供电企业的工作人员，要求其对有关检查事项作出说明；查阅、复制与检查事项有关的文件、资料，对可能被转移、隐匿、损毁的文件、资料予以封存；对检查中发现的违法行为，可以当场予以纠正或者要求限期改正。

（　　）

答案：√

115.《供电监管办法》规定：供电企业有下列情形之一的，由电力监管机构责令改正；拒不改正的，处 5 万元以上 50 万元以下罚款，对直接负责的主管人员和其他直接责任人员，依法给予处分；构成犯罪的，依法追究刑事责任：拒绝或者阻碍电力监管机构及其从事监管工作的人员依法履行监管职责的；提供虚假或者隐瞒重要事实的文件、资料的；未按照国家有关电力监管规章、规则的规定公开有关信息的。 （　　）

答案：√

116.《供电监管办法》规定：供电监管应当依法进行，并遵循公开、公正和效率的原则。 （　　）

答案：√

117.《供电监管办法》规定：供电企业应当加强供电设施建设，具有能够满足其供电区域内用电需求的供电能力，保障供电设施的正常运行。 （　　）

答案：√

118.《供电监管办法》规定：在电力系统正常的情况下，供电企业的供电质量应当符合下列规定：向用户提供的电能质量符合国家标准或者电力行业标准。 （　　）

答案：√

119.《供电监管办法》规定：在电力系统正常的情况下，供电企业的供电质量应当符合下列规定：城市地区年供电可靠率不低于 99%，城市居民用户受电端电压合格率不低于 95%，10kV 以上供电用户受电端电压合格率不低于 98%。 （　　）

答案：√

120.《供电监管办法》规定：农村地区年供电可靠率和农村居民用户受电端电压合格率符合派出机构的规定。派出机构有关农村地区年供电可靠率和农村居民用户受电端电压合格率的规定，应当报电监会备案。（　　）

答案：√

121.《供电监管办法》规定：供电企业应当审核用电设施产生谐波、冲击负荷的情况，按照国家有关规定协助不符合规定的用电设施接入电网。（　　）

答案：×

122.《供电监管办法》规定：用电设施产生谐波、冲击负荷影响供电质量或者干扰电力系统安全运行的，供电企业应当及时告知用户采取有效措施予以消除；用户不采取措施或者采取措施不力，产生的谐波、冲击负荷仍超过行业标准的，供电企业可以按照国家有关规定拒绝其接入电网或者中止供电。（　　）

答案：×

123.《供电监管办法》规定：供电企业应当按照下列规定选择电压监测点：35kV 专线供电用户和 110kV 以上供电用户不设置电压监测点。（　　）

答案：×

124.《供电监管办法》规定：35kV 非专线供电用户或者 66kV 供电用户、10（6、20）kV 供电用户，每 20000kW 负荷选择具有代表性的用户设置 1 个以上电压监测点，所选用户应当包括对供电质量有较高要求的重要电力用户和变电站 10（6、20）kV 母线所带具有代表性线路的末端用户。（　　）

答案：×

125.《供电监管办法》规定：低压供电用户，每千台配电变压器选择具有代表性的用户设置 1 个以上电压监测点，所选用户应当是重要电力用户和低压配电网的首末两端用户。（　　）

答案：×

126.《供电监管办法》规定：供电企业应当于每年 3 月 31 日前将上一年度电压监测情况报送所在地派出机构。（　　）

答案：×

127.《供电监管办法》规定：供电企业应当按照国家有关规定选择、安装、校验电压监测装置，监测和统计用户电压情况。监测数据和统计数据应当及时、真实、完整。（　　）

答案：√

128.《供电监管办法》规定：供电企业应当坚持效益第一、预防为主、综合治理的方针，遵守有关供电安全的法律、法规和规章，加强供电安全管理，建立、健全供电安全责任制度，完善安全供电条件，维护电力系统安全稳定运行，依法处置供电突发事件，保障

电力稳定、可靠供应。　　　　　　　　　　　　　　　　　　　（　）

答案：×

129.《供电监管办法》规定：供电企业应当按照国家有关规定加强重要电力用户安全供电管理，指导重要电力用户配置和使用自备应急电源，建立自备应急电源基础档案数据库。　　　　　　　　　　　　　　　　　　　　　　　　　　（　）

答案：√

130.《供电监管办法》规定：供电企业发现用电设施存在安全隐患，应当及时告知用户采取有效措施进行治理。用户应当按照国家有关规定消除用电设施安全隐患。用电设施存在严重威胁电力系统安全运行和人身安全的隐患，用户拒不治理的，供电企业可以按照国家有关规定对该用户终止供电。　　　　　　　　　　　　（　）

答案：×

131.《供电监管办法》规定：电力监管机构对供电企业履行电力社会普遍服务义务的情况实施监管。供电企业应当按照国家规定履行电力社会普遍服务义务，依法保障任何人能够按照国家规定的价格获得最基本的供电服务。　　　　　　　　　　（　）

答案：√

132.《供电监管办法》规定：供电企业办理用电业务的期限应当符合下列规定：向用户提供供电方案的期限，自受理用户用电申请之日起，居民用户不超过 3 个工作日，其他低压供电用户不超过 8 个工作日，高压单电源供电用户不超过 20 个工作日，高压双电源供电用户不超过 45 个工作日。　　　　　　　　　　　　　　　　　　　　　　　　（　）

答案：√

133.《供电监管办法》规定：供电企业办理用电业务的期限应当符合下列规定：对用户受电工程设计文件和有关资料审核的期限，自受理之日起，低压供电用户不超过 8 个工作日，高压供电用户不超过 20 个工作日。　　　　　　　　　　　　　　（　）

答案：√

134.《供电监管办法》规定：供电企业办理用电业务的期限应当符合下列规定：对用户受电工程启动中间检查的期限，自接到用户申请之日起，低压供电用户不超过 3 个工作日，高压供电用户不超过 5 个工作日。　　　　　　　　　　　　　　　　　（　）

答案：√

135.《供电监管办法》规定：供电企业办理用电业务的期限应当符合下列规定：对用户受电工程启动竣工检验的期限，自接到用户受电装置竣工报告和检验申请之日起，低压供电用户不超过 5 个工作日，高压供电用户不超过 7 个工作日。　　　　（　）

答案：√

136.《供电监管办法》规定：供电企业办理用电业务的期限应当符合下列规定：给用户装表接电的期限，自受电装置检验合格并办结相关手续之日起，居民用户不超过 3 个工

作日，其他低压供电用户不超过 5 个工作日，高压供电用户不超过 7 个工作日。（　　）

答案：√

137.《供电监管办法》规定：供电企业应当对用户受电工程建设提供必要的业务咨询和技术标准咨询；对用户受电工程进行中间检查和竣工检验，应当执行国家有关标准；发现用户受电设施存在故障隐患时，应当及时一次性书面告知用户并指导其予以消除；发现用户受电设施存在严重威胁电力系统安全运行和人身安全的隐患时，应当指导其立即消除，在隐患消除前不得送电。（　　）

答案：√

138.《供电监管办法》规定：在电力系统正常的情况下，供电企业应当连续向用户供电。需要停电或者限电的，应当符合下列规定：因供电设施计划检修需要停电的，供电企业应当提前 5 日公告停电区域、停电线路、停电时间。（　　）

答案：×

139.《供电监管办法》规定：在电力系统正常的情况下，供电企业应当连续向用户供电。因供电设施临时检修需要停电的，供电企业应当提前 12 小时公告停电区域、停电线路、停电时间。（　　）

答案：×

140.《供电监管办法》规定：在电力系统正常的情况下，供电企业应当连续向用户供电。因电网发生故障或者电力供需紧张等原因需要停电、限电的，供电企业应当按照所在地人民政府批准的有序用电方案或者事故应急处置方案执行。（　　）

答案：√

141.《供电监管办法》规定：引起停电或者限电的原因消除后，供电企业应当尽快恢复正常供电。供电企业对用户中止供电应当按照国家有关规定执行。供电企业对重要电力用户实施停电、限电、中止供电或者恢复供电，应当按照国家有关规定执行。（　　）

答案：√

142.《供电监管办法》规定：供电企业应当建立完善的报修服务制度，公开报修电话，保持电话畅通，24 小时受理供电故障报修。（　　）

答案：√

143.《供电监管办法》规定：因抢险救灾、突发事件需要紧急供电时，供电企业应当及时提供电力供应。（　　）

答案：√

144.《供电监管办法》规定：供电企业应当建立用电投诉处理制度，公开投诉电话。对用户的投诉，供电企业应当自接到投诉之日起 7 个工作日内提出处理意见并答复用户。（　　）

答案：×

145.《供电监管办法》规定：供电企业应当在供电营业场所设置公布电力服务热线电话和电力监管投诉举报电话的标识，该标识应当固定在供电营业场所的显著位置。（　　）

答案：√

146.《供电监管办法》规定：供电企业应当遵守国家有关供电营业区、供电业务许可、承装（修、试）电力设施许可和电工进网作业许可等规定。（　　）

答案：√

147.《供电监管办法》规定：供电企业不得从事下列行为：对用户受电工程指定设计单位、施工单位和设备材料供应单位。（　　）

答案：√

148.《供电监管办法》规定：供电企业应当严格执行国家电价政策，按照国家核准电价或者市场交易价，依据供电企业认可的用电计量装置的记录，向用户计收电费。（　　）

答案：×

149.《供电监管办法》规定：供电企业不得自定电价，不得擅自变更电价，不得擅自在电费中加收或者代收国家政策规定以外的其他费用。供电企业不得自立项目或者自定标准收费；对国家已经明令取缔的收费项目，不得向用户收取费用。（　　）

答案：√

150.《供电监管办法》规定：供电企业应用户要求对产权属于用户的电气设备提供有偿服务时，应当执行政府定价或者政府指导价。没有政府定价和政府指导价的，参照市场价格协商确定。（　　）

答案：√

151.《供电监管办法》规定：供电企业应当按照国家有关规定，遵循协商一致、诚实信用的原则，与用户、趸购转售电单位签订供用电合同，并按照合同约定供电。（　　）

答案：×

152.《供电监管办法》规定：供电企业应当方便用户查询下列信息：用电报装信息和办理进度；用电投诉处理情况；其他用户用电信息。（　　）

答案：×

153.《供电监管办法》规定：发电企业应当按照《电力企业信息报送规定》向电力监管机构报送信息。发电企业报送信息应当真实、及时、完整。（　　）

答案：×

五、简答题

1.《国家电网公司供电服务规范》中，停、复电服务规范是什么？

答案：

（1）因故对客户实施停电时，应严格按照《供电营业规则》规定的程序办理。

（2）引起停电的原因消除后应及时恢复供电；不能及时恢复供电的，应向客户说明原因。

2.《国家电网公司供电服务规范》中，对供电可靠率指标是如何规定的？

答案：

（1）城市地区供电可靠率不低于99.89%，农网供电可靠率不低于99%。

（2）减少因供电设备计划检修和电力系统事故对客户的停电次数及每次停电的持续时间。供电设备计划检修时，对35kV及以上电压等级供电的客户的停电次数，每年不应超过1次；对10kV电压等级供电的客户，每年不应超过3次。

（3）供电设施因计划检修需要停电时，应提前7天将停电区域、线路、停电时间和恢复供电的时间进行公告，并通知重要客户。供电设施因临时检修需要停电的，应提前24小时通知重要用户或进行公告。

（4）对紧急情况下的停电或限电，客户询问时，应向客户做好解释工作，并尽快恢复正常供电。

3.《供电服务规范》中，在电力系统正常运行的情况下，供电电压偏差的限值是如何规定的？

答案：

（1）35kV及以上供电电压正、负偏差绝对值之和不超过标称电压的10%，如供电电压上下偏差同号（均为正负）时，按较大的偏差绝对值作为衡量依据；

（2）20kV及以下三相供电电压偏差为标称电压的±7%；

（3）220V单相供电电压偏差为标称电压的+7%、−10%。

4.《供电服务规范》中，公用电网谐波电压（相电压）限值是如何规定的？

答案：

（1）110kV电网电压总谐波畸变率不超过2.0%，奇次谐波电压含有率不超过1.6%，偶次谐波电压含有率不超过0.8%。

（2）35kV电网电压总谐波畸变率不超过3.0%，奇次谐波电压含有率不超过2.4%，偶次谐波电压含有率不超过1.2%。

（3）10kV电网电压总谐波畸变率不超过4.0%，奇次谐波电压含有率不超过3.2%，偶次谐波电压含有率不超过1.6%。

（4）0.38kV 电网电压总谐波畸变率不超过 5.0%，奇次谐波电压含有率不超过 4.0%，偶次谐波电压含有率不超过 2.0%。

5. 在用户受电工程竣工验收中，对检验不合格或者发现用户受电设施存在故障隐患的，供电企业应如何处理？

答案：

对检验不合格或者发现用户受电设施存在故障隐患的，供电企业应当以书面形式一次性告知用户，并指导其制定有效的解决方案，待用户按有关规定改正后予以再次检验，直至合格。

6. 供电企业与用户签订供用电合同应遵循什么原则？

答案：

给用户供电前，供电企业应当按照有关规定，遵循平等自愿、协商一致、诚实信用的原则，与用户签订供用电合同。

7. 供用电合同主要包括哪些内容？

答案：供用电合同主要内容包括：供电方式、供电容量、电能质量、用电性质、用电地址及时间、计量方式、电价类别、电费结算方式、调度通信、供用电设施产权及维护责任的划分、合同有效期、违约责任等。

对于重要用户，还应包括用于将停、限电等重要信息告知用户的通信方式等内容。

8.《供电服务规范》中对"95598 服务内容"有何规定？

答案：

（1）"95598"客户服务热线：停电信息公告、电力故障报修、服务质量投诉、用电信息查询、咨询、业务受理等。

（2）"95598"客户服务网页（网站）：停电信息公告、用电信息查询、业务办理信息查询、供用电政策法规查询、服务质量投诉等。

（3）24 小时不间断服务。

9.《国网供电服务规范》中的基本道德和技能规范有哪些内容？

答案：

（1）严格遵守国家法律、法规，诚实守信、恪守承诺。爱岗敬业，乐于奉献，廉洁自律，秉公办事。

（2）真心实意为客户着想，尽量满足客户的合理要求。对客户的咨询、投诉等不推诿，不拒绝，不搪塞，及时、耐心、准确地给予解答。

（3）遵守国家的保密原则，尊重客户的保密要求，不对外泄露客户的保密资料。

（4）工作期间精神饱满，注意力集中。使用规范化文明用语，提倡使用普通话。

（5）熟知本岗位的业务知识和相关技能，岗位操作规范、熟练，具有合格的专业技术水平。

10. 《国网供电服务规范》中的行为举止规范有哪些内容？简要说明即可。

答案：

（1）行为举止应做到自然、文雅、端庄、大方。

（2）为客户提供服务时，应礼貌、谦和、热情。接待客户时，应面带微笑，目光专注，做到来有迎声、去有送声。与客户会话时，应亲切、诚恳，有问必答。工作发生差错时，应及时更正并向客户道歉。

（3）当客户的要求与政策、法律、法规及本企业制度相悖时，应向客户耐心解释，争取客户理解，做到有理有节。遇有客户提出不合理要求时，应向客户委婉说明。不得与客户发生争吵。

（4）为行动不便的客户提供服务时，应主动给予特别照顾和帮助。对听力不好的客户，应适当提高语音，放慢语速。

（5）与客户交接钱物时，应唱收唱付，轻拿轻放，不抛不丢。

11. 《国网供电服务规范》中的诚信服务规范有哪些内容？

答案：

（1）公布服务承诺、服务项目、服务范围、服务程序、收费标准和收费依据，接受社会与客户的监督。

（2）从方便客户出发，合理设置供电服务营业网点或满足基本业务需要的代办点，并保证服务质量。

（3）根据国家有关法律法规，本着平等、自愿、诚实信用的原则，以合同形式明确供电企业与客户双方的权利和义务，明确产权责任分界点，维护双方的合法权益。

（4）严格执行国家规定的电费电价政策及业务收费标准，严禁利用各种方式和手段变相扩大收费范围或提高收费标准。

（5）聘请供电服务质量监督员，定期召开客户座谈会并走访客户，听取客户意见，改进供电服务工作。

（6）经常开展安全用电宣传。

（7）以实现全社会电力资源优化配置为目标，开展电力需求侧管理和服务活动，减少客户用电成本，提高用电负荷率。

12. 《国网供电服务规范》中对情绪激动的客户来电处理有何规定？

答案：

客户来电话发泄怒气时，应仔细倾听并做记录，对客户讲话应有所反应，并表示体谅对方的情绪。如感到难以处理时，应适时地将电话转给值长、主管等，避免与客户发生正面冲突。

13. 《国网供电服务规范》投诉举报处理服务规范中规定供电企业可以通过哪些方式接受客户的投诉和举报？

答案：

通过以下方式接受客户的投诉和举报：

（1）"95598"供电客户服务热线或专设的投诉举报电话。

（2）营业场所设置意见箱或意见簿。

（3）信函。

（4）"95598"供电客户服务网页（网站）。

（5）领导对外接待日。

（6）其他渠道。

14．请述国家电网公司制定《国家电网公司供电服务规范》的目的和适用范围？

答案：

目的是为坚持"人民电业为人民"的服务宗旨，认真贯彻"优质、方便、规范、真诚"的服务方针，不断提高供电服务质量，规范供电服务行为，提升供电服务水平，并接受全社会的监督，制定本规范。适用于国家电网公司所属各电网经营企业和供电企业。

15．《供电服务规范》中如何定义重要电力用户？重要电力用户应当由什么机构确定？

答案：

在国家或者一个地区（城市）的社会、政治、经济生活中占有重要地位，对其中断供电将可能造成人身伤亡、较大环境污染、较大政治影响、较大经济损失、社会公共秩序严重混乱的用电单位或对供电可靠性有特殊要求的用电场所。重要电力用户应当由当地政府确定。

16．《供电服务规范》中如何定义双电源？

答案：

分别来自两个不同变电站，或来自不同电源进线的同一变电站内两段母线，为同一用户负荷供电的两路供电电源。

17．请写出《供电服务规范》对保安负荷的定义是什么，断电后会造成哪些后果之一的可称之为保安负荷？

答案：

保安负荷指用于保障用电场所人身与财产安全所需的电力负荷。一般认为，断电后会造成下列后果之一的为保安负荷：（1）直接引发人身伤亡的；（2）使有毒、有害物溢出，造成环境大面积污染的；（3）将引起爆炸或火灾的；（4）将引起较大范围社会秩序混乱或在政治上产生严重影响的；（5）将引起重大直接经济损失的。

18．《供电服务规范》中电力需求侧管理的概念？

答案：

通过采取有效的激励措施，引导电力用户改变用电方式，提高终端用电效率，优化资源配置，改善和保护环境，实现最小社会成本电力服务所进行的用电管理活动。

19.《供电服务规范》中要求申请用电的用户需要提供哪些用电工程项目批准的文件及有关的用电资料？

答案：

供电企业用电针对不同用户，按照依法、高效、便民的原则，要求申请用电的用户需要提供用电工程项目批准的文件及有关的用电资料，包括用电地点、电力用途、用电性质、用电设备清单、用电负荷、用户自备应急电源、用电规划、特殊要求等。

20.《供电服务规范》中规定，高压用户档案一般包括哪些资料？

答案：

用电申请表、用户合法的身份证明、用电工程项目批准文件、用户用电设备明细及有关的用电资料、答复供电方案通知书、设计文件、设计文件审核意见书、受电工程中间检查记录及整改要求、竣工检验申请书及受电工程竣工检验报告、受电工程竣工检验记录及整改要求、受电工程竣工图纸、装表接电记录、供用电合同及其附件、历次增加用电容量及变更用电记录等。

21.《供电服务规范》中规定，当用户向供电企业提出用电计量装置检验申请时应如何处理？

答案：

当用户向供电企业提出用电计量装置检验申请并交付验表费后，供电企业应当按有关规定进行检验，并将检验结果通知用户。如用电计量装置的误差在允许范围内，验表费不予退还；如误差超出允许范围，供电企业除退还验表费外，还应按有关规定退补电费。用户对检验结果有异议时，可向供电企业上级计量检定机构申请检定。

22.《供电服务规范》中规定，因用户违约用电、违章用电和拖欠电费，供电企业需对用户中止供电的，应当符合哪些要求？

答案：

（1）将停电的用户、原因、时间报本单位负责人批准。

（2）在停电前 3 至 7 天内，将停电通知书送达用户，对重要用户的停电，还应将停电通知书报送同级电力管理部门。

（3）在停电前 30 分钟，将停电时间再通知用户一次，方可在通知规定时间实施停电。

23.《供电服务规范》中规定，供电企业对于重要客户开始哪些安全供电服务及管理？

答案：

供电企业应当按照有关规定开展重要电力用户安全供电服务及管理，建立重要电力用户基础信息数据库；指导重要电力用户配置和使用自备应急电源；如发现重要用户的用电设施存在安全隐患，应当及时告知用户，并将排查和治理情况及时报政府有关部门备案。

24.《国家电网公司供电服务规范》规定仪容仪表规范是什么？

答案：

（1）供电服务人员上岗必须统一着装，并佩戴工号牌。

（2）保持仪容仪表美观大方，不得浓妆艳抹，不得敞怀、将长裤卷起，不得戴墨镜。

25.《国家电网公司供电服务规范》中对用电检查人员到客户用电现场执行任务有何规定？

答案：

（1）用电检查人员依法到客户用电现场执行用电检查任务时，必须按照《用电检查管理办法》的规定，主动向被检查客户出示《用电检查证》，并按"用电检查工作单"确定的项目和内容进行检查。

（2）用电检查人员不得在检查现场替代客户进行电工作业。

26．在《供电服务规范》中，用电业务办理的基本规范是什么？

答案：

（1）供电企业应当依据有关法律法规办理用户的新装用电、增加用电容量和变更用电业务。

（2）供电企业应当由用电营业机构统一归口办理用户的各类用电业务。

（3）用户申请新装用电、增加用电容量或者变更用电时，供电企业无正当理由不得拒绝用户的用电申请。

（4）供电企业应当与申请用电的用户通过协商确定供电方式和备用、保安电源，以及供用电合同的有关条款。

（5）供电企业应当对用户受电工程建设提供必要的业务咨询和技术服务。

（6）供电企业对用户受电工程不得指定设计单位、施工单位和设备材料供应单位。

27.《国家电网公司供电服务规范》中规定，计算机系统出现故障时应如何处理？

答案：

因计算机系统出现故障而影响业务办理时，若短时间内可以恢复，应请客户稍候并致歉；若需较长时间才能恢复，除向客户说明情况并道歉外，应请客户留下联系电话，以便另约服务时间。

28.《供电监管办法》规定：电力监管机构对供电企业的供电质量实施监管。在电力系统正常的情况下，供电企业的供电质量应当符合哪些规定？（回答3条即可）

答案：

（1）向用户提供的电能质量符合国家标准或者电力行业标准。

（2）城市地区年供电可靠率不低于99%，城市居民用户受电端电压合格率不低于95%，10kV 以上供电用户受电端电压合格率不低于98%。

（3）农村地区年供电可靠率和农村居民用户受电端电压合格率符合派出机构的规定。派出机构有关农村地区年供电可靠率和农村居民用户受电端电压合格率的规定，应当报电监会备案。

（4）供电企业应当审核用电设施产生谐波、冲击负荷的情况，按照国家有关规定拒绝不符合规定的用电设施接入电网。用电设施产生谐波、冲击负荷影响供电质量或者干扰电力系统安全运行的，供电企业应当及时告知用户采取有效措施予以消除；用户不采取措施或者采取措施不力，产生的谐波、冲击负荷仍超过国家标准的，供电企业可以按照国家有关规定拒绝其接入电网或者中止供电。

29.《供电监管办法》规定：电力监管机构对供电企业设置电压监测点的情况实施监管。供电企业应当按照哪些规定选择电压监测点？（回答3条即可）

答案：

（1）35kV 专线供电用户和 110kV 以上供电用户应当设置电压监测点。

（2）35kV 非专线供电用户或者 66kV 供电用户、10（6、20）kV 供电用户，每 10000kW 负荷选择具有代表性的用户设置 1 个以上电压监测点，所选用户应当包括对供电质量有较高要求的重要电力用户和变电站 10（6、20）kV 母线所带具有代表性线路的末端用户。

（3）低压供电用户，每百台配电变压器选择具有代表性的用户设置 1 个以上电压监测点，所选用户应当是重要电力用户和低压配电网的首末两端用户。

（4）供电企业应当于每年 3 月 31 日前将上一年度设置电压监测点的情况报送所在地派出机构。

（5）供电企业应当按照国家有关规定选择、安装、校验电压监测装置，监测和统计用户电压情况。监测数据和统计数据应当及时、真实、完整。

30.《供电监管办法》规定：电力监管机构对供电企业保障供电安全的情况实施监管。具体内容是什么？

答案：

（1）供电企业应当坚持安全第一、预防为主、综合治理的方针，遵守有关供电安全的法律、法规和规章，加强供电安全管理，建立、健全供电安全责任制度，完善安全供电条件，维护电力系统安全稳定运行，依法处置供电突发事件，保障电力稳定、可靠供应。

（2）供电企业应当按照国家有关规定加强重要电力用户安全供电管理，指导重要电力用户配置和使用自备应急电源，建立自备应急电源基础档案数据库。

（3）供电企业发现用电设施存在安全隐患，应当及时告知用户采取有效措施进行治理。用户应当按照国家有关规定消除用电设施安全隐患。用电设施存在严重威胁电力系统安全运行和人身安全的隐患，用户拒不治理的，供电企业可以按照国家有关规定对该用户中止供电。

31.《供电监管办法》规定：电力监管机构对供电企业履行电力社会普遍服务义务的情况实施监管。内容是什么？

答案：

供电企业应当按照国家规定履行电力社会普遍服务义务，依法保障任何人能够按照国家规定的价格获得最基本的供电服务。

32.《供电监管办法》规定：电力监管机构对供电企业办理用电业务的情况实施监管。供电企业答复供电方案的期限应当符合哪些规定？

答案：

向用户提供供电方案的期限，自受理用户用电申请之日起，居民用户不超过 3 个工作日，其他低压供电用户不超过 8 个工作日，高压单电源供电用户不超过 20 个工作日，高压双电源供电用户不超过 45 个工作日。

33.《供电监管办法》规定：电力监管机构对供电企业向用户受电工程提供服务的情况实施监管。内容是什么？

答案：

供电企业应当对用户受电工程建设提供必要的业务咨询和技术标准咨询；对用户受电工程进行中间检查和竣工检验，应当执行国家有关标准；发现用户受电设施存在故障隐患时，应当及时一次性书面告知用户并指导其予以消除；发现用户受电设施存在严重威胁电力系统安全运行和人身安全的隐患时，应当指导其立即消除，在隐患消除前不得送电。

34.《供电监管办法》规定：电力监管机构对供电企业实施停电、限电或者中止供电的情况进行监管。内容是什么？

答案：

在电力系统正常的情况下，供电企业应当连续向用户供电。需要停电或者限电的，应当符合下列规定：

（1）因供电设施计划检修需要停电的，供电企业应当提前 7 日公告停电区域、停电线路、停电时间。

（2）因供电设施临时检修需要停电的，供电企业应当提前 24 小时公告停电区域、停电线路、停电时间。

（3）因电网发生故障或者电力供需紧张等原因需要停电、限电的，供电企业应当按照所在地人民政府批准的有序用电方案或者事故应急处置方案执行。

引起停电或者限电的原因消除后，供电企业应当尽快恢复正常供电。

供电企业对用户中止供电应当按照国家有关规定执行。

供电企业对重要电力用户实施停电、限电、中止供电或者恢复供电，应当按照国家有关规定执行。

35.《供电监管办法》规定：电力监管机构对供电企业处理供电故障的情况实施监管。内容是什么？

答案：

供电企业应当建立完善的报修服务制度，公开报修电话，保持电话畅通，24 小时受理供电故障报修。

供电企业应当迅速组织人员处理供电故障，尽快恢复正常供电。供电企业工作人员到达现场抢修的时限，自接到报修之时起，城区范围不超过 60 分钟，农村地区不超过 120 分钟，边远、交通不便地区不超过240分钟。因天气、交通等特殊原因无法在规定时限内到达现场的，应当向用户做出解释。

36.《供电监管办法》规定：电力监管机构对供电企业履行紧急供电义务的情况实施监管。内容是什么？

答案：

因抢险救灾、突发事件需要紧急供电时，供电企业应当及时提供电力供应。

37.《供电监管办法》规定：电力监管机构对供电企业处理用电投诉的情况实施监管。内容是什么？

答案：

供电企业应当建立用电投诉处理制度，公开投诉电话。对用户的投诉，供电企业应当自接到投诉之日起 10 个工作日内提出处理意见并答复用户。

供电企业应当在供电营业场所设置公布电力服务热线电话和电力监管投诉举报电话的标识，该标识应当固定在供电营业场所的显著位置。

38.《供电监管办法》规定：电力监管机构对供电企业执行国家有关电力行政许可规定的情况实施监管。内容是什么？

答案：

供电企业应当遵守国家有关供电营业区、供电业务许可、承装（修、试）电力设施许可和电工进网作业许可等规定。

39.《供电监管办法》规定：电力监管机构对供电企业公平、无歧视开放供电市场的情况实施监管。供电企业不得从事哪些行为？

答案：

（1）无正当理由拒绝用户用电申请。

（2）对趸购转售电企业符合国家规定条件的输配电设施，拒绝或者拖延接入系统。

（3）违反市场竞争规则，以不正当手段损害竞争对手的商业信誉或者排挤竞争对手。

（4）对用户受电工程指定设计单位、施工单位和设备材料供应单位。

（5）其他违反国家有关公平竞争规定的行为。

40.《供电监管办法》规定：电力监管机构对供电企业执行国家规定的电价政策和收费标准的情况实施监管。内容是什么？

答案：

供电企业应当严格执行国家电价政策，按照国家核准电价或者市场交易价，依据计量检定机构依法认可的用电计量装置的记录，向用户计收电费。

供电企业不得自定电价，不得擅自变更电价，不得擅自在电费中加收或者代收国家政策规定以外的其他费用。

供电企业不得自立项目或者自定标准收费；对国家已经明令取缔的收费项目，不得向用户收取费用。

供电企业应用户要求对产权属于用户的电气设备提供有偿服务时，应当执行政府定价或者政府指导价。没有政府定价和政府指导价的，参照市场价格协商确定。

41.《供电监管办法》规定：电力监管机构对供电企业签订供用电合同的情况实施监管。内容是什么？

答案：

供电企业应当按照国家有关规定，遵循平等自愿、协商一致、诚实信用的原则，与用户、趸购转售电单位签订供用电合同，并按照合同约定供电。

42.《供电监管办法》规定：电力监管机构对供电企业信息公开的情况实施监管。内容是什么？

答案：

供电企业应当依照《中华人民共和国政府信息公开条例》《电力企业信息披露规定》，采取便于用户获取的方式，公开供电服务信息。供电企业公开信息应当真实、及时、完整。

供电企业应当方便用户查询下列信息：

（1）用电报装信息和办理进度；

（2）用电投诉处理情况；

（3）其他用电信息。

43.《供电监管办法》规定：电力监管机构对供电企业报送信息的情况实施监管。内容是什么？

答案：

供电企业应当按照《电力企业信息报送规定》向电力监管机构报送信息。供电企业报送信息应当真实、及时、完整。

44.《供电监管办法》规定：电力监管机构对供电企业执行国家有关节能减排和环境保护政策的情况实施监管。内容是什么？

答案：

供电企业应当减少电能输送和供应环节的损失和浪费。

供电企业应当严格执行政府有关部门依法作出的对淘汰企业、关停企业或者环境违法企业采取停限电措施的决定。未收到政府有关部门决定恢复送电的通知，供电企业不得擅自对政府有关部门责令限期整改的用户恢复送电。

45.《供电监管办法》规定：电力监管机构对供电企业实施电力需求侧管理的情况实施监管。内容是什么？

答案：

供电企业应当按照国家有关电力需求侧管理规定，采取有效措施，指导用户科学、合理和节约用电，提高电能使用效率。

46.《供电营业规则》规定：供电企业供电的额定电压？

答案：

（1）低压供电，单相为220V，三相为380V。

（2）高压供电：为10kV、35（63）kV、110kV、220kV。

除发电厂直配电压可采用3kV或6kV外，其他等级的电压应逐步过渡到上列额定电压。

用户需要的电压等级不在上列范围时，应自行采取变压措施解决。

用户需要的电压等级在110kV及以上时，其受电装置应作为终端变电站设计，方案需经省电网经营企业审批。

47.《供电营业规则》规定：用户单相用电设备总容量不足10kW的应采用什么方式供电？

答案：

用户单相用电设备总容量不足10kW的可采用低压220V供电。但有单台设备容量超过1kW的单相电焊机、换流设备时，用户必须采取有效的技术措施以消除对电能质量的影响，否则应改为其他方式供电。

48.《供电营业规则》规定：用户用电设备容量在100kW及以下或需用变压器容量在50kVA及以下者采用什么方式供电？

答案：

用户用电设备容量在100kW及以下或需用变压器容量在50kVA及以下者。可采用低压三相四线制供电，特殊情况也可采用高压供电。

用电负荷密度较高的地区。经过技术经济比较，采用低压供电的技术经济性明显优于高压供电时，低压供电的容量界限可适当提高。具体容量界限由省电网经营企业作出规定。

49.《供电营业规则》对临时电源有什么规定？

答案：

对基建工地、农田水利、市政建设等非永久性用电，可供给临时电源。临时用电期限除经供电企业准许外，一般不得超过6个月，逾期不办理延期或永久性正式用电手续的。供电企业应终止供电。

使用临时电源的用户不得向外转供电，也不得转让给其他用户，供电企业也不受理其变更用电事宜。如需改为正式用电，应按新装用电办理。

因抢险救灾需要紧急供电时，供电企业应迅速组织力量，架设临时电源供电。架设临时电源所需的工程费用和应付的电费，由地方人民政府有关部门负责从救灾经费中拨付。

50.《供电营业规则》对转供电有什么规定？（回答3条即可）

答案：

用户不得自行转供电。在公用供电设施尚未到达的地区，供电企业征得该地区有供电能力的直供用户同意，可采用委托方式向其附近的用户转供电力，但不得委托重要的国防军工用户转供电。委托转供电应遵守下列规定：

（1）供电企业与委托转供户（以下简称转供户）应就转供范围、转供容量、转供期限、转供费用、转供用电指标、计量方式、电费计算、转供电设施建设、产权划分、运行维护、调度通信、违约责任等事项签订协议。

（2）转供区域内的用户（以下简称被转供户），视同供电企业的直供户，与直供户享有同样的用电权利，其一切用电事宜按直供户的规定办理。

（3）向被转供户供电的公用线路与变压器的损耗电量应由供电企业负担，不得摊入被转供户用电量中。

（4）在计算转供户用电量、最大需量及功率因数调整电费时，应扣除被转供户、公用线路与变压器消耗的有功、无功电量。最大需量按下列规定折算：照明及一班制：每月用电量180kWh，折合为1kW；二班制：每月用电量360kWh，折合为1kW；三班制：每月用电量540kWh，折合为1kW；农业用电：每月用电量270kWh，折合为1kW。

（5）委托的费用，按委托的业务项目的多少，由双方协商确定。

51.《供电营业规则》对需要迁移供电设施或采取防护措施时，确定担负责任的原则是什么？

答：

因建设引起建筑物、构筑物与供电设施相互妨碍，需要迁移供电设施或采取防护措施时，应按建设先后的原则，确定其担负的责任。如供电设施建设在先，建筑物、构筑物建设在后，由后续建设单位负担供电设施迁移、防护所需的费用；如建筑物、构筑物的建设在先，供电设施建设在后，由供电设施建设单位负担建筑物、构筑物的迁移所需的费用；不能确定建设的先后者，由双方协商解决。

供电企业需要迁移用户或其他供电企业的设施时，也按上述原则办理。

城乡建设与改造需迁移供电设施时，供电企业和用户都应积极配合，迁移所需的材料和费用，应在城乡建设与改造投资中解决。

52.《供电营业规则》对在供电设施上发生事故引起的法律责任是怎样规定的？

答：

在供电设施上发生事故引起的法律责任，按供电设施产权归属确定。产权归属于谁，谁就承担其拥有的供电设施上发生事故引起的法律责任。但产权所有者不承担受害者因违反安全或其他规章制度，擅自进入供电设施非安全区域内而发生事故引起的法律责任，以及在委托维护的供电设施上，因代理方维护不当所发生事故引起的法律责任。

53.《供电营业规则》中关于电力系统供电频率的允许偏差是如何规定的？

答：

在电力系统正常状况下,供电频率的允许偏差为:

(1)电网装机容量在 300 万 kW 及以上的,为±0.2Hz;

(2)电网装机容量在 300 万 kW 以下的,为±0.5Hz。

在电力系统非正常状况下,供电频率允许偏差不应超过±1.0Hz。

54.《供电营业规则》规定,在发供电系统正常情况下,供电企业应连续向用户供应电力。列出 4 条经批准可中止供电情形。(回答 4 条即可)

答案:

在发供电系统正常情况下,供电企业应连续向用户供应电力。但是,有下列情形之一的,须经批准方可中止供电:

(1)对危害供用电安全,扰乱供用电秩序,拒绝检查者。

(2)拖欠电费经通知催交仍不交者。

(3)受电装置经检验不合格,在指定期间未改善者。

(4)用户注入电网的谐波电流超过标准,以及冲击负荷、非对称负荷等对电能质量产生干扰与妨碍,在规定限期内不采取措施者。

(5)拒不在限期内拆除私增用电容量者。

(6)拒不在限期内交付违约用电引起的费用者。

(7)违反安全用电、计划用电有关规定,拒不改正者。

(8)私自向外转供电力者。

55.《供电营业规则》规定,在发供电系统正常情况下,供电企业应连续向用户供应电力。有哪些情形不经批准可中止供电?

答案:

有下列情形之一的,不经批准即可中止供电,但事后应报告本单位负责人:

(1)不可抗力和紧急避险。

(2)确有窃电行为。

56.《供电营业规则》规定,除因故中止供电外,供电企业需对用户停止供电时,应按哪些程序办理停电手续?

答案:

除因故中止供电外,供电企业需对用户停止供电时,应按下列程序办理停电手续:

(1)应将停电的用户、原因、时间报本单位负责人批准。批准权限和程序由省电网经营企业制定。

(2)在停电前 3~7 天内,将停电通知书送达用户,对重要用户的停电,应将停电通知书报送同级电力管理部门。

(3)在停电前 30 分钟,将停电时间再通知用户一次,方可在通知规定时间实施停电。

57.《供电营业规则》规定,因检修需要中止供电时,供电企业应按什么要求事先通知用户或进行公告？

答案：

因检修需要中止供电时，供电企业应按下列要求事先通知用户或进行公告。

（1）因供电设施计划检修需要停电时，应提前 7 天通知用户或进行公告。

（2）因供电设施临时检修需要停止供电时，应当提前 24 小时通知重要用户或进行公告。

58．《供电营业规则》规定，引起停电或限电的原因消除后，供电企业应在多长时间恢复供电？

答案：

引起停电或限电的原因消除后，供电企业应在 3 日内恢复供电。不能在三日内恢复供电的，供电企业应向用户说明原因。

59．国家电网公司供电服务"十项承诺"中供电可靠率内容？

答案：

城市地区：供电可靠率不低于 99.90%，居民客户端电压合格率 96%；农村地区：供电可靠率和居民客户端电压合格率，经国家电网公司核定后，由各省（自治区、直辖市）电力公司公布承诺指标。

60．国家电网公司供电服务"十项承诺"中关于电力故障报修服务，供电抢修人员到达现场时间是如何规定？

答案：

提供 24 小时电力故障报修服务，供电抢修人员到达现场的时间一般不超过：城区范围 45 分钟；农村地区 90 分钟；特殊边远地区 2 小时。

61．国家电网公司供电服务"十项承诺"中关于供电方案答复期限如何规定？

答案：

供电方案答复期限：居民客户不超过 3 个工作日，低压电力客户不超过 7 个工作日，高压单电源客户不超过 15 个工作日，高压双电源客户不超过 30 个工作日。

62．国家电网公司供电服务"十项承诺"中装表接电期限有关规定是什么？

答案：

装表接电期限：受电工程检验合格并办结相关手续后，居民客户 3 个工作日内送电，非居民客户 5 个工作日内送电。

63．国家电网公司供电服务"十项承诺"中关于供电设施计划检修停电公告时间、对欠电费客户依法采取停电措施送达时间、费用结清后恢复供电时间相关规定是什么？

答案：

供电设施计划检修停电，提前 7 天向社会公告。对欠电费客户依法采取停电措施，提前 7 天送达停电通知书，费用结清后 24 小时内恢复供电。

64．国网供电服务规范中关于现场服务内容有哪些？

答案：

（1）客户侧计费电能表电量抄见。

（2）故障抢修。

（3）客户侧停电、复电。

（4）客户侧用电情况的巡查。

（5）客户侧用电报装工程的设施安装、验收，接电前检查及设备接电。

（6）客户侧计费电能表现场安装、校验。

65.《供电营业规则》对用户独资、合资或集资建设的输电、变电、配电等供电设施建成后，其运行维护管理如何确定？

答案：

（1）属于公用性质或占用公用线路规划走廊的，由供电企业统一管理；供电企业应在交接前，与用户协商，就供电设施运行维护管理达成协议。对统一运行维护管理的公用供电设施，供电企业应保留原所有者在上述协议中确认的容量。

（2）属于用户专用性质，但不在公用变电站内的供电设施，由用户运行维护管理。如用户运行维护管理确有困难，可与供电企业协商，就委托供电企业代为运行维护管理有关事项签订协议。

（3）属于用户共用性质的供电设施，由拥有产权的用户共同运行维护管理。如用户共同运行维护管理确有困难，可与供电企业协商，就委托供电企业代为运行维护管理有关事项签订协议。

（4）在公用变电站内由用户投资建设的供电设备，如变压器、通信设备、开关、刀闸等，由供电企业统一经营管理。建成投运前，双方应就运行维护、检修、备品备件等项事宜签订交接协议。

（5）属于临时用电等其他性质的供电设施，原则上由产权所有者运行维护管理，或由双方协商确定，并签订协议。

六、论述题

1. 请对以下业扩报装工作中存在的问题进行分析。

2009 年 1 月 12 日，某大客户到供电企业申请用电报装，报装容量为 31500kVA。客户经理李某，在 2009 年 1 月 26 日答复供电方案时告知客户由于报装容量较大，应采用 110kV 电压等级供电，而在本市只有供电公司所属的关联多经企业具有四级《承装（修、试）电力设施许可证》且施工质量不错。客户表示只要供电企业报的价格合理，交给供电企业的施工队伍施工比较放心。2010 年 2 月 12 日，客户受电工程开工。2010 年 6 月 15 日，客户受电工程基本竣工，客户向供电公司提出竣工验收申请并希望能早点送电，6 月 26 日（星期六）上午，客户经理李某组织相关人员到现场进行竣工验收，并在当天下午组织送电，一直忙到晚上 8:30，试送电运行成功后才到客户的员工餐厅吃晚饭。客户表示非常感谢，向供电企业验收送电人员每人赠送了一箱苹果。

答案：

本事件违反以下规定：

（1）《国家电网公司员工服务行为"十个不准"》第三条："不准为客户指定设计、施工、供货单位。"

（2）《国家电网公司员工服务行为"十个不准"》第九条："不准接受客户吃请和收受客户礼品、礼金、有价证券等。"

（3）《承装（修、试）电力设施许可证管理办法》第六条："取得三级许可证的，可以从事 110kV 以下电压等级电力设施的安装、维修或者试验活动。"

（4）《供电营业规则》第二十一条："高压供电方案的有效期为一年，低压供电方案的有效期为三个月，逾期注销。用户遇有特殊情况，需延长供电方案有效期的，应在有效期到期前十天向供电企业提出申请，供电企业应视情况予以办理延长手续。"

（5）《国家电网公司业扩报装工作规范（试行）》第 37 条："启动竣工检验的时间，自受理之日起，低压供电客户不超过 3 个工作日，高压供电客户不超过 5 个工作日。"

【暴露问题】

（1）违反业扩"三不指定"的要求。

（2）施工资质审核把关不严，将不具有施工范围资质的施工队伍引入电力工程建设，留下了安全隐患。

（3）对供电方案审核不严，导致供电方案超期。

（4）客户经理服务意识差，未在规定的时限内启动竣工验收，导致送电延迟。

（5）企业员工在工作中，接受客户的吃请、礼品，给供电企业造成不良影响。

【措施建议】

（1）加强营销管理，杜绝"三指定"现象发生。

（2）严格按制度进行设计、施工资质、供货单位和产品、供电方案的审查、审核。

（3）增加员工服务意识，真心真意地为客户着想。

（4）加强员工业务技能的学习，不断增强员工的素质教育，树立好企业形象。

2. 某年 6 月 18 日上午，客户张先生至当地供电营业厅办理其别墅用电低压增容业务。在未携带身份证的情况下，客户要求供电企业先受理，资料待后续环节补交。窗口客户代表小林口头同意后，将该项目录入 SG186 系统。6 月 21 日，因小林休假，项目移交给客户代表小王办理。小王认为这个项目申请资料不齐全不能受理，在未通知客户补充申请资料的情况下就将项目流程中止。至次月 16 日，无工作人员联系客户答复供电方案、通知缴费等事宜，也未帮其装表，造成客户的别墅装修工期延误，客户张某因此拨打 95598 服务热线进行投诉。

请分析在此过程中，供电企业工作人员有哪些违规之处，并对这一事件暴露出的问题提出改进建议。

答案：

本次事件违反以下规定：

（1）本案例中客户代表小林口头答应缺件情况先行收件，但休假前并未与客户代表小王做好交接工作，造成项目流程被终止的行为违反了《国家电网公司员工服务"十个不准"》第五条）规定：不准违反首问负责制，推诿、搪塞、怠慢客户。

（2）本案例中客户代表小王未联系客户补充缺件且因缺件未进行答复供电方案及通知缴费的行方违反了（《国家电网公司供电服务规范》第二章第四条第五款）规定的"熟知本岗位的业务知识和相关技能，岗位操作规范、熟练，具有合格的专业技术水平"。

（3）本案例中客户代表小王从 6 月 21 日至次月 16 日未通知客户进行答复供电方案，造成流程超期行为违反了（《国家电网公司供电服务质量标准》第 6.1 款和《国家电网公司供电服务"十项承诺"》第五条）规定："供电方案答复期限：居民客户不超过 3 个工作日，低压电力客户不超过 7 个工作日。"

（4）本案例中客户代表小林对于客户缺件仅口头答应，未填写缺件告知单的行为违反了《国家电网公司供电服务质量标准》第 6.7 款规定："对客户用电申请资料的缺件情况、受电工程设计文件的审核意见、中间检查和竣工检验的整改意见，均应以书面形式一次性完整告知。"

【暴露问题】

（1）人员请假、岗位变更的交接制度落实不到位，小林请假前未将该项目的特殊情况和处理意见充分告知小王，导致项目流程失控，是造成客户投诉的最直接原因。

（2）客户代表小王工作责任心不足，发现项目申请资料不全后，未主动采取积极措施进行补救，而是简单地把项目流程中止，未与客户代表小林进行联系确认。

（3）发生本事件的供电企业业扩流程各环节管理制度不健全或者制度落实不到位：申请环节资料不全客户代表仍可以受理；流程中止过于随意未进行严格把关。

【措施建议】

（1）强化人员请假、岗位变更交接管理制度的执行，针对岗位移交中的不到位情况，确定后续责任划分并加强考核。

（2）修订和完善业扩流程管理相关制度，明确各环节作业要求，加强上下道工序间的监督，确保业扩报装流程中的各环节操作规范性。

（3）设置业扩流程后台管理员，对各类业扩流程的资料完整性、正确性、流程时限合格情况、各环节操作规范性进行跟踪，并提出考核意见。通过及时跟踪、反馈，不断提高业扩全流程的服务规范性。

（4）加强客户代表的业务培训，不断提高他们的业务能力和工作责任心；规范客户代表的业务执规考核，通过考核强化各项工作标准的执行力。

【案例点评】

"服务无小事"——客户服务是一项细致的工作，容不得半点的马虎和疏忽，工作人员的任何一点疏漏都可能给客户带来巨大的损失，给供电企业的形象造成极大的负面影响。本案中客户代表小林和小王的工作移交不到位，给客户带来不必要的损失，实际上正折射出我们的日常服务中存在不少不尽如人意的地方。如何举一反三，避免类似事件再次发生是值得我们每一个员工深思的问题。

3.某高压用户需报装630kVA容量的用电，因工期紧，又对供电企业业扩流程不熟悉，经熟人介绍，于2011年5月10号，到供电关联企业委托工程的设计安装和设备采购。经充分协商后，5月12日，供电关联企业与客户签订了相关合同；5月20日，完成了全部设计；6月20日，完成了工程的施工安装；6月22日，供电关联企业代用户向供电企业申请通电。6月23日，供电企业接到申请后，主动联系客户，并请客户补办了业扩申请、供电方案、审图、中间检查和竣工检验等相关表式。6月23日下午，供电企业给予装表接电。请结合《供电监管办法》《供电营业规则》和公司相关规定，分析供电企业和关联企业存在哪些"三指定"问题。

答案：

（1）关联企业存在提前介入业扩报装流程问题。

（2）关联设计单位存在未收到供电方案进行图纸设计的问题。

（3）供电企业让未经审图的图纸通过设计审核。

（4）关联施工企业存在未收到通过审图的施工图纸进行施工。

（5）关联施工企业存在未经中间检查继续进行施工的问题。

（6）供电企业存在让未经中间检查、竣工检验的工程装表接电的问题。

4.请对以下客户投诉进行分析。

1月30日客户王先生向供电公司申请动力用电。供电公司业扩报装人员组织了现场勘查，并确定了供电方案。2月3日，施工完毕并验收合格。办理完相关手续后，装表人员于2月6日领表出库，但由于工作疏忽，2月18日方完成装表接电工作，王先生对此表示不满，2月19日打进95598进行投诉。

通过以上案例，请分析：

（1）该案例违反了哪些规定？

（2）该案例暴露出供电企业存在哪些问题？

（3）有哪些意见和建议？

答案：

本次事件违反以下规定：

（1）《国家电网公司供用服务"十项承诺"》第四条："受电工程检验合格并办结相关手续后，居民客户 3 个工作日内送电，非居民客户 5 个工作日内送电。"

（2）《供电监管办法》第十一条第五款："自受电装置检验合格并办结相关手续之日起，居民用户不超过 3 个工作日，其他低压供电用户不超过 5 个工作日，高压供电用户不超过 7 个工作日。

（3）《国家电网公司业扩报装工作规范》第四十五条："接电时限应满足以下要求：自受电装置检验合格并办结相关手续之日起，一般居民客户不超过 3 个工作日，低压供电客户不超过 5 个工作日，高压供电客户不超过 7 个工作日。

【暴露问题】

（1）装表人员工作责任心不强，服务意识淡薄，未能按承诺时限完成装表工作。

（2）业扩报装流程各环节时限监控不到位。

【措施建议】

（1）全面建立优质服务保障机制。以满足客户需要为供电服务的出发点，围绕客户需求，供电服务一线工作人员要规范行为，杜绝各类不良服务事件。

（2）强化规章制度的落实工作，加大规章制度执行的监督考核，认真执行各项服务规章制度，严格遵守供电服务规范，不断提升供电服务规范化水平。

5. 依据《供电监管办法》，列出电力监管机构对供电企业的监管内容有哪些？（答出 5 条即可）

答案：

（1）电力监管机构对供电企业的供电能力实施监管。

（2）电力监管机构对供电企业的供电质量实施监管。

（3）电力监管机构对供电企业设置电压监测点的情况实施监管。

（4）电力监管机构对供电企业保障供电安全的情况实施监管。

（5）电力监管机构对供电企业履行电力社会普遍服务义务的情况实施监管。

（6）电力监管机构对供电企业实施停电、限电或者中止供电的情况进行监管。

（7）电力监管机构对供电企业处理供电故障的情况实施监管。

（8）电力监管机构对供电企业履行紧急供电义务的情况实施监管。

（9）电力监管机构对供电企业执行国家有关电力行政许可规定的情况实施监管。

（10）电力监管机构对供电企业公平、无歧视开放供电市场的情况实施监管。

（11）电力监管机构对供电企业执行国家规定的电价政策和收费标准的情况实施监管。

（12）电力监管机构对供电企业签订供用电合同的情况实施监管。

（13）电力监管机构对供电企业执行国家规定的成本规则的情况实施监管。

（14）电力监管机构对供电企业信息公开的情况实施监管。

（15）电力监管机构对供电企业报送信息的情况实施监管。

（16）电力监管机构对供电企业执行国家有关节能减排和环境保护政策的情况实施监管。

（17）电力监管机构对供电企业实施电力需求侧管理的情况实施监管。

6．申请用电的某工厂，经确认为一级重要电力客户。由于受供电网络条件限制，当地供电公司回复的供电方案为单电源双回路供电，且在答复供电方案时，并未提醒客户应配备足够的自备应急电源及应急措施。

经过 5 个月的试运行，该用户认为单电源双回路供电，同时未配备自备应急电源及应急措施，仅靠 50kVA 的 UPS 电源起不到避险作用，存在较大安全隐患，随即向供电公司反馈。

通过以上案例，请分析：

（1）该案例暴露出供电企业存在哪些问题？

（2）有哪些意见和建议？

答案：

【暴露问题】

（1）供电服务人员业务素质不过硬，对客户的负荷性质认识不到位，未充分掌握一级重要电力客户对供电可靠性的要求。

（2）未履行对重要客户应配备足够的自备应急电源及应急措施的告知义务。

（3）在业扩审查等环节也未能及时对双电源配备方面存在的安全隐患作出提醒。

（4）未认真履行重要客户供电方案会签审核制度。

【措施建议】

（1）加强业务培训和学习，提高工作人员的业务水平。

（2）认真履行重要客户供电方案会签审核制度，严格执行规章制度，严把业务审核关，对工作差错严肃考核。

（3）告知用户增加应急措施。

（4）加快电网规划、建设。

7．请对以下事件进行分析。

供电企业在答复给某 10kV 专变客户的受电工程设计文件审核意见单中，推荐该客户使用某品牌的开关柜。

通过以上案例，请分析：

（1）该案例违反了哪些规定？

（2）该案例暴露出供电企业存在哪些问题？

（3）有哪些意见和建议？

答案要点：

本次事件违反以下规定：

《供电监管办法》第二章第十八条第（四）款："供电企业不得对用户受电工程指定设计单位、施工单位和设备材料供应单位。

【暴露问题】

（1）供电服务人员对相关规定执行不到位。

（2）客户服务人员规避"三指定"风险意识不强。

【措施建议】

（1）加强业务培训，提高一线工作人员的业务水平。

（2）强化规章制度的落实工作，对工作失误严肃考核。

业扩技术类

忽视技术的从业者

一个忽视技术的从业者凭借的是经验

缺乏技术支持的经验往往又是空谈

科技引领技术的革新

忽视技术的从业者只能随海浮沉

又何谈扬帆远航

重视技术的从业者

一个重视技术的从业者善于思考

不断思考成就了重视技术从业者，事半功倍

重视技术的从业者无比自信

阿基米德曾经豪言

给我一个支点，我能撬起整个地球

又有谁敢轻视技术的威严

一、填空题

1．互感器二次回路的连接导线应采用_____。

答案：铜质单芯绝缘线

2．对电流二次回路，连接导线截面积应按电流互感器的额定二次负荷计算确定，至少应不小于_____mm²。对电压二次回路，连接导线截面积应按允许的电压降计算确定，至少应不小于_____mm²。

答案：4，2.5

3．接入中性点绝缘系统的3台电压互感器，35kV及以上的宜采用_____方式接线；35kV以下的宜采用_____方式接线。

答案：Y/y，V/V

4．直接接入式电能表的_____应按正常运行负荷电流的30%左右进行选择。

答案：标定电流

5．接入非中性点绝缘系统的3台电压互感器，宜采用_____方式接线。

答案：Y0/y0

6．供电企业之间的电量交换点的电能计量装置属于_____类计量装置。

答案：Ⅱ

7．Ⅰ、Ⅱ类用于贸易结算的电能计量装置中电压互感器二次回路电压降应不大于其额定二次电压的_____。

答案：0.2%

8．计量单机容量在_____及以上发电机组上网贸易结算电量的电能计量装置，宜配置准确度等级相同的主副两套有功电能表。

答案：100MW

9．月平均用电量10万kWh及以上或变压器容量为_____及以上的计费客户、_____以下发电机、发电企业厂（站）用电量、供电企业内部用于承包考核的计量点、考核有功电量平衡的110kV及以上的送电线路电能计量装置，为_____类电能计量装置。

答案：315kVA、100MW、Ⅲ

10．Ⅱ类电能表至少每_____个月现场检验一次。

答案：6

11．新投运或改造后的Ⅰ、Ⅱ、Ⅲ、Ⅳ类高压电能计量装置应在_____个月内进行首次现场检验。

答案：1

12．35kV以上贸易结算用电能计量装置中电压互感器二次回路，应不装设_____辅助触点，但可装设_____。

答案：隔离开关，熔断器

13．运行中的电压互感器二次回路电压降应定期进行检验。对 35kV 及以上电压互感器二次回路电压降，至少每_____年检验一次。

答案：两

14．当二次回路负荷超过互感器额定二次负荷或二次回路电压降超差时应及时查明原因，并在_____内处理。

答案：1 个月

15．经检定合格的电能表在库房中保存时间超过_____个月应重新进行检定。

答案：6

16．供配电系统设计应采用符合国家现行有关标准的_____、环保、_____、性能先进的电气产品。

答案：高效节能，安全

17．应急电源是用作_____组成部分的电源。

答案：应急供电系统

18．一级负荷应由_____供电，当一电源发生故障时，另一电源不应同时受到损坏。

答案：双重电源

19．应急电源的工作时间，应按生产技术上要求的_____确定。

答案：停车时间

20．各级负荷的备用电源设置可根据用电需要确定，备用电源必须与_____隔离。

答案：应急电源

21．应急电源与正常电源之间，应采取防止_____的措施。

答案：并列运行

22．需要两回电源线路的用户，宜采用_____供电。

答案：同级电压

23．根据负荷的容量和分布，配变电所应靠近_____。

答案：负荷中心

24．在用户内部邻近的变电所之间，宜设置_____。

答案：低压联络线

25．供电电压大于等于 35kV，当能减少_____、_____及技术经济合理时，配电电压宜采用 35kV 或相应等级电压。

答案：配变电级数，简化结线

26．220V 或 380V 单相用电设备接入 220/380V 三相系统时，宜使_____。

答案：三相平衡

27．设计中应正确选择电动机、变压器的容量，降低_____。

答案：线路感抗

28．当采用提高自然功率因数措施后，仍达不到电网合理运行要求时，应采用并联_____作为无功补偿装置。

答案：电力电容器

29．无功补偿容量宜按_____或_____确定。

答案：无功功率曲线，无功补偿计算方法

30．由建筑物外引入的配电线路，应在室内分界点便于操作维护的地方装设_____。

答案：隔离电器

31．当受条件限制必须将油浸变压器的变电所设置在多层建筑物或高层建筑物的裙房中时,应将设置在建筑物首层靠外墙的部位,且不得设置在人员密集场所的_____、_____、_____以及_____的两旁。

答案：正上方，正下方，贴邻处，疏散出口

32．配电所的非专用电源线的进线侧，应装设_____或_____组合电器。

答案：断路器，负荷开关－熔断器

33．两个配电所之间的联络线，应在供电侧装设_____，另一侧宜装设负荷开关、_____或_____。

答案：断路器，隔离开关，隔离触头

34．由地区电网供电的配电所或变电所的电源进线处，应设置_____。

答案：专用计量柜

35．高层主体建筑内变电所应选用_____或_____型变压器。

答案：不燃，难燃

36．在多尘或有腐蚀性气体严重影响变压器安全运行的场所，应选用_____或_____的变压器。

答案：全封闭型，防腐型

37．当有两回路所用电源时，宜装设备用电源_____装置。

答案：自动投入

38．大中型配电所、变电所宜设_____。

答案：检修电源

39．户内变电所每台油量大于或等于_____的油浸三相变压器，应设在_____内，并应有储油或挡油、排油等防火设施。

答案：100kg，单独的变压器室

40．低压配电装置内，应留有适当数量的_____。

答案：备用回路

41．设置在变电所内的非封闭式干式变压器，应装设高度不低于_____m 的固定围栏，围栏网孔不应大于_____mm²。

答案：1.8，40×40

42．当低压配电装置两个出口间的距离超过_____时应增加出口。

答案：15m

43．电容器的绝缘水平应根据电容器接入电网处的_____和电容器组_____、安装方式的要求进行计算。

答案：电压等级，接线方式

44．高压电容器宜采用_____的电容器，低压电容器宜采用_____电容器。

答案：难燃介质，自愈式

45．并联电容器装置的电器和导体应符合在当地环境条件下正常运行、_____和_____的要求。

答案：过电压状态，短路故障

46．电容器的额定电压与电力网的标称电压相同时，应将电容器的_____和_____接地。

答案：外壳，支架

47．成套电容器柜单列布置时，柜前通道宽度不应小于_____m；当双列布置时，柜面之间的距离不应小于_____m。

答案：1.5，2.0

48．独立变电所、附设变电所、露天或半露天变电所中，油量大于或等于_____的油浸变压器，应设置储油池或挡油池。

答案：1000kg

49．变压器室、配电室、电容器室等房间应设置防止_____、_____和_____、_____等小动物从采光窗、通风窗、门、电缆沟等处进入室内的设施。

答案：雨，雪，蛇，鼠

50．配电装置室的门和变压器室的门的高度和宽度，宜按最大_____部件尺寸，高度加 0.5m，宽度加 0.3m 确定。

答案：不可拆卸

51．当变电所设置在建筑物内或地下室时，应设置设备_____。

答案：搬运通道

52．变电所、配电所位于室外地坪以下的_____、_____和_____应采取防水、排水措施。

答案：电缆夹层，电缆沟，电缆室

53．当变压器室、电容器室周围环境污秽时，宜加设_____。

答案：空气过滤器

54．装有六氟化硫气体绝缘的配电装置的房间，在发生事故时房间内易聚集六氟化硫气体的部位，应装设_____和_____。

答案：报警信号，排风装置

55．高、低压配电室、变压器室、电容器室、控制室内不应有无关的_____和_____通过。

答案：管道，线路

56．配电线路装设的上下级保护电器，其动作特性应具有_____，且各级之间应能协调配合。

答案：选择性

57．配电装置的设计应根据工程特点、规模和发展规划，做到_____期结合，并应以_____期为主，同时应适当留有扩建的余地。

答案：远、近，近

58．配电装置各回路的_____排列宜一致。

答案：相序

59．屋内、屋外配电装置的隔离开关与相应的断路器和接地刀闸之间应装设_____。

答案：闭锁装置

60．选用导体的长期允许电流不得小于该回路的_____电流。

答案：持续工作

61．110kV 及以下软导线宜选用_____。

答案：钢芯铝绞线

62．隔离开关应根据正常_____和_____条件的要求选择。

答案：运行条件，短路故障

63．气体绝缘金属封闭开关设备配电装置宜采用_____方式。

答案：多点接地

64．在气体绝缘金属封闭开关设备配电装置内，应设置一条贯穿所有气体绝缘金属封闭开关设备间隔的_____或_____。

答案：接地母线，环形接地母线

65．配电装置室应按事故排烟要求装设_____装置。

答案：事故通风

66．3kV 及以上架空电力线路，不应跨越储存_____、_____物的仓库区域。

答案：易燃，易爆

67．10kV 及以下架空电力线路通过林区的通道宽度，不应小于线路两侧向外各延伸_____m。

答案：2.5

68．架空电力线路的导线，可采用_____或铝绞线。地线可采用_____。

答案：钢芯铝绞线，镀锌钢绞线

69．10kV 导线与树木（考虑自然生长高度）之间的最小垂直距离为_____m。

答案：3

70．配电网供电可靠性是指配电网对用户连续供电的可靠程度，应符合电网供电_____和满足_____两方面要求。

答案：安全准则，用户用电

71．电力设备和线路应装设反应_____和_____的继电保护和自动装置。

答案：短路故障，异常运行

72．电力设备和线路应有_____、后备保护和异常运行保护，必要时可增设_____。

答案：主保护，辅助保护

73．对相邻设备和线路有配合要求时，上下两级之间的_____和_____应相互配合。

答案：灵敏系数，动作时间

74．保护装置应能尽快地切除_____。

答案：短路故障

75．装有瓦斯保护的变压器壳内故障产生轻微瓦斯或油面下降时，应瞬时动作于_____；当产生大量瓦斯时，应动作于_____。

答案：信号，断开变压器各侧断路器

76．瓦斯保护应采取防止因_____、瓦斯继电器的_____故障等引起瓦斯保护误动作的措施。

答案：震动，引线

77．变压器的纵联差动保护应能躲过_____和外部短路产生的_____。

答案：励磁涌流，不平衡电流

78．差动保护范围应包括变压器_____及其_____。

答案：套管，引出线

79．强电控制回路铜芯控制电缆和绝缘导线的线芯最小截面不应小于_____mm^2；弱电控制回路铜芯控制电缆和绝缘导线的线芯最小截面不应小于_____mm^2。

答案：1.5，0.5

80．继电保护和自动装置用电流互感器应满足_____和_____特性要求。

答案：误差，保护动作

81．继电保护用电流互感器的安装位置、二次绕组分配应考虑消除_____。

答案：保护死区

82．继电保护和自动装置用电压互感器主二次绕组的准确级应为_____，剩余绕组准确级应为_____。

答案：3P，6P

83．电压互感器剩余绕组的试验用引出线上应装设_____或_____。

答案：熔断器，自动开关

84．配电干线采用单芯电缆作保护接地中性线时，截面应符合铜导体不小于_____mm²，铝导体不小于_____mm²。

答案：10，16

85．《国家电网公司业扩供电方案编制导则》规定了业扩供电方案的_____和主要内容，明确了电力客户的_____和分级原则，确定了_____、计量方式、计费计价方式、自备应急电源配置、无功补偿、继电保护等主要技术原则。导则共分为_____章。

答案：编制原则，界定，供电方式，12

86．《国家电网公司业扩供电方案编制导则》适用于国家电网公司所属各区域电网公司、省（自治区、直辖市）电力公司及供电企业对_____供电的各类客户业扩供电方案的确定。

答案：220kV 及以下

87．《国家电网公司业扩供电方案编制导则》规定，主供电源指能够_____且连续为_____用电负荷提供电力的电源。

答案：正常有效，全部

88．《国家电网公司业扩供电方案编制导则》规定，备用电源指根据客户在安全、_____和生产上对供电可靠性的实际需求，在主供电源发生故障或断电时，能够有效且连续为_____负荷提供电力的电源。

答案：业务，全部或部分

89．《国家电网公司业扩供电方案编制导则》规定，自备应急电源指由客户_____配备的，在正常供电电源全部发生中断的情况下，能够至少满足对客户_____不间断供电的_____电源。

答案：自行，保安负荷，独立

90．《国家电网公司业扩供电方案编制导则》规定，双电源指由两个_____供电线路向_____实施的供电。这两条供电线路是由两个电源供电，即由来自两个不同方向的变电站或来自具有两回及以上进线的同一变电站内_____分别提供的电源。

答案：独立的，同一个用电负荷，两段不同母线

91．《国家电网公司业扩供电方案编制导则》规定，双回路指为_____供电的_____供电线路。

答案：同一用电负荷，两回

92．《国家电网公司业扩供电方案编制导则》规定，保安负荷指用于保障用电场所_____所需的电力负荷。

答案：人身与财产安全

93. 《国家电网公司业扩供电方案编制导则》规定，电能计量方式指根据电能计量的_____、以及确定的客户供电方式和_____要求，确定电能计量点和电能计量装置配置原则。

答案：不同对象，国家电价政策

94. 《国家电网公司业扩供电方案编制导则》规定，用电信息采集终端指安装在_____的设备，用于电能表数据的采集、_____、数据双向传输以及转发或执行控制命令。用电信息采集终端按应用场所分为专变采集终端、集中抄表终端（_____、_____）、_____等类型。

答案：用电信息采集点，数据管理，包括集中器，采集器，分布式能源监控终端

95. 《国家电网公司业扩供电方案编制导则》规定，电能质量指供应到客户受电端的_____品质的优劣程度。通常以_____、电压允许波动和闪变、电压正弦波形畸变率、三相电压不平衡度、频率允许偏差等指标来衡量。

答案：电能，电压允许偏差

96. 《国家电网公司业扩供电方案编制导则》规定，谐波源指向公共电网注入_____或在公共电网中产生_____的电气设备。

答案：谐波电流，谐波电压

97. 《国家电网公司业扩供电方案编制导则》规定，大容量非线性负荷指接入_____电压等级电力系统的电弧炉、轧钢设备、地铁、电气化铁路牵引机车，以及单台 4000kVA 及以上整流设备等具有波动性、冲击性、_____的负荷。

答案：110kV 及以上，不对称性

98. 《国家电网公司业扩供电方案编制导则》规定，供电方案应能满足供用电_____、可靠、经济、_____、管理方便的要求，并留有发展余度。

答案：安全，运行灵活

99. 《国家电网公司业扩供电方案编制导则》规定，供电方案应符合电网建设、改造和_____要求；满足客户_____对电力的需求，具有最佳的综合经济效益。

答案：发展规划，近（远）期

100. 《国家电网公司业扩供电方案编制导则》规定，供电方案应具有满足客户需求的供电_____及合格的_____质量。

答案：可靠性，电能

101. 《国家电网公司业扩供电方案编制导则》规定，供电方案应符合相关国家标准、_____标准和规程，以及技术装备先进要求，并应对多种供电方案进行_____，确定最佳方案。

答案：电力行业技术，技术经济比较

102. 《国家电网公司业扩供电方案编制导则》规定，供电方案应根据_____以及客

户的用电容量、用电性质、_____、用电负荷重要程度等因素，确定供电方式和_____。

答案：电网条件，用电时间，受电方式

103.《国家电网公司业扩供电方案编制导则》规定，供电方案应根据重要客户的_____确定供电电源及_____、自备应急电源及非电性质的保安措施配置要求。

答案：分级，数量

104.《国家电网公司业扩供电方案编制导则》规定，供电方案应根据确定的_____及_____确定电能计量方式、用电信息采集终端安装方案。

答案：供电方式，国家电价政策

105.《国家电网公司业扩供电方案编制导则》规定，供电方案应根据客户的_____和国家电价政策确定计费方案。

答案：用电性质

106.《国家电网公司业扩供电方案编制导则》规定，客户自备应急电源及非电性质保安措施的配置、谐波负序治理的措施应与受电工程_____、同步建设、_____、同步投运。

答案：同步设计，同步验收

107.《国家电网公司业扩供电方案编制导则》规定，对有受电工程的，应按照_____的原则，确定双方工程建设出资界面。

答案：产权分界划分

108.《国家电网公司业扩供电方案编制导则》规定，重要电力客户是指在国家或者一个地区（城市）的社会、_____、经济生活中占有重要地位，对其中断供电将可能造成人身伤亡、_____、较大政治影响、较大经济损失、社会公共秩序严重混乱的用电单位或对供电可靠性有特殊要求的用电场所。

答案：政治，较大环境污染

109.《国家电网公司业扩供电方案编制导则》规定，重要电力客户认定一般由各级供电企业或_____提出，经_____批准。

答案：电力客户，当地政府有关部门

110.《国家电网公司业扩供电方案编制导则》规定，根据对供电可靠性的要求以及中断供电危害程度，重要电力客户户可以分为_____、一级、二级重要电力客户和_____重要电力客户。

答案：特级，临时性

111.《国家电网公司业扩供电方案编制导则》规定，特级重要电力客户，是指在_____中具有特别重要作用，中断供电将可能危害_____的电力客户。

答案：管理国家事务，国家安全

112.《国家电网公司业扩供电方案编制导则》规定，中断供电将可能造成较大范围社会公共秩序严重混乱的，属于_____重要电力客户。

答案：一级

113.《国家电网公司业扩供电方案编制导则》规定，中断供电将可能造成较大环境污染的，属于_____重要电力客户。

答案：二级

114.《国家电网公司业扩供电方案编制导则》规定，中断供电将可能造成一定范围社会公共秩序严重混乱的，属于_____重要电力客户。

答案：二级

115.《国家电网公司业扩供电方案编制导则》规定，临时性重要电力客户，是指需要_____的电力客户。

答案：临时特殊供电保障

116.《国家电网公司业扩供电方案编制导则》规定，除重要电力客户以外的_____客户，统称为普通电力客户。

答案：其他

117.《国家电网公司业扩供电方案编制导则》规定，确定用电容量时，应综合考虑客户_____、用电设备总容量，并结合生产特性兼顾主要用电设备同时率、_____等因素后确定。

答案：申请容量，同时系数

118.《国家电网公司业扩供电方案编制导则》规定，对于高压供电客户，在保证受电变压器_____和安全运行的前提下，应同时考虑减少电网的_____。一般客户的计算负荷宜等于变压器额定容量的_____。

答案：不超载，无功损耗，70%～75%

119.《国家电网公司业扩供电方案编制导则》规定，对于用电季节性较强、负荷分散性大的客户，可通过_____、降低单台容量来提高运行的灵活性，解决淡季和低谷负荷期间因变压器轻负载导致_____的问题。

答案：增加受电变压器台数、损耗过大

120.《国家电网公司业扩供电方案编制导则》规定，对于低压供电客户，用电容量根据客户主要用电设备_____确定。

答案：额定容量

121.《国家电网公司业扩供电方案编制导则》规定，低压供电额定电压中：单相为_____、三相为_____。

答案：220V，380V

122.《国家电网公司业扩供电方案编制导则》规定，高压供电额定电压为：10kV、_____kV、110kV、_____kV。

答案：35（66），220

123.《国家电网公司业扩供电方案编制导则》规定，客户需要的供电电压等级在_____时，其受电装置应作为终端变电站设计。

答案：110kV 及以上

124.《国家电网公司业扩供电方案编制导则》规定，客户需要的供电电压等级在 110kV 及以上时，其受电装置应作为_____设计。

答案：终端变电站

125.《国家电网公司业扩供电方案编制导则》规定，客户的供电电压等级应根据当地电网条件、_____、用电最大需量或受电设备总容量，经过_____后确定。

答案：客户分级，技术经济比较

126.《国家电网公司业扩供电方案编制导则》规定，供电半径超过本级电压规定时，可_____供电。

答案：按高一级电压

127.《国家电网公司业扩供电方案编制导则》规定，具有_____、_____、_____的客户，宜采用由系统变电所新建线路或提高电压等级供电的供电方式。

答案：冲击负荷，波动负荷，非对称负荷

128.《国家电网公司业扩供电方案编制导则》规定，客户单相用电设备总容量在_____时可采用低压 220V 供电，在经济发达地区用电设备容量可扩大到_____。

答案：10kW 及以下，16kW

129.《国家电网公司业扩供电方案编制导则》规定，客户用电设备总容量在_____或受电变压器容量在_____者，可采用低压 380V 供电。在用电负荷密度较高的地区，经过技术经济比较，采用低压供电的技术经济性明显优于高压供电时，低压供电的容量可_____。

答案：100kW 及以下，50kVA 及以下，适当提高

130.《国家电网公司业扩供电方案编制导则》规定，农村地区低压供电容量，应根据当地农村电网综合配电_____、_____的配置特点确定。

答案：小容量，多布点

131.《国家电网公司业扩供电方案编制导则》规定，客户受电变压器总容量在_____时，宜采用 10kV 供电。无 35kV 电压等级的地区，10kV 电压等级的供电容量可扩大到_____。

答案：50kVA～10MVA，15MVA

132.《国家电网公司业扩供电方案编制导则》规定，客户受电变压器总容量在_____时，宜采用 35kV 供电。

答案：5MVA～40MVA

133.《国家电网公司业扩供电方案编制导则》规定，有 66kV 电压等级的电网，客户受电变压器总容量在_____时，宜采用 66kV 供电。

答案：15MVA～40MVA

134.《国家电网公司业扩供电方案编制导则》规定，客户受电变压器总容量在_____时，宜采用 110kV 及以上电压等级供电。

答案：20MVA～100MVA

135.《国家电网公司业扩供电方案编制导则》规定，客户受电变压器总容量在_____，宜采用 220kV 及以上电压等级供电。

答案：100MVA 及以上

136.《国家电网公司业扩供电方案编制导则》规定，基建施工、_____、_____、防汛排涝、抢险救灾、_____等非永久性用电，可实施临时供电。具体供电电压等级取决于用电容量和当地的供电条件。

答案：市政建设，抗旱打井，集会演出

137.《国家电网公司业扩供电方案编制导则》规定，居住区住宅以及公共服务设施用电容量的确定应综合考虑所在城市的_____、社会经济、气候、民族、_____及家庭能源使用的种类，同时满足应急照明和_____要求。

答案：性质，习俗，消防设施

138.《国家电网公司业扩供电方案编制导则》规定，建筑面积在 50m² 及以下的住宅用电每户容量宜不小于_____；大于 50m² 的住宅用电每户容量宜不小于_____。

答案：4kW，8kW

139.《国家电网公司业扩供电方案编制导则》规定，配电变压器容量的配置系数，应根据_____和各地区用电水平，由各省（自治区、直辖市）电力公司确定。

答案：住宅面积

140.《国家电网公司业扩供电方案编制导则》规定，供电电源应依据_____、用电性质、用电容量、_____以及当地供电条件等因素，经过技术经济比较、与客户协商后确定。

答案：客户分级，生产特性

141.《国家电网公司业扩供电方案编制导则》规定，特级重要电力客户应具备_____电源供电条件。

答案：三路及以上

142.《国家电网公司业扩供电方案编制导则》规定，一级重要电力客户应采用_____供电，二级重要电力客户应采用_____供电。

答案：双电源，双电源或双回路

143.《国家电网公司业扩供电方案编制导则》规定，临时性重要电力客户按照用电负荷重要性，在条件允许情况下，可以通过_____等方式满足双电源或多电源供电要求。

答案：临时架线

144.《国家电网公司业扩供电方案编制导则》规定，对普通电力客户可采用_____供电。

答案：单电源

145．《国家电网公司业扩供电方案编制导则》规定，双电源、多电源供电时宜采用_____电压等级电源供电，供电电源的_____和_____要满足重要电力客户允许中断供电时间的要求。

答案：同一，切换时间，切换方式

146．《国家电网公司业扩供电方案编制导则》规定，根据客户分级和城乡发展规划，选择采用架空线路、电缆线路或_____供电。

答案：架空－电缆线路

147．《国家电网公司业扩供电方案编制导则》规定，电源点应具备足够的_____，能提供合格的电能质量，满足客户的用电需求，保证接电后电网安全运行和_____。

答案：供电能力，客户用电安全

148．《国家电网公司业扩供电方案编制导则》规定，对多个可选的电源点，应进行_____后确定。

答案：技术经济比较

149．《国家电网公司业扩供电方案编制导则》规定，根据_____和_____，确定电源点的回路数和种类。

答案：客户分级，用电需求

150．《国家电网公司业扩供电方案编制导则》规定，根据城市地形、地貌和城市道路规划要求，就近选择电源点。路径应短捷顺直，减少与道路交叉，避免_____、_____。

答案：近电远供，迂回供电

151．《国家电网公司业扩供电方案编制导则》规定，重要电力客户应配备自备应急电源及_____的保安措施，满足保安负荷应急供电需要。对临时性重要电力客户可以_____满足保安负荷供电要求。

答案：非电性质，租用应急发电车（机）

152．《国家电网公司业扩供电方案编制导则》规定，自备应急电源配置容量应至少满足_____正常供电的需要。有条件的可设置专用_____。

答案：全部保安负荷，应急母线

153．《国家电网公司业扩供电方案编制导则》规定，自备应急电源的_____、_____、允许停电持续时间和电能质量应满足客户安全要求。

答案：切换时间，切换方式

154．《国家电网公司业扩供电方案编制导则》规定，自备应急电源与电网电源之间应装设可靠的_____装置，防止倒送电。

答案：电气或机械闭锁

155．《国家电网公司业扩供电方案编制导则》规定，非电性质保安措施应符合客户的生产特点、_____，满足_____情况下保证客户安全的需要。

答案：负荷特性，无电

156.《国家电网公司业扩供电方案编制导则》规定,确定电气主接线时,应根据_____、设备特点及_____等条件确定。

答案：进出线回路数，负荷性质

157.《国家电网公司业扩供电方案编制导则》规定,确定电气主接线时,应满足_____、_____、操作检修方便、节约投资和_____等要求。

答案：供电可靠，运行灵活，便于扩建

158.《国家电网公司业扩供电方案编制导则》规定,确定电气主接线时,在满足可靠性要求的条件下,宜减少_____和简化_____等。

答案：电压等级，接线

159.《国家电网公司业扩供电方案编制导则》规定,电气主接线的主要型式包括：_____、单母线、单母线分段、双母线、_____。

答案：桥形接线，线路变压器组

160.《国家电网公司业扩供电方案编制导则》规定,具有两回线路供电的一级负荷客户, 1、35kV 及以上电压等级应采用_____接线或_____。装设两台及以上主变压器。6～10kV 侧应采用（单母线分段）接线。10kV 电压等级应采用_____接线。装设两台及以上变压器。0.4kV 侧应采用_____接线。

答案：单母线分段，双母线接线，单母线分段，单母线分段

161.《国家电网公司业扩供电方案编制导则》规定,具有两回线路供电的二级负荷客户, 35kV 及以上电压等级宜采用_____、单母线分段、_____接线,装设两台及以上主变压器。中压侧应采用_____接线；10kV 电压等级宜采用单母线分段、_____接线,装设两台及以上变压器。0.4kV 侧应采用_____接线。

答案：桥形，线路变压器组、单母线分段、线路变压器组、单母线分段

162.《国家电网公司业扩供电方案编制导则》规定,单回线路供电的三级负荷客户,其电气主接线,采用_____或_____接线。

答案：单母线，线路变压器组

163.《国家电网公司业扩供电方案编制导则》规定,特级重要客户可采用_____、_____运行方式。

答案：两路运行，一路热备用

164.《国家电网公司业扩供电方案编制导则》规定,一级客户可采用_____或_____的运行方式。

答案：两回及以上进线同时运行互为备用，一回进线主供、另一回路热备用

165.《国家电网公司业扩供电方案编制导则》规定,二级客户可采用_____或

_____的运行方式。

答案：两回及以上进线同时运行，一回进线主供，另一回路冷备用

166．《国家电网公司业扩供电方案编制导则》规定，电能计量点原则上应设置在_____的产权分界处。

答案：供电设施与受电设施

167．《国家电网公司业扩供电方案编制导则》规定，低压供电的客户，负荷电流为60A及以下时，电能计量装置接线宜采用_____式；负荷电流为60A以上时，宜采用_____式。

答案：直接接入，经电流互感器接入

168．《国家电网公司业扩供电方案编制导则》规定，高压供电的客户，宜在_____计量；但对10kV供电且容量在315kVA及以下、35kV供电且容量在500kVA及以下的，_____计量确有困难时，可在_____计量，即采用_____方式。

答案：高压侧，高压侧，低压侧，高供低计

169．《国家电网公司业扩供电方案编制导则》规定，高压供电的客户，宜在高压侧计量；但对10kV供电且容量在_____、35kV供电且容量在_____的，高压侧计量确有困难时，可在低压侧计量，即采用高供低计方式。

答案：315kVA及以下，500kVA及以下

170．《国家电网公司业扩供电方案编制导则》规定，有两条及以上线路分别来自不同电源点或有多个受电点的客户，应_____装设电能计量装置。

答案：分别

171．《国家电网公司业扩供电方案编制导则》规定，有两条及以上线路分别来自不同电源点或_____的客户，应分别装设电能计量装置。

答案：有多个受电点

172．《国家电网公司业扩供电方案编制导则》规定，客户一个受电点内不同电价类别的用电，应_____装设电能计量装置。

答案：分别

173．《国家电网公司业扩供电方案编制导则》规定，有送、受电量的地方电网和有自备电厂的客户，应在_____上装设_____电能计量装置。

答案：并网点，送、受电

174．《国家电网公司业扩供电方案编制导则》规定，接入中性点绝缘系统的电能计量装置，宜采用_____接线方式；接入中性点非绝缘系统的电能计量装置，应采用_____接线方式。

答案：三相三线，三相四线

175．《国家电网公司业扩供电方案编制导则》规定，接入_____的电能计量装置，宜采用三相三线接线方式；接入_____的电能计量装置，应采用三相四线接线方式。

答案：中性点绝缘系统，中性点非绝缘系统

176.《国家电网公司业扩供电方案编制导则》规定，用电客户用电容量大于等于2000kVA，小于10000kVA时，属于_____类电能计量装置，应配置的电能表、互感器的准确度等级不低于以下要求：有功电能表_____，无功电能表_____，电压互感器_____，电流互感器_____。

答案：Ⅱ，0.5S或0.5，2.0，0.2，0.2S

177.《国家电网公司业扩供电方案编制导则》规定，用电客户用电容量大于等于315kVA，小于2000kVA时，属于_____类电能计量装置，应配置的电能表、互感器的准确度等级不低于以下要求：有功电能表_____，无功电能表_____，电压互感器_____，电流互感器_____。

答案：Ⅲ，1.0，2.0，0.5，0.5S

178.《国家电网公司业扩供电方案编制导则》规定，用电客户用电容量小于315kVA时，属于_____类电能计量装置，应配置的电能表、互感器的准确度等级不低于以下要求：有功电能表_____，无功电能表_____，电压互感器_____，电流互感器_____。

答案：Ⅳ，2.0，3.0，0.5，0.5S

179.《国家电网公司业扩供电方案编制导则》规定，用电客户为单相供电，且用电容量小于10kW时，属于_____类电能计量装置，应配置的电能表、互感器的准确度等级不低于以下要求：有功电能表_____，电流互感器_____。

答案：Ⅴ，2.0，0.5S

180.《国家电网公司业扩供电方案编制导则》规定，所有电能计量点均应安装用电信息采集终端。根据_____的不同选配用电信息采集终端。对高压供电的客户配置_____终端，对低压供电的客户配置_____终端，对有需要接入公共电网分布式能源系统的客户配置_____终端。

答案：应用场所，专变采集，集中抄表，分布式能源监控

181.《国家电网公司业扩供电方案编制导则》规定，在电力系统正常状况下，供电企业供到客户受电端的供电电压允许偏差为：（1）35kV及以上电压供电的，电压正、负偏差的绝对值之和不超过额定值的_____。（2）10kV及以下三相供电的，为额定值的_____。（3）220V单相供电的，为额定值的_____。

答案：10%，±7%，+7%、−10%

182.《国家电网公司业扩供电方案编制导则》规定，对于非线性负荷设备用电，应按照"_____、_____""_____、_____、_____、_____"的原则，在供电方案中，明确客户治理电能质量污染的责任及技术方案要求。

答案：谁污染，谁治理，同步设计，同步施工，同步投运，同步达标

183.《国家电网公司业扩供电方案编制导则》规定，无功电力应_____、_____。客

户应在提高自然功率因数的基础上，按有关标准设计并安装_____设备。

答案：分层分区，就地平衡，无功补偿

184.《国家电网公司业扩供电方案编制导则》规定，为提高客户电容器的投运率，并防止无功倒送，宜采用_____方式。

答案：自动投切

185.《国家电网公司业扩供电方案编制导则》规定，100kVA 及以上高压供电的电力客户，在高峰负荷时的功率因数不宜低于_____；其他电力客户和大、中型电力排灌站、趸购转售电企业，功率因数不宜低于_____；农业用电功率因数不宜低于_____。

答案：0.95，0.90，0.85

186.《国家电网公司业扩供电方案编制导则》规定，电容器的安装容量，应根据客户的_____计算后确定。

答案：自然功率因数

187.《国家电网公司业扩供电方案编制导则》规定，当不具备设计计算条件时，电容器安装容量的确定应符合下列规定：（1）35kV 及以上变电所可按变压器容量的_____确定；（2）10kV 变电所可按变压器容量的_____确定。

答案：10%～30%，20%～30%

188.《国家电网公司业扩供电方案编制导则》规定，客户变电所中的电力设备和线路，应装设反应_____和_____的继电保护和安全自动装置，满足_____、_____、_____和_____的要求。

答案：短路故障，异常运行，可靠性，选择性，灵敏性，速动性

189.《国家电网公司业扩供电方案编制导则》规定，客户变电所中的电力设备和线路的继电保护应有_____、_____和_____，必要时可增设_____。

答案：主保护，后备保护，异常运行保护，辅助保护

190.《国家电网公司业扩供电方案编制导则》规定，10kV 及以上变电所宜采用_____继电保护装置。

答案：数字式

191.《国家电网公司业扩供电方案编制导则》规定，备用电源自动投入装置，应具有_____的功能。

答案：保护动作闭锁

192.《国家电网公司业扩供电方案编制导则》规定，受电电压在 10kV 及以上的_____客户，需要实行电力调度管理。

答案：专线供电

193.《国家电网公司业扩供电方案编制导则》规定，有_____供电、受电装置的容量较大且内部接线复杂的客户，需要实行电力调度管理。

答案：多电源

194．《国家电网公司业扩供电方案编制导则》规定，有两回路及以上线路供电，并有_____的客户，需要实行电力调度管理。

答案：并路倒闸操作

195．《国家电网公司业扩供电方案编制导则》规定，_____或对供电质量有特殊要求的客户，需要实行电力调度管理。

答案：重要电力客户

196．《国家电网公司业扩供电方案编制导则》规定，35kV 及以下供电、用电容量不足8000kVA 且有调度关系的客户，可利用_____采集客户端的电流、电压及负荷等相关信息，配置_____与调度部门进行联络。

答案：用电信息采集系统，专用通讯市话

197．《国家电网公司业扩供电方案编制导则》规定，35kV 供电、用电容量在 8000kVA 及以上或 110kV 及以上的客户宜采用_____或其他通信方式，通过_____上传客户端的遥测、遥信信息，同时应配置_____或系统调度电话与调度部门进行联络。

答案：专用光纤通道，远动设备，专用通讯市话

198．《国家电网公司业扩供电方案编制导则》规定，有两回路及以上线路供电，并有_____的客户，需要实行电力调度管理。

答案：并路倒闸操作

199．安全的回路，宜选用具有低烟、低毒的_____电缆。

答案：阻燃

200．电能计量装置包括各种类型_____、_____、_____及其_____、_____等。

答案：电能表，计量用电压，电流互感器，二次回路，电能计量柜（箱）

201．配电所所用电源宜引自就近的配电变压器 220/380V 侧。重要或规模较大的配电所，宜设_____。柜内所用可燃油油浸变压器的油量应小于_____。

答案：所用变压器，100kg

202．运行中的电能计量装置按其所计量电能量的多少和计量对象的重要程度分_____类进行管理。

答案：五

203．贸易结算用的电能计量装置原则上应设置在_____。

答案：供用电设施产权分界处

204．对造成电能计量差错超过_____及以上者，应及时上报省级电网经营企业用电管理部门。

答案：10 万 kWh

205．电能计量故障、差错调查处理的"四不放过"包括：_____未查清不放过，_____不

放过、_____不放过、_____不放过。

答案：做到故障差错原因，责任人员未处理，整改措施未落实，有关人员未受到教育

206．电能计量故障、差错分为_____和_____两大类。

答案：设备故障，人为差错

207．电能计量故障、差错的调查组成立后应在_____日内报送《电能计量故障、差错调查报告书》；遇特殊情况，经上级单位同意后，可延长至_____日。

答案：45，60

208．发电上网、跨国输电、跨区输电、跨省输电、省级供电、趸售供电关口电能表原则上每_____现场检验一次；地市供电、内部考核关口电能表原则上_____现场检验一次；Ⅲ类电能表至少_____现场检验一次。

答案：3个月，每年，每年

209．公司系统各级供电企业应按照_____要求，对用于检定工作的强检设备计量标准、非强检设备计量标准、计量最高标准、计量工作标准，开展计量标准考核（复查）工作，取得_____。

答案：《计量标准考核规范》，《计量标准考核证书》

210．计量器具配送业务应纳入省公司仓储配送管理体系，按照"_____、_____、_____"的原则，合理确定配送路线，实现计量器具由省计量中心统一配送至地市供电企业表库或县级供电企业表库。

答案：线路最优，效率最高，成本最低

211．主站系统的运行维护范围主要为硬件设备、_____和_____。

答案：系统软件，应用软件

212．在供电距离远、功率因数低的20、10kV架空线路上并联补偿电容器的容量一般按线路上配电变压器总容量的_____配置。

答案：7%～10%

213．从总配电所以放射式向分配电所供电时，该分配电所的电源进线开关宜采用_____或_____。

答案：隔离开关，隔离触头

214．供货前样品比对最多进行_____。第一次比对不合格，省计量中心应立即报告省公司营销部，省公司营销部通报省公司物资部门，由省公司物资部门书面通知供应商整改。

答案：2次

215．10kV配电工程方案中，k代表_____；P代表_____；X代表_____。

答案：开关站，配电站，箱式变电站

216．10kV开关站方案中，k代表开关站，kA型为_____；kB型为_____。

答案：户外布置，户内布置

217．10kV 配电变压器采可用_____和_____。

答案：油浸式变压器，干式变压器

二、单选题

1．电能表的额定电流是根据（　　）确定的。

   A．设备容量　　　　　　　　B．负荷电流

   C．电网供电电压　　　　　　D．额定电流压

答案：B

2．我们通常所说的一只 5A 单相电能表，这里的 5A 是指这只电能表的（　　）。

   A．瞬时电流　　　　　　　　B．额定电流

   C．标定电流　　　　　　　　D．最大额定电流

答案：C

3．接入中性点绝缘系统的有功电能表的应采用（　　）接线方式。

   A．三相三线　　　　　　　　B．三相四线

   C．三相五线　　　　　　　　D．单相

答案：A

4．发电企业上网电量的电能计量装置属（　　）类电能计量装置。

   A．Ⅰ　　　　B．Ⅱ　　　　C．Ⅲ　　　　D．Ⅳ

答案：A

5．某房地产客户申请低压临时用电，用电容量 80kW，其计费用电能表属于（　　）电能计量装置。

   A．Ⅰ类　　　　B．Ⅱ类　　　　C．Ⅲ类　　　　D．Ⅳ类

答案：D

6．容量在 315kVA 至 2000kVA 的用电客户，配置的电流互感器的准确度等级应不低于（　　）。

   A．0.2　　　　B．0.2S　　　　C．0.5　　　　D．0.5S

答案：D

7．为提高低负荷计量的准确性，应选用过载（　　）倍及以上的电能表。

   A．2　　　　B．4　　　　C．6　　　　D．8

答案：B

8．经检定合格的电能表在库房中保存时间超过（　　）个月应重新进行检定。

   A．1　　　　B．2　　　　C．3　　　　D．6

答案：D

9. 互感器实际二次负荷应在（　　）额定二次负荷范围内。

A．25%～100%　　　　　　　　　　　B．20%～100%

C．15%～100%　　　　　　　　　　　D．10%～100%

答案：A

10. Ⅱ类电能计量装置的有功、无功、TV、TA 的准确度等级分别应为（　　）。

A．0.5、2.0、0.2、0.2　　　　B．1.0、2.0、0.5、0.5

C．0.5、2.0、0.2、0.2S　　　D．1.0、2.0、0.5、0.5S

答案：C

11. 国家电网公司将利用 5 年时间（2010 至 2014 年），建成覆盖公司系统全部用户、采集全部用电信息、支持全面电费控制，即（　　）的采集系统。

A．全覆盖、全集中、全预购　　B．全涵盖、全集中、全预购

C．全涵盖、全采集、全费控　　D．全覆盖、全采集、全费控

答案：D

12. 国家电网公司《关于加快用电信息采集系统建设的意见》计划（　　）年实现用户采集总体覆盖率达 100%。

A．2012　　　B．2013　　　C．2014　　　D．2015

答案：C

13. 国家电网电力用户用电信息采集系统建设总体目标是利用（　　）年时间，建成覆盖公司系统全部用户、采集全部用电信息、支持全面电费控制，即"全覆盖、全采集、全费控"的采集系统。

A．8（2010～2017 年）　　　B．8（2010～2018 年）

C．5（2010～2014 年）　　　D．11（2010～2020 年）

答案：C

14.（　　）是支撑阶梯电价执行的基础条件，是加强精益化管理、提高优质服务水平的必要手段，延伸电力市场、创新交易平台的重要依托。

A．加快营销系统建设　　　B．加快稽查系统建设

C．加快采集系统建设　　　D．加快营配协同系统建设

答案：C

15. 根据对供电可靠性的要求以及中断供电危害程度，重要电力客户可以分为（　　）。

A．一级、二级、三级重要电力客户

B．一级、二级重要电力客户和临时性重要电力客户

C．特级、一级、二级重要电力客户和临时性重要电力客户

D．特级、一级、二级、三级重要电力客户

答案：C

16. 电压偏差应符合用电设备端电压的要求，大于等于 35kV 电网的有载调压宜实行逆调压方式。逆调压的范围为额定电压的（　　　）。

    A．−5%～+5%　　　　　　　　　　　　B．−5%～0

    C．0～+5%　　　　　　　　　　　　　D．−10%～+5%

答案：C

17. 由地区公共低压电网供电的 220V 负荷，线路电流小于等于（　　　）时，可采用 220V 单相供电。

    A．60　　　　B．50　　　　C．40　　　　D．70

答案：A

18. 接在电动机控制设备侧电容器的额定电流，不应超过电动机励磁电流的（　　　）倍。

    A．1.1　　　B．1.2　　　C．1　　　D．0.9

答案：D

19. 在系统接地型式为 TN 及 TT 的低压电网中，当选用 Y，yn0 结线组别的三相变压器时，其由单相不平衡负荷引起的中性线电流不得超过低压绕组额定电流的（　　　），且其一相的电流在满载时不得超过额定电流值。

    A．30%　　　B．15%　　　C．25%　　　D．50%

答案：C

20. 在架空出线或有电源反馈可能的电缆出线的高压固定式配电装置的馈线回路中，应在（　　　）装设隔离开关。

    A．负荷侧　　B．线路侧　　C．电源侧　　D．所有部位

答案：B

21. 变压器二次侧电压为（　　　）V 及以下的总开关，宜采用低压断路器。

    A．2000　　　B．1500　　　C．1000　　　D．800

答案：C

22. 变电所中低压为 0.4kV 的单台变压器的容量不宜大于（　　　）kVA。

    A．800　　　B．1250　　　C．1000　　　D．1600

答案：B

23. 预装式变电站单台变压器的容量不宜大于（　　　）kVA。

    A．800　　　B．1250　　　C．1000　　　D．1600

答案：A

24. 供给一级负荷用电的两回电源线路的电缆不宜通过同一电缆沟；当无法分开时，应采用（　　　）。

    A．普通电缆　B．防火电缆　　C．防爆电缆　　D．阻燃电缆

答案：D

25. 配电装置的长度大于（　　）m时，其柜（屏）后通道应设两个出口。

　　A．5　　　　B．6　　　　C．7　　　　D．8

答案：B

26. 当配电屏与干式变压器靠近布置时，干式变压器通道的最小宽度应为（　　）mm。

　　A．500　　　B．600　　　C．700　　　D．800

答案：D

27. 电容器的额定电压应按电容器接入电网处的运行电压计算，电容器应能承受（　　）倍长期工频过电压。

　　A．1　　　　B．1.1　　　C．1.2　　　D．1.3

答案：B

28. 并联电容器装置的总回路和分组回路的电器和导体的稳态过电流应为电容器组额定电流的（　　）倍。

　　A．1.35　　B．1.1　　　C．0.8　　　D．1.3

答案：A

29. 变压器室、配电室和电容器室的耐火等级不应低于（　　）级。

　　A．一　　　　B．二　　　　C．三　　　　D．四

答案：B

30. 变电所位于地下层或下面有地下层时，通向其他相邻房间或过道的门应为（　　）级防火门。

　　A．甲　　　　B．乙　　　　C．丙　　　　D．丁

答案：A

31. 高层建筑物的裙房和多层建筑物内的附设变电所及车间内变电所的油浸变压器室，应设置容量为（　　）%变压器油量的储油池。

　　A．70　　　B．80　　　C．90　　　D．100

答案：D

32. 长度大于（　　）m的配电室应设两个安全出口，并宜布置在配电室的两端。

　　A．4　　　　B．5　　　　C．6　　　　D．7

答案：D

33. 电容器组应装设放电器件，放电线圈的放电容量不应小于与其并联的电容器组容量。放电器件应满足断开电源后电容器组两端的电压从 $\sqrt{2}$ 倍额定电压降至 50V 所需的时间，高压电容器不应大于（　　），低压电容器不应大于（　　）。

　　A．4秒、1分钟　　　　　　B．5秒、3分钟

　　C．5秒、1分钟　　　　　　D．5分钟、1秒

答案：B

34．低压配电线路中，下列说法哪些是错误的？（　　　）。

　　A．在 TN-C 系统中不应将保护接地中性导体隔离，严禁将保护接地中性导体接入开关电器

　　B．半导体开关电器，严禁作为隔离电器

　　C．隔离器、熔断器和连接片，可作为功能性开关电器

　　D．采用剩余电流动作保护电器作为间接接触防护电器的回路时，必须装设保护导体

答案：C

35．低压配电线路中，下列说法哪些是错误的？（　　　）。

　　A．装置外可导电部分严禁作为保护接地中性导体的一部分

　　B．配电室通道上方裸带电体距地面的高度不应低于 3.5m

　　C．配电线路应装设短路保护和过负荷保护

　　D．除配电室外，无遮护的裸导体至地面的距离，不应小于 3.5m

答案：B

36．当露天或半露天变压器供给一级负荷用电时，相邻油浸变压器的净距不应小于（　　　）m。

　　A．1.5　　　　B．3　　　　C．5　　　　D．6

答案：C

37．高压配电室内成套布置的高压配电装置，当开关柜侧面需设置通道时，通道宽度不应小于（　　　）m。

　　A．200　　　　B．800　　　　C．1000　　　　D．1200

答案：B

38．屋外配电装置，电气设备外绝缘体最低部位距地小于（　　　）时，应装设固定遮拦。

　　A．1500mm　B．1800mm　　C．2000mm　　D．2500mm

答案：D

39．屋内配电装置，电气设备外绝缘体最低部位距地小于（　　　）时，应装设固定遮拦。

　　A．1800mm　　B．2000mm　　C．2300mm　　D．2500mm

答案：C

40．就地检修的室内油浸变压器，室内高度可按吊芯所需的最小高度再加（　　　），宽度可按变压器两侧各加（　　　）。

　　A．500mm、600mm　　　　B．600mm、700mm

　　C．700mm、800mm　　　　D．800mm、900mm

答案：C

41．配电装置的布置、导体、电气设备以及架构的选择，应满足系统（　　　）年规划

容量的要求。

    A．5～10   B．10～15   C．1～5   D．5～20

答案：B

42．110kV 的电器及金具，在（   ）倍最高相电压下，晴天夜晚不应出现可见电晕。

    A．1.0   B．1.1   C．1.2   D．1.3

答案：B

43．裸导体的正常最高工作温度不应大于（   ）℃。

    A．70   B．80   C．90   D．100

答案：A

44．设置于屋内的无外壳干式变压器，其外廓与四周墙壁的净距不应小于（   ）mm。

    A．600   B．700   C．800   D．850

答案：A

45．对多回路杆塔，不同回路的 10kV 导线间最小距离为（   ）m。

    A．1.0   B．2.0   C．3.0   D．3.5

答案：A

46．3-10kV 导线间最小距离为（   ）米。

    A．0.5   B．1.0   C．1.5   D．2.0

答案：B

47．35kV 与 10kV 同杆塔共架的线路，不同电压级导线间的垂直距离不应小于（   ）m。

    A．1   B．2   C．3   D．4

答案：B

48．室内配电室如受条件所限，可设置在地下室，但不得设置在（   ）。

    A．最底层   B．地下一层

    C．地下二层   D．地下三层

答案：A

49．装有差动、气体和过电流保护的电力变压器，其主保护是（   ）。

    A．过电流和气体保护   B．过电流和差动保护

    C．差动、过电流和气体保护 D．差动和气体保护

答案：D

50．110kV 中性点直接接地的电力网中，全绝缘变压器的中性点处应装设（   ）。

    A．零序电流保护   B．零序过电流保护

    C．零序间隙电流保护   D．零序间隙过电流保护

答案：A

51．（   ）kVA 及以上的油浸式变压器，应将信号温度计接远方信号。

A. 400 B. 630 C. 800 D. 1000

答案：D

52. 当变压器中性点经消弧线圈接地时，应在中性点设置（   ）保护，并应动作于信号。

    A. 零序电流保护   B. 零序过电流保护

    C. 零序间隙电流保护   D. 零序间隙过电流保护

答案：B

53. 对于 1MW 及以下与其他发电机或与电力系统并列运行的发电机，应装设（   ）。

    A. 过流保护   B. 速断保护

    C. 差动保护   D. 低电压保护

答案：B

54. 电缆外皮至地面深度，不得小于（   ）。

    A. 0.3m   B. 0.5m   C. 0.7m   D. 1m

答案：C

55. 电缆与地下热力管沟之间容许的最小距离（   ）。

    A. 平行时为 2m，交叉时为 0.5m

    B. 平行时为 1m，交叉时为 0.5m

    C. 平行时为 2m，交叉时为 1m

    D. 平行时为 1m，交叉时为 1m

答案：A

56. 电缆与地下油管或易（可）燃气管道之间容许的最小距离（   ）。

    A. 平行时为 2m，交叉时为 0.5m

    B. 平行时为 1m，交叉时为 0.5m

    C. 平行时为 2m，交叉时为 1m

    D. 平行时为 1m，交叉时为 1m

答案：B

57. 电缆与地下油管或其他管道之间容许的最小距离（   ）。

    A. 平行时为 2m，交叉时为 0.5m

    B. 平行时为 1m，交叉时为 0.5m

    C. 平行时为 0.5m，交叉时为 0.5m

    D. 平行时为 1m，交叉时为 1m

答案：C

58. 在竖井中，宜每隔（   ）m 设置阻火隔层。

    A. 5   B. 6   C. 7   D. 8

答案：C

59．10kV 电力系统公共连接点，在系统正常运行的较小方式下，其长时间闪变限值不应超过（　　）。

　　A．1.0　　　B．0.8　　　C．0.7　　　D．0.6

答案：A

60．生产（或运行）过程中周期性或非周期性的从供电网中取用变动功率的负荷，称为（　　）。

　　A．闪变负荷　B．非周期负荷　C．波动负荷　　D．周期负荷

答案：C

61．电力系统公共连接点正常电压不平衡度允许值一般为（　　）。

　　A．1.3%　　B．2%　　　C．2.6%　　　D．4%

答案：B

62．接于公共连接点的每个用户引起该点负序电压不平衡度允许值一般为（　　）。

　　A．1.3%　　B．2%　　　C．2.6%　　　D．4%

答案：A

63．谐波测量的数据应取测量时段内各相实测量值的（　　）概率值中最大的一相值，作为判断谐波是否超过允许值的依据。

　　A．95%　　　B．70%　　　C．85%　　　D．90%

答案：A

64．供电方案是指由（　　）提出，经供用电双方协商后确定，满足客户用电需求的电力供应具体实施计划。

　　A．用电客户　B．电力企业　　C．电监部门　　D．政府

答案：B

65．根据Ⅰ、Ⅱ类电能计量装置应的电压互感器的准确度等级不应低于（　　）级。

　　A．0.2S　　　B．0.5　　　C．0.2　　　D．0.5S

答案：C

66．中断供电将可能产生下列哪种后果的电力客户为二级重要客户。（　　）

　　A．直接引发人身伤亡的　　　B．造成严重环境污染的

　　C．发生中毒、爆炸或火灾的　D．造成较大经济损失的

答案：D

67．按照（　　）的原则，在供电方案中，明确客户治理电能质量污染的责任及技术方案要求。

　　A．"安全、可靠、经济、运行灵活以及管理方便"

　　B．"谁污染、谁治理"以及"同步设计、同步施工、同步投运、同步达标"

C．"满足客户近期、远期电力的需求，具有最佳的综合经济效益"

D．"供电可靠、运行灵活、操作检修方便、节约投资和便于扩建等要求"

答案：B

68．单回线路供电的三级负荷客户，其电气主接线，采用（　　）接线。

A．单母线分段　　　　　　　　B．双母线

C．桥形　　　　　　　　　　　D．单母线或线路变压器组

答案：D

69．月平均用电量 10 万 kWh 及以上的用电客户，配置的电流互感器的准确度等级应不低于（　　）。

A．0.2 级　　　B．0.2S 级　　　C．0.5 级　　　D．0.5S 级

答案：D

70．依据《国家电网公司业扩供电方案编制导则》，建筑面积大于 $50m^2$ 的住宅用电每户容量宜不小于（　　）。

A．4kW　　　B．8kW　　　C．10kW　　　D．12kW

答案：B

71．客户受电变压器总容量在 100MVA 及以上，宜采用（　　）及以上电压等级供电。

A．10kV　　　B．35kV　　　C．110kV　　　D．220kV

答案：D

72．高压供电的客户，宜在高压侧计量；但对 10kV 供电且容量在（　　）及以下的，高压侧计量确有困难时，可在低压侧计量，即采用高供低计方式。

A．250kVA　　B．315kVA　　　C．400kVA　　　D．500kVA

答案：B

73．一级重要电力客户应采用（　　）供电。

A．单电源　　　　　　　　　　B．双回路

C．双电源　　　　　　　　　　D．三路及以上电源

答案：C

74．根据国家电网公司业扩供电方案编制导则要求，建筑面积在 $50m^2$ 及以下的住宅用电每户容量宜不小于（　　）。

A．4kW　　　B．5kW　　　C．8kW　　　D．10kW

答案：A

75．无功补偿容量当不具备设计计算条件时，电容器安装容量 10kV 变电所可按变压器容量的（　　）确定。

A．10%～20%　　　　　　　　　　B．20%～30%

C．30%～40%   D．40%～50%

答案：B

76．容量在大于 10000kVA 的用电客户，配置的电压互感器的准确度等级应不低于（　　）。

    A．0.2   B．0.2S   C．0.5   D．0.5S

答案：A

77．新安装的电气设备在投入运行前必须有（　　）试验报告。

    A．针对性   B．交接   C．出厂   D．预防性

答案：B

78．客户低压配电室应尽量（　　）。

    A．远离客户负荷中心   B．靠近客户负荷中心

    C．靠近高压供电点   D．远离高压供电点

答案：B

79．所有电能计量点均应安装（　　）终端。

    A．供电   B．受电

    C．控制   D．用电信息采集

答案：D

80．月平均用电量（　　）及以上或变压器容量为 315kVA 及以上的计费客户计量点为Ⅲ类电能计量装置。

    A．200 万 kWh   B．100 万 kWh

    C．50 万 kWh   D．10 万 kWh

答案：D

81．某工业用户一级重要电力客户，根据《国家电网公司业扩供电方案编制导则》规定，其供电电源（　　）采用双电源供电，并配置自备应急电源。

    A．宜   B．可   C．应   D．不应

答案：C

82．根据《国家电网公司业扩供电方案导则》的要求，大、中型电力排灌站功率因数不宜低于（　　）。

    A．0.85   B．0.8   C．0.9   D．0.95

答案：C

83．确定供电方案的基本原则错误的有（　　）。

    A．应能满足供用电安全、可靠、经济、运行灵活、管理方便的要求

    B．符合电网建设、改造和发展规划要求

    C．满足客户近期、远期对电力的需求，具有最佳的综合经济效益，具有满足客

户需求的供电可靠性及合格的电能质量

D. 符合相关国家标准、电力行业技术标准和规程，以及技术装备先进要求，并应对多种供电方案进行技术经济比较，确定最佳方案

答案：A

84. 在保证受电变压器不超载和安全运行的前提下，应同时考虑减少电网的无功损耗。一般客户的计算负荷宜等于变压器额定容量的（   ）。

A. 80%～120%

B. 65%～80%

C. 70%～80%

D. 70%～75%

答案：D

85. 特级重要电力客户应具备（   ）电源供电条件。

A. 二路及以上

B. 三路及以上

C. 四路及以上

答案：B

86.《国家电网公司业扩供电方案编制导则》规定，当不具备设计计算条件时，电容器安装容量的确定应符合下列规定：35kV 及以上变电所可按变压器容量的（   ）确定。

A. 10%～20%

B. 10%～30%

C. 0～30%

D. 20%～30%

答案：B

87.《国家电网公司业扩供电方案编制导则》规定，35kV 供电、用电容量（   ）的客户宜采用专用光纤通道或其他通信方式，通过远动设备上传客户端的遥测、遥信信息，同时应配置专用通讯市话或系统调度电话与调度部门进行联络。

A. 在 5000kVA 及以上或 110kV 及以上

B. 在 8000kVA 及以上或 220kV 及以上

C. 在 8000kVA 及以上或 110kV 及以上

D. 在 5000kVA 及以上或 220kV 及以上

答案：C

88. 在确定供电方案时，应根据（   ）确定供电电源及数量、自备应急电源及非电性质的保安措施配置要求。

A. 用电容量

B. 用电性质

C. 负荷特性

D. 重要客户的分级

答案：D

89. 对有受电工程的，应按照（   ）的原则，确定双方工程建设出资界面。

A. 产权分界划分

B. 协商一致

C. 供电企业确定

D. 有利于客户

答案：A

90. 重要电力客户认定一般由各级供电企业或电力客户提出，经（　　）批准。

  A．上级供电部门   B．电力监管部门

  C．安监部门   D．当地政府有关部门

答案：D

91. 重要电力客户的分级，根据对供电可靠性的要求以及中断供电危害程度，可以分为特级、一级、二级重要电力客户和（　　）重要电力客户。

  A．特殊   B．临时性   C．三级   D．一般

答案：B

92. 特级重要电力客户，是指在管理国家事务中具有特别重要作用，中断供电将可能（　　）的电力客户。

  A．危害国家安全   B．直接引发人身伤亡的

  C．造成重大政治影响的   D．发生中毒、爆炸或火灾的

答案：A

93. 二级重要客户，是指中断供电将可能产生下列后果之一的电力客户：（　　）。

  A．直接引发人身伤亡的

  B．造成严重环境污染的

  C．造成重大经济损失的

  D．造成一定范围社会公共秩序严重混乱的

答案：D

94. 客户的供电电压等级应根据当地电网条件、客户分级、用电最大需量或受电设备总容量，经过技术经济比较后确定。一般受电变压器总容量在 50kVA 至 10MVA 时，供电电压等级确定为：（　　）。

  A．10kV   B．110kV   C．66kV   D．35kV

答案：A

95. 一般受电变压器总容量在 5MVA 至 40MVA 时，供电电压等级确定为：（　　）。

  A．10kV   B．110kV   C．66kV   D．35kV

答案：D

96. 当无 35kV 电压等级的，10kV 电压等级受电变压器总容量为（　　）。

  A．15MVA～40MVA   B．50kVA～15MVA

  C．50kVA～20MVA   D．50kVA～25MVA

答案：B

97. 客户受电变压器总容量在 20～100MVA 时，宜采用（　　）及以上电压等级供电。

  A．110kV   B．220kV   C．66kV   D．35kV

答案：A

98. 二级重要电力客户应采用（　　）供电。

    A．双回路　　　　　　　　　B．双电源

    C．单路　　　　　　　　　　D．双电源或双回路

答案：D

99. 重要电力客户应配变自备应急电源及非电性质的保安措施，满足（　　）应急供电需要。

    A．紧急照明负荷　　　　　　B．生活负荷

    C．保安负荷　　　　　　　　D．重要负荷

答案：C

100. 自备应急电源配置容量应至少满足（　　）保安负荷正常供电的需要。有条件的可设置专用应急母线。

    A．50%　　　　B．80%　　　　C．全部　　　　D．120%

答案：C

101. 非电性质保安措施应符合客户的生产特点、负荷特性，满足无电情况下保证（　　）的需要。

    A．连续生产　　　　　　　　B．正常生活

    C．重要设备运转　　　　　　D．客户安全

答案：D

102. 具有两回线路供电的一级负荷客户，其电气主接线的确定应符合下列要求：10kV电压等级应采用单母线分段接线。装设两台及以上变压器。0.4kV侧应采用（　　）接线。

    A．桥形接线　　　　　　　　B．单母线

    C．单母线分段　　　　　　　D．双母线

答案：C

103. 具有两回线路供电的二级负荷客户，其电气主接线的确定应符合下列要求：10kV电压等级宜采用单母线分段、线路变压器组接线。装设两台及以上变压器。0.4kV侧应采用（　　）接线。

    A．桥形接线　　　　　　　　B．单母线

    C．单母线分段　　　　　　　D．双母线

答案：C

104. 35kV及以上电压等级应采用单母线分段接线或双母线接线。装设两台及以上主变压器。6～10kV侧应采用（　　）接线。

    A．桥形接线　　　　　　　　B．单母线

    C．单母线分段　　　　　　　D．双母线

答案：C

105. 单回线路供电的三级负荷客户，其电气主接线采用（　　）接线。

  A．线路变压器组　　　　　B．单母线

  C．单母线分段　　　　　　D．单母线或线路变压器组

答案：D

106. 在电力系统正常状况下，供电企业供到客户受电端的供电电压允许偏差为：35kV 及以上电压供电的，电压正、负偏差的绝对值之和不超过（　　）。

  A．额定值的 10%　　　　　B．额定值的±7%

  C．额定值的+7%，−10%　　D．额定值的±10%

答案：A

107. 在电力系统正常状况下，供电企业供到客户受电端的供电电压允许偏差为：10kV 及以下电压供电的，为（　　）。

  A．额定值的 10%　　　　　B．额定值的±7%

  C．额定值的+7%，−10%　　D．额定值的±10%

答案：B

108. 非线性负荷设备接入电网，客户应委托（　　）出具非线性负荷设备接入电网的电能质量评估报告。

  A．有资质的专业机构　　　B．供电企业

  C．电力监管部门　　　　　D．节能管理部门

答案：A

109. 根据《国家电网公司业扩编制导则》要求，100kVA 及以上高压供电的电力客户，在高峰负荷时的功率因数不宜低于（　　）。

  A．0.95　　B．0.9　　　　C．0.85　　　　D．0.8

答案：A

110. 根据《国家电网公司业扩编制导则》要求，大、中型电力排灌站、趸购转售电企业，在高峰负荷时的功率因数不宜低于（　　）。

  A．0.95　　B．0.9　　　　C．0.85　　　　D．0.8

答案：B

111. 根据《国家电网公司业扩编制导则》要求，农业用电在高峰负荷时的功率因数不宜低于（　　）。

  A．0.95　　B．0.9　　　　C．0.85　　　　D．0.8

答案：C

112.《国家电网公司业扩供电方案编制导则》规定：能够正常有效且连续为全部用电负荷提供电力的电源是指（　　）。

A．主要电源 　　　　　　B．主用电源

C．电源 　　　　　　　　D．主供电源

答案：D

113.《国家电网公司业扩供电方案编制导则》规定：在主供电源发生故障或断电时，能够有效且连续为全部或部分负荷提供电力的电源指（　　）。

A．第二电源 　　　　　　B．备用电源

C．自备电源 　　　　　　D．备供电源

答案：B

114.《国家电网公司业扩供电方案编制导则》中规定：用电信息采集终端按应用场所分为专变采集终端、集中抄表终端（包括集中器、采集器）、（　　）能源监控终端等类型。

A．集中式 　B．分散式 　　C．多级式 　　　D．分布式

答案：D

115.《国家电网公司业扩供电方案编制导则》中规定：谐波源指向公共电网注入谐波电流或在公共电网中产生谐波电压的电气设备。以下设备中（　　）不会产生谐波电压。

A．电气机车 　　　　　　B．电弧炉

C．整流器、逆变器、变频器 D．弧焊机、感应加热设备

E．异步电动机

答案：E

116.《国家电网公司业扩供电方案编制导则》规定：指接入（　　）kV 及以上电压等级电力系统的电弧炉、轧钢设备、地铁、电气化铁路牵引机车，以及单台（　　）kVA 及以上整流设备等具有波动性、冲击性、不对称性的负荷。（　　）

A．35，5000 　　　　　　B．110，4000

C．220，2000 　　　　　　D．50，3500

答案：B

117.《国家电网公司业扩供电方案编制导则》规定：单母线或线路变压器组接线这种客户电气主接线适用于（　　）。

A．特殊重要客户

B．三级负荷客户

C．具有两回线路供电的二级负荷客户

D．具有两回线路供电的一级负荷客户

答案：B

118.《国家电网公司业扩供电方案编制导则》规定：低压供电的客户，负荷电流为 60A，电能计量装置接线宜采用（　　）。

A．高供高计 　　　　　　B．高供低计

C．直接接入式　　　　　　D．经互感器接入式

答案：C

119．月平均用电量为20万kWh计费用户，因采用（　　）类用电计量装置。

　　　A．Ⅰ　　　　B．Ⅱ　　　　C．Ⅲ　　　　D．Ⅳ

答案：C

120．单相供电的电力用户应配置（　　）类计费用电能计量装置。

　　　A．Ⅴ　　　　B．Ⅱ　　　　C．Ⅲ　　　　D．Ⅳ

答案：A

121．《电能计量装置技术管理规程》规定低压供电，负荷电流为（　　）时，宜采用直接接入式电能表。

　　　A．50A以下　　　　　　　　B．50A及以下

　　　C．60A以下　　　　　　　　D．60A及以下

答案：B

122．Ⅰ、Ⅱ类用于贸易结算的电能计量装置中电压互感器二次回路电压降应不大于其额定二次电压的（　　）。

　　　A．0.2%　　　B．0.3%　　　C．0.4%　　　D．0.5%

答案：A

123．电能计量用电压和电流互感器二次导线截面积至少应不小于（　　）、（　　）。

　　　A．1.5mm^2，2.5mm^2　　　B．2.5mm^2，4mm^2

　　　C．4mm^2，6mm^2　　　　D．6mm^2，2.0mm^2

答案：B

124．互感器实际二次负荷应（　　）在额定二次负荷范围内。

　　　A．25%～100%　　　　　　B．25%～120%

　　　C．30%～100%　　　　　　D．30%～120%

答案：A

125．关于我国的法定计量单位，下列说法中错误的是（　　）。

　　　A．我国的法定计量单位是以国际单位制单位为基础的

　　　B．结合我国实际情况，我国选用了一些非国际单位制单位作为我国的法定计量单位

　　　C．我国的法定计量单位都是国际单位制单位

　　　D．平面角的单位弧度、立体角的单位球面度是具有专门名称的导出单位

答案：C

126．Ⅲ类计量装置应至少采用（　　）。

　　　A．1.0级有功表，0.5级电流互感器

B．0.5 级有功表，0.5 级电流互感器

C．0.5 级有功表，0.5S 级电流互感器

D．1.0 级有功表，0.5S 级电流互感器

答案：D

127．用户认为供电企业装设的计费电能表不准时，在用户交付验表费后，供电企业应在（　　）天内检验完毕。

A．3　　　　B．5　　　　C．7　　　　D．10

答案：C

128．某用户月均用电 30 万 kWh，则该用户的电能计量装置应每（　　）月进行现场检验。

A．1　　　　B．3　　　　C．6　　　　D．12

答案：D

129．Ⅰ类电能计量装置的现场检验周期为（　　）。

A．1 个月　　B．3 个月　　C．6 个月　　D．9 个月

答案：B

130．0.2 级电能表标准装置周期检定的时间间隔为（　　）。

A．3 个月　　B．6 个月　　C．1 年　　D．2 年

答案：D

131．新投运的Ⅰ类高压计量装置应在（　　）个月内进行首次现场检验。

A．1　　　　B．2　　　　C．3　　　　D．6

答案：A

132．检定 0.5S 级电能表应采用（　　）级的检定装置。

A．0.05　　B．0.1　　　C．0.2　　　D．0.3

答案：B

133．某工厂 10kV 变电所，安装 10kV/0.4kV、800kVA 变压器一台，拟用高压计量，TV 比为 10/0.1，应选择（　　）的电流互感器。

A．30/5　　B．40/5　　C．50/5　　D．75/5

答案：C

134．对于高压供电用户，一般应在（　　）计量。

A．高压侧　　　　　　　　B．低压侧

C．高、低压侧　　　　　　D．任意一侧

答案：A

135．中性点不接地或非有效接地的三相三线高压线路，宜采用（　　）计量。

A．三相三线电能表

B．三相四线电能表

C．三相三线、三相四线电能表均可

D．单相电能表

答案：A

136．接入中性点非有效接地的高压线路的计量装置，宜采用（　　）。

A．三台电压互感器，且按 Y0/y0 方式接线

B．两台电压互感器，且按 V/V 方式接线

C．三台电压互感器，且按 Y/y 方式接线

D．两台电压互感器，接线方式不定

答案：B

137．安装在用户处的 35kV 以上计费用电压互感器二次回路，应（　　）。

A．不装设隔离开关辅助触点和熔断器

B．不装设隔离开关辅助触点，但可装设熔断器

C．装设隔离开关辅助触点和熔断器

D．装设隔离开关辅助触点

答案：B

138．315kVA 以下专变客户采用（　　）。

A．高供高计　　　　　　　　B．高供低计

C．低供低计　　　　　　　　D．以上均不是

答案：B

139．35kV 架空网宜采用中性点（　　）接地方式。

A．不接地　　　　　　　　　B．经消弧线圈接地

C．经低电阻接地　　　　　　D．直接接地

答案：B

140．35kV 电缆网宜采用中性点（　　）接地方式。

A．不接地　　　　　　　　　B．经消弧线圈接地

C．经低电阻接地　　　　　　D．直接接地

答案：C

141．电缆截面大于（　　）时宜采用单芯电缆。

A．400mm^2　B．300mm^2　　C．200mm^2　　D．100mm^2

答案：A

142．双射、单环电缆线路的最大负荷电流不应大于其额定载流量的（　　），转供时不应过载。

A．20%　　　B．30%　　　　C．50%　　　　D．70%

答案：C

143. 柱上三相变压器容量不宜超过（　　）

A. 600kVA
B. 400kVA
C. 315kVA
D. 100kVA

答案：B

144. 配电室内变压器接线组别一般采用（　　）。

A. YN，y0
B. Y，y0
C. Y，d11
D. D，yn11

答案：D

145. 自并励发电机的励磁变压器宜采用（　　）作为主保护。

A. 电流速断保护
B. 过电流保护
C. 过负荷保护
D. 过电压保护

答案：A

146. 当线路短路使发电厂厂用母线或重要用户母线电压低于额定电压的（　　）时，应快速切除故障。

A. 90%
B. 80%
C. 70%
D. 60%

答案：D

147. 发电机自动电压调节器应保证发电机在空载电压的（　　）稳定、平滑调节。

A. 70%～110%
B. 80%～120%
C. 90%～110%
D. 90%～120%

答案：A

148. 强电控制回路铜芯控制电缆和绝缘导线的线芯最小截面不应小于（　　）；弱电控制回路铜芯控制电缆和绝缘导线的线芯最小截面不应小于（　　）。

A. $1mm^2$，$0.5mm^2$
B. $1mm^2$，$1mm^2$
C. $1.5mm^2$，$0.5mm^2$
D. $1.5mm^2$，$1mm^2$

答案：C

149. 控制电缆宜选用多芯电缆，当选用电缆截面为 $2.5mm^2$ 时，电缆芯数不应超过（　　）芯。

A. 6
B. 10
C. 24
D. 37

答案：C

150. 在有效接地系统中，电压互感器剩余绕组额定电压应为（　　）。

A. 100V
B. 100/3V
C. 10V
D. 10/3V

答案：A

151. （　　）是满足系统稳定和设备安全要求，能以最快速度有选择地切除被保护设备和线路故障的保护。

    A．主保护   B．后备保护

    C．辅助保护   D．异常运行保护

答案：A

152.（   ）是当主保护或断路器拒动时，由相邻电力设备或线路的保护实现后备。

    A．近后备保护   B．远后备保护

    C．后备保护   D．辅助保护

答案：B

153.（   ）是当主保护拒动时，由该电力设备或线路的另一套保护实现后备的保护；当断路器拒动时，由断路器失灵保护来实现的后备保护。

    A．近后备保护   B．远后备保护

    C．后备保护   D．辅助保护

答案：A

154.电流速断保护的灵敏系数不宜低于（   ）。

    A．1.5   B．1.3   C．1.2   D．2.0

答案：C

155.当线路有分支时，线路侧保护对线路分支上的故障，应首先满足（   ），对分支变压器故障，允许跳线路侧断路器。

    A．可靠性   B．选择性   C．灵敏性   D．速动性

答案：D

156.对电容器内部故障及其引出线的短路，宜对每台电容器分别装设专用的保护熔断器，熔丝的额定电流可为电容器额定电流的（   ）倍。

    A．1～1.5   B．1.5～2.0   C．1～1.2   D．0.5～1.5

答案：B

157.快速动作的基本段，应按频率分为若干级动作延时不宜超过（   ）。

    A．0.1s   B．0.5s   C．0.2s   D．0.4s

答案：C

158.自动灭磁装置应具有灭磁功能，并根据需要具备（   ）保护功能。

    A．过电压   B．过电流   C．欠电压   D．欠电流

答案：A

159.二次回路的工作电压不宜超过（   ），最高不应超过（   ）。

    A．250V，500V   B．250V，300V

    C．100V，500V   D．100V，300V

答案：A

160. 在最大负荷下，电源引出端到断路器分、合闸线圈的电压降，不应超过额定电压的（   ）。

      A. 5%   B. 10%   C. 15%   D. 20%

答案：B

161. 试验部件、连接片、切换片，安装中心线离地面不宜低于（   ）。

      A. 50mm   B. 100mm   C. 200mm   D. 300mm

答案：D

162. 继电保护和安全自动装置的直流电源，电压纹波系数应不大于（   ）。

      A. 2%   B. 3%   C. 4%   D. 5%

答案：A

163. 电能质量的基本要素不包括（   ）。

      A. 电压合格   B. 电流合格

      C. 频率合格   D. 连续供电

答案：B

164. 电网电能质量的定期普查是每隔（   ）年对全网进行普查测试。

      A. 1～2   B. 2～3   C. 3～4   D. 4～5

答案：B

165. 三相电量（电动势、电压或电流）数值相等、频率相同、相位相差不一定等于120°的系统称为（   ）。

      A. 平衡系统   B. 对称系统

      C. 不平衡系统   D. 不对称系统

答案：D

166. 线损是指电能从发电厂到用户的输送过程中不可避免地发生的（   ）损失。

      A. 电压   B. 电流

      C. 功率和电能   D. 电动势

答案：C

167. 10kV 高压线损率的公式（   ）。

      A. （Gzx–Szx）/Gzx×100%

      B. （Gt–St）/Gt×100%

      C. ［G–（Gt+Sz）］/G×100%

      D. ［G–（St+Sz）］/G×100%

答案：C

168. 电能质量数据采集中，采集谐波的地点在（   ）。

      A. 高压室   B. 配电室或低压室

C．用户休息室　　　　　　D．配电变压器

答案：B

169．380V 电力用户的电压允许偏差为系统额定的（　　）。

A．−10%～+7%　　　　　　B．±7%

C．±10%　　　　　　　　　D．−7%～+10%

答案：B

170．电能质量技术监督指标包括（　　）。

A．规划、设计、基建监督

B．运行监督

C．频率指标监督和电压质量监督

D．电压质量监督

答案：C

171．在电能质量技术监督管理内容中总工程师职责有（　　）点。

A．3　　　　　B．4　　　　　C．5　　　　　D．6

答案：C

172．风电场接入电力系统后，并网点的电压正、负偏差的绝对值之和不超过额定电压的（　　）。

A．5%　　　　B．10%　　　　C．15%　　　　D．7%

答案：B

173．电力系统应当具有足够的负荷备用和事故备用容量。一般分别按最大负荷的（　　）进行备用。

A．5%，10%　　　　　　　　B．1%，5%

C．15%，20%　　　　　　　D．20%，25%

答案：A

174．非线性特性主要三大类不包括（　　）。

A．铁磁饱和型　　　　　　B．电弧型

C．铜磁饱和型　　　　　　D．电子开关型

答案：C

175．负荷电流含有谐波时，引起变压器发热增加不包括（　　）。

A．涡流损耗　　　　　　　B．铜损

C．均方根值电流　　　　　D．铁芯损耗

答案：B

176．对于 0.38kV 系统，相电压为（　　）。

A．380V　　B．220V　　　C．100V　　　　D．400V

答案：B

177. 电能质量数据采集中,若用户无法提供电子版图纸和资料,技术工程师应( )。

    A. 放弃项目

    B. 撤回公司等待

    C. 回报本部,请求技术支援

    D. 手工完成示意图,并最大限度标注尺寸

答案：D

178. 电能质量的基本要素是:电压合格、频率合格和( )。

    A. 连续供电   B. 电流合格

    C. 周期合格   D. 三项平衡

答案：A

179. 平衡补偿的方式( )。

    A. 并联电感   B. 并联电容

    C. 串联电感   D. 串联电容

答案：B

180. 电能质量是指并网公用电网、发电企业、用户受电端的交流电能质量,包括( )和电压质量。

    A. 频率   B. 功率   C. 电流量   D. 频波

答案：A

181. 380V电力用户的电压允许偏差为系统额定电压的( )。

    A. ±7%   B. ±40%   C. 10%   D. −10%

答案：A

182. 在电力系统规划、设计、运行中,必须保证有功电源备用容量不得低于发电容量的( )。

    A. 20%   B. 30%   C. 40%   D. 50%

答案：A

183. 电力系统正常频率偏差允许值为( )。

    A. 2Hz~−2Hz   B. 3Hz~−3Hz

    C. 0.2Hz~−0.2Hz   D. 1Hz~−1Hz

答案：C

184. 下列( )设备是谐波源。

    A. 电视机   B. 电冰箱   C. 电脑   D. 变压器

答案：D

185. 在电力系统规划、设计、运行中,必须保证有功电源备用容量不得低于发电容量

的（　　）。

　　　　A．10%　　B．20%　　　C．25%　　　D．30%

　　答案：B

186．由三相不平衡对电气设备造成的不良影响不包含（　　）。

　　　　A．电动机振动

　　　　B．负序电压产生的制动转矩和输出功率增大

　　　　C．变压器容量得不到充分利用

　　　　D．换流器将产生较大的非特征谐波

　　答案：B

187．高压供电的工业用户和高压供电带有负荷调压装置的电力用户功率因数为（　　）以上。

　　　　A．0.9　　B．0.8　　　C．0.7　　　D．0.6

　　答案：A

188．一个理想的供电系统其三相交流电源对称、电压均方根值恒定，并且负荷特性与系统（　　）水平无关。

　　　　A．电阻　　B．电流　　　C．电压　　　D．电抗

　　答案：C

189．裸导体的正常最高工作温度不应大于（　　）℃，在计及日照影响时，钢芯铝线及管形导体不宜大于（　　）℃。

　　　　A．60，80　　　　　　　B．70，80

　　　　C．60，70　　　　　　　D．50，60

　　答案：B

190．投入运行的电气设备，以（　　）为周期，对其技术性能进行周期性考核，作为其持续满足技术要求的保障。

　　　　A．半年　　B．1年　　　C．2年　　　D．3年

　　答案：D

191．闪变是电压波动引起的有害结果，是指人对照度波动的主观视觉反映，不属于（　　）现象。

　　　　A．电磁　　B．磁电　　　C．电晕　　　D．爬电

　　答案：A

192．现行的建筑电气设计规范规定，当用电设备容量在（　　）或需用变压器容量（　　）以上时，应以高压方式供电。

　　　　A．200kW，150kVA　　　　B．250kW，160kVA

　　　　C．250kW，150kVA　　　　D．200kW，160kVA

答案：B

193．国家标准《电能质量供电电压允许偏差》GB 12325—90 规定：10kV 及以下三相供电电压允许偏差为（　　　）。

  A．+10% B．+7%   C．+5%   D．5%

答案：B

194．供电系统对过电流保护装置的基本要求是选择性、速动性、可靠性、（　　　）。

  A．灵敏性 B．经济性   C．稳定性   D．安全性

答案：A

195．高压配电系统中选择结线方式时，如果不考虑经济性，则优先考虑的是（　　　）。

  A．放射式 B．树干式 C．环式   D．混合式

答案：A

196．人们俗称的"地线"实际上是（　　　）。

  A．零线   B．相线

  C．保护线   D．以上都不是

答案：C

197．一个端子只允许接一根导线，导线截面一般不超过（　　　）。

  A．5mm^2 B．6mm^2

  C．10mm^2 D．12mm^2

答案：B

198．下列型号中属于铜芯聚氯乙烯绝缘电缆的是（　　　）。

  A．kYV B．kXV   C．kVV   D．kXF

答案：C

199．我国规定安全电流为（　　　），这是触电时间不超过（　　　）的电流值。

  A．30mA，1s   B．50mA，1s

  C．30mA，2s   D．50mA，2s

答案：A

200．电焊机的设备功率是指将额定功率换算到负载持续率为（　　　）时的有功功率。

  A．15% B．25%   C．50%   D．100%

答案：D

201．避雷器应与被保护设备采用（　　　）。

  A．三角连接   B．星型连接

  C．并联连接   D．串联连接

答案：C

202．在有潮湿、腐蚀性环境的车间、建筑内，或用电设备容量很大及负荷性质比较重

要的情形下，宜采用（　　）配电。

  A．树干式   B．放射式

  C．环网式   D．网络式

答案：B

203．电度表中的电流线圈与电压线圈的区别为（　　）。

  A．电流线圈匝数少、导线粗，电压线圈匝数多、导线细

  B．电流线圈匝数多、导线粗，电压线圈匝数少、导线细

  C．电流线圈匝数少、导线细，电压线圈匝数多、导线粗

  D．电流线圈匝数多、导线细，电压线圈匝数少、导线粗

答案：A

204．尖峰电流是指持续时间为（　　）的短时最大负荷电流。

  A．15～30s   B．10～15s

  C．5～10s   D．1～2s

答案：D

205．供电系统应简单可靠，同一电压供电系统的配电级数不宜超出（　　）。

  A．一级 B．二级 C．三级   D．四级

答案：B

206．电压互感器的文字符号为（　　）。

  A．QF B．T   C．TV   D．TA

答案：C

207．三相变压器的绕组方式有（　　）。

  A．星形、三角形、曲折形 B．星形、三角形、直线形

  C．三角形、直线形、曲折形 D．星形、曲折形、直线

答案：A

208．熔断器的运行和维护时，以下更换熔体注意的事项中不正确的是（　　）。

  A．安装熔体必须保证接触良好，并经常检查

  B．更换熔体不一定要与原来的熔体规格相同；需将熔体管整体更换时，应用相同规格熔管备件

  C．熔体安装时，应注意不能使熔体受损伤，表面氧化的应更换

  D．跌落式熔断器的熔丝不应过大，应根据变压器一次额定电流来配送，并使用合格的专用熔丝

答案：B

209．供电系统是指电压等级为（　　）所组成的系统。

  A．6kV B．10kV C．35kV   D．110kV

答案：B

210．电气施工图组成与识图注意事项中尤其重要的一点是（　　）。

　　A．熟悉建筑概况

　　B．仔细阅读施工说明、图纸目录、标题栏、图例

　　C．注意相互对照

　　D．仔细记录技术交流以及在组织施工时不同工种的相互配合

答案：A

211．电源电压为 380V 采用三相四线制供电，负载为耦合电压 220V 的白炽灯，负载应采用（　　）方式，白炽灯才能在额定情况下正常工作。

　　A．负载采用星形联接　　　　　B．负载采用三角形联接

　　C．直接联接　　　　　　　　　D．不能联接

答案：A

212．下列哪个不是继电保护装置的作用类型（　　）。

　　A．电流速断保护　　　　　　　B．过电流保护

　　C．低电压保护　　　　　　　　D．漏电保护

答案：D

213．下列选项中，关于熔断器，错误的是（　　）。

　　A．结构简单，体积小

　　B．熔断电流值小

　　C．动作可靠

　　D．熔断电流与熔断时间分散大

答案：B

214．选择低压类开关时，不需要考虑的因素是（　　）。

　　A．功率　　　B．电压　　　C．极数　　　　D．电流

答案：A

215．下列哪个是电压互感器使用时不需要注意的是（　　）。

　　A．二次侧不允许短路

　　B．二次侧必须有一端接地

　　C．一次侧不允许开路

　　D．连接时注意端子极性

答案：C

216．下列哪个不是优质的照明技术所具备的？（　　）

　　A．亮度强　　　　　　　　　　B．眩光小

　　C．照度高　　　　　　　　　　D．观察功能强

答案：A

217．确定用电单位的供电电压等级，下列哪一种考虑是正确的？（　　　）

A．用电设备台数的多少

B．用电单位的技术经济指标

C．供电线路的路径及架设方式

D．用电设备的额定电压、对供电电源可靠性的要求经技术经济比较确定

答案：D

218．最大工作电流作用下的缆芯温度，不得超过按电缆使用寿命确定的允许值。持续工作回路的缆芯工作温度，不应超过电缆最高允许温度，10kV 及以下交联聚乙烯绝缘电缆在正常运行时，其最高允许温度为多少？（　　　）

A．70℃　　　B．75℃　　　C．80℃　　　D．90℃

答案：D

219．疏散照明主要通道上的疏散照明度标准值，不应低于：（　　　）。

A．0.2lx　　　B．0.5lx　　　C．1.0lx　　　D．1.5lx

答案：B

220．某加工厂有小批生产的冷加工机床组，接于 380V 线路上的三相交流电动机：6 台 5kW 的，8 台 4.5kW 的，15 台 2.8kW 的（设备均为同一类型，其需要系数为 0.16，$\cos\varphi$=0.5。用需要系统法计算线路负荷为：（　　　）。

A．108kVA　　　　　　　B．29.89kVA

C．17.28kVA　　　　　　D．34.56kVA

答案：D

221．在采用 SELV（安全特低电压）防护作为电击防护措施时，下列哪项措施是不正确的？（　　　）

A．SELV 电路的电源采用安全隔离变压器

B．SELV 电路与其他电路实行电气隔离

C．外露可导电部分应连接低压系统保护导体上

D．插座不能插入其他电压的插座内

答案：C

222．在变电所设计时，若计算变压器低压侧 0.4kV 出线短路电流，一般认为系统为无穷大系统，其特点与计算高压系统的短路电流相比，下列哪一种说法是不正确的？（　　　）

A．短路电流非周期分量衰减较慢

B．允许认为降压变压器的高压侧端电压不变

C．一般三相短路电流为最大，并与中性点是否接地无关

D．低压系统一般不忽略电阻

答案：A

223．下列哪个不是影响电流互感器误差因素？（　　　）

　　A．一次电流（I1）的大小　　　B．电流频率变化

　　C．二次侧功率因数变化　　　　D．电流互感器变化

答案：D

224．符合下列哪几种情况时，电力负荷应为一级负荷？（　　　）

　　A．中断供电将造成学校停课时

　　B．中断供电将影响重要用电单位的正常工作时

　　C．中断供电将在经济上造成人身伤亡或重大损失时

　　D．中断供电将造成大型影剧院等较多人员集中的重要的公共场所秩序混乱时

答案：C

225．下列选项哪个不属于计算短路电流的目的：（　　　）。

　　A．校验保护电器（断路器，熔断器）的分断能力

　　B．校验保护装置灵敏度

　　C．确定断路器的整定值

　　D．校验开关电器或线路的动稳定和热稳定

答案：C

226．不属于对住宅建筑中家用电器的供电要求的是：（　　　）。

　　A．一般采用单独回路保护和控制，配电回路具有过载、短路保护

　　B．宜设漏电保护和过、欠电压保护

　　C．电压偏移：当家用电器的额定电压为 220V 时，其供电电压允许偏移范围为
　　　　+5%、−10%

　　D．额定电压为 42V 及以下的家用电器的电源电压允许偏移范围为±5%

答案：D

227．有爆炸和火灾危险的场所，其供电系统的接地方式不应采用（　　　）。

　　A．IT 系统　B．TT 系统　　　C．TN-S 系统　　D．TN-系统

答案：D

228．照明方式可分为：（　　　）。

　　A．一般照明、分区一般照明、应急照明、室外照明

　　B．一般照明、分区一般照明、局部照明、混合照明

　　C．一般照明、应急照明、室外照明、保证工作照明

　　D．应急照明、局部照明、混合照明、室外照明

答案：B

229．照明系统中的每一单相回路，灯具为单独回路时数量不宜超过（　　　）（住宅除外）。

A. 30 个 　　B. 15 个 　　　　C. 20 个 　　　　D. 25 个

答案：B

230. 采用标幺值计算时，当系统的标称电压为 220/380V 的电压级，基准电压为（　　）。

A. 0.28kV 　B. 0.39kV 　　　C. 0.4kV 　　　　D. 0.48kV

答案：C

231. 对欠量继电器的 kre 一般要求在（　　）左右。

A. 1 　　　　B. 1.25 　　　　C. 1.2 　　　　D. 1.3

答案：B

232. 为防止仪表电压回路短路，接地故障引起距离保护失压误动作，要求仪表电压分支回路（　　）。

A. 不装设熔断器

B. 装设较大容量的熔断器

C. 装设较小容量的熔断器

D. 装设任意容量的熔断器

答案：C

233. 过电流保护的星形连接中通过继电器的电流是电流互感器的（　　）。

A. 二次侧电流 　　　　　　B. 二次差电流

C. 负载电流 　　　　　　　D. 过负荷电流

答案：A

234. 变压器的调压分接头装置都装在高压侧，原因是（　　）。

A. 高压侧相间距离大，便于装设

B. 高压侧线圈在里层

C. 高压侧线圈材料好

D. 高压侧线圈中流过的电流小，分接装置因接触电阻引起的发热量小

答案：D

235. 电压相序一般分为 A 相、B 相、C 相和零线及地线或 L1、L2、L3、N、P，下列颜色表示正确的是（　　）。

A. 红、黑、绿、蓝、黄 　　B. 红、绿、黄、双色、蓝

C. 黄、绿、红、蓝、双色 　D. 红、黄、绿、蓝、双色

答案：C

236. 正弦交流电的三要素是（　　）。

A. 电压、电动势、电位 　　B. 最大值、频率、初相位

C. 容抗、感抗、阻抗 　　　D. 平均值、周期、电流

答案：B

237. 电感在直流电路中相当于（　　　）。

A. 开路　　B. 短路　　　　C. 断路　　　　　D. 不存在

答案：B

238. 6～10kV 变压器所常见的继电保护装置中不包括（　　　）。

A. 过电保护　　　　　　B. 漏电保护

C. 电流速断保护　　　　D. 低电压保护

答案：B

239. 高压三相电力电容器一般接成（　　），以减小其中一相击穿故障电流。

A. 星形　　B. 三角形　　C. 双星形　　D. 双三形

答案：A

240. 对于一级负荷中特别重要的负荷（　　　）。

A. 可由两路电源供电

B. 可不由两路电源供电

C. 必须由两路电源供电

D. 除由两路电源供电外，尚应增设应急电源

答案：D

241. 应急电源工作时间，当与自动启动发电机组配合使用时，不宜小于（　　　）。

A. 10 分钟　　B. 15 分钟　　C. 20 分钟　　　D. 30 分钟

答案：A

242. 当电源采用 TN 时，从建筑物内总配电盘开始引出的配电线路必须采用（　　　）。

A. 局部 TT 系统　　　　B. TN-C-S 系统

C. TN-S 系统　　　　　D. TN-C 系统

答案：C

243. 在潮湿场所，电源插座安装高度距地应高于（　　　）。

A. 1.3m　　B. 1.5m　　　C. 2.0m　　　　D. 2.2m

答案：B

244. 熔断器熔丝额定电流选择应大于电容器额定电流的（　　　）倍。

A. 2.8　　B. 9.0　　　C. 3.0　　　　D. 3.8

答案：C

245. 导线切割磁力线运动时，导线中会产生（　　　）。

A. 感应电动势　　　　　B. 感应电流

C. 磁力线　　　　　　　D. 感应磁场

答案：A

246. 判断载流导线周围磁场的方向用（　　）定则。

A. 左手   B. 右手

C. 右手螺旋   D. 左手螺旋

答案：C

247. 交流电路的（   ），随着频率的增加而减少。

A. 阻抗   B. 电抗   C. 容抗   D. 感抗

答案：C

248. 根据欧姆定律，导体中电流 I 的大小（   ）。

A. 与加在导体两端的电压 U 成反比，与导体的电阻 R 成反比

B. 与加在导体两端的电压 U 成正比，与导体的电阻 R 成正比

C. 与加在导体两端的电压 U 成正比，与导体的电阻 R 成反比

D. 与加在导体两端的电压 U 成反比，与导体的电阻 R 成正比

答案：C

249. 表示保护中性线的字符是（   ）。

A. PN-C   B. PE   C. PEN   D. PNC

答案：C

250. 变压器呼吸器中的硅胶，正常未吸潮时颜色应为（   ）。

A. 蓝色   B. 黄色   C. 红色   D. 白色

答案：A

251. 交流电机在空载运行时，功率因数很（   ）。

A. 高   B. 低   C. 先高后低   D. 先低后高

答案：B

252. 配电线路一般采用（   ）。

A. 钢绞线   B. 铜绞线

C. 铝绞线   D. 镀锌钢绞线

答案：C

253. 配电变压器低压中性点接地属（   ）。

A. 保护接地   B. 防雷接地

C. 工作接地   D. 过电压保护接地

答案：C

254. 一台公用配电变压器供电的电气设备接地应采用（   ）。

A. 保护接零   B. 保护接地

C. 直接接地   D. 接地线接地

答案：B

255. 总容量为 100kVA 以上的变压器。其接地装置的接地电阻不应大于（   ）Ω，

每个重复接地装置的接地电阻不应大于 10Ω。

    A．3   B．4   C．5   D．6

答案：B

256．三相四线制线路中，某设备若将不带电的金属外壳与零线和大地作电气连接，这种接法为（　　）。

    A．工作接地   B．保护接零

    C．重复接地   D．保护接零和重复接地

答案：D

257．带电换表时，若接有电压、电流互感器时，则应分别（　　）。

    A．开路、短路   B．短路、开路

    C．均开路   D．均短路

答案：A

258．最大需量是指用户 1 个月中某一固定时段的（　　）的最大指示值。

    A．最大功率   B．平均有功功率

    C．最大平均功率   D．最大负荷

答案：B

259．配电装置各回路的（　　）宜一致，硬导体应涂刷相色油漆或相色标志。色别应为 L1 相黄色，L2 相绿色，L3 相红色。

    A．接线组别   B．相序排列

    C．电压相角   D．相色漆

答案：B

260．电气设备外露可导电部分，必须与（　　）有可靠的电气连接。

    A．大地   B．接地装置   C．保护装置   D．熔断器

答案：B

261．向频繁操作的高压用电设备供电的出线开关兼做操作开关时，应采用具有（　　）性能的断路器。

    A．速断保护   B．过流保护

    C．耐压   D．频繁操作

答案：D

262．采用 10kV 或 6kV 熔断器负荷开关固定式配电装置时，应在电源侧装设（　　）。

    A．负荷开关   B．辅助开关

    C．断路器   D．隔离开关

答案：D

263．接在母线上的避雷器和电压互感器，宜（　　）隔离开关。配电所、变电所架空

进、出线上的避雷器回路中,( )装设隔离开关。

    A. 分开装设,必须   B. 合用一组,可不

    C. 分开装设,可不   D. 合用一组,必须

答案:B

264. 当有继电保护或自动切换电源要求时,低压侧总开关和母线分段开关均应采用( )。

    A. 隔离触头   B. 空气开关

    C. 低压断路器   D. 负荷开关

答案:C

265. 变电所中单台变压器低压为 0.4kV 的容量不宜大于( )kVA。当用电设备容量较大、负荷集中且运行合理时,可选用较大容量的变压器。

    A. 2500   B. 5000   C. 2000   D. 1250

答案:D

266. 采用交流操作时,供操作、控制、保护、信号等的所用电源,可引自( )。

    A. 电压互感器   B. 所用变压器

    C. 电流互感器   D. 负荷开关

答案:A

267. 在同一配电室内单列布置高、低压配电装置时,当高压开关柜或低压配电屏顶面有裸露带电导体时,两者之间的净距不应小于( )m。

    A. 2   B. 1.2   C. 1.5   D. 3

答案:A

268. 当露天或半露天变压器供给一级负荷用电时,相邻的可燃油油浸变压器的防火净距若小于( )m 时,应设置防火墙。

    A. 3   B. 3.5   C. 4   D. 5

答案:D

269. 66～110kV 敞开式配电装置,每组主母线的( )上宜装设电压互感器。当需要监视和检测线路侧有无电压时,出线侧的( )上宜装设电压互感器。

    A. A、C 相,三相   B. A、C 相,A 相

    C. 三相,一相   D. 三相,三相

答案:C

三、多选题

1. 根据《电能计量装置技术管理规程》规定,用电计量装置包括计费电能表、( )。

A．用电信息终端　　　　B．计量用电压、电流互感器

C．二次回路连接线　　　D．电能计量柜（箱）

答案：BCD

2．以下哪些客户应配备Ⅱ类电能计量装置？（　　　）

A．月平均用电量 500 万 kWh　B．变压器容量为 8000kVA

C．150MW 发电机　　　　　　D．变压器容量为 20000kVA

答案：BC

3．下列（　　　）应配置Ⅲ类电能计量装置。

A．月平均用电量 10 万 kWh 及以上 100 万 kWh 以下的计费客户

B．变压器容量为 315kVA 及以上 2000kVA 以下的计费客户

C．发电企业厂（站）用电量

D．发供电企业内部经济技术指标分析、考核用的电能计量装置

答案：ABC

4．Ⅰ类电能计量装置的电压、电流互感器及有功、无功电能表的准确度等级组合应是（　　　）。

A．0.2、0.2S、0.2S、2.0　　B．0.2、0.2S、0.5S、2.0

C．0.2S、0.2S、0.5S、2.0　D．0.2、0.2、0.2S、3.0

答案：AB

5．Ⅱ类计量装置指（　　　）。

A．月平均用电量在 100 万 kWh 及以上的高压计费用户

B．200MW 及以上发电机

C．变压器容量在 2000kVA 及以上的高压计费用户

D．供电企业内部考核点

答案：AC

6．电能计量装置中电压互感器二次回路电压降应不大于其额定电压二次电压的 0.5% 的是（　　　）。

A．Ⅰ类　　B．Ⅱ类　　C．Ⅲ类　　D．Ⅳ类

答案：CD

7．运行中的电能计量装置一般每 3～4 年轮换一次的有（　　　）类电能表。

A．Ⅰ　　B．Ⅱ　　C．Ⅲ　　D．Ⅳ

答案：ABC

8．国家电网电力用户用电信息采集系统建设总体目标是利用 5 年时间（2010～2014），建成（　　　），即 "全覆盖、全采集、全费控" 的采集系统。

A．覆盖公司系统全部用户

B．采集全部用电信息

C．覆盖南方和国网公司系统全部用户

D．支持全面电费控制

答案：ABD

9．采集系统建设包括计量关口和各类用户，涉及（　　）应用等环节。

A．主站　　　　　　　　　B．通信信道

C．采集终端　　　　　　　D．智能电能表

答案：ABCD

10．新建小区和新报装用户必须同步建设（　　）系统，并做到（　　）入表入户。

A．采集　　　B．有线　　　C．光纤　　　D．服务

答案：A，C

11．重要电力用户要按照国家和电力行业有关规程、规范和标准的要求，对自备应急电源定期进行（　　）。

A．安全检查　　　　　　　B．预防性试验

C．启机试验　　　　　　　D．切换装置的切换试验

答案：ABCD

12．重要电力用户应配置自备应急电源，并加强安全使用管理。重要电力用户的自备应急电源配置应符合以下要求：（　　）。

A．自备应急电源配置容量标准应达到保安负荷的 120%

B．自备应急电源启动时间应满足安全要求

C．自备应急电源与电网电源之间应装设可靠的电气或机械闭锁装置，防止倒送电

D．临时性重要电力用户可以通过租用应急发电车（机）等方式，配置自备应急电源

答案：ABCD

13．二级负荷的供电系统，宜由两回线路供电。在负荷较小或地区供电条件困难时，二级负荷可由一回（　　）专用的架空线路供电。

A．10kV　　　B．0.4kV　　　C．6kV　　　D．35kV

答案：ACD

14．用户的供电电压应根据（　　）、当地公共电网现状及其发展规划等因素，经技术经济比较确定。

A．用电容量　　　　　　　B．用电设备特性

C．供电距离　　　　　　　D．供电线路的回路数

答案：ABCD

15. 计算电压偏差时，应计入采取下列措施后的调压效果：（　　　）。

　　A．自动或手动调整并联补偿电容器、并联电抗器的接入容量

　　B．自动或手动调整同步电动机的励磁电流

　　C．改变供配电系统运行方式

　　D．提高功率因数

答案：ABC

16. 电容器分组时，应满足下列要求：（　　　）。

　　A．分组电容器投切时，不应产生谐振

　　B．适当减少分组组数和加大分组容量

　　C．应与配套设备的技术参数相适应

　　D．应符合满足电压偏差的允许范围

答案：ABCD

17. 变电所中的变压器在下列情况之一时，应采用有载调压变压器：（　　　）。

　　A．35kV 以上电压的变电所中的降压变压器，直接向 35kV、10（6）kV 电网送
　　　　电时

　　B．35kV 降压变电所的主变压器，在电压偏差不能满足要求时

　　C．10kV 降压变压器电压质量不符合要求时

　　D．以上都不对

答案：AB

18. 符合下列哪种情况时，应视为一级负荷（　　　）。

　　A．中断供电将造成人身伤害时

　　B．中断供电将在经济上造成较大损失时

　　C．中断供电将影响重要用电单位的正常工作

　　D．中断供电将在经济上造成重大损失时

答案：ACD

19. （　　）可作为应急电源。

　　A．独立于正常电源的发电机组

　　B．供电网络中独立于正常电源的专用的馈电线路

　　C．蓄电池

　　D．干电池

答案：ABCD

20. 正常运行情况下，用电设备端子处电压偏差允值应符合下列要求：（　　　）。

　　A．电动机为±5%额定电压

　　B．在一般工作场所照明为±5%额定电压

C．应急照明、道路照明和警卫照明等为+5%，–10%额定电压

D．其他用电设备当无特殊规定时为±5%额定电压

答案：ABCD

21．油浸变压器的车间内变电所，不应设在（　　）耐火等级的建筑物内；当设在（　　）耐火等级的建筑物内时，建筑物应采取局部防火措施。

A．一级　　　　B．二级　　　　C．三级　　　　D．四级

答案：CD，B

22．高层或超高层建筑物根据需要可以在（　　）设置配电所、变电所，但应设置设备的垂直搬运及电缆敷设的措施。

A．避难层　　B．设备层　　　C．裙房　　　　D．屋顶

答案：ABD

23．配电所、变电所的高压及低压母线宜采用（　　）接线。

A．单母线　　　　　　　　B．双母线

C．线路变压器组　　　　　D．分段单母线

答案：AD

24．当分配电所的进线需要（　　）时，分配电所的进线开关应采用断路器。

A．带负荷操作　　　　　　B．有继电保护

C．有自动装置要求　　　　D．空载运行

答案：ABC

25．配电所的引出线满足继电保护和操作要求时，可装设（　　）。

A．隔离开关

B．断路器

C．负荷开关—熔断器组合电器

D．隔离触头

答案：BC

26．变压器二次侧电压为3～10kV的总开关可采用负荷开关—熔断器组合电器、隔离开关或隔离触头。但当有（　　）情况之一时，应采用断路器。

A．配电出线回路较多

B．变压器有并列运行要求或需要转换操作

C．需要倒闸操作时

D．二次侧总开关有继电保护或自动装置要求

答案：ABD

27．露天或半露天变电所的变压器四周应设高度不低于（　　）m 的固定围栏或围墙，变压器外廓与围栏或围墙的净距不应小于（　　）m，变压器底部距地面不应小于（　　）m。

A．0.8　　　B．1.8　　　C．0.5　　　D．0.3

答案：B，A，D

28．露天或半露天变电所的变压器油重小于1000kg的相邻油浸变压器外廓之间的净距不应小于（　　）m；油重1000～2500kg的相邻油浸变压器外廓之间的净距不应小于（　　）m；油重大于2500kg的相邻油浸变压器外廓之间的净距不应小于（　　）m。

A．5.0　　　B．4.0　　　C．3.0　　　D．1.5

答案：D，C，A

29．变电所各房间经常开启的门、窗，不应直通相邻的（　　）和噪声严重的场所。

A．酸　　　　B．碱　　　　C．蒸汽　　　D．粉尘

答案：ABCD

30．装有两台及以上变压器的变电所，当其中任一台变压器断开时其余变压器的容量应满足全部（　　）的用电。

A．一级负荷　　　　　　　B．二级负荷

C．三级负荷　　　　　　　D．四级负荷

答案：AB

31．下列情况，中性导体的截面应与相导体的截面相同：（　　）。

A．单相两线制线路

B．铜相导体截面小于等于16mm²

C．铝相导体截面小于等于25mm²

D．铝相导体截面小于等于30mm²

答案：ABC

32．隔离电器可采用下列电器：（　　）。

A．单级或多级隔离开关、隔离插头

B．连接片

C．半导体开关电器

D．熔断器

答案：ABD

33．功能性开关电器可采用下列电器：（　　）。

A．开关　　　　　　　　　B．断路器

C．继电器　　　　　　　　D．16A及以下的插头和插座

答案：ABCD

34．配电线路的敷设，应符合下列条件：（　　）。

A．与场所环境的特征相适应

B．与建筑物和构筑物的特征相适应

C. 能承受短路可能出现的机电应力

D. 能承受安装期间或运行中布线可能遭受的其他应力和导线的自重

答案：ABCD

35. 屋外配电装置裸露的带电部分的上面和下面，不应从（　　）线路架空上跨越或穿过。

A. 照明　　　B. 通信　　　C. 信号　　　D. 电力

答案：ABC

36. 配电装置的布置，应便于设备的（　　）。

A. 操作　　　B. 搬运　　　C. 检修　　　D. 试验

答案：ABCD

37. 室内油浸变压器外廓与变压器室四周墙壁的最小净距：1000kVA 及以下变压器与后壁、侧壁之间为（　　）mm；变压器与门之间为（　　）mm；1250kVA 及以上变压器与后壁、侧壁之间为（　　）mm；变压器与门之间 1250kVA 及以上为（　　）mm。

A. 600　　　B. 800　　　C. 900　　　D. 1000

答案：A，B，B，D

38. 66～110kV 屋外配电装置，其周围宜设置高度不低于（　　）mm 的围栏。

A. 1000　　　B. 1200　　　C. 1400　　　D. 1500

答案：D

39. 架构设计正常运行荷载时，应取设计（　　）三种情况中最严重者。

A. 最大风速　　　　　　B. 最低气温

C. 最大风偏　　　　　　D. 最厚覆冰

答案：ABD

40. 屋内气体绝缘金属封闭开关设备配电装置两侧应设置（　　）的通道。

A. 安装　　　B. 施工　　　C. 检修　　　D. 巡视

答案：ACD

41. 3kV 及以上架空电力线路应避开（　　）以及影响线路安全运行的其他地区。

A. 洼地　　　　　　　　B. 冲刷地带

C. 不良地质地区　　　　D. 原始森林区

答案：ABCD

42. 20kV、10kV 电缆线路接线方式一般为（　　）。

A. 单环式　　　B. 双射式　　　C. 双环式　　　D. 树干式

答案：ABC

43. 中压架空线路一般选用（　　）钢筋混凝土电杆。

A. 12m　　　B. 15m　　　C. 18m　　　D. 19m

答案：AB

44．下列情况可采用电缆线路：（　　　）。

　　A．依据城市规划，明确要求采用电缆线路且具备相应条件的地区

　　B．负荷密度低的郊区、建筑面积较大的新建居民住宅小区及高层建筑小区

　　C．走廊狭窄，架空线路难以通过而不能满足供电需求的地区

　　D．易受热带风暴侵袭沿海地区主要城市的重要供电区域

答案：ACD

45．开关站馈出电缆和其他分支电缆的截面应满足（　　　）要求。

　　A．载流量　　　　　　　　　B．动稳定

　　C．热稳定　　　　　　　　　D．最大负荷电流

答案：ABC

46．低压线路供电半径在市中心区、市区不宜大于（　　　）；超过（　　　）时，应进行电压质量校核。

　　A．150m　　　B．200m　　　C．250m　　　D．100m

答案：A，C

47．低压馈电断路器应具备（　　　）跳闸功能，并装设剩余电流保护装置。

　　A．过流　　　B．短路　　　C．过负荷　　　D．雷击

答案：AB

48．变压器差动保护动作的原因有（　　　）。

　　A．变压器及其套管引出线故障

　　B．保护的二次线故障

　　C．电流互感器开路或短路

　　D．变压器内部故障

答案：ABCD

49．继电保护和自动装置的设计应以合理的运行方式和可能的故障类型为依据，并满足（　　　）四项基本要求。

　　A．可靠性　　　B．选择性　　　C．灵敏性　　　D．速动性

答案：ABCD

50．3～66kV 线路的（　　　）故障或异常运行，应装设相应的保护装置。

　　A．相间短路　　B．单相接地　　C．过负荷　　　D．过电流

答案：ABC

51．电流互感器二次绕组额定电流，可根据工程实际选（　　　）A 或（　　　）A。

　　A．5　　　B．4　　　C．2　　　D．1

答案：A，D

52. 强电控制回路导体截面不应小于（　　　），弱电控制回路不应小于（　　　）。

A. 2mm²

B. 1.5mm²

C. 1mm²

D. 0.5mm²

答案：B，D

53. 直埋敷设于非冻土地区时，电缆埋置深度应符合电缆外皮至地面深度，不得小于（　　　）m，当位于行车道或耕地下时，应适当加深，且不宜小于（　　　）m。

A. 0.5　　　　B. 0.7　　　　C. 1.0　　　　D. 1.5

答案：B，C

54. 以下6～220kV各级公用电网电压（相电压）总谐波畸变率正确的是：（　　　）。

A. 0.38kV 为 5.0%

B. 6～10kV 为 3.0%

C. 35～66kV 为 3.0%

D. 110kV 为 2.0%

答案：ACD

55. 下列（　　　）应配置Ⅰ类电能计量装置。

A. 月平均用电量 500 万 kWh 及以上或变压器容量为 10000kVA 及以上的高压计费用户

B. 200MW 及以上发电机

C. 发电企业上网电量、电网经营企业之间的电量交换点

D. 省级电网经营企业与其供电企业的供电关口计量点的电能计量装置

答案：ABCD

56. 下列（　　　）应配置Ⅱ类电能计量装置。

A. 月平均用电量 100 万 kWh 及以上 500 万 kWh 以下的计费用户

B. 变压器容量为 2000kVA 及以上 10000kVA 以下计费用户

C. 100MW 及以上发电机

D. 供电企业之间的电量交换点的电能计量装置

答案：ABCD

57. 下列（　　　）应配置Ⅳ类电能计量装置。

A. 负荷容量为 315kVA 以下的计费用户

B. 发供电企业内部经济技术指标分析

C. 考核用的电能计量装置

D. 发供电企业内部经济技术指标分析、考核用的电能计量装置

答案：ABC

58. 资产档案内容应有（　　　）等内容。

A. 资产编号　B. 名称　　　　C. 等级　　　　D. 生产厂家

答案：ABCD

59. 运行管理包括关口计量装置（　　）由公司各级营销部门和各级运检部门配合完成。

    A. 首次检验　　　　　　B. 周期检验

    C. 临时检验　　　　　　D. 周期轮换

    E. 运行档案管理

答案：ABCDE

60. 计量现场手持设备，是指适用于计量人员现场应用，通过应用密码技术实现与电能表、采集终端等设备进行数据交换，实现（　　）等操作的便携式手持设备。

    A. 安全认证、数据采集　　B. 参数设置、应急停复电

    C. 密钥更新、标识读写　　D. 封印管理

答案：ABCD

61. 《居民用户家用电器损坏处理办法》所称的电力运行事故，是指在供电企业负责运行维护的 220/380V 供电线路或设备上因供电企业的责任而发生的下列事件：（　　）。

    A. 发生零线断线

    B. 发生相线与零线接错或三相相序接反

    C. 同杆架设或交叉跨越时，供电企业的高电压线路导线掉落到 220/380V 线路上或供电企业高电压线路对 220/380V 线路放电

    D. 发生相线与零线互碰

答案：ABCD

62. 电能计量装置的配置原则是（　　）。

    A. 具有足够的准确度

    B. 有足够的可靠性

    C. 可靠的封闭性能和防窃电性能功能可满足营抄管理工作的需要

    D. 置应便于各种人员现场检查和带电工作

答案：ABCD

63. 常见的错误接线方式有（　　）。

    A. 电压线圈（回路）失压

    B. 电源相序由 UVW 更换为 VWU 或 WUV

    C. 断中线或电源相序（一次或二次）接错相线或中性线对换位置

    D. 电流线圈（回路）接反

答案：ABCD

64. 电子式电能表与感应式电能表相比优势的是（　　）。

    A. 电子式电能表寿命长

    B. 电子式电能表更能适应恶劣的工作环境

C．电子式电能表易于实现防窃电功能

D．电子式电能表可实现较宽的负载

答案：BCD

65．带电检查的内容包括（　　　）。

A．测量电压（或二次电压）　　B．测量电压相序

C．测量电流（或二次电流）　　D．测量互感器的误差

答案：ABC

66．电流互感器运行时造成二次开路的原因有（　　　）。

A．电流互感器安装处有振动存在，二次导线接线端子的螺丝因振动而自行脱钩

B．保护盘或控制盘上电流互感器的接线端子压板带电测试误断开或压板未压好

C．电流互感器的二次导线，因受机械摩擦而断开

答案：ABC

67．经互感器接入式低压电能计量装置装拆及验收标准化作业指导书规定安装互感器时的工作内容包括（　　　）。

A．电流互感器一次绕组与电源串联接入，并可靠固定

B．同一组的电流互感器应采用制造厂、型号、额定电流变比、准确度等级、二次容量均相同的互感器

C．电流互感器进线端极性符号应一致

D．正确连接电能表

答案：ABC

68．计量异常包括（　　　）。

A．窃电行为　　　　　　　　　B．故障隐患

C．接线错误　　　　　　　　　D．不合理计量方式

答案：ABCD

69．电能表安装的接线原则为（　　　）。

A．先出后进　　　　　　　　　B．先进后出

C．先零后相　　　　　　　　　D．从左到右

答案：AC

70．智能电能表具有以下哪些功能？（　　　）

A．电能量计量　　　　　　　　B．信息存储及处理

C．实时监测　　　　　　　　　D．费率控制

E．信息交互

答案：ABCDE

71．66kV 及以下输配电工程典型设计的工作方式是？（　　　）

A. 统一组织 B. 分工负责

C. 充分调研 D. 择优集成

答案：ABCD

72. 10kV 开关站典型设计的设计范围是（　　）。

A. 开关站内的电气设备、平面布置及建筑物基础结构

B. 与开关站相关的防火、通风、防洪、防潮、防尘、防毒、防小动物

C. 降噪

D. 统继电保护专业

答案：ABC

73. 10kV 开关站典型设计方案分类按（　　）进行划分。

A. 电气主接线 B. 进出线回路数

C. 主要设备选型 D. 设备布置

答案：ABCD

74. 10kV 配电站设备主要包括（　　）。

A. 10kV 配电装置 B. 主变压器

C. 0.4kV 配电装置

答案：ABC

75. 配电站内 0.4kV 母线的电气主接线方式有（　　）。

A. 单母线 B. 两个独立的单母线

C. 单母线分段 D. 双母线

答案：AC

76. 配电网由相关电压等级的（　　）等组成。

A. 架空线路、电缆线路 B. 变电站、开关站

C. 配电室、箱式变电站 D. 柱上变压器、环网单元

答案：ABCD

77. 直辖市的远郊区（即由县改区的）仅包括（　　）范围。

A. 城郊区 B. 区政府所在地

C. 经济开发区 D. 工业园区

答案：BCD

78. 中压配电电压为包括（　　）。

A. 220V B. 20 kV C. 10kV D. 35kV

答案：BC

79. 35kV 配电线路接线方式一般为（　　）。

A. 放射式 B. 环式 C. 链式

答案：ABC

80．20、10kV 电缆线路接线方式一般为（　　　）。

　　A．单环式　　B．双射式　　　C．双环式

答案：ABC

81．中性点接地方式有（　　　）。

　　A．不接地　　　　　　　　B．经消弧线圈接地

　　C．经低电阻接地　　　　　D．直接接地

答案：ABCD

82．35kV、20kV 线路带电作业可开展的常规项目主要包括（　　　）。

　　A．更换跌落式熔断器　　　B．带电断/接引流线

　　C．带电处理缺陷　　　　　D．挑异物

答案：BCD

83．电缆线路一般采用（　　　）等敷设方式。

　　A．直埋　　　B．沟槽　　　C．排管　　　D．隧道

答案：ABCD

84．低压配电系统可采用（　　　）接地方式。

　　A．TN-C-S　　B．TT　　　　C．TN-S

答案：ABC

85．中压配电网一般应采用（　　　）继电保护装置。

　　A．过流　　　　　　　　　B．过压

　　C．速断保护　　　　　　　D．重合闸装置

答案：ACD

86．变压器的纵联差动保护应符合（　　　）要求。

　　A．躲过励磁涌流产生的不平衡电流

　　B．躲过外部短路产生的不平衡电流

　　C．电流回路断线的判别功能

　　D．能选择报警或允许差动保护动作跳闸

答案：ABCD

87．在无经常值班人员的变电站，过负荷保护壳动作于（　　　）部分负荷。

　　A．跳闸　　　B．断开　　　C．合闸　　　D．接入

答案：AB

88．对双侧电源线路，当采用电流电压保护不能满足选择性、灵敏性或速动性的要求时，可采用（　　　）作为主保护。

　　A．不带方向的电流保护　　B．距离保护

C．带方向的电流保护　　　　D．光纤纵联差动保护

答案：BD

89．电流互感器二次绕组额定电流，可根据工程实际选（　　）。

　　　A．1A　　　B．1.5A　　　C．3A　　　D．5A

答案：AD

90．继电保护和安全自动装置应符合（　　）的要求。

　　　A．可靠性　　B．选择性　　C．灵敏性　　　D．速动性

答案：ABCD

91．电力设备和线路短路故障的保护应有（　　）。

　　　A．主保护　　　　　　　　B．后备保护

　　　C．辅助保护　　　　　　　D．异常运行保护

答案：ABC

92．对适用于220kV及以上电压线路的保护装置除具有全线速动的纵联保护功能外，还应至少具有（　　）的后备保护功能。

　　　A．三段式相间

　　　B．接地距离保护

　　　C．反时限零序方向电流保护

　　　D．定时限零序方向电流保护

答案：ABCD

93．保护装置应具有在线自动检测功能，包括（　　）的自动检测。

　　　A．保护硬件损坏　　　　　B．功能失效

　　　C．二次回路异常运行状态　D．一次回路异常运行状态

答案：ABC

94．对（　　）引起的负序电流，应按下列规定装设发电机转子表层过负荷保护。

　　　A．三相电压不平衡　　　　B．不对称负荷

　　　C．非全相运行　　　　　　D．外部不对称短路

答案：BCD

95．对线路单相接地，可利用（　　）构成有选择性的电流保护或功率方向保护。

　　　A．网络的自然电容电流

　　　B．消弧线圈补偿后的残余电流

　　　C．人工接地电流

　　　D．单相接地故障的暂态电流

答案：ABCD

96．对单侧电源线路上的三相重合闸装置，其时限应大于（　　）。

A．故障点灭弧时间

B．断路器准备好再次动作的时间

C．周围介质去游离时间

D．操作机构准备好再次动作的时间

答案：ABCD

97．继电保护和安全自动装置的通道一般采用（　　　）作为传输媒介。

A．光纤 B．微波

C．电力线载波 D．导引线电缆

答案：ABCD

98．各类作业人员应被告知其作业现场和工作岗位存在的（　　　）。

A．危险因素 B．危险点

C．事故紧急处理措施 D．防范措施

答案：ACD

99．各类作业人员有权拒绝（　　　）。

A．强令冒险作业 B．违章指挥

C．加班工作 D．带电工作

答案：AB

100．变电站室内（　　　）应设有明显标志的永久性隔离挡板（护网）。

A．母线分段部分

B．母线交叉部分

C．部分停电检修易误碰有电设备

D．母线平行部分

答案：ABC

101．在低压配电设计规范中，隔离电器可采用下列（　　　）电器。

A．单级或多级隔离开关、隔离插头

B．连接片

C．负荷开关及断路器

D．熔断器

答案：ABC

102．影响变压器油温的因素有（　　　）。

A．负荷的变化 B．环境温度

C．冷却装置运行状况 D．油标管堵塞

答案：ABC

103．低压 TN 系统的接地方式有（　　　）。

A．N-S 系统　　　　　　　B．TN-C-S 系统

C．TN-C 系统　　　　　　D．IT 系统

答案：ABC

104．为减少电能计量的综合误差，常采用的措施有（　　　）。

A．根据互感器的误差合理组合配对

B．加大二次导线的截面，缩短二次导线的长度

C．选择电能表考虑互感器的合成误差

D．二次加装补偿仪

答案：ABC

105．对于有（　　　）等非线性负荷的客户，计量装置应装设在客户受电变压器的一次侧。

A．冲击负荷　　　　　　　B．不对称负荷

C．谐波负荷　　　　　　　D．对称负荷

答案：ABC

106．用电计量装置包括（　　　）。

A．计费电能表　　　　　　B．电压、电流互感器

C．二次连接线　　　　　　D．计量箱（柜）

答案：ABCD

107．在电力系统中限制短路电流的方法有（　　　）。

A．合理选择电气主接线形式和运行方式

B．加装限流电抗器

C．加装阻波器

D．采用分裂低压绕组变压器

答案：ABD

108．作业现场应具备下列哪些条件？（　　　）

A．作业人员应具备识别现场危险因素和应急处理能力

B．工作人员的劳动防护用品应合格、齐备

C．生产条件和安全设施等应符合有关标准、规范要求

D．现场使用的安全工器具应合格并符合有关要求

答案：BCD

109．二次系统现场工作开始前，应检查一下哪些项目？（　　　）

A．检修设备的名称

B．设备运行情况

C．已做的安全措施

D．运行与检修设备间的隔离措施

答案：ACD

110. 配电装置的布置和导体、电器、架构的选择，应符合（　　）等情况的要求。

    A．正常运行　　　　　　B．短路

    C．过电压　　　　　　　D．检修

答案：ABCD

四、判断题

1. Ⅰ、Ⅱ、Ⅲ、Ⅳ类贸易结算用电能计量装置应按计量点配置计量专用电压、电流互感器或者专用二次绕组。（　　）

答案：×

2. 对三相三线制连接的电能计量装置，其3台电流互感器二次绕组与电能表之间宜采用六线连接。（　　）

答案：×

3. Ⅰ、Ⅱ、Ⅲ电能计算装置应按计量点配置计量专用电压、电流互感互感器。电能计量专用电压、电流互感器及其二次回路不得接入与电能计量无关的设备。（　　）

答案：×

4. 35kV及以上贸易结算用电能计量装置中电压互感器二次回路，应不装设隔离开关辅助接点，但可装设熔断器。（　　）

答案：×

5. 电网经营企业之间的电量交换点的电能计量装置为Ⅰ类电能计量装置。其购销电量用电能计量装置宜配置准确度等级相同的主副两套有功电能表。（　　）

答案：√

6. 负荷容量为315kVA以下的计费用户、发供电企业内部经济技术指标分析、考核用的电能计量装置属于Ⅳ类计量装置。（　　）

答案：√

7. 运行中的电能计量装置按其所计量电能量的多少和计量对象的重要程度分四类（Ⅰ、Ⅱ、Ⅲ、Ⅳ）进行管理。（　　）

答案：×

8. 月平均用电量10万kWh及以上或变压器容量为315kVA及以上的计费用户为Ⅳ类电能计量装置。（　　）

答案：×

9. 电流互感器铭牌上所标额定电压是指一次绕组的额定电压。（　　）

答案：×

10．电流互感器的电流比应按长期通过电流互感器的最大工作电流选择其额定一次电流，最好使电流互感器的一次侧电流在正常运行时为其额定值的 2/3 左右，至少不得低于 1/3，这样测量更准确。　　　　　　　　　　　　　　　　　　　（　　）

答案：√

11．单相电能表型号系列代号为 D。　　　　　　　　　　　　　　　　　（　　）

答案：√

12．三相四线电能表型号的系列代号为 S。　　　　　　　　　　　　　　（　　）

答案：×

13．无功电能表的系列代号为 T。　　　　　　　　　　　　　　　　　　（　　）

答案：×

14．单相电能表铭牌上的电流为 2.5（10）A，其中 2.5A 为额定电流，10A 为标定电流。　　　　　　　　　　　　　　　　　　　　　　　　　　　　　　　（　　）

答案：×

15．电能表的准确度等级为 2.0，即其基本误差不小于±2.0%。　　　　　（　　）

答案：×

16．运行中的电流互感器二次绕组不准开路。　　　　　　　　　　　　　（　　）

答案：√

17．电流互感器运行时，二次回路严禁短路。　　　　　　　　　　　　　（　　）

答案：×

18．运行中的电压互感器二次绕组不准短路。　　　　　　　　　　　　　（　　）

答案：√

19．3×1.5（6）A、3×100V 三相三线有功电能表，经 200/5 电流互感器和 10000/100 电压互感器计量，则其倍率为 4000。　　　　　　　　　　　　　　　　　（　　）

答案：√

20．Ⅱ类计量装置电能表准确度等级为有功电能表 1.0 级，无功电能表 2.0 级。

（　　）

答案：×

21．电压互感器的误差可分为比差和角差。　　　　　　　　　　　　　　（　　）

答案：√

22．按计量装置分类：Ⅰ类用户应安装 0.2 级或 0.2S 级的电流互感器。　（　　）

答案：√

23．按计量装置分类：Ⅱ类用户应安装 0.5 级或 0.5S 级的电流互感器。　（　　）

答案：×

24．供电企业要根据查勘时核定的行业类别及用电负荷特性，提出重要电力用户名单，

经实地查勘报地方人民政府有关部门批准后，报电力监管机构备案。 （ ）

答案：×

25．临时性重要电力用户按照供电负荷重要性，在条件允许情况下，可以通过临时架线等方式具备双电源供电条件。 （ ）

答案：×

26．自备应急电源与电网电源之间应装设可靠的电气闭锁装置，防止倒送电。

（ ）

答案：×

27．重要电力用户新装自备应急电源及其业务变更要向供电企业办理相关手续，并与供电企业签订自备应急电源使用协议，明确供用电设施的产权归属后方可投入使用。

（ ）

答案：×

28．重要电力用户保安负荷由用户申报，供电企业现场核定后报当地电力监管机构备案。 （ ）

答案：×

29．自备应急电源的建设、运行、维护和管理由重要电力用户自行负责。 （ ）

答案：√

30．重要电力用户要制订自备应急电源运行操作、维护管理的规程制度和应急处置预案，并定期（至少每半年一次）进行应急演练。 （ ）

答案：×

31．重要电力用户运行维护自备应急电源的人员应持有安全监管部门颁发的《安全作业许可证》，持证上岗。 （ ）

答案：×

32．供电企业要掌握重要电力用户自备应急电源的配置和使用情况，建立基础档案数据库，并指导重要电力用户排查治理安全用电隐患，安全使用自备应急电源。 （ ）

答案：√

33．重要电力用户新装自备应急电源投入切换装置技术方案要符合电力行业有关标准和所接入电力系统安全要求。 （ ）

答案：×

34．重要电力用户如需要拆装自备应急电源、更换接线方式、拆除或者移动闭锁装置，要提前五天向供电企业办理相关手续，并修订相关协议。 （ ）

答案：×

35．重要电力用户要按照国家和电力行业有关规程、规范和标准的要求，对自查应急电源定期进行安全检查、预防性试验、启机试验和切换装置的切换试验。 （ ）

答案：√

36．重要电力用户选用的自备应急电源设备要符合国家有关安全、消防、节能、环保等技术规范和标准要求。   （ ）

答案：√

37．供配电系统的设计，除一级负荷中的特别重要负荷外，可以按一个电源系统检修或故障的同时另一电源又发生故障进行设计。   （ ）

答案：×

38．10kV、6kV 配电变压器不应采用有载调压变压器。   （ ）

答案：×

39．带电导体系统的型式，宜采用单相单线制、两相三线制、三相三线制和三相四线制。   （ ）

答案：×

40．在多层建筑物或高层建筑物的裙房中，不应设置油浸变压器的变电所。

                                                （ ）

答案：×

41．高层主体建筑内不应设置油浸变压器的变电所。   （ ）

答案：√

42．当对供电连续性要求很高时，高压母线必须采用双母线接线。   （ ）

答案：×

43．配电所专用电源线的进线开关应采用断路器或负荷开关熔断器组合电器。

                                                （ ）

答案：×

44．配电所母线的分段开关宜采用断路器。   （ ）

答案：√

45．接在配电所、变电所的架空进、出线上的避雷器，应装设隔离开关。 （ ）

答案：×

46．有防止不同电源并联运行要求时，来自不同电源的进线低压断路器与母线分段的低压断路器之间应设防止不同电源并联运行的电气或机械联锁。   （ ）

答案：×

47．变电所采用双层布置时，变压器应设在上层。   （ ）

答案：×

48．当露天或半露天变压器供给一级负荷用电时，相邻油浸变压器的净距不应小于 8m。

                                                （ ）

答案：×

49．高压电容器组可采用三角形接线或星形接线，低压电容器组应采用中性点不接地的星形接线。 （　）

答案：×

50．变压器室、配电室、电容器室的门应向内开启。 （　）

答案：×

51．在变压器、配电装置和裸导体的正上方不应布置灯具。 （　）

答案：√

52．选择导体截面，导体应满足动稳定或热稳定的要求。 （　）

答案：×

53．电气竖井内不应设有与其无关的管道。 （　）

答案：√

54．配电室通道上方裸带电体距地面的高度不应低于3m。 （　）

答案：×

55．配电线路应装设速断保护和过负荷保护。 （　）

答案：×

56．装置外可导电部分可作为保护接地中性导体的一部分。 （　）

答案：×

57．铜相导体截面小于等于16mm²，则中性导体的截面应与相导体的截面相同。

（　）

答案：√

58．铝相导体截面小于等于30mm²，则中性导体的截面应与相导体的截面相同。

（　）

答案：×

59．配电装置各回路可按面对出线，自右至左、由远而近、从上到下的顺序排列。

（　）

答案：×

60．66～110kV配电装置内的母线排列顺序，宜为靠变压器侧布置的母线为Ⅰ母、靠线路侧布置的母线为Ⅱ母。 （　）

答案：√

61．66～110kV敞开式配电装置，每段母线上应配置接地开关。 （　）

答案：√

62．35kV及以下电压等级的断路器，必须选用真空断路器或SF₆断路器。 （　）

答案：×

63．66～110kV配电装置，应采用金属氧化物避雷器进行过电压保护。 （　）

答案：×

64．屋内配电装置裸露的带电部分上面不应有照明、动力线路或管线跨越。

（   ）

答案：×

65．配电装置中电气设备的栅状遮栏高度不应大于 1200mm，栅状遮拦最低栏杆至地面的净距不应大于 200mm。（   ）

答案：×

66．外壳和支架上的感应电压，正常运行条件下不应大于 12V，故障条件下不应大于 100V。（   ）

答案：×

67．相邻配电装里室之间有门时，应单向开启。（   ）

答案：×

68．为便于线路架设，架空电力线路通过果林、经济作物林以及城市绿化灌木林时，可以砍伐通道。（   ）

答案：×

69．10kV 导线与地面的最小距离，在最大计算弧垂情况下，人口密集地区为 5.5m。

（   ）

答案：×

70．10kV 导线与建筑物之间的垂直距离，在最大计算弧垂情况下，最小垂直距离为 4.0m 符合规定要求。（   ）

答案：×

71．10kV 边导线与建筑物的最小距离为 1.0m。（   ）

答案：×

72．中、低压供电回路的元件如开关、电流互感器、电缆及架空线路干线等的载流能力应匹配，不应发生因单一元件而限制线路可供负荷能力。（   ）

答案：√

73．采用双路或多路电源供电时，电源线路宜采取不同方向或不同路径架设（敷设）。

（   ）

答案：√

74．集中安装在用电端的无功补偿装置主要用于提高功率因数、降低线路损耗。

（   ）

答案：×

75．分散安装在用电端的无功补偿装置主要用于稳定电压水平。（   ）

答案：×

76．20kV、10kV 架空和电缆线路应深入低压负荷中心，缩短低压供电半径，降低低压线损率，保证电压质量。 （ ）

答案：√

77．中压架空线路应采用节能型铝合金线夹。 （ ）

答案：√

78．架空线路原则上不得搭挂与电力通信无关的弱电线（广播电视线、通信线缆等）。

（ ）

答案：√

79．在中压架空线路干线分段处、较大支线首段、电缆支线首段应安装架空型故障指示器。 （ ）

答案：√

80．室内配电室如受条件所限，可设置在地下一层或最底层。 （ ）

答案：×

81．低压馈电断路器应具备过流和短路跳闸功能，并装设剩余电流保护装置。

（ ）

答案：√

82．所有电流互感器和电压互感器的二次绕组应有一点且仅有一点永久性的、可靠的保护接地。 （ ）

答案：√

83．0.4MVA 及以上，一次电压为 10kV 及以下，线圈为三角—星形连接的变压器，可采用两相三继电器式的过流保护。 （ ）

答案：×

84．1MW 及以下单独运行的发电机，如中性点侧有引出线，则在中性点侧装设过电流保护，如中性点侧无引出线，则在发电机端装设低电压保护。 （ ）

答案：√

85．容量为 0.8MVA 及以上的车间内油浸式变压器、容量为 1MVA 及以上的油浸式变压器，以及带负荷调压变压器的充油调压开关均应装设瓦斯保护。 （ ）

答案：×

86．单侧电源线路的自动重合闸应选择二次重合闸。 （ ）

答案：×

87．二次回路的工作电压不宜超过 500V，最高不应超过 1000V。 （ ）

答案：×

88．电压互感器剩余绕组额定电压，有效接地系统应为 100/3V，非有效接地系统应为 100V。 （ ）

答案：×

89．交流系统中电力电缆导体的相间额定电压，不得低于使用回路的工作相电压。

（　　）

答案：×

90．电力电缆金属层可间接接地。　　　　　　　　　　　　　　　（　　）

答案：×

91．同一通道内电缆数量较多时，若在同一侧的多层支架上敷设，应符合电压等级由高至低的电力电缆、强电至弱电的控制和信号电缆、通信电缆"由上而下"的顺序排列。

（　　）

答案：√

92．在人员密集的公共设施，以及有低毒阻燃性防火要求的场所，可选用交联聚乙烯或聚乙烯绝缘等不含卤素的绝缘电缆。　　　　　　　　　　（　　）

答案：×

93．电缆在任何敷设方式及其全部路径条件的上下左右改变部位，主干部分应满足电缆允许弯曲半径要求。　　　　　　　　　　　　　　　（　　）

答案：×

94．在隧道、沟、浅槽、竖井、夹层等封闭式电缆通道中，可以布置热力管道，严禁有易燃气体或易燃液体的管道穿越。　　　　　　　　　　（　　）

答案：×

95．谐波测量点是对公共连接点和用户的谐波进行测量之处。　　（　　）

答案：×

96．如某负荷断电后会造成将引起爆炸或火灾，则该负荷是一种保安负荷。

（　　）

答案：√

97．应根据电能计量的不同对象以及确定的客户供电方案及国家电价政策确定电能计量方式、用电信息采集终端安装方案。　　　　　　　　　（　　）

答案：×

98．当不具备设计计算条件时，35kV 及以上变电所电容器安装容量可按变压器容量的 10%～30%确定。　　　　　　　　　　　　　　　　（　　）

答案：√

99．对有受电工程的，应按照产权分界划分的原则，确定双方工程建设出资界面。

（　　）

答案：√

100．一般高压客户的计算负荷宜等于变压器额定容量的 70%～75%。（　　）

答案：√

101.自备应急电源配置容量应至少满足全部保安负荷正常供电的需要。有条件的可设置专用应急母线。（　　）

答案：√

102.《国家电网公司业扩供电方案编制导则》规定：用电容量确定的原则是综合考虑客户申请容量、用电设备总容量，并结合生产性兼顾主要用电设备同时率、同时系数等因素后确定。（　　）

答案：√

103.《国家电网公司业扩供电方案编制导则》规定：制订供电方案时应根据确定的供电方式确定电能计量方式、用电信息采集终端安装方案。（　　）

答案：×

104.《国家电网公司业扩供电方案编制导则》规定：10kV 及以上电压等级供电的客户，当单回路电源线路容量不满足负荷需求时，宜合理增加供电回路数，采用多回路供电。（　　）

答案：×

105.《国家电网公司业扩供电方案编制导则》规定，所有电能计量点均应安装用电信息采集终端。根据客户用电性质的不同选配用电信息采集终端。（　　）

答案：×

106.《国家电网公司业扩供电方案编制导则》规定，在电力系统正常状况下，供电企业供到客户受电端的供电电压允许偏差为：220V 单相供电的，为额定值的±10%。（　　）

答案：×

107.《国家电网公司业扩供电方案编制导则》规定，对于非线性负荷设备用电，应按照"谁污染、谁治理""同步设计、同步施工、同步投运、同步达标"的原则，在供电方案中，明确客户治理电能质量污染的责任及技术方案要求。（　　）

答案：√

108.《国家电网公司业扩供电方案编制导则》规定，客户负荷注入公共电网连接点的谐波电压限值及谐波电流允许值应符合《电能质量 公用电网谐波》（GB/T 14549—1993）国家标准的限值。（　　）

答案：√

109.《国家电网公司业扩供电方案编制导则》规定，客户的冲击性负荷产生的电压波动允许值，应符合《电能质量 电压波动和闪变》（GB/T 12326—2008）国家标准的限值。（　　）

答案：√

110.《国家电网公司业扩供电方案编制导则》规定，无功电力应分层分区、就地平衡。客户应在提高自然功率因数的基础上，按有关标准设计并安装无功补偿设备。

（　　）

答案：√

111.《国家电网公司业扩供电方案编制导则》规定，为提高客户电容器的投运率，并防止无功倒送，宜采用自动投切方式。　　　　　　　　　　　　（　　）

答案：√

112.《国家电网公司业扩供电方案编制导则》规定，100kVA 及以上高压供电的电力客户，在高峰负荷时的功率因数不宜低于 0.95；其他电力客户和大、中型电力排灌站、趸购转售电企业，功率因数不宜低于 0.90；农业用电功率因数不宜低于 0.80。（　　）

答案：×

113.《国家电网公司业扩供电方案编制导则》规定，电容器的安装容量，应根据客户的功率因数计算后确定。　　　　　　　　　　　　　　　　　　　　（　　）

答案：×

114.《国家电网公司业扩供电方案编制导则》规定，当不具备设计计算条件时，电容器安装容量的确定应符合下列规定：10kV 变电所可按变压器容量的 10%～30%确定。

（　　）

答案：×

115.《国家电网公司业扩供电方案编制导则》规定，客户变电所中的电力设备和线路，应装设反应短路故障和异常运行的继电保护和安全自动装置，满足可靠性、选择性、灵敏性和安全性的要求。　　　　　　　　　　　　　　　　　　　　　（　　）

答案：×

116.《国家电网公司业扩供电方案编制导则》规定，客户变电所中的电力设备和线路的继电保护应有主保护、后备保护和故障运行保护，必要时可增设辅助保护。

（　　）

答案：×

117.《国家电网公司业扩供电方案编制导则》规定，10kV 及以上变电所宜采用微机继电保护装置。　　　　　　　　　　　　　　　　　　　　　　　　　（　　）

答案：×

118.《国家电网公司业扩供电方案编制导则》规定，备用电源自动投入装置，应具有保护动作闭锁的功能。　　　　　　　　　　　　　　　　　　　　　（　　）

答案：√

119.《国家电网公司业扩供电方案编制导则》规定，受电电压在 10kV 及以上的专线客户，需要实行电力调度管理。　　　　　　　　　　　　　　　　　（　　）

答案：√

120．《国家电网公司业扩供电方案编制导则》规定，有多电源供电、受电装置的容量较大且内部接线复杂的客户，需要实行电力调度管理。（　　）

答案：√

121．《国家电网公司业扩供电方案编制导则》规定，有两回路及以上线路供电，并有并路倒闸操作的客户，需要实行电力调度管理。（　　）

答案：√

122．《国家电网公司业扩供电方案编制导则》规定，35kV 供电、用电容量在 8000kVA 及以上或 10kV 及以上的客户宜采用专用光纤通道或其他通信方式，通过远动设备上传客户端的遥测、遥信信息，同时应配置专用通讯市话或系统调度电话与调度部门进行联络。（　　）

答案：×

123．居住区住宅以及公共服务设施用电容量的确定应综合考虑所在城市的性质、社会经济、气候、民族、习俗及家庭能源使用的种类，同时满足应急照明和消防设施要求。（　　）

答案：√

124．根据国家电网公司业扩供电方案编制导则要求，客户受电变压器总容量在 20～100MVA 时，宜采用 110kV 及以上电压等级供电。（　　）

答案：√

125．双电源、多电源供电时宜采用同一电压等级电源供电。（　　）

答案：√

126．在保证受电变压器不超载和安全运行的前提下，应同时考虑减少电网的无功损耗。一般客户的计算负荷宜等于变压器额定容量的 70%～75%。（　　）

答案：√

127．客户变电所中的电力设备和线路的继电保护应有主保护、后备保护和异常运行保护，必要时可增设辅助保护。（　　）

答案：√

128．气体放电灯是谐波源。（　　）

答案：√

129．《国家电网公司业扩供电方案编制导则》规定，中断供电将可能造成较大范围社会公共秩序严重混乱的。属于二级重要客户。（　　）

答案：×

130．有送、受电量的地方电网和有自备电厂的客户，应在并网点上装设送、受电电能计量装置。（　　）

答案：√

131.《国家电网公司业扩供电方案编制导则》规定，供电企业应依据客户分级、用电性质、用电容量、生产特性以及当地供电条件等因素，经过技术经济比较后确定供电电源。

（　　）

答案：×

132. 根据客户分级和用电需求，确定电源点的回路数和种类。（　　）

答案：√

133. 接入中性点绝缘系统的电能计量装置，宜采用三相三线接线方式。（　　）

答案：√

134.《国家电网公司业扩供电方案编制导则》规定，对于环保、防火、防爆等有特殊要求的用电场所，应选用统一的自备应急电源。（　　）

答案：×

135. 自备应急电源的切换时间、切换方式、允许停电持续时间和电能质量应满足客户安全要求。（　　）

答案：√

136. 自备应急电源配置容量应满足全部保安负荷正常供电的需要。有条件的可设置专用应急母线。（　　）

答案：×

137. 确定电气主接线的一般原则，在满足可靠性要求的条件下，宜增加电压等级或简化接线等。（　　）

答案：×

138. 为提高客户电容器的投运率，并防止无功倒送，宜采用手动投切方式。

（　　）

答案：×

139. 10kV 及以上变电所应采用数字式继电保护装置。（　　）

答案：×

140. 备用电源自动投入装置，宜配置保护动作闭锁功能。（　　）

答案：×

141. 一级客户可采用以下运行方式：一回进线主供、另一回路冷备用。

（　　）

答案：×

142. 有送、受电量的地方电网和有自备电厂的客户，应在产权分界点上装设送、受电电能计量装置。（　　）

答案：×

143．35kV 及以下供电、用电容量不足 10000kVA 且有调度关系的客户，可利用用电信息采集系统采集客户端的电流、电压及负荷等相关信息，配置专用通信市话与调度部门进行联络。　　　　　　　　　　　　　　　　　　　（　　）

答案：×

144．有两回路及以上线路供电的客户需要实行电力调度管理。　　　（　　）

答案：×

145．《国家电网公司业扩供电方案编制导则》中供电方案是指由客户提出，经供用双方协商后确定，满足客户用电需求的电力供应具体实施计划。供电方案可作为客户受电工程规划立项以及设计、施工建设的依据。　　　　　　　　　（　　）

答案：×

146．《国家电网公司业扩供电方案编制导则》中大容量非线性负荷指接入 10kV 及以上电压等级电力系统的电弧炉、轧钢设备、地铁、电气化铁路牵引机车，以及单台 2000kVA 及以上整流设备等具有波动性、冲击性、不对称性的负荷。　　　（　　）

答案：×

147．《国家电网公司业扩供电方案编制导则》中，重要电力客户是指在国家或者一个地区（城市）的社会、政治、经济生活中占有重要地位，对其中断供电将可能造成人身伤亡、较大环境污染、较大政治影响、较大经济损失、社会公共秩序严重混乱的用电单位或对供电可靠性有特殊要求的用电场所。重要电力客户认定一般由各级供电企业或电力客户提出，经上级电力主管部门批准。　　　　　　　　　　　（　　）

答案：×

148．《国家电网公司业扩供电方案编制导则》中供电额定电压：低压供电：单相为 220V、三相为 380V。高压供电：10kV、35（66）kV、110 kV、220kV。　　（　　）

答案：√

149．《国家电网公司业扩供电方案编制导则》中规定：10kV 及以上电压等级供电的客户，当单回路电源线路容量不满足负荷需求且附近无上一级电压等级供电时，可合理增加供电电源，采用双电源供电。　　　　　　　　　　　　　（　　）

答案：×

150．《国家电网公司业扩供电方案编制导则》中规定：客户单相用电设备总容量在 10kW 及以下时可采用低压 220V 供电，在经济发达地区用电设备容量可扩大到 16kW。

　　　　　　　　　　　　　　　　　　　　　　　　　　　　（　　）

答案：√

151．《国家电网公司业扩供电方案编制导则》中规定：客户用电设备总容量在 100kW 及以下或受电变压器容量在 50kVA 及以下者，可采用低压 380V 供电。在用电负荷密度较高的地区，经过技术经济比较，采用低压供电的技术经济性明显优于高压供电时，低压供

电的容量可适当提高。　　　　　　　　　　　　　　　　　　　　　　（　　）

答案：√

152．《国家电网公司业扩供电方案编制导则》中规定：建筑面积在 50m² 及以下的住宅用电每户容量宜不小于 4kW；大于 50m² 的住宅用电每户容量宜不小于 8kW。

（　　）

答案：√

153．《国家电网公司业扩供电方案编制导则》中规定：一级、二级重要电力客户应采用双电源或双回路供电。　　　　　　　　　　　　　　　　　（　　）

答案：×

154．《国家电网公司业扩供电方案编制导则》中规定：临时性重要电力客户按照用电负荷重要性，在条件允许情况下，可以通过临时架线等方式满足双电源或多电源供电要求。　　　　　　　　　　　　　　　　　　　　　　　　　　　（　　）

答案：√

155．《国家电网公司业扩供电方案编制导则》中规定：对普通电力客户可采用单电源供电。　　　　　　　　　　　　　　　　　　　　　　　　　　　　（　　）

答案：√

156．《国家电网公司业扩供电方案编制导则》中规定：有两条及以上线路分别来自不同电源点或有多个受电点的客户，应分别装设电能计量装置。　　　　（　　）

答案：√

157．《国家电网公司业扩供电方案编制导则》规定：特级重要客户可采用两路运行、一路热备用运行方式。　　　　　　　　　　　　　　　　　　　　（　　）

答案：√

158．《国家电网公司业扩供电方案编制导则》规定：一级客户可采用以下运行方式：两回及以上进线同时运行互为备用。一回进线主供、另一回路热备用。　（　　）

答案：√

159．《国家电网公司业扩供电方案编制导则》规定：二级客户可采用以下运行方式：两回及以上进线同时运行。一回进线主供、另一回路冷备用。　　　（　　）

答案：√

160．《国家电网公司业扩供电方案编制导则》规定：具有两回线路供电的一级负荷客户，其电气主接线的确定应符合 35kV 及以上电压等级应采用单母线分段接线或双母线接线。装设两台及以上主变压器。6～10kV 侧应采用单母线分段接线。　（　　）

答案：√

161．《国家电网公司业扩供电方案编制导则》规定：具有两回线路供电的一级负荷客户，其电气主接线的确定应符合 10kV 电压等级应采用单母线分段接线。装设两台及以上

变压器。0.4kV 侧应采用单母线分段接线。 （ ）

答案：√

162．《国家电网公司业扩供电方案编制导则》规定：电能计量点应设置在供电设施与受电设施的产权分界处。 （ ）

答案：×

163．《国家电网公司业扩供电方案编制导则》规定：高压供电的客户，宜在高压侧计量；但对 10kV 供电且容量在 315kVA 及以下、35kV 供电且容量在 500kVA 及以下的，高压侧计量确有困难时，可在低压侧计量，即采用高供低计方式。 （ ）

答案：√

164．《国家电网公司业扩供电方案编制导则》规定：接入中性点绝缘系统的电能计量装置，宜采用三相三线接线方式；接入中性点非绝缘系统的电能计量装置，应采用三相四线接线方式。 （ ）

答案：√

165．根据《国家电网公司业扩供电方案编制导则》中关于重要电力客户分级的规定，造成较大范围社会公共秩序严重混乱的，属于二级重要客户。 （ ）

答案：×

166．《国家电网公司业扩供电方案编制导则》规定：所有电能计量点均应安装用电信息采集终端。 （ ）

答案：√

167．《国家电网公司业扩供电方案编制导则》规定：根据应用场所的不同选配用电信息采集终端。对高压供电的客户配置专变采集终端，对低压供电的客户配置集中抄表终端，对有需要接入公共电网分布式能源系统的客户配置分布式能源监控终端。 （ ）

答案：√

168．一般人为差错的一类差错是Ⅰ类电能计量装置电量损失每次 300 万 kWh 以下、10 万 kWh 及以上。 （ ）

答案：×

169．电能计量故障、差错调查报告书应有调查组人员签名和组织调查的单位负责人签名。 （ ）

答案：×

170．计量检定必须按照国家计量检定系统表进行，必须执行计量检定规程。（ ）

答案：√

171．关口电能计量点按其性质分为发电上网、跨国输电、跨区输电、跨省输电、省级供电、地市供电、趸售供电、内部考核八类。 （ ）

答案：√

172．关口电能计量装置管理应坚持"分级管理、分工负责、协同合作"的原则，实现对关口电能计量装置新建、变更、故障处理和运行维护的全过程、全寿命周期管理。
（　　）

答案：√

173．关口高压电磁式互感器每 15 年现场检验一次；电容式电压互感器每 5 年现场检验一次。
（　　）

答案：×

174．计量检定员应具有高中及以上文化程度，从事计量专业技术工作满 1 年，并具有 6 个月以上本项目工作经历，经考核合格取得计量检定执业资格证书。
（　　）

答案：√

175．凡库存时间超过 6 个月的电能表，应送回省计量中心重新进行全检验收。

（　　）

答案：√

176．电能表批量到货后，省计量中心应在 10 个工作日内完成该到货批次电能表样品比对和抽样验收试验。
（　　）

答案：√

177．按照"统一管理、逐级考核"的原则，每年至少开展一次封印管理工作的监督、评价与考核。
（　　）

答案：×

178．计量标准档案应按计量标准建标后的全寿命周期保存，直至报废为止；国网（省）计量中心最高计量标准档案应保存至计量标准报废后一年。
（　　）

答案：√

179．当发现单个专变用户连续三天以上、低压用户连续一周以上采集异常时，地市、县供电企业运行监控人员应进行故障分析，并于当天派发工单并跟踪处理情况。（　　）

答案：×

180．巡视、检查中发现用电信息采集系统软硬件故障或隐患，应立即分析处理，并通知省计量中心备案。对于可能影响采集系统正常运行超过 24 小时的故障或隐患，立即上报，必要时启动应急预案。
（　　）

答案：×

181．用电信息采集终端中标批次合格率低于 90%，定为二类质量问题。　（　　）

答案：×

182．省计量中心对故障表进行质量分析及故障鉴定，并对分析结果进行数据汇总，提出处理建议，报送省公司物资部。
（　　）

答案：×

183．智能电能表运行抽检方式是室内抽检（即现场抽样拆回送实验室检定）。

（　　）

答案：×

184．用户使用的电力电量，以计量检定机构依法认可的用电计量装置的记录为准。

（　　）

答案：√

185．在计量法中确立法律地位的计量技术法规是指：国家计量检定系统表和国家计量检定规程。

（　　）

答案：√

186．计量检定人员有权拒绝任何人迫使其违反计量检定规程，或使用未经考核合格的计量标准进行检定。

（　　）

答案：√

187．对计量纠纷进行仲裁检定是由发生计量纠纷单位的上级计量检定机构进行。

（　　）

答案：×

188．对计量标准考核中出现的不符合项整改时间一般不超过 5 个月。　（　　）

答案：×

189．计量标准的试运行期一般不得少于三个月。　（　　）

答案：×

190．省计量中心对故障表进行质量分析及故障鉴定，并对分析结果进行数据汇总，提出处理建议，报送省公司物资部。

（　　）

答案：×

191．智能电能表运行抽检方式是室内抽检（即现场抽样拆回送实验室检定）。

（　　）

答案：×

192．用户使用的电力电量，以计量检定机构依法认可的用电计量装置的记录为准。

（　　）

答案：√

193．在计量法中确立法律地位的计量技术法规是指：国家计量检定系统表和国家计量检定规程。

（　　）

答案：√

194．计量检定人员有权拒绝任何人迫使其违反计量检定规程，或使用未经考核合格的计量标准进行检定。

（　　）

答案：√

195. 对计量纠纷进行仲裁检定是由发生计量纠纷单位的上级计量检定机构进行。

（   ）

答案：×

196. 对计量标准考核中出现的不符合项整改时间一般不超过 5 个月。（   ）

答案：×

197. 计量标准的试运行期一般不得少于三个月。（   ）

答案：×

198. 因机组非计划停运或电网紧急状态下，调度机构为保证电网安全而采取的紧急切除线路措施属于限电。（   ）

答案：×

199. 临时限电是指在有序用电期间出现持续 48 小时及以上的临时性较大负荷缺口时，通过组织用户临时减产、停产等，减少用电需求的限电措施。（   ）

答案：×

200. 停产限电是指在有序用电期间，以一周或其他时段为周期，组织用户在周期内特定时间段减产、停产等，减少用电负荷需求的限电措施。（   ）

答案：×

201. 停产限电是指在有序用电期间，组织用户采取 7 天以上持续性的停产，减少用电需求的限电措施。（   ）

答案：√

202. 暂态现象就是波形畸变。（   ）

答案：×

203. 各种非线性用电设备接入电网后，均向电网大量注入谐波电流，都属于谐波源。

（   ）

答案：√

204. 电能系统的质量始终处在动态变化之中。（   ）

答案：√

205. 380V 电力用户的电压允许偏差为系统额定电压的 ±7%，220V 用户的电压允许偏差为系统额定电压的 5%～10%。（   ）

答案：×

206. 当电压、电流为相同波形、同频同相时为电能传输的最高效率模式。（   ）

答案：√

207. 在电力系统规划、设计、运行中，必须保证有功电源备用容量不得低于发电容量的 25%。（   ）

答案：×

208．FC 是指动态无功补偿装置。 （ ）

答案：√

209．通过在负载侧并联电容器可以提高功率因数。 （ ）

答案：√

210．谐波源是具有非线性的用电设备。 （ ）

答案：√

211．功率不是系统设计和运行中要考虑的一个重要因素。 （ ）

答案：×

212．频率质量监督和电压监测点的设置是电能质量技术监督的主要工作内容。

（ ）

答案：×

213．低压 0.38kV 配电系统的电压总谐波畸变率允许值为 5%。 （ ）

答案：√

214．电压是电能质量的重要指标之一，其中电压偏差是衡量供电系统正常运行与否的一项主要指标。 （ ）

答案：√

215．接于公共接点的每个用户引起该点正常电压不平衡度允许值一般为 1.4%。

（ ）

答案：×

216．磁饱和装置包括变压器和其他带有铁芯的电磁设备及电机等，其铁芯的线性磁化特性将引起谐波。 （ ）

答案：×

217．电容器的总损耗主要包括介质损耗和极板、引线等金属电阻上的金属损耗。

（ ）

答案：√

218．电流互感器又称 CT。 （ ）

答案：√

219．电能质量即电力系统中电能的质量，理想的电能应该是完美对称的正弦波。

（ ）

答案：√

220．电能质量是指并网公用电网、发电企业、用户受电端的交流电能质量，包括频率和电压质量。 （ ）

答案：√

221．对新投产的电气设备，运行时，以 3 年为周期，对其技术性进行周期性考核，作

为其持续满足技术要求的保障。 （ ）

答案：√

222．电能质量监督管理体系应由运行管理系统和技术监督系统两大系统组成。

（ ）

答案：√

223．电能质量技术监督的目的是保证电力系统向用户提供符合国家电能质量标准的电能，对电力系统内影响电能质量的各个环节进行全过程的技术监督。 （ ）

答案：√

224．电力系统的电能质量始终处在动态变换中。 （ ）

答案：√

225．电是一种特殊商品，在发电、输电、配电、用电过程中同时完成。 （ ）

答案：√

226．10kV用户的电压允许偏差值为系统额定电压的7%～–7%。 （ ）

答案：√

227．电能质量指的是电压、频率和波形的质量。 （ ）

答案：√

228．静止无功功率补偿器是一种基于电压源换流器的动态无功补偿设备，是第二代FACTS装置的典型代表。 （ ）

答案：√

229．谐波电压即第h次谐波电压的有效值或其相对于基波电流有效值的百分数。

（ ）

答案：×

230．电能质量是指通过供用电网供给给客户端的电能的品质。 （ ）

答案：√

231．电压与有功功率相关，频率与无功功率相关。 （ ）

答案：×

232．整流电路会产生大量的谐波。 （ ）

答案：√

233．对于工频交流电，150Hz为三次谐波。 （ ）

答案：√

234．补偿容量越大，对减小有功功率的作用越小。 （ ）

答案：√

235．以无功补偿为主的高压并联电抗器可不装断路器。 （ ）

答案：×

236．电能质量技术监督要贯彻"安全第一、以防为主"和超前防范的方针。（　　）

答案：√

237．当电压、电流为相同波形、不同频率同相时为电能传输的最高效率模式。

（　　）

答案：×

238．串联电抗器宜装设于电容器组的中性点侧。当装设于电容器组的电源侧时，应校验动稳定电流和热稳定电流。（　　）

答案：√

239．在三相对称电路中，功率因数角是指线电压与线电流之间的夹角。（　　）

答案：×

240．电能单位的中文名称为千瓦特小时，国际符号为 kWh。（　　）

答案：×

241．力的大小、方向、作用点合称为力的三要素。（　　）

答案：√

242．当低压电路发生过载、短路和欠电等不正常情况时，低压断路器能自动开断电路。

（　　）

答案：√

243．低压电容器组接在谐波分量较大的线路上时宜串联电抗器。（　　）

答案：√

244．低压电容器装置，可设置在低压配电室内，当电容器容量较大时，宜设置在单独房间。（　　）

答案：√

245．采用的设备及器材均应符合电力行业现行标准的规定，并应有合格证，设备应有铭牌。（　　）

答案：×

246．避雷器组装时，其各节位置可以随意调整。（　　）

答案：×

247．电力客户向供电企业提出校验表计申请，电能表经过校验后，不论表计误差是否在允许范围内，验表费都不予退还。（　　）

答案：×

248．110kV 及以上电压等级的少油断路器，断口加均压电容是为了防护操作过电压。

（　　）

答案：√

249．低压受电装置安装要符合国家有关工艺、验收规范和当地供电企业相关规程。

答案：√

250．低压配电装置的长度大于 6m 时，其柜后通道应设两个出口，而两个出口之间的距离超过 15m，还应增加出口。（　　）

答案：√

251．带可燃性油的高压配电装置，宜装设在单独的高压配电室内。当高压开关柜数量为 6 台及以下时，可与低压配电屏放置在同一房间内。（　　）

答案：√

252．并联电容器在电力系统中有改善功率因数的作用，从而减少了电网线损和电压损失。（　　）

答案：√

253．表用互感器是一种变换交流电压或电流使之便于测量的设备。（　　）

答案：√

254．变压器线圈的绝缘称为纵绝缘。（　　）

答案：√

255．35kV 新变压器投运前，变压器油的击穿电压值不应低于 35kV。（　　）

答案：√

256．110kV 降压变电所的主变压器，在电压变化超出允许范围时，应采用有载调压变压器。（　　）

答案：√

257．接于中性点接地系统的变压器，在进行冲击合闸时，其中性点不必接地。

（　　）

答案：×

258．准确度是表示测量结果中系统误差大小的程度。（　　）

答案：√

259．标幺值是表示没有单位的实际值。（　　）

答案：×

260．电能可以大量储存，所以生产、运输和消费需同时实现。（　　）

答案：×

五、简答题

1．重要电力用户的自备应急电源在使用过程中应杜绝和防止哪些情况发生？

答案：

（1）自行变更自备应急电源接线方式。（2）自行拆除自备应急电源的闭锁装置或者使其失效。（3）自备应急电源发生故障后长期不能修复并影响正常运行。（4）擅自将自备应急电源引入，转供其他用户。（5）其他可能发生自备应急电源向电网倒送电。

2．什么是一级负荷中特别重要的负荷？

答案：

中断供电将发生中毒、爆炸和火灾等情况的负荷，以及特别重要场所的不允许中断供电的负荷。

3．什么是逆调压方式？

答案：

逆调压方式就是负荷大时电网电压向高调，负荷小时电网电压向低调，以补偿电网的电压损失。

4．什么是 TN 系统？

答案：

电力系统有一点直接接地,电气装置的外露可导电部分通过保护线与该接地点相连接。

5．TN 系统可分为哪几类？

答案：

TN 系统可分为如下三类：

TN-C 系统：整个系统的 N、PE 线都是合一的。

TN-C-S 系统：系统中有一部分线路的 N、PE 线是合一的。

TN-S 系统：整个系统的 N、PE 线都是分开的。

6．什么是 TT 系统？

答案：

电力系统有一点直接接地，电气设备的外露可导电部分通过保护线接至与电力系统接地点无关的接地极。

7．什么是 IT 系统？

答案：

电力系统与大地间不直接连接，电气装置的外露可导电部分通过保护接地线与接地极连接。

8．符合下列哪些情况时，应视为一级负荷？

答案：

（1）中断供电将造成人身伤亡时。（2）中断供电将在经济上造成重大损失时。（3）中断供电将影响重要用电单位的正常工作。

9．一级负荷中特别重要的负荷供电，应符合哪些要求？

答案：

（1）除应由双重电源供电外，尚应增设应急电源，并不得将其他负荷接入应急供电系统。（2）设备的供电电源的切换时间，应满足设备允许中断供电的要求。

10．应急电源应根据允许中断供电的时间选择，并应符合哪些规定？

答案：

（1）允许中断供电时间为 15 秒以上的供电，可选用快速自启动的发电机组。（2）自投装置的动作时间能满足允许中断供电时间的，可选用带有自动投入装置的独立于正常电源之外的专用馈电线路。（3）允许中断供电时间为毫秒级的供电，可选用蓄电池静止型不间断供电装置或柴油机不间断供电装置。

11．符合哪些条件时，用户宜设置自备电源？

答案：

（1）需要设置自备电源作为一级负荷中的特别重要负荷的应急电源时或第二电源不能满足一级负荷的条件时。（2）设置自备电源较从电力系统取得第二电源经济合理时。（3）有常年稳定余热、压差、废弃物可供发电，技术可靠、经济合理时。（4）所在地区偏僻，远离电力系统，设置自备电源经济合理时。（5）有设置分布式电源的条件，能源利用效率高、经济合理时。

12．供配电系统的设计为减小电压偏差，应符合哪些要求？

答案：

（1）应正确选择变压器的变压比和电压分接头。（2）应降低系统阻抗。（3）应采取补偿无功功率措施。（4）宜使三相负荷平衡。

13．对波动负荷的供电，除电动机启动时允许的电压下降情况外，当需要降低波动负荷引起的电网电压波动和电压闪变时，宜采取哪些措施？

答案：

（1）采用专线供电。（2）与其他负荷共用配电线路时，降低配电线路阻抗。（3）较大功率的波动负荷或波动负荷群与对电压波动、闪变敏感的负荷分别由不同的变压器供电。（4）对于大功率电弧炉的炉用变压器由短路容量较大的电网供电。（5）采用动态无功补偿装置或动态电压调节装置。

14．控制各类非线性用电设备所产生的谐波引起的电网电压正弦波形畸变率，宜采取哪些措施？

答案：

（1）各类大功率非线性用电设备变压器由短路容量较大的电网供电。（2）对大功率静止整流器，采用增加整流变压器二次侧的相数和整流器的整流脉冲数，或采用多台相数相同的整流装置，并使整流变压器的二次侧有适当的相角差，或按谐波次数装设分流滤波器。（3）选用 D，yn11 结线组别的三相配电变压器。

15．采用电力电容器作为无功补偿装置时，宜就地平衡补偿，并符合哪些要求？

答案：

（1）低压部分的无功功率应由低压电容器补偿。（2）高压部分的无功功率宜由高压电容器补偿。（3）容量较大，负荷平稳且经常使用的用电设备的无功功率宜单独就地补偿。（4）基本无功功率的电容器组，应在配变电所内集中补偿。（5）在环境正常的车间和建筑物内，低压电容器宜分散设置。

16．无功补偿装置的投切方式，具有哪些情况之一时，宜采用手动投切的无功补偿装置？

答案：

（1）补偿低压基本无功功率的电容器组。（2）常年稳定的无功功率。（3）经常投入运行的变压器或每天投切次数少于三次的高压电动机及高压电容器组。

17．无功自动补偿的调节方式，宜根据哪些要求确定？

答案：

（1）以节能为主进行补偿时，采用无功功率参数调节；当三相负荷平衡时，亦可采用功率因数参数调节。（2）提供维持电网电压水平所必要的无功功率及以减少电压偏差为主进行补偿者，应按电压参数调节，但已采用变压器自动调压者除外。（3）无功功率随时间稳定变化时，按时间参数调节。

18．在多层或高层建筑物的地下层设置非充油电气设备的配电所、变电所时，应符合哪些规定？

答案：

（1）当有多层地下层时，不应设置在最底层；当只有地下一层时，应采取抬高地面和防止雨水、消防水等积水的措施。（2）应设置设备运输通道。（3）应根据工作环境要求加设机械通风、去温设备或空气调节设备。

19．露天或半露天的变电所，不应设置在哪些场所？

答案：

（1）有腐蚀性气体的场所。（2）挑檐为燃烧体或难燃体和耐火等级为四级的建筑物。（3）附近有棉、粮及其他易燃、易爆物品集中的露天堆场。（4）容易沉积可燃粉尘、可燃纤维、灰尘或导电尘埃且会严重影响变压器安全运行的场所。

20．变压器一次侧高压开关的装设，应符合哪些规定？

答案：

（1）电源以树干式供电时，应装断路器、负荷开关—熔断器组合电器或跌落式熔断器。（2）电源、以放射式供电时，宜装设隔离开关或负荷开关。当变压器安装在本配电所内时，可不装设高压开关。

21．当符合哪些条件时，变电所宜装设两台及以上变压器？

答案：

（1）有大量一级负荷或二级负荷时。（2）季节性负荷变化较大时。（3）集中负荷较大时。

22．用于并联电容器装置的断路器应符合电容器组投切的设备要求，技术性能除应符合一般断路器的技术要求外，尚应符合哪些规定？

答案：

（1）断路器应具备频繁操作电容器的性能。（2）断路器关合时触头弹跳不应大于限定值，开断时不应重击穿。（3）断路器应能承受关合涌流，以及工频短路电流和电容器高频涌流的联合作用。

23．位于哪些场所的油浸变压器室的门应采用甲级防火门？

答案：

（1）有火灾危险的车间内。（2）容易沉积可燃粉尘、可燃纤维的场所。（3）附近有粮、棉及其他易燃物大量集中的露天堆场。（4）民用建筑物内，门通向其他相邻房间。（5）油浸变压器室下面有地下室。

24．位于哪些场所的油浸变压器室，应设置容量为 100%变压器油量的储油池或挡油设施？

答案：

（1）容易沉积可燃粉尘、可燃纤维的场所。（2）附近有粮、棉及其他易燃物大量集中的露天场所。（3）油浸变压器室下面有地下室。

25．什么是等电位联结？

答案：

等电位联结是多个可导电部分间为达到等电位进行的联结。

26．隔离电器应符合哪些规定？

答案：

（1）断开触头之间的隔离距离，应可见或能明显标示"闭合"和"断开"状态。（2）隔离电器应能防止意外的闭合。（3）应有防止意外断开隔离电器的锁定措施。

27．当建筑物配电系统符合哪些情况时，宜设置剩余电流监测或保护电器，其应动作于信号或切断电源？

答案：

（1）配电线路绝缘损坏时，可能出现接地故障。（2）接地故障产生的接地电弧，可能引起火灾危险。

28．35kV 及以下电压等级的配电装置宜采用金属封闭开关设备，金属成套开关设备应具备哪些功能？

答案：

（1）防止误分、误合断路器。（2）防止带负荷拉合隔离开关。（3）防止带电挂接地线（合接地开关）。（4）防止带接地线关（合）断路器（隔离开关）。（5）防止误入带电间隔。

29．市区 10kV 及以下架空电力线路，遇哪些情况可采用绝缘铝绞线？

答案：

（1）线路走廊狭窄，与建筑物之间的距离不能满足安全要求的地段。（2）高层建筑邻近地段。（3）繁华街道或人口密集地区。（4）游览区和绿化区。（5）空气严重污秽地段。（6）建筑施工现场。

30．容量在 0.4MVA 及以上、绕组为星形—星形接线，且低压侧中性点直接接地的变压器，对低压侧单相接地短路应选择哪些保护方式？

答案：

（1）利用高压侧的过电流保护时，保护装置宜采用三相式。（2）在低压侧中性线上装设零序电流保护。（3）在低压侧装设三相过电流保护。

31．在 3～110kV 电网中，哪些情况应装设自动重合闸装置？

答案：

（1）3kV 及以上的架空线路和电缆与架空的混合线路，当用电设备允许且无备用电源自动投入时。（2）旁路断路器和兼作旁路的母联或分段断路器。

32．哪些情况应装设备用电源或备用设备的自动投入装置？

答案：

（1）由双电源供电的变电站和配电站，其中一个电源经常断开作为备用。（2）发电厂、变电站内有备用变压器。（3）接有 I 类负荷的由双电源供电的母线段。（4）含有 I 类负荷的由双电源供电的成套装置。（5）某些重要机械的备用设备。

33．用于哪些情况的电力电缆，应选用铜导体？

答案：

（1）电机励磁、重要电源、移动式电气设备等需保持连接具有高可靠性的回路。（2）振动剧烈、有爆炸危险或对铝有腐蚀等严酷的工作环境。（3）耐火电缆。（4）紧靠高温设备布置。（5）安全性要求高的公共设施。（6）工作电流较大，需增多电缆根数时。

34．电缆的路径选择，应符合哪些规定？

答案：

（1）应避免电缆遭受机械性外力、过热、腐蚀等危害。（2）满足安全要求条件下，应保证电缆路径最短。（3）应便于敷设、维护。（4）宜避开将要挖掘施工的地方。（5）充油电缆线路通过起伏地形时，应保证供油装置合理配置。

35．电缆明敷时，最大跨距应符合哪些规定？

答案：

（1）应满足支架件的承载能力和无损电缆的外护层及其导体的要求。（2）应保证电缆配置整齐。（3）应适应工程条件下的布置要求。

36．对电缆可能着火蔓延导致严重事故的回路、易受外部影响波及火灾的电缆密集场所，应采取哪些安全措施？

答案：

（1）实施阻燃防护或阻止延燃。（2）选用具有阻燃性的电缆。（3）实施耐火防护或选用具有耐火性的电缆。（4）实施防火构造。（5）增设自动报警与专用消防装置。

37．什么是电压变动频度？

答案：

单位时间内电压变动的次数（电压由大到小或由小到大各算一次变动）。不同方向的若干次变动，如间隔时间小于30毫秒，则算一次变动。

38．什么是供电方案？

答案：

指由供电企业提出，经供用双方协商后确定，满足客户用电需求的电力供应具体实施计划。供电方案可作为客户受电工程规划立项以及设计、施工建设的依据。

39．什么是主供电源、备用电源、自备应急电源？

答案：

主供电源指能够正常有效且连续为全部用电负荷提供电力的电源。

备用电源指根据客户在安全、业务和生产上对供电可靠性的实际需求，在主供电源发生故障或断电时，能够有效且连续为全部或部分负荷提供电力的电源。

自备应急电源指由客户自行配备的，在正常供电电源全部发生中断的情况下，能够至少满足对客户保安负荷不间断供电的独立电源。

40．什么是双电源？

答案：

指由两个独立的供电线路向同一个用电负荷实施的供电。这两条供电线路是由两个电源供电，即由来自两个不同方向的变电站或来自具有两回及以上进线的同一变电站内两段不同母线分别提供的电源。

41．什么是双回路？

答案：

指为同一用电负荷供电的两回供电线路。

42．什么是保安负荷？

答案：

指用于保障用电场所人身与财产安全所需的电力负荷。一般认为，断电后会造成下列后果之一的，为保安负荷：

（1）直接引发人身伤亡的。

（2）使有毒、有害物溢出，造成环境大面积污染的。

（3）将引起爆炸或火灾的。

（4）将引起重大生产设备损坏的。

（5）将引起较大范围社会秩序混乱或在政治上产生严重影响的。

43．什么是电能计量方式？

答案：

指根据电能计量的不同对象、以及确定的客户供电方式和国家电价政策要求，确定电能计量点和电能计量装置配置原则。

44．什么是用电信息采集终端？

答案：

指安装在用电信息采集点的设备，用于电能表数据的采集、数据管理、数据双向传输以及转发或执行控制命令。用电信息采集终端按应用场所分为专变采集终端、集中抄表终端（包括集中器、采集器）、分布式能源监控终端等类型。

45．什么是电能质量？通常以什么指标衡量电能质量？

答案：

指供应到客户受电端的电能品质的优劣程度。通常以电压允许偏差、电压允许波动和闪变、电压正弦波形畸变率、三相电压不平衡度、频率允许偏差等指标来衡量。

46．什么是谐波源？

答案：

指向公共电网注入谐波电流或在公共电网中产生谐波电压的电气设备。如：

电气机车、电弧炉、整流器、逆变器、变频器、相控的调速和调压装置、弧焊机、感应加热设备、气体放电灯以及有磁饱和现象的机电设备。

47．什么是大容量非线性负荷？

答案：

指接入 110kV 及以上电压等级电力系统的电弧炉、轧钢设备、地铁、电气化铁路牵引机车，以及单台 4000kVA 及以上整流设备等具有波动性、冲击性、不对称性的负荷。

48．简述确定供电方案的基本原则。

答案：

（1）应能满足供用电安全、可靠、经济、运行灵活、管理方便的要求，并留有发展余度。

（2）符合电网建设、改造和发展规划要求；满足客户近期、远期对电力的需求，具有最佳的综合经济效益。

（3）具有满足客户需求的供电可靠性及合格的电能质量。

（4）符合相关国家标准、电力行业技术标准和规程，以及技术装备先进要求，并应对多种供电方案进行技术经济比较，确定最佳方案。

49．什么是重要电力客户？

答案：

重要电力客户是指在国家或者一个地区（城市）的社会、政治、经济生活中占有重要地位，对其中断供电将可能造成人身伤亡、较大环境污染、较大政治影响、较大经济损失、社会公共秩序严重混乱的用电单位或对供电可靠性有特殊要求的用电场所。

50．《国家电网公司业扩供电方案编制导则》规定，居民客户供电方案的基本内容有哪些？

答案：

（1）客户基本用电信息：户名、用电地址、行业、用电性质，核定的用电容量。

（2）供电电压、供电线路、公用配变名称、供电容量、出线方式。

（3）进线方式、受电装置位置、计量点的设置，计量方式，计费方案，用电信息采集终端安装方案。

（4）供电方案的有效期。

51．重要电力客户分为哪几级？

答案：

根据对供电可靠性的要求以及中断供电危害程度，重要电力客户可以分为特级、一级、二级重要电力客户和临时性重要电力客户。

52．什么是特级重要电力客户？

答案：

特级重要电力客户是指在管理国家事务中具有特别重要作用，中断供电将可能危害国家安全的电力客户。

53．什么是一级重要电力客户？

答案：

一级重要电力客户，是指中断供电将可能产生下列后果之一的电力客户：

（1）直接引发人身伤亡的。

（2）造成严重环境污染的。

（3）发生中毒、爆炸或火灾的。

（4）造成重大政治影响的。

（5）造成重大经济损失的。

（6）造成较大范围社会公共秩序严重混乱的。

54．什么是二级重要电力客户？

答案：

二级重要电力客户，是指中断供电将可能产生下列后果之一的电力客户：

（1）造成较大环境污染的。

（2）造成较大政治影响的。

（3）造成较大经济损失的。

（4）造成一定范围社会公共秩序严重混乱的。

55．什么是临时重要电力客户？

答案：

临时性重要电力客户，是指需要临时特殊供电保障的电力客户。

56．《国家电网公司业扩供电方案编制导则》规定，用电容量确定的原则是什么？

答案：

综合考虑客户申请容量、用电设备总容量，并结合生产特性兼顾主要用电设备同时率、同时系数等因素后确定。

57．《国家电网公司业扩供电方案编制导则》规定，对于高压供电客户，用电容量如何确定？

答案：

（1）在满足近期生产需要的前提下，客户受电变压器应保留合理的备用容量，为发展生产留有余地。

（2）在保证受电变压器不超载和安全运行的前提下，应同时考虑减少电网的无功损耗。一般客户的计算负荷宜等于变压器额定容量的 70%～75%。

（3）对于用电季节性较强、负荷分散性大的客户，可通过增加受电变压器台数、降低单台容量来提高运行的灵活性，解决淡季和低谷负荷期间因变压器轻负载导致损耗过大的问题。

58．《国家电网公司业扩供电方案编制导则》规定，对于低压供电客户，用电容量如何确定？

答案：

根据客户主要用电设备额定容量确定。

59．《国家电网公司业扩供电方案编制导则》中规定的供电额定电压有哪些？

答案：

（1）低压供电：单相为 220V、三相为 380V。

（2）高压供电：10kV、35（66）kV、110kV、220kV。

60．《国家电网公司业扩供电方案编制导则》规定，确定供电电压等级的一般原则是什么？

答案：

（1）客户的供电电压等级应根据当地电网条件、客户分级、用电最大需量或受电设备总容量，经过技术经济比较后确定。

（2）具有冲击负荷、波动负荷、非对称负荷的客户，宜采用由系统变电所新建线路或提高电压等级供电的供电方式。

61.《国家电网公司业扩供电方案编制导则》规定，什么情况下宜采用低压 220V 供电？

答案：

客户单相用电设备总容量在 10kW 及以下时可采用低压 220V 供电，在经济发达地区用电设备容量可扩大到 16kW。

62.《国家电网公司业扩供电方案编制导则》规定，什么情况下宜采用低压 380V 供电？

答案：

客户用电设备总容量在 100kW 及以下或受电变压器容量在 50kVA 及以下者，可采用低压 380V 供电。在用电负荷密度较高的地区，经过技术经济比较，采用低压供电的技术经济性明显优于高压供电时，低压供电的容量可适当提高。

63.《国家电网公司业扩供电方案编制导则》规定，什么情况下宜采用 10kV 供电？

答案：

客户受电变压器总容量在 50～10MVA 时（含 10MVA），宜采用 10kV 供电。无 35kV 电压等级的地区，10kV 电压等级的供电容量可扩大到 15MVA。

64.《国家电网公司业扩供电方案编制导则》规定，什么情况下宜采用 35kV 供电？

答案：

客户受电变压器总容量在 5～40MVA 时，宜采用 35kV 供电。

65.《国家电网公司业扩供电方案编制导则》规定，什么情况下宜采用 110kV 及以上电压等级供电？

答案：

客户受电变压器总容量在 20～100MVA 时，宜采用 110kV 及以上电压等级供电。

66.《国家电网公司业扩供电方案编制导则》规定，什么情况下宜采用 220kV 及以上电压等级供电？

答案：客户受电变压器总容量在 100MVA 及以上，宜采用 220kV 及以上电压等级供电。

67.《国家电网公司业扩供电方案编制导则》规定，对于 10kV 及以上电压等级供电的客户，当单回路电源线路容量不满足负荷需求且附近无上一级电压等级供电时，如何处理？

答案：

可合理增加供电回路数，采用多回路供电。

68.《国家电网公司业扩供电方案编制导则》规定，哪些类型的用电可实施临时供电？

答案：

对基建施工、市政建设、抗旱打井、防汛排涝、抢险救灾、集会演出等非永久性用电，可实施临时供电。

69.《国家电网公司业扩供电方案编制导则》规定居住区住宅用电容量配置原则是什么？

答案：

（1）居住区住宅以及公共服务设施用电容量的确定应综合考虑所在城市的性质、社会经济、气候、民族、习俗及家庭能源使用的种类，同时满足应急照明和消防设施要求。

（2）建筑面积在 $50m^2$ 及以下的住宅用电每户容量宜不小于 4kW；大于 $50m^2$ 的住宅用电每户容量宜不小于 8kW。

（3）配电变压器容量的配置系数，应根据住宅面积和各地区用电水平，由各省（自治区、直辖市）电力公司确定。

70．重要电力客户配置供电电源的一般原则是什么？

答案：

（1）特级重要电力客户应具备三路及以上电源供电条件，其中的两路电源应来自两个不同的变电站，当任何两路电源发生故障时，第三路电源能保证独立正常供电。

（2）一级重要电力客户应采用双电源供电，二级重要电力客户应采用双电源或双回路供电。

（3）临时性重要电力客户按照用电负荷重要性，在条件允许情况下，可以通过临时架线等方式满足双电源或多电源供电要求。

71．供电电源点确定的一般原则是什么？

答案：

（1）电源点应具备足够的供电能力，能提供合格的电能质量，满足客户的用电需求，保证接电后电网安全运行和客户用电安全。

（2）对多个可选的电源点，应进行技术经济比较后确定。

（3）根据客户分级和用电需求，确定电源点的回路数和种类。

（4）根据城市地形、地貌和城市道路规划要求，就近选择电源点。路径应短捷顺直，减少与道路交叉，避免近电远供、迂回供电。

72．非电性质保安措施配置的一般原则有哪些？

答案：

非电性质保安措施应符合客户的生产特点、负荷特性，满足无电情况下保证客户安全的需要。

73．确定电气主接线的一般原则是什么？

答案：

（1）根据进出线回路数、设备特点及负荷性质等条件确定。

（2）满足供电可靠、运行灵活、操作检修方便、节约投资和便于扩建等要求。

（3）在满足可靠性要求的条件下，宜减少电压等级和简化接线等。

74．电气主接线的主要型式有哪些？

答案：

桥形接线、单母线、单母线分段、双母线、线路变压器组。

75．具有两回线路供电的一级负荷客户，其电气主接线的确定应符合哪些要求？

答案：

（1）35kV 及以上电压等级应采用单母线分段接线或双母线接线。装设两台及以上主变压器。6～10kV 侧应采用单母线分段接线。

（2）10kV 电压等级应采用单母线分段接线。装设两台及以上变压器。0.4kV 侧应采用单母线分段接线。

76．具有两回线路供电的二级负荷客户，其电气主接线的确定应符合哪些要求？

答案：

（1）35kV 及以上电压等级宜采用桥形、单母线分段、线路变压器组接线。装设两台及以上主变压器。中压侧应采用单母线分段接线。

（2）10kV 电压等级宜采用单母线分段、线路变压器组接线。装设两台及以上变压器。0.4kV 侧应采用单母线分段接线。

77．单回线路供电的三级负荷客户，其电气主接线如何确定？

答案：

采用单母线或线路变压器组接线。

78．重要客户的运行方式有哪些？

答案：

（1）特级重要客户可采用两路运行、一路热备用运行方式。

（2）一级重要客户可采用以下运行方式：

①两回及以上进线同时运行互为备用。

②一回进线主供、另一回路热备用。

（3）二级重要客户可采用以下运行方式：

①两回及以上进线同时运行。

②一回进线主供、另一回路冷备用。

（4）不允许出现高压侧合环运行的方式。

79．《国家电网公司业扩供电方案编制导则》中，对电能计量装置的接线方式有何规定？

答案：

接入中性点绝缘系统的电能计量装置，宜采用三相三线接线方式；接入中性点非绝缘系统的电能计量装置，应采用三相四线接线方式。

80．《国家电网公司业扩供电方案编制导则》中，对供电电压允许偏差是如何规定的？

答案：

在电力系统正常状况下，供电企业供到客户受电端的供电电压允许偏差为：

（1）35kV 及以上电压供电的，电压正、负偏差的绝对值之和不超过额定值的 10%。

（2）10kV 及以下三相供电的，为额定值的±7%。

（3）220V 单相供电的，为额定值的+7%、−10%。

81．非线性负荷设备的主要种类有哪些？

答案：

（1）换流和整流装置，包括电气化铁路、电车整流装置、动力蓄电池用的充电设备等。

（2）冶金部门的轧钢机、感应炉和电弧炉。

（3）电解槽和电解化工设备。

（4）大容量电弧焊机。

（5）大容量、高密度变频装置。

（6）其他大容量冲击设备的非线性负荷。

82．无功补偿装置的配置原则是什么？

答案：

无功电力应分层分区、就地平衡。客户应在提高自然功率因数的基础上，按有关标准设计并安装无功补偿设备。为提高客户电容器的投运率，并防止无功倒送，宜采用自动投切方式。

83．《国家电网公司业扩供电方案编制导则》对功率因数要求是什么？

答案：

100kVA 及以上高压供电的电力客户，在高峰负荷时的功率因数不宜低于 0.95；其他电力客户和大、中型电力排灌站、趸购转售电企业，功率因数不宜低于 0.90；农业用电功率因数不宜低于 0.85。

84．无功补偿容量如何确定？

答案：

（1）电容器的安装容量，应根据客户的自然功率因数计算后确定。

（2）当不具备设计计算条件时，电容器安装容量的确定应符合下列规定：

①35kV 及以上变电所可按变压器容量的 10%～30%确定。

②10kV 变电所可按变压器容量的 20%～30%确定。

85．继电保护设置的基本原则是什么？

答案：

（1）客户变电所中的电力设备和线路，应装设反应短路故障和异常运行的继电保护和安全自动装置，满足可靠性、选择性、灵敏性和速动性的要求。

（2）客户变电所中的电力设备和线路的继电保护应有主保护、后备保护和异常运行保护，必要时可增设辅助保护。

（3）10kV 及以上变电所宜采用数字式继电保护装置。

86．哪些用户需要实行电力调度管理？

答案：

（1）受电电压在 10kV 及以上的专线供电客户。

（2）有多电源供电、受电装置的容量较大且内部接线复杂的客户。

（3）有两回路及以上线路供电，并有并路倒闸操作的客户。

（4）有自备电厂并网的客户。

（5）重要电力客户或对供电质量有特殊要求的客户等。

87．对不同用户通信和自动化的要求有哪些？

答案：

（1）35kV 及以下供电、用电容量不足 8000kVA 且有调度关系的客户，可利用用电信息采集系统采集客户端的电流、电压及负荷等相关信息，配置专用通信市话与调度部门进行联络。

（2）35kV 供电、用电容量在 8000kVA 及以上或 110kV 及以上的客户宜采用专用光纤通道或其他通信方式，通过远动设备上传客户端的遥测、遥信信息，同时应配置专用通信市话或系统调度电话与调度部门进行联络。

（3）其他客户应配置专用通信市话与当地供电公司进行联络。

88．电能计量装置管理的目的是什么？

答案：

为了保证电能计量量值的准确、统一和电能计量装置运行的安全可靠。

89．什么情况下应配置Ⅲ类电能计量装置？

答案：

月平均用电量 10 万 kWh 及以上或变压器容量为 315kVA 及以上的计费用户、100MW 以下发电机、发电企业厂（站）用电量、供电企业内部用于承包考核的计量点、考核有功电量平衡的 110kV 及以上的送电线路电能计量装置。

90．什么情况下应配置Ⅳ类电能计量装置？

答案：

负荷容量为 315kVA 以下的计费用户、发供电企业内部经济技术指标分析、考核用的电能计量装置。

91．简述电能计量封印的含义。

答案：

电能计量封印，是指具有唯一编码、自锁、防撬、防伪等功能，用来防止未授权的人员非法开启电能计量装置或确保电能计量装置不被无意开启，且具有法定效力的一次性使用的专用标识物体。

92．开展 66kV 及以下输配电工程典型设计的目的是什么？

答案：

统一建设标准，统一设备规范；方便运行维护、方便设备招标；提高工作效率、降低建设和运行成本；发挥规模优势、提高整体效益。

93．配电网网架结构的设置原则是什么？

答案：

配电网应根据区域类别、地区负荷密度、性质和地区发展规划，选择相应的接线方式。配电网的网架结构宜简洁，并尽量减少结构种类，以利于配电自动化的实施。

94．20kV、10kV配电网中性点接地方式的选择应遵循什么原则？

答案：

（1）单相接地故障电容电流在10A及以下，宜采用中性点不接地方式。（2）单相接地故障电容电流在10～150A，宜采用中性点经消弧线圈接地方式。（3）单相接地故障电容电流达到150A以上，宜采用中性点经低电阻接地方式，并应将接地电流控制在150～800A范围内。

95．哪些情况下，应装设全线速动保护？

答案：

（1）系统安全稳定有要求时。（2）线路发生三相短路，使发电厂厂用母线或重要用户母线电压低于额定电压的60%，且其他保护不能无时限和有选择性地切除短路时。（3）当线路采用全线速动保护，不仅改善本线路保护性能，且能改善电网保护性能。

96．发电厂和主要变电所的3～10kV母线什么情况下应装设专用母线保护？

答案：

（1）需快速且选择性地切除一段或一组母线上的故障，保证发电厂及电力系统安全运行和重要负荷的可靠性供电时。（2）当线路断路器不允许切除线路电抗器前的短路时。

97．保护装置故障记录的数据量有哪些？

答案：

故障时的输入模拟量和开关量、输出开关量、动作元件、动作时间、返回时间、相别。

98．一次侧接入10kV及以下非有效接地系统，绕组为星形—星形接线，低压侧中性点直接接地的变压器，对低压侧单相接地短路应装设哪些保护？

答案：

（1）在低压侧中性点回路装设零序过电流保护。（2）灵敏度满足要求时，利用高压侧的相间过电流保护，此时该保护应采用三相式，保护带时限断开变压器各侧。

99．3～10kV经低电阻接地单侧电源单回线路的零序电流的构成方式是什么？

答案：

可用三相电流互感器组成零序电流滤过器，也可加装独立的零序电流互感器，视接地电阻阻值、接地电流和整定值大小而定。

100．什么是电力系统安全自动装置？

答案：

电力系统安全自动装置，是指在电力网中发生故障或出现异常运行时，为确保电网安全与稳定运行，起控制作用的自动装置。

101．哪些情况下，应装设备用电源的自动投入装置？

答案：

（1）具有备用电源的发电厂厂用电源和变电所所用电源。（2）由双电源供电，其中一个电源经常断开作为备用的电源。（3）降压变电所内有备用变压器或有互为备用的电源。（4）有备用机组的某些重要辅机。

102．电压波动的起因是什么？

答案：

一方面是由于各种类型的大功率波动性负荷投运引起的；另一方面也会由于配电线路短时间承载过重，而且馈电终端的电压调整能力很弱等原因，难以保证电压的稳定。

103．提高功率因数的意义是什么？

答案：

（1）提高设备利用率。（2）改善电压质量。（3）减少线损。（4）提高电网传输能力。

104．改善三相不平衡的措施有哪些？

答案：

（1）将不对称负荷合理分布于三相中，使各相负荷尽可能平衡。

（2）将不对称负荷分散接于不同的供电点，减少集中连接造成的不平衡度过大。

（3）将不对称负荷接入高一级电压供电。

（4）将不对称负荷采用单独的变压器供电。

（5）采用特殊接线的平衡变压器供电。

（6）加装三相平衡装置。

105．系统频率偏差过大对用电负荷的危害有哪些？

答案：

（1）产品质量没有保障。（2）降低劳动生产力。（3）使电子设备不能正常工作，甚至停止运行。

106．电弧炉运行时对系统及本身的影响主要表现在哪几个方面？

答案：

（1）有功和无功冲击过大而引起了电网电压波动和闪变。（2）功率因数较低造成电网线损增加。（3）向电网注入大量的谐波电流，而引起电压波形畸变，形成谐波干扰，污染电能质量。（4）由于电弧炉运行中，三个电极不能保持同步升降，从而形成三相负荷不对称，造成电网电压的不对称，即三相不平衡。

107．电能质量技术监督的目的是什么？

答案：

加强电网电能质量技术监督管理，目的是保证电力系统向用户提供符合国家电能质量标准的电能，对电力系统内影响电能质量的各个环节进行全过程的技术监督。

电能质量技术监督要贯彻"安全第一、预防为主"和超前防范的方针，按照依法监督、分级管理、行业归口的原则，对电网电能质量实施全过程、全方位的技术监督。保证电网安全、经济运行和电能质量，维护电气设备的安全使用环境，保护发、供、用各方的合法权益。电网电能质量技术监督是为了保证电网向用电户提供不间断且符合国家电能质量标准的电力，对电网内影响电能质量的发电、供电、用电等各环节进行必要的技术监督。因公用电网、并网发电企业或用户用电引起的电能质量不符合国家标准时，应按"谁污染、谁治理"的原则及时处理，并应贯穿于公用电网、并网发电企业及用电设施设计、建设和生产的全过程。

108．高压开关柜有哪几种类型？开关柜的"五防"功能是什么？

答案：

固定式高压开关柜，手车式高压开关柜。"五防"功能，即：防止带电负荷拉（合）开关；防止误分（合）断路器；防止带电挂地线；防止带地线合隔离开关；防止误入带电间隔室。

109．除了要满足可靠性、用电质量和发展外，民用建筑低压用配电系统还应满足什么要求？

答案：

（1）配电系统的电压等级一般不宜超过两级。（2）多层建筑宜分层设置配电箱，每套房间宜有独立的电源开关。（3）单相用电设备应适当配置，力求达到三相负荷平衡。（4）由建筑物外引来的配电线路，应在屋内靠近进线处便于操作维护的地方装设开关设备。（5）应节省有色金属的消耗，减少电能的消耗，降低运行费用等。

110．简述变压器的台数是如何确定的。

答案：

（1）满足负荷对供电可靠性的要求，Ⅰ、Ⅱ级负荷比较大时，选择2台主变压器。

（2）季节性负荷或昼夜负荷比较大时，宜采用经济运行方式，经济合理时可设2台主变压器。

（3）三级负荷一般选择1台主变压器，如果负荷较大时，也可选择2台主变压器。有Ⅰ、Ⅱ级负荷可以邻近，取低压备用电源，可设1台主变压器。

111．用电负荷按重要程度分哪几级？各级负荷对供电电源有什么要求？

答案：

用电负荷按重要程度可一级负荷、二级负荷和三级负荷。

一级负荷：中断供电将造成人员伤亡或在政治、经济上造成重大损失或造成公共场合次序的严重混乱的负荷。要求采用双电源供电，必要时增设备用电源。

二级负荷：是断供电，在政治、经济上造成较大损失或造成公共场合次序混乱的负荷。要求采用双电源供电。

三级负荷：不属于一、二级的负荷。对供电电源无特殊要求。

112．什么叫短路？短路的原因有哪些？

答案：

短路是指供电系统中一相或多相载流导体接地或各相间相互接触而产生的超出规定值的大电流。原因：（1）工作人员误操作。（2）使用劣质或因自然老化未及时更换的绝缘材料而造成的短路。（3）因雷击产生的过电压而使绝缘损坏造成的短路。（4）鸟禽、爬行动物跨越在两个导线之间或老鼠咬坏绝缘造成的短路等。

113．试比较隔离开关、负荷开关和断路器的作用与不同。

答案：

隔离开关（QS）用于供电系统需要检修时，将电气设备与高压电源隔离开，具有明显的断开间隙，不能断开短路电流；负荷开关（QL）用于切断或接通负荷电流，具有简单的灭弧能力，但不能断开短路电流；断路器（QF）是电力系统中最重要的电气设备不仅能接通或切断负荷电流，而且能自动地切断断流等故障电流，具有复杂的灭弧装置和操作系统。

114．提高功率因数的意义及方法。

答案：

提高功率因数的意义：（1）可减少对配电设施的投资，增加供配点电系统的功率储备，使用户获得直接的经济利益。（2）可减少对供配电线路及供配电设备的电能损耗，提高供电系统的运行效益。

提高功率因数的方法：（1）通过适当措施提高自然功率因数。（2）并联同步调相机。（3）并联适当静电电容器。

115．什么是安全电压？我国规定的安全电压额定值是多少？

答案：

安全电压就是不致使人直接致死或致残的电压，根据作业场所、操作员条件、使用方式、供电方式、线路等情况分为42V、36V、24V、12V、6V几个等级。

116．什么叫工作接地？什么叫保护接地？

答案：

凡运行所需的接地都叫作工作接地，如果电源中性点的直接接地或经消弧圈接地，为防止电压危及人身安全而认为接地将电气设备的金属外壳与大地做金属连接称为保护接地。

117．什么叫重复接地？其功能是什么？

答案：

除在电源中性点进行的工作接地之外，在 PE 线或 PEN 线的下列地方进行接地叫作重复接地，主要是为了确保公共 PE 线或 PEN 线安全可靠。

118．干式变压器有何特点？适用场合如何？有哪几种类型？

答案：

特点：没有变压器油，具有防火、防暴和低噪声的优点，且维护简单，无污染，在民用建筑中广泛应用。

类型：

（1）普通干式变压器、有带外壳的封闭式和不带外壳的非封闭式两种。

（2）有载调压干式变压器，分无外壳和有外壳两种。

（3）环氧树脂干式变压器，分防震和不防震两种。

119．安装和使用漏电保护器时应注意哪些问题？

答案：

漏电保护器安装在低压电网的电源或进线端，使用时要注意工作环境，避开强磁场，接线要正确，安装后应操作试验按钮，检验其工作特性确定正常后才能使用。

120．常用电缆和导线截面选择的原则是什么？

答案：

（1）满足发热条件。（2）满足电压损失不超过允许值的条件。（3）满足经济运行条件。（4）满足在故障时的热稳定条件。（5）满足机械强度要求。

121．互感器有哪几种类型？各有何用途？

答案：

（1）电流互感器。

作用：①将大电流变为小电流，以供测量、计量、继电保护等使用。因而可以扩大仪表、继电器的使用范围，通过互感器测量任意的电压和电流值，并使测量仪表和继电器的仪表制造标准化，可实现远距离的测量和控制。

②将电气仪表和继电器的电流回路与高压系统可靠地隔离，保护了人身和设备的安全。

（2）电压互感器。

作用：①将高压变成低电压，并在相位上与原来保持一定关系，扩大了量程，而且使仪表与继电器制造标准化，为实现遥测遥控提供了方便。②可以使仪表等与高压侧可靠地隔离，保护了人身和设备的安全，同时还可以降低对仪表的绝缘要求。

122．变电所一次设备和二次设备包括哪些？各有何作用？

答案：

一次设备包括变压器、互感器、各种高低压开关，母线、融断器、避雷器等，担负电能输送和分配的作用；二次设备包括各种继电器、信号装置、测量仪表、控制开关等，起到对一次设备进行监视、控制、测量、保护等作用。

123. 铜芯电缆和铝芯电缆有何优缺点？

答案：

铜芯电缆具有导电率高、机械强度大，易于加工、焊接、施工方便、耐腐蚀等优点，是比较理想的导体材料。

铝芯电缆的导电率次于铜。铝的比重小，铝芯电缆的机械强度比铜芯的差；铝资源广，价格低。铝电缆的连接较铜复杂，特别是铝表面极易产生氧化膜，影响焊接。

124. 制订客户供电方案时，需要了解客户的哪些信息？

答案：

制订客户供电方案时，需要了解客户以下信息：用电地点、电力用途、用电性质、用电设备清单、用电负荷、保安电力、用电规划等。

126. 供用电合同的变更或者解除，必须依法进行。在哪些情形下允许变更或解除供用电合同？

答案：

（1）当事人双方经过协商同意，并且不因此损害国家利益和扰乱供用电秩序。（2）由于供电能力的变化或国家对电力供应与使用管理的政策调整，使订立供用电合同时的依据被修改或取消。（3）当事人一方依照法律程序确定确实无法履行合同。（4）由于不可抗力或一方当事人虽无过失，但无法防止的外因，致使合同无法履行。

126. 业扩工程中竣工验收的主要内容是什么？

答案：

（1）输、变电工程建设是否符合原审定的设计要求，是否符合国家有关规程规定。（2）隐蔽工程施工情况，包括电缆沟工程、电缆头制作、接地装置的埋设等。（3）各种电气设备试验是否合格、齐全。（4）变电所（室）土建是否符合规定标准。（5）全部工程是否符合安全运行规程以及防火规范。（6）安全工器具是否配备齐全，是否经过试验。（7）操作规程、运行值班制度等规章制度的审查。（8）作业电工、运行值班人员的资格审查。

127. 变压器一次侧开关的装设，应符合哪些规定？

答案：

（1）以树干式供电时，应装设带保护的开关设备或跌落式熔断器。（2）以放射式供电时，宜装设隔离开关或负荷开关。（3）当变压器在本配电所内时，可不装设开关。

六、计算题

1. 某工厂 380V 三相供电，用电日平均有功负荷为 100kW，高峰负荷电流为 200A，日平均功率因数为 0.9，问该厂的日负荷率为多少？

答案：

该厂日负荷率=日平均有功负荷/日最高有功负荷×100%

日最高有功负荷=$\sqrt{3}\,UI\cos\varphi$=1.732×0.38×200×0.9=117（kW）

日负荷率=100/118.47×100%=84.4%

2．某建筑用 220/380V 三相四线电源供电，已知进户线总计算负荷 P_c=85.36kW，Q_c=73.95kvar，求总计算电流。若要将该建筑的功率因数补偿到 0.95，问应在进户线并接何种电容器？补偿后的计算负荷是多少？

答案：

$$S_c = \sqrt{P_c^2 + Q_c^2} = \sqrt{125^2 + 108^2} = 165.2\text{kVA}$$

$$I_c = \frac{S_c}{\sqrt{3}U_n} = \frac{165.2 \times 1000}{\sqrt{3} \times 380} = 251.8\text{A}$$

$$\cos\psi = \frac{P_c}{S_c} = \frac{125}{165.2} = 0.756$$

在低压侧集中补偿到$\cos\psi = 0.86$

$$\cos\psi = \frac{P_c}{\sqrt{P_c^2 + (Q_c - Q_c 1)^2}}\quad 即\, 0.8 = \frac{125^2}{\sqrt{125^2 + (108 - Q_c 1)^2}}$$

解得$Q_c 1 = 34.1\text{k var}$

选$BW0.4\text{-}14\text{-}1$的电容器3只，三角形连接

$$电压折算\, q' = q\left(\frac{U_n}{U_{aw}}\right)^2 = 14 \times \left(\frac{0.38}{0.4}\right)^2 = 12.6\text{kV}$$

$$故实际\, Q_{c1} = 12.6 \times 3 = 37.8\text{kV}$$

$$\cos\psi = \frac{P_c}{\sqrt{P_c^2 + (Q_c - Q_{c1})^2}} = \frac{125}{\sqrt{125^2 + (108 - Q_{c1})^2}} = 0.87$$

$$补偿效果：\, S_{ca'} = \sqrt{125^2 + (108 - 37.8)^2} = 143.4\text{kVA}$$

$$减少视在功率\, \Delta S = 162.5 - 143.4 = 19.1\text{kVA}$$

$$I_{ca'} = \frac{143.4 \times 1000}{\sqrt{3} \times 380} = 217.8\text{A}$$

$$减少总电流\, \Delta I = 251 - 217.8 = 33.2\text{A}$$

3．某工地的施工现场用电设备为 5.5kW 混凝土搅拌机 4 台，7kW 的卷扬机 2 台，48kW 的塔式起重机 1 台，1kW 的振捣器 8 台，23.4kW 的单相 380V 电焊机 1 台，照明用电 15kW，当地电源为 10kV 的三相高压电，试为该工地选配一台配电变压器供施工用。（搅拌机的需要系数为 0.7，卷扬机的需要系数为 0.5，起重机的需要系数为 0.75，振捣机的需要系数为 0.7，电焊机的需要系数为 0.35）

答案：

$$P_{c1} = K_{d1} \times P_{e1} = 0.7 \times (4 \times 5.5 + 8 \times 1) = 21\text{kW}$$

$$P_{c2} = K_{d2} \times P_{e2} = 0.5 \times 2 \times 7 = 7\text{kW}$$

$$P_{c3} = K_{d3} \times P_{e3} = 0.75 \times 1 \times 48 = 36 \text{kW}$$

$$P_{c4} = \sqrt{3} K_{d4} \times P_{e4} = \sqrt{3} \times 0.35 \times 23.4 \times 1 = 14.19 \text{kW}$$

$$P_{c5} = K_{d5} \times P_{e5} = 1 \times 15 = 15 \text{kW}$$

$$P_c = P_{c1} + P_{c2} + P_{c3} + P_{c4} + P_{c5}$$
$$= 21 + 7 + 36 + 8.19 + 15 = 87.19 \text{kW}$$

$$Q_{c1} = P_{c1} \times \tan\phi 1 = 21 \times 1.02 = 21.42 \text{kV}$$

$$Q_{c2} = P_{c2} \times \tan\phi 2 = 7 \times 1.17 = 8.19 \text{kV}$$

$$Q_{c3} = P_{c3} \times \tan\phi 3 = 36 \times 1.02 = 36.72 \text{kV}$$

$$Q_{c4} = P_{c4} \times \tan\phi 4 = 14.19 \times 1.02 = 14.47 \text{kV}$$

$$Q_{c5} = P_{c5} \times \tan\phi 5 = 15 \times 1.02 = 15.3 \text{kV}$$

$$Q_c = Q_{c1} + Q_{c2} + Q_{c3} + Q_{c4} + Q_{c5}$$
$$= 21.42 + 8.19 + 36.72 + 14.47 + 15.3 = 96 \text{kV}$$

$$S_c = \sqrt{P_c^2 + Q_c^2} = \sqrt{87.19^2 + 96^2} = 129.68 \text{kVA}$$

$$\cos\psi = \frac{P_c}{S_c} = \frac{87.19}{129.68} = 0.67$$

按供电要求若低压侧补偿应不低于 0.85，否则按 $\cos\cos\psi = 0.88$ 计算。

$$0.88 = \frac{P_c}{\sqrt{P_c^2 + (Q_c - Q)^2}}$$

$$Q = 48.9 \text{kV}$$

4. 某机修车间 380V 的线路上，接有冷加工机床 20 台共 50kW；通风机 2 台共 5.6kW；电炉 1 台 2kW；电容器组共 10kVar。用需要系数计算该线路的计算负荷。

答案：

对冷加工机床的负荷计算：

查表得 $K_d = 0.15$，$\tan\phi = 1.73$

$$P_{e-1} = \sum P_{N1} = 50 \text{kW}$$

$$P_{c-1} = K_d \times P_{e-1} = 0.15 \times 50 = 7.5 \text{kW}$$

$$Q_{c-1} = P_{c-1} \times \tan\phi = 7.5 \times 1.73 = 12.98 \text{kV}$$

对通风机的负荷计算：查表得 $K_d = 0.75$，$\tan\phi = 0.8$

$$P_{e-2} = \sum P_{N2} = 5.6 \text{kW}$$

$$P_{c-2} = K_d \times P_{e-2} = 0.75 \times 5.6 = 4.2 \text{kW}$$

$$Q_{c-2} = P_{c-2} \times \tan\phi = 4.2 \times 0.8 = 3.36 \text{kV}$$

对电炉的负荷计算：查表得 $K_d = 0.8$，$\tan\phi = 2.67$

$$P_{e-3} = \sum P_{N3} = 2 \text{kW}$$

$$P_{c-3} = K_d \times P_{e-3} = 0.8 \times 2 = 1.6 \text{kW}$$

$$Q_{c-3} = P_{c-3} \times \tan\phi = 1.6 \times 2.67 = 4.272 \text{kV}$$

电容器对线路的计算负荷补偿为 10kvar。

确定总计算负荷：

取 $K_{\sum P}=0.95$ $K_{\sum Q}=0.97$

$$P_c = K_{\sum P} \times (P_{c-1}+P_{c-2}+P_{c-3}) = 0.95 \times (7.5+4.2+1.6) = 12.6kW$$

$$P_c = K_{\sum Q} \times (Q_{c-1}+Q_{c-2}+Q_{c-3}-Q_{c-4})$$
$$= 0.97 \times (12.98+3.36+4.27-10) \quad S_c = \sqrt{P_c^2+P_e^2} = \sqrt{12.6^2+19.69^2} = 23.38kVA$$
$$= 19.69kvar$$

$$I_c = \frac{S_c}{\sqrt{3}U_N} = \frac{23.38}{\sqrt{3} \times 0.38} = 35.52A$$

5．某建筑用 380/220V 三相四线电源供电，已知进户线总计算负荷 P_c=125kW，Q_c=108kV。求总视在功率及计算电流。

答案：

视在功率：

$$S_c = \sqrt{P_c^2+P_e^2} = \sqrt{125^2+108^2} = 165.2kVA$$

$$I_c = \frac{S_c}{\sqrt{3}U_N} = \frac{165.2}{\sqrt{3} \times 0.38} = 251.8A$$

未补偿的前的功率因数：

$$\cos\phi_1 = \frac{P_c}{S_c} = \frac{125}{165.2} = 0.765$$

在低压侧集中补偿到 0.86，则需补偿的无功功率为：

$$Q_c = P_c(\tan\arccos 0.756 - \tan\arccos 0.86) = 34.1kV$$

根据需补偿的无功功率应选用 BW0.4-14-1 型的电容器 3 只且三角形连接无功功率的折算

$$q' = q\left(\frac{U_N}{U_{CN}}\right)^2 = 14 \times \left(\frac{0.38}{0.4}\right)^2 = 12.6kvar$$

则共无功补偿为：

$$S_{ca} = 3 \times q' = 3 \times 12.6 = 37.8kvar$$

补偿后的功率因数为：

$$\cos\phi_2 = \frac{\sum P_c}{\sqrt{\left(\sum P_c\right)^2+(Q_c-Q_{cn})^2}} = \frac{125}{\sqrt{125^2+(108-37.8)^2}} = 0.87$$

补偿后的无功功率：

$$S'_{ca} = \sqrt{P_c^2+(Q_c-Q_{ca})^2} = \sqrt{125^2+(108-37.8)^2} = 143.4kVA$$

计算电流： $I'_c = \frac{S'_{ca}}{\sqrt{3} \cdot U_N} = \frac{143.4}{\sqrt{3} \times 0.38} = 217.8A$

补偿的效果：

减少的视在功率： $\Delta S_c = 162.5 - 143.4 = 19.1\text{kVA}$

减少的电流： $\Delta I = 251 - 217.8 = 33.2\text{A}$

6. 有一处建筑施工工地，用电设备负荷统计表如下：

序号	设备名称	数量	单台容量	电压	需要系数	功率因数	暂载率
1	回转塔吊	3 台	18.5kW	380V	0.68	0.78	
2	水泥搅拌罐	3 个	9.6kW	380V	0.72	0.74	
3	小水泵	6 台	0.6kW	220V	0.68	0.65	
4	电焊机	10 台	1.8kVA	单相380V	0.58	0.62	40%
5	单相照明		2.5kW	220V	1	1	

用需要系数法进行负荷统计；

用需要系数法进行负荷统计时，若功率因素低于要求应选择电容器补偿到 0.88 以上；

对进行补偿前后的技术经济分析。

答案：

$$P_{c1} = K_{d1} \times P_{e1} = 0.68 \times 3 \times 18.5 = 37.74\text{kW}$$

$$Q_{c1} = P_{c1} \times \tan\theta_1 = 37.74 \times 0.802 = 30.28\text{kvar}$$

$$P_{C2} = K_{d2} \times P_{e2} = 0.72 \times 3 \times 9.6 = 20.736\text{kW}$$

$$Q_{c2} = P_{c2} \times \tan\theta_2 = 20.736 \times 0.909 = 18.85\text{kvar}$$

$$P_{c3} = K_{d3} \times P_{e3} = 0.68 \times 6 \times 0.6 = 2.448\text{kW}$$

$$Q_{c3} = p_{c3} \times \tan\theta_3 = 2.448 \times 1.169 = 2.86\text{kvar}$$

$$P_{e4} = \sqrt{\varepsilon_n} \times S_n \times COS\theta = \sqrt{0.4} \times 1.8 \times 10 \times \sqrt{3} \times 0.62 = 12.225\text{kW}$$

$$P_{c4} = K_{d4} \times P_{e4} = 0.58 \times 12.225 = 7.09\text{kW}$$

$$Q_{c4} = P_{e4} \times \tan\theta_4 = 7.09 \times 1.265 = 8.97\text{kvar}$$

$$\sum P_c = (P_{c1} + P_{c2} + P_{c3} + P_{c4} + P_{c5}) \times 0.95$$

$$= (37.74 + 20.736 + 2.448 + 7.09 + 2.5) \times 0.95$$

$$= 67\text{kW}$$

$$\sum Q_c = (Q_{c1} + Q_{c2} + Q_{c3} + Q_{c4}) \times 0.97$$

$$= (30.28 + 18.85 + 2.86 + 8.97) \times 0.97$$

$$= 59.13\text{kvar}$$

$$I_c = \frac{S_c \times 1000}{\sqrt{3} \times U_N}$$

$$= \frac{89.36 \times 1000}{\sqrt{3} \times 380}$$

$$= 135.77\text{A}$$

$$S_c = \sqrt{\sum P_c^2 + \sum Q_c^2} = \sqrt{67^2 + 59.13^2} = 89.36\text{kVA}$$

$$\cos\theta = \frac{\sum P_c}{S_c} = \frac{67}{89.36} = 74.98\%$$

（2）
$$\cos\varphi = \frac{\sum P_c}{\sqrt{(\sum P_c)^2 + (\sum Q_c - Q_c)^2}}$$

即：
$$0.88 = \frac{67}{\sqrt{67^2 + (59.13 - Q_c)^2}}$$

$$Q_c = 22.97 \text{kvar}$$

选 $BW0.4\text{--}14\text{--}1$ 的电容器 2 只，三角形连接

电压折算 $\quad q' = q\left(\frac{u_N}{u_{aw}}\right)^2 = 14 \times \left(\frac{0.38}{0.4}\right)^2 = 12.6 \text{kvar}$

故实际 $\quad Q_c = 12.6 \times 2 = 25.2 \text{kVar}$

$$\cos\varphi = \frac{\sum P_c}{\sqrt{\sum P_c^2 + (\sum Q_c - Q_c)^2}}$$
$$= \frac{67}{\sqrt{67^2 + (59.13 - 25.2)^2}}$$

（3）补偿效果：

$$\sum S_{ca}' = \sqrt{67^2 + (59.13 - 25.2)^2} = 75.1 \text{kVA}$$

减少视在功率： $\Delta S = 89.36 - 75.1 = 14.25 \text{kVA}$

$$I_{ca}' = \frac{\sum S_{ca}' \times 1000}{\sqrt{3} \times 380} = \frac{75.1 \times 1000}{\sqrt{3} \times 380} = 114.1 \text{A}$$

减少视在功率： $\Delta I_{ca} = 135.77 - 114.1 = 21.67 \text{A}$

7. 某 10kV 用户，变压器总容量为 3250kVA，问当高峰负荷为 3000kW，功率因数为 0.8 时，该变压器是否过载？

答案：

已知 P=3000kW，$\cos\varphi$=0.8 时，变压器实际负荷为

$$S = P/\cos\varphi = 3000/0.8 = 3750 \text{kVA}$$

由于 3750kVA 大于 3250kVA，所以变压器将过载。

8. 某工厂 380V 三相供电，用电日平均有功负荷为 100kW，高峰负荷电流为 200A，日平均功率因数为 0.9，问该厂的日负荷率为多少？

答案：该厂日负荷率=日平均有功负荷/日最高有功负荷×100%

日最高有功负荷=$\sqrt{3} \ UI\cos\varphi$

=1.732×0.38×200×0.9

=118.47（kW）

日负荷率=100/118.47×100%=84.4%

9. 供电企业抄表人员在 9 月 30 日对某大工业客户抄表时，发现该客户私增 320kVA

变压器 1 台，当日已拆除。经核实私增时间为 8 月 25 日，供电企业应收取多少违约使用电费？［基本电价为 15 元/（kVA·月）］

答案：

$$补交基本电费=320×15×7/30+320×15=5920（元）$$
$$违约使用电费=5920×3=17760（元）$$

10．某企业全年电费为 2000 万元，实施节能改造后，节电率为 15%，节能改造项目合同期为 5 年，问该企业整个合同期能够节约多少电费？

答案：

$$每年节约电费为 2000×15\%=300 万元$$
$$则 5 年节约电费为 300×5=1500 万元$$

该企业整个合同期能够节约 1500 万元电费。

11．某日某地市公司在稽查监控系统中电价执行的超容量用电发现一条异常数据，该户容量为 80kVA，用户当月实际用电量为 73343kWh，请计算该户超容率。后经稽查人员现场核实，该户实际容量为 120kVA，请计算应追补该户的违约使用电费。

答案：

（1）理论最大用电量=用户当月最大运行容量×月日历天数（31）×日运行小时（24）
$$=80×31×24=59520$$

$$超容率=（73343−59520）/59520×100\%−1=23.22\%$$

（2）因为该户为单一制电价用户，故：

$$违约使用电费=私增容量×50=40×50=2000（元）$$

七、论述题

1．运行中的电能计量装置按其所计量电能量的多少和计量对象的重要程度分五类，请论述一下这五类计量装置的具体内容。

答案：

Ⅰ类电能计量装置：月平均用电量 500 万 kWh 及以上或变压器容量为 10000kVA 及以上的高压计费用户、200MW 及以上发电机、发电企业上网电量、电网经营企业之间的电量交换点、省级电网经营企业与其供电企业的供电关口计量点的电能计量装置。Ⅱ类电能计量装置：月平均用电量 100 万 kWh 及以上或变压器容量为 2000kVA 及以上的高压计费用户、100MW 及以上发电机、供电企业之间的电量交换点的电能计量装置。Ⅲ类电能计量装置：月平均用电量 10 万 kWh 及以上或变压器容量为 315kVA 及以上的计费用户、100MW 以下发电机、发电企业厂（站）用电量、供电企业内部用于承包考核的计量点、考核有功电量平衡的 110kV 及以上的送电线路电能计量装置。Ⅳ类电能计量装置：负荷容量为

315kVA 以下的计费用户、发供电企业内部经济技术指标分析、考核用的电能计量装置。

Ⅴ类电能计量装置：单相供电的电力用户计费用电能计量装置。

2．变电所的所址应该如何选择？

答案：

变电所的所址应根据下列要求，经技术经济等因素综合分析和比较后确定：（1）宜接近负荷中心。（2）宜接近电源侧。（3）应方便进出线。（4）应方便设备运输。（5）不应设在有剧烈振动或高温的场所。（6）不宜设在多尘或有腐蚀性物质的场所，当无法远离时，不应设在污染源盛行风向的下风侧，或应采取有效的防护措施。（7）不应设在厕所、浴室、厨房或其他经常积水场所的正下方处，也不宜设在与上述场所相贴邻的地方，当贴邻时，相邻的隔墙应做无渗漏、无结露的防水处理。（8）当与有爆炸或火灾危险的建筑物毗连时，变电所的所址应符合现行国家标准《爆炸和火灾危险环境电力装置设计规范》GB 50058 的有关规定。（9）不应设在地势低洼和可能积水的场所。（10）不宜设在对防电磁干扰有较高要求的设备机房的正上方、正下方或与其贴邻的场所，当需要设在上述场所时，应采取防电磁干扰的措施。

3．动力和照明宜共用变压器，请论述哪些情况时应设专用变压器。

答案：

（1）当照明负荷较大或动力和照明采用共用变压器严重影响照明质量及光源寿命时，应设照明专用变压器。（2）单台单相负荷较大时，应设单相变压器。（3）冲击性负荷较大，严重影响电能质量时，应设冲击负荷专用变压器。（4）采用不配出中性线的交流三相中性点不接地系统（IT 系统）时，应设照明专用变压器。（5）采用 660（690）V 交流三相配电系统时，应设照明专用变压器。

4．下表中为高压配电室内成排布置的高压配电装置各种通道的最小宽度，请补充完整。

高压配电室内各种通道的最小宽度（mm）

开关柜布置方式	柜后维护通道	柜前操作通道	
		固定式开关柜	移开式开关柜
单排布置		1500	
双排面对面布置	800		
双排背对背布置			单手车长度+1200

答案：

高压配电室内各种通道的最小宽度（mm）

开关柜布置方式	柜后维护通道	柜前操作通道	
		固定式开关柜	移开式开关柜
单排布置	800	1500	单手车长度+1200
双排面对面布置	800	2000	双手车长度+900
双排背对背布置	1000	1500	单手车长度+1200

5．请论述备用电源或备用设备的自动投入装置应符合哪些要求。

答案：

（1）应保证在工作电源断开后投入备用电源。（2）工作电源故障或断路器被错误断开时，自动投入装置应延时动作。（3）手动断开工作电源、电压互感器回路断线和备用电源无电压情况下，不应启动自动投入装置。（4）应保证自动投入装置只动作一次。（5）自动投入装置动作后，如备用电源或设备投到故障上，应使保护加速动作并跳闸。（6）自动投入装置中，可设置工作电源的电流闭锁回路。（7）一个备用电源或设备同时作为几个电源或设备的备用时，自动投入装置应保证在同一时间备用电源或设备只能作为一个电源或设备的备用。

6．电压为 3~110kV，容量为 63MVA 及以下的电力变压器，发生哪些故障及异常运行方式时，应装设相应的保护装置？

答案：

（1）绕组及其引出线的相间短路和在中性点直接接地或经小电阻接地侧的单相接地短路。（2）绕组的匝间短路。（3）外部相间短路引起的过电流。（4）中性点直接接地或经小电阻接地的电力网中外部接地短路引起的过电流及中性点过电压。（5）过负荷。（6）油面降低。（7）变压器油温过高、绕组温度过高、油箱压力过高、产生瓦斯或冷却系统故障。

7．对变压器引出线、套管及内部的短路故障，应装设哪些保护作为主保护，且应瞬时动作于断开变压器的各侧断路器？并应符合哪些规定？

答案：

（1）电压为 10kV 及以下、容量为 10MVA 以下单独运行的变压器，应采用电流速断保护。（2）电压为 10kV 以上、容量为 10MVA 及以上单独运行的变压器，以及容量为 6.3MVA 及以上并列运行的变压器，应采用纵联差动保护。（3）容量为 10MVA 以下单独运行的重要变压器，可装设纵联差动保护。（4）电压为 10kV 的重要变压器或容量为 2MVA 及以上的变压器，当电流速断保护灵敏度不符合要求时，宜采用纵联差动保护。（5）容量为 0.4MVA 及以上、一次电压为 10kV 及以下，且绕组为三角—星形连接的变压器，可采用两相三继电器式的电流速断保护。

8．《国家电网公司业扩供电方案编制导则》中对确定电能计量方式有何规定？

答案：

（1）低压供电的客户，负荷电流为 60A 及以下时，电能计量装置接线宜采用直接接入式；负荷电流为 60A 以上时，宜采用经电流互感器接入式。

（2）高压供电的客户，宜在高压侧计量；但对 10kV 供电且容量在 315kVA 及以下、35kV 供电且容量在 500kVA 及以下的，高压侧计量确有困难时，可在低压侧计量，即采用高供低计方式。

（3）有两条及以上线路分别来自不同电源点或有多个受电点的客户，应分别装设电能计量装置。

（4）客户一个受电点内不同电价类别的用电，应分别装设电能计量装置。

（5）有送、受电量的地方电网和有自备电厂的客户，应在并网点上装设送、受电电能计量装置。

9.《国家电网公司业扩供电方案编制导则》规定，高压供电客户供电方案的基本内容有哪些？

答案：

（1）客户基本用电信息：户名、用电地址、行业、用电性质、负荷分级，核定的用电容量，拟定的客户分级。

（2）供电电源及每路进线的供电容量。

（3）供电电压等级，供电线路及敷设方式要求。

（4）客户电气主接线及运行方式，主要受电装置的容量及电气参数配置要求。

（5）计量点的设置，计量方式，计费方案，用电信息采集终端安装方案。

（6）无功补偿标准、应急电源及保安措施配置，谐波治理、继电保护、调度通信要求。

（7）受电工程建设投资界面。

（8）供电方案的有效期。

（9）其他需说明的事宜。

10. 某市有一特种钢生产企业，原有用电容量为 3150kVA，企业安排夜间生产，使用低谷电，与该用户毗邻的为一家电子生产企业，电子厂上白班，两家企业共用一条 10kV 线路供电。现特种钢生产企业扩大生产规模，增加部分生产设备，申请增加用电容量 1500kVA，生产班次改为三班。

特种钢客户申请用电资料齐全，供电企业按照相关规定受理客户申请资料。在现场勘查完成后，客户打电话告知受理人员及现场勘查人员将原中频炉改为电弧炉，但未向供电企业提供变更图纸等资料文件。供电企业工作人员在规定时限内完成了供电方案答复、设计审查、竣工验收、装表接电等工作。在增容业务后续办理环节中，由于工作人员疏忽也未及时发现该企业已将原有生产线的中频炉改为电弧炉。毗邻的电子厂在特种钢企业投产后，生产的电子产品成批不合格，检查后发现由于电压波动和闪变超标，造成产品不合格，因此拨打 95598 进行投诉。请问工作人员在业务办理过程中违反了哪些规定，存在哪些问题？

答案：

本事件违反了以下规定：

（1）《国家电网公司业扩报装工作规范》第十八条第（四）款：对于具有非线性负荷并可能影响供电质量或电网安全运行的客户，应书面告知客户委托有资质的单位开展电能质量评估工作，并提交初步治理技术方案，作为业扩报装申请的补充资料。

（2）《国家电网公司业扩报装工作规范》第二十条：现场勘查时，应重点核实客户负荷性质、用电容量、用电类别等信息，结合现场供电条件，初步确定电源、计量、计费方案。

（3）《国家电网公司业扩供电方案编制导则》11.2.2：客户应委托有资质的专业机构出具非线性负荷设备接入电网的电能质量评估报告。

（4）《国家电网公司业扩供电方案编制导则》11.2.3：按照"谁污染、谁治理""同步设计、同步施工、同步投运、同步达标"的原则，在供电方案中，明确客户治理电能质量污染的责任及技术方案要求。

【暴露问题】

供电服务人员业务素质不过硬，对客户电气设备负荷特性认识不到位，未充分了解客户的用电性质，导致对有谐波源的客户提供了存在缺陷的供电方案。

缺乏工作责任心。受电客户用电业务咨询时，未主动向客户说明该项业务需提供的相关资料。对具有非线性负荷的客户，未履行书面告知客户应提供电能质量评估资料的义务。

工作制度执行不严，业扩报建装各环节工作质量监控不到位。现场人员在现场勘查、中间检查、竣工验收等环节未对客户原有用电设备进行检查，导致客户非线性用电设备接入电网，影响电能质量，造成毗邻电子厂经济损失。

【措施建议】

加强业扩报装人员培训，充分了解客户用电性质，加强客户非线性负荷谐波管理。

11．申请用电的某工厂，经确认为一级重要电力客户。由于受供电网络条件限制，当地供电公司回复的供电方案为单电源双回路供电，且在答复供电方案时，并未提醒客户应配备足够的自备应急电源及应急措施。

经过 5 个月的试运行，该用户认为单电源双回路供电，同时未配备自备应急电源及应急措施，仅靠 50kVA 的 UPS 电源起不到避险作用，存在较大安全隐患，随即向供电公司反馈。

通过以上案例，请分析：

该案例暴露出供电企业存在哪些问题？有哪些意见和建议？

答案：

【暴露问题】

（1）供电服务人员业务素质不过硬，对客户用电性质认识不到位，未充分掌握一级重要电力客户对供电可靠性的要求。

（2）未履行对重要客户应配备足够的自备应急电源及应急措施的告知义务。

（3）在业扩审查等环节也未能及时对双电源配备方面存在的安全隐患作出提醒。

（4）未认真履行重要客户供电方案会签审核制度。

【措施建议】

（1）加强业务培训和学习，提高工作人员的业务水平。

（2）认真履行重要客户供电方案会签审核制度，严格执行规章制度，严把业务审核关，对工作差错严肃考核。

（3）告知用户增加应急措施。

（4）加快电网规划、建设。

12．某煤矿企业于2012年3月17日到供电企业申请用电报装，客户填写的用电设备清单上注明井下通风机、井下载人电梯、井下抽水泵等设备容量为1000kW，允许停电时间不得超过1分钟，该煤矿地处农村，受供电条件限制（附近只有35kV电源），经确认该客户为一级重要客户，从某110kV变电站以35kV双回路供电，配置1台1000kW容量的发电机作为自备应急电源。请从客户安全用电服务专业角度分析存在的问题？

答案：

【违规条款】

该行为违反以下规定：

按照国家电监会《关于加强重要电力用户供电电源及自备应急电源配置监督管理的意见》（电监安全〔2008〕43号）要求：一级重要客户应采用双电源供电，不能采用双回路供电。自备应急电源的容量配置标准应达到保安负荷的120%（即1000kW×120%=1200kW）。需配置1200kW及以上容量的发电机，配置1台1000kW容量的发电机作为自备应急电源不能满足重要客户的安全用电要求。

【暴露问题】

报装工作中，相关人员未掌握重要客户供电电源、自备应急电源配置要求。

【措施建议】

（1）加强业扩报装相关人员业务培训。

（2）加强重要客户供电方案审查。

13．某10kV新装工业用户，变压器安装于室外，电压等级为10/0.38kV，变压器在室外场地。用户总视在计算负荷为3600kVA，其中一、二级负荷为1800kVA，自然功率因数为0.8。试选择配电变压器形式、台数和容量。

答案：

（1）选择变压器形式。由于变压器置于室外，可选用S11型油浸式三相变压器，额定变比为10/0.4kV，无载调压，联结组别D，yn11。

（2）选择变压器台数。因该用户有大量一、二级负荷，故采用两台等容量的变压器。

（3）选择变压器容量。根据规定，该用户的功率因数考核标准为0.9，采用无功补偿将功率因数从0.8提高到0.9，则无功补偿后的总计算负荷为：

$$3600×0.8/0.9=3200kVA$$

其中一、二级负荷的视在计算负荷为：

$$1800×0.8/0.9=1600kVA$$

按规定每台变压器应满足下列条件：

根据《国家电网公司业扩供电方案编制导则（试行）》的要求，客户的计算负荷宜等于变压器额定容量的70%~75%。所以总变压器容量为：

$$S=3200/0.75=4267kVA$$

满足全部一、二级负荷需要，即为大于1600kVA。

这样，当参数相同的2台变压器并列运行时，每台变压器各承受总计算负荷的50%，即1600kVA，负载率为0.8；在一台变压器故障情况下，另一台变压器承受全部是在计算负荷时，过载60%，允许时间为45min，在此期间可迅速切除三级负荷，确保一、二级负荷的正常用电。根据上述情况，可选用两台容量为2000kVA的变压器。

14. 请对以下制订供电方案工作中存在的问题进行分析。某煤矿企业于2010年3月17日到供电企业申请用电报装，报装容量为6300kVA，客户填写的用电设备清单上注明井下通风机、井下载人电梯、井下抽水泵等一级负荷用电设备容量为800kW。由于该煤矿地处农村，受供电条件限制（附近只有35kV电源），5月20日，供电企业答复的供电方案为拟定该客户为一级重要客户，从某变电站以35kV单电源单回路供电，配置1台6300kVA变压器受电，同时应配置1台1000kW容量的发电机作为自备应急电源。8月份受电工程竣工后，该客户向政府安监部门申办安全生产许可证时，安监部门检查人员认为该煤矿供电电源配置不符合安全生产要求，客户随即向供电企业提出了质疑。

答案：

本事件违反了以下规定：

（1）《国家电网公司供电服务"十项承诺"》第五条："供电方案答复期限：居民客户不超过3个工作日，低压电力客户不超过7个工作日，高压单电源客户不超过15个工作日，高压双电源客户不超过30个工作日。"

（2）《国家电网公司业扩供电方案编制导则》8.1.1.2："一级重要电力客户应采用双电源供电，二级重要电力客户应采用双电源或双回路供电。"

（3）《国家电网公司业扩供电方案编制导则》9.3.1："具有两回线路供电的一级负荷客户，其电气主接线的确定应符合下列要求：35kV电压等级应采用单母线分段或双母线接线。装设两台及以上变压器。"

【暴露问题】

业扩报装流程各环节时限监控不到位。供电方案未按有关规定进行制定，造成不符合要求，给客户带来安全隐患和经济损失。

【措施建议】

严格执行《国家电网公司业扩报装管理规定》及"十项承诺"等规定，本着客户至上的原则，严格控制各环节时限，提高工作效率。提高专业技术人员的业务知识和相关技能，岗位操作规范、熟练，具有合格的专业技术水平，使之能更好地为客户服务。

业扩新模式

拒绝模式更替

社会的不断进步造就了需求的不断改变

新生事物带来的是模式的不断创新

循规蹈矩难以满足社会的发展

带着抵触情绪更是寸步难行

最终带来的是自己被新模式所替代

欢迎模式更替

模式的更替亘古不变

一个进步的时代，新的模式势如破竹

新模式之于个人——便捷、高效的生活质量

新模式之于企业——发展的动力源泉

时代赋予我们责任

推陈出新见证时代的变迁

一、填空题

1. 为贯彻落实公司 2014 年"两会"精神，深化"三集五大"专业协同运作，通过进一步完善服务机制，最大限度地实现业扩报装服务_____、_____、_____。

答案：便民，为民，利民

2. 简化业扩报装手续、优化流程的基本原则：一是坚持_____、_____原则；二是坚持_____、_____原则；三是坚持_____、_____原则；四是坚持_____、_____原则。

答案：手续最简，流程最优，协同运作，一口对外，全环节量化，全过程管控，互动化，差异化服务

3. 10kV、35 kV 业扩项目，由_____每年年初向营销部提供年度配电网规划方案。

答案：发展部

4. 业扩报装坚持协同运作、一口对外原则。健全跨部门协同机制和周会商制度，实现流程融合，客户需求、配电网资源等信息共享和业扩报装服务"_____、_____"。

答案：一口对外，内转外不转

5.《关于进一步简化业扩报装手续优化流程的意见》规定，低压居民客户业扩报装，实行"_____、_____"服务，即受理申请当日录入营销业务应用系统，次日完成_____和_____。

答案：当日受理，次日接电，勘查，接电

6.《关于进一步简化业扩报装手续优化流程的意见》规定，业扩报装坚持互动化、差异化服务原则。拓展_____渠道，健全绿色通道制度，提供可选择"_____"。

答案：电子化互动服务，套餐服务

7.《关于进一步简化业扩报装手续优化流程的意见》规定，高压客户业扩报装实行"四段式"并行服务，将高压业扩全流程划分为_____、_____、_____和_____"四段"。

答案：方案答复，工程设计，工程建设，装表接电

8.《关于进一步简化业扩报装手续优化流程的意见》规定，简化业扩报装客户提交资料种类。推行_____及远程申请电子化填单。

答案：现场申请免填单

9.《关于进一步简化业扩报装手续优化流程的意见》规定，业扩报装坚持手续最简、流程最优原则。最大限度减少客户提交的资料，取消冗余环节，_____改_____。

答案：串行，并行

10.《关于进一步简化业扩报装手续优化流程的意见》规定，业扩报装坚持_____、_____原则。对所有流程环节统一完成时限和质量要求，并纳入系统进行管控。

答案：全环节量化，全过程管控

11.《关于进一步简化业扩报装手续优化流程的意见》规定，发展、运检、营销、调控等部门配合完成相关系统适应性调整，整合_____、_____、规划设计、生产 PMS、调度 SCADA、_____等系统资源，实现数据共享，支撑供电方案编审、_____、业务环节时限监控等工作开展。

答案：用电信息采集，营销业务应用，办公自动化，现场移动作业

12.《关于进一步简化业扩报装手续优化流程的意见》规定，优化资料审验时序。履行_____，切实维护客户对用电业务，申请资料以及设计、施工、设备采购的_____和_____。

答案：一次性告知义务，知情权，自主选择权

13.《关于进一步简化业扩报装手续优化流程的意见》规定，拓展业扩服务渠道。实现同一地区可跨营业厅办理用电业务，同时开通_____、_____、_____等电子化办理渠道。对于行动不便、有特殊需求的客户，提供用电业务办理_____。

答案：95598 网站，电话，智能终端，上门服务

14.《关于进一步简化业扩报装手续优化流程的意见》规定，开展业扩报装宣贯培训。由营销部负责公司业扩报装新模式的宣贯培训，结合供电服务技能竞赛，将_____的营销服务理念和_____落实到每一个岗位、每一个业务环节，并跟踪业扩报装新模式的实施效果，进行持续调整和完善提升。

答案：以客户为导向，业务操作要求

15.《进一步精简业扩手续、提高办电效率的工作意见》要求，推广低压居民客户申请_____，实现同一地区可跨营业厅受理办电申请。

答案：免填单

16.《进一步精简业扩手续、提高办电效率的工作意见》要求实行营业厅一证受理，在收到客户_____并签署"承诺书"后，正式受理用电申请，现场勘查时收资。

答案：用电主体资格证明

17.《进一步精简业扩手续、提高办电效率的工作意见》规定，居民、非居民、高压客户申请资料种类，分别由 2 种、3 种、4 种均减少为 1 种，实行_____。

答案："一证受理"

18.《进一步精简业扩手续、提高办电效率的工作意见》规定，配套工程建设方面：低压、高压业扩电网配套工程分别按照抢修领料和_____模式实施，并下放 ERP 系统权限。

答案："项目包"

19.《进一步精简业扩手续、提高办电效率的工作意见》要求优化现场勘查模式，实行合并作业和联合勘查，提高现场勘查效率，低压客户实行勘查装表_____作业。

答案："一岗制"

20.《进一步精简业扩手续、提高办电效率的工作意见》规定，电网资源信息通过公司

网站、办公自动化平台、电子文件系统，实现电网资源信息_____和跨专业协同。

答案：内部共享

21.《进一步精简业扩手续、提高办电效率的工作意见》（国家电网营销〔2015〕70号）要求高压客户实行"_____、_____"制，_____负责组织相关专业人员共同完成现场勘查。

答案：联合勘查，一次办结，营销部（客户服务中心）

22.《进一步精简业扩手续、提高办电效率的工作意见》规定，35kV项目，由_____委托经研院（所）编制供电方案。

答案：营销部（客户服务中心）

23.《进一步精简业扩手续、提高办电效率的工作意见》规定，35kV项目的供电方案由_____组织相关部门进行_____或_____。

答案：营销部（客户服务中心），网上会签，集中会审

24.《进一步精简业扩手续、提高办电效率的工作意见》要求提高供电方案编制深度，对于重要电力客户，明确_____要求。

答案：应急措施配置

25.《进一步精简业扩手续、提高办电效率的工作意见》（国家电网营销〔2015〕70号）要求提高供电方案编制深度，对于有特殊负荷的客户，提出_____要求。

答案：电能质量治理

26.《进一步精简业扩手续、提高办电效率的工作意见》（国家电网营销〔2015〕70号）要求简化客户工程查验，取消普通客户_____和_____，实行设计单位资质、施工图纸与竣工资料合并报验。

答案：设计审查，中间检查

27.《进一步精简业扩手续、提高办电效率的工作意见》（国家电网营销〔2015〕70号）在工程设计环节，要求简化客户工程查验，对于有特殊负荷的客户，重点查验电能质量治理装置、_____等内容。

答案：涉网自动化装置配置

28.《进一步精简业扩手续、提高办电效率的工作意见》要求，优化项目计划和物资供应流程，低压业扩电网配套工程，按照_____模式管理。

答案：抢修领料

29.《进一步精简业扩手续、提高办电效率的工作意见》要求，低压业扩电网配套工程，年初由运检、营销部门预测全年低压业扩_____，统筹列支电网配套工程建设资金。

答案：电网配套工程量

30.《进一步精简业扩手续、提高办电效率的工作意见》要求简化竣工检验内容，取消客户内部_____设备施工质量、运行规章制度、安全措施等竣工检验内容，优化客户报验

资料，实行设计、竣工报验资料一次性提交。

答案：非涉网

31.《进一步精简业扩手续、提高办电效率的工作意见》要求简化竣工检验内容，竣工检验分为_____和_____。

答案：资料审验，现场查验

32.《进一步精简业扩手续、提高办电效率的工作意见》要求优化停（送）电计划安排，完善业扩项目停（送）电计划制订、告知、执行机制。35kV 及以上业扩项目实行_____。

答案：月度计划

33.《进一步精简业扩手续、提高办电效率的工作意见》要求优化停（送）电计划安排，完善业扩项目停（送）电计划制订、告知、执行机制。10kV 及以下业扩项目推广试行_____管理。

答案：周计划

34.《进一步精简业扩手续、提高办电效率的工作意见》要求信息公开，建立电网资源、业务进程、收费标准信息的内部资源共享和_____机制，形成跨专业、跨部门的信息协同。

答案：外部信息公开

35.《进一步精简业扩手续、提高办电效率的工作意见》要求信息公开，并根据客户订制自动推送所需信息，实现_____及收费标准信息的对外公开。

答案：业务进程

36.《进一步精简业扩手续、提高办电效率的工作意见》要求信息公开，与客户开展互动服务，提供营业厅、95598 网站、手机 APP、短信平台等_____。

答案：查询渠道

37.《进一步精简业扩手续、提高办电效率的工作意见》要求信息公开，电网资源信息发布必须符合公司_____要求。

答案：保密

38.《进一步精简业扩手续、提高办电效率的工作意见》要求信息公开，其中收费标准信息包括_____、_____及其他物价部门出台的业务收费标准和依据。

答案：高可靠性供电费，临时接电费

39.《进一步精简业扩手续、提高办电效率的工作意见》要求信息公开，各单位不得私设_____或调整_____。

答案：收费项目，收费标准

40.《进一步精简业扩手续、提高办电效率的工作意见》要求各级运监中心负责对业扩报装专业协同进行_____监督，定期发布监测报告。

答案：全过程

41．《进一步精简业扩手续、提高办电效率的工作意见》规定的专业协同监测重点包括供电方案确定，_____受限及整改进度，停（送）电计划编制，电网配套工程建设，业务办理进程等部门协同情况。

答案：电网资源

42．《进一步精简业扩手续、提高办电效率的工作意见》要求强化信息化手段支撑，加快推进_____深化应用。

答案：营配调贯通

43．《进一步精简业扩手续、提高办电效率的工作意见》要求强化信息化手段支撑，建立可视化图模和供电能力发布平台，支撑供电方案辅助制订和_____。

答案：现场移动作业

44．《进一步精简业扩手续、提高办电效率的工作意见》规定，非居客户签订承诺书，在_____前提供相应资料。

答案：约定时间

45．《进一步精简业扩手续、提高办电效率的工作意见》规定，若因客户无法按照承诺时间提交相应资料，由此引起的_____或_____等相应后果由客户方自行承担。

答案：流程暂停，终止、延迟送电

46．根据《进一步精简业扩手续、提高办电效率的工作意见》规定，供电方案中接入系统方案包括各路供电电源的接入点、供电电压、频率、供电容量、电源进线敷设方式、技术要求、_____、分界点开关等接入工程主要设施或装置的核心技术要求。

答案：投资界面及产权分界点

47．根据《进一步精简业扩手续、提高办电效率的工作意见》客户可_____具备相应资质的设计单位，按照供电方案要求开展工程设计。

答案：自主选择

48．根据《进一步精简业扩手续、提高办电效率的工作意见》对重要客户和有特殊负荷客户进行中间检查，检查重点是涉及电网安全的_____施工工艺、_____相关设备选型等项目。

答案：隐蔽工程，计量

49．根据《进一步精简业扩手续、提高办电效率的工作意见》要求，35kV 及以上客户确定供电方案的时限为：单电源_____个工作日。

答案：11

50．根据《进一步精简业扩手续、提高办电效率的工作意见》要求，35kV 及以上客户确定供电方案的时限为：双电源_____个工作日。

答案：26

51．根据《进一步精简业扩手续、提高办电效率的工作意见》要求，对第一类分布式电源客户,其中分布式光伏发电客户的接入系统方案编制工作时限:单点并网项目_____个工作日。

答案：10

52．根据《进一步精简业扩手续、提高办电效率的工作意见》要求，对第一类分布式电源客户,其中分布式光伏发电客户的接入系统方案编制工作时限:多点并网项目_____个工作日。

答案：20

53．根据《进一步精简业扩手续、提高办电效率的工作意见》要求，对第一类分布式电源客户，其中分布式光伏发电客户的接入系统方案编制工作时限：除单点和多点并网项目，其他分布式电源客户的接入系统方案编制工作时限为_____个工作日。

答案：30

54．根据《进一步精简业扩手续、提高办电效率的工作意见》要求，对第一类 380（220）V 接入电网分布式电源客户，受理验收申请后_____个工作日内完成计量装置安装。

答案：5

55．根据《进一步精简业扩手续、提高办电效率的工作意见》要求，对第一类 380（220）V 接入电网分布式电源客户，受理验收申请后，_____个工作日内完成合同、协议签订。

答案：5

56．根据《进一步精简业扩手续、提高办电效率的工作意见》要求，对第一类 380（220）V 接入电网分布式电源客户，完成计量装置安装后，_____个工作日内完成并网验收及调试。

答案：5

57．根据《进一步精简业扩手续、提高办电效率的工作意见》要求，对第一类 10kV 接入电网分布式电源客户，受理验收申请后_____个工作日内完成计量装置安装。

答案：10

58．根据《进一步精简业扩手续、提高办电效率的工作意见》要求，对第一类 10kV 接入电网分布式电源客户，受理验收申请后，_____个工作日内完成合同、协议签订。

答案：10

59．根据《进一步精简业扩手续、提高办电效率的工作意见》要求，对第一类 10kV 接入电网分布式电源客户，完成计量装置安装后，_____个工作日内完成并网验收及调试。

答案：10

60．根据《进一步精简业扩手续、提高办电效率的工作意见》要求，对第二类接入电网分布式电源客户，受理验收申请后_____个工作日内完成计量装置安装。

答案：10

61．根据《进一步精简业扩手续、提高办电效率的工作意见》规定，对第二类接入电网分布式电源客户，受理验收申请后_____个工作日内完成合同、协议签订。

答案：10

62．根据《进一步精简业扩手续、提高办电效率的工作意见》要求，对第二类接入电网分布式电源客户，完成计量装置安装后，_____个工作日内完成并网验收及调试。

答案：10

63．根据《进一步精简业扩手续、提高办电效率的工作意见》要求，对分布式电源客户，受理审查申请后_____个工作日内答复审查意见。

答案：10

64．《进一步精简业扩手续、提高办电效率的工作意见》规定，简化重要或有特殊负荷客户的设计审查和中间检查内容，客户内部_____、非涉网设备等不作为审查内容。

答案：土建工程

65．《国家电网公司关于简化业扩手续提高办电效率深化为民服务的工作意见》规定，手续最简、流程最优，实行一次性告知，最大限度减少客户_____。

答案：申报资料

66．《国家电网公司关于简化业扩手续提高办电效率深化为民服务的工作意见》规定，对于具备营配贯通条件的单位，通过系统集成实时共享_____信息。

答案：可开放容量

67．《国家电网公司关于简化业扩手续提高办电效率深化为民服务的工作意见》规定，按照电压等级、_____，编制供电方案标准化模板。

答案：容量审批权限

68．《国家电网公司关于简化业扩手续提高办电效率深化为民服务的工作意见》规定，协同运作、一口对外，健全_____，实行分级管理和"一口对外"服务，加快_____及电网配套工程建设。

答案：跨部门协同机制，方案编审

69．《国家电网公司关于简化业扩手续提高办电效率深化为民服务的工作意见》规定，全环节量化、全过程管控，统一所有流程环节完成时限和_____，并纳入_____进行管控。

答案：质量要求，系统

70．《国家电网公司关于简化业扩手续提高办电效率深化为民服务的工作意见》规定，对于110（66）kV及以上业扩项目，合并_____和_____编审环节。

答案：接入系统方案，供电方案

71．《国家电网公司关于简化业扩手续提高办电效率深化为民服务的工作意见》规定，对于分布式电源，其接入系统工程由_____负责投资建设。

答案：项目业主

72．《国家电网公司关于简化业扩手续提高办电效率深化为民服务的工作意见》规定，对于电动汽车充换电设施，从产权分界点至公共电网的配套接网工程，由公司负责建设和运行维护，公司不收取_____。

答案：接网费用

73．《国家电网公司关于简化业扩手续提高办电效率深化为民服务的工作意见》规定，低压居民客户，受理申请后，_____（法定节假日顺延）完成现场勘查并答复供电方案；对于具备营配贯通条件的，在_____时同步答复供电方案。

答案：次日，受理申请

74．《国家电网公司关于简化业扩手续提高办电效率深化为民服务的工作意见》规定，按照项目性质，业扩项目电网配套工程分为_____项目和_____项目，在方案确定后，分别由运检部、发展部组织编制项目可研，并履行可研评审、批复手续。

答案：技改，基建

75．《国家电网公司关于简化业扩手续提高办电效率深化为民服务的工作意见》规定，对于_____kV及以上业扩项目，电网配套工程建设按照公司工程管理要求实施。

答案：35

76．《国家电网公司关于简化业扩手续提高办电效率深化为民服务的工作意见》规定，坚持以_____为导向，全面构建公司统一的"一口对外、流程精简、_____、全程管控、智能互动"的供电服务模式，进一步提高办电效率、工作质量和_____。

答案：客户，协同高效，服务水平

77．《国家电网公司关于简化业扩手续提高办电效率深化为民服务的工作意见》规定，并行推进业务流程，提前做好启动送电准备工作，按照_____、_____、_____"三位一体"原则，同步协助客户办结合同签订、费用结算等送电前置手续，客户工程竣工检验合格当日启动送电。

答案：验收，装表，送电

78．《国家电网公司关于简化业扩手续提高办电效率深化为民服务的工作意见》规定，实施业扩流程"串改并"并行处理_____、_____、工程检查、合同签订（含调度协议和电费结算协议签订）等环节。客户工程竣工检验同步完成_____工作。

答案：营业收费，配表装表，计量表计安装

79．《国家电网公司关于简化业扩手续提高办电效率深化为民服务的工作意见》规定，统一业务办理_____，履行一次性告知义务。

答案：告知书

80．《国家电网公司关于简化业扩手续提高办电效率深化为民服务的工作意见》规定，客户低压供电的充换电设施，配套接网工程建设投资界面以_____为分界点，_____及以上部分由供电公司投资建设；_____及以下部分由客户投资建设。

答案：电能表，电能表（含表箱、表前开关）等，电能表出线（含表后开关）

81.《国家电网公司关于简化业扩手续提高办电效率深化为民服务的工作意见》规定，客户采用高压架空线路供电的充换电设施，配套接网工程建设投资界面以客户围墙或变电所外_____为分界点。

答案：第一基杆塔

82.《国家电网公司关于简化业扩手续提高办电效率深化为民服务的工作意见》规定，维护客户对业务办理以及设计、施工、设备采购的_____和_____。

答案：知情权，自主选择权

83.《国家电网公司业扩报装管理规则》规定，公司各级_____是业扩报装业务的归口管理部门。

答案：营销部门

84.《国家电网公司业扩报装管理规则》规定，运检部门根据营销部门_____报备的台区新装容量清单，加强台区设备运维管理，及时对重过载配变开展分装更换工作。

答案：每月

85.《国家电网公司业扩报装管理规则》规定，供电部门向客户提供营业厅柜台和自助、95598电话、网站、手机客户端等业务办理渠道，实行_____和"一次性告知"。

答案："首问负责制"

86.《国家电网公司业扩报装管理规则》规定，业务办理应及时将相关信息录入_____，并在相关表单自动生成时间和相应二维码信息。

答案：营销业务系统

87.《国家电网公司业扩报装管理规则》规定，受理客户用电申请，应主动向客户提供用电咨询服务，接收并查验客户用电申请资料，与客户预约_____时间。

答案：现场勘查

88.《国家电网公司业扩报装管理规则》规定，推行居民客户"免填单"服务，业务办理人员了解客户申请信息并录入营销业务应用系统，生成用电登记表，打印后交由客户_____。

答案：签字确认

89.《国家电网公司业扩报装管理规则》规定，客户在往次业务办理过程已提交且尚在_____内的资料，无需再次提供。

答案：有效期

90.《国家电网公司业扩报装管理规则》规定，客户用电申请如具有非线性负荷并可能影响供电质量或电网安全运行，应书面告知客户委托有资质单位开展_____，并在竣工检验前提交初步治理技术方案和相关测试报告。

答案：电能质量评估

91.《国家电网公司业扩报装管理规则》规定，根据与客户预约时间，组织开展现场勘查。现场勘查前，应预先了解待勘查地点的_____。

答案：现场供电条件

92.《国家电网公司业扩报装管理规则》规定，现场勘查，应重点核实客户负荷性质、用电容量、用电类别等信息，结合现场供电条件，初步确定供电电源、计量、计费方案，并填写_____。

答案：现场勘查单

93.《国家电网公司业扩报装管理规则》规定，对申请新装、增容用电的居民客户现场勘查，应核定_____，确认供电电压、计量装置位置和接户线的路径、长度。

答案：用电容量

94.《国家电网公司业扩报装管理规则》规定，对拟定的重要电力客户，应根据国家确定重要负荷等级有关规定，审核客户行业范围和负荷特性，并根据客户供电可靠性的要求以及_____确定供电方式。

答案：中断供电危害程度

95.《国家电网公司业扩报装管理规则》规定，现场勘查时，如发现客户现场存在违约用电、窃电嫌疑等异常情况，勘查人员应做好现场记录，及时报相关职责部门，并_____该客户用电业务。

答案：暂缓办理

96.《国家电网公司业扩报装管理规则》规定，供电方案变更，应严格履行审批程序，如由于客户需求变化造成方案变更，应书面通知客户_____用电申请手续。

答案：重新办理

97.《国家电网公司业扩报装管理规则》规定，设计图纸文件审查合格后，应填写客户受电工程设计文件审查意见单，并在审核通过的设计图纸文件上加盖_____，告知客户下一环节需要注意的事项。

答案：图纸审核专用章

98.《国家电网公司业扩报装管理规则》规定，因客户原因需要变更设计的，应填写《客户受电工程变更设计申请联系单》，将变更后的设计图纸文件_____，通过审核后方可实施。

答案：再次送审

99.《国家电网公司业扩报装管理规则》规定，受理客户受电工程中间检查报验申请后，应及时组织开展中间检查。发现缺陷的，应_____通知客户整改。

答案：一次性书面

100.《国家电网公司业扩报装管理规则》规定，中间检查现场检查前，应提前与客户预约时间，告知检查项目和_____。

答案：应配合的工作

101．《国家电网公司业扩报装管理规则》规定，竣工检验合格后，应根据现场情况最终_____计费方案和计量方案，记录资产的产权归属信息，告知客户检查结果，并及时办结受电装置接入系统运行的相关手续。

答案：核定

102．《国家电网公司业扩报装管理规则》规定，严格按照_____批准的项目、标准计算业务费用，经审核后书面通知客户交费。

答案：价格主管部门

103．《国家电网公司业扩报装管理规则》规定，收费时应向客户提供相应的票据，严禁_____收费项目或擅自调整收费标准。

答案：自立

104．《国家电网公司业扩报装管理规则》规定，根据公司下发的统一供用电合同文本，与客户协商拟订合同内容，形成合同文本初稿及附件。对于低压居民客户，精简供用电合同条款内容，采取_____签订合同。

答案：背书方式

105．《国家电网公司业扩报装管理规则》规定，接电条件包括：启动送电方案已审定，新建的供电工程已验收合格，客户的受电工程已竣工检验合格，供用电合同及_____已签订，业务相关费用已结清。

答案：相关协议

106．《国家电网公司业扩报装管理规则》规定，有_____用电设备（高次谐波、冲击性负荷、波动负荷、非对称性负荷等）的客户，设计审查时应审核_____装置及预留空间，_____是否满足有关规程、规定要求。

答案：非线性阻抗，谐波负序治理，电能质量监测装置

107．《国网营销部关于进一步简化客户报装资料和受电工程资质审查的通知》规定，业务受理环节取消煤矿客户提交煤炭生产许可证、矿长资格证和矿长安全资格证，以及非煤矿客户提交矿长安全资格证的要求，保留提交_____和_____。

答案：采矿许可证，安全生产许可证

108．《国网营销部关于进一步简化客户报装资料和受电工程资质审查的通知》规定，竣工验收环节，取消客户提交_____和建筑业企业资质证书要求，保留客户提交_____。

答案：施工单位安全生产许可证，施工单位承装（修、试）电力设施许可证

109．《进一步精简业扩手续、提高办电效率的工作意见》规定，并网验收及并网调试申请受理后，地市公司_____负责安装关口计量和发电量计量装置。工作时限为_____。

答案：营销部（客户服务中心），10个工作日

二、单选题

1. 《关于进一步简化业扩报装手续优化流程的意见》规定，开展业扩报装服务品质评价，建立涵盖服务能力、服务协同、服务质量的监督评价体系，将评价结果纳入（　　）及业绩考核。

    A．班组成绩　　　　　　　　B．公司考核

    C．同业对标　　　　　　　　D．班组建设

答案：C

2. 《关于进一步简化业扩报装手续优化流程的意见》规定，严格工作质量监督考核。实行（　　）100%回访，对客户集中反映的难点、热点问题进行跟踪督办。

    A．低压客户　　　　　　　　B．公变客户

    C．高压客户　　　　　　　　D．专变客户

答案：C

3. 《关于进一步简化业扩报装手续优化流程的意见》规定，低压居民客户实行"当日受理、次日接电"服务，即（　　）当日录入营销业务应用系统，次日完成勘查和接电。

    A．答复供电方案　　　　　　B．客户信息搜集

    C．受理申请　　　　　　　　D．勘查

答案：C

4. 《关于进一步简化业扩报装手续优化流程的意见》规定，低压居民客户实行"当日受理、次日接电"服务，即受理申请当日录入营销业务应用系统，次日完成（　　）。

    A．答复供电方案　　　　　　B．勘查

    C．接电　　　　　　　　　　D．勘查和接电

答案：D

5. 根据《进一步精简业扩手续、提高办电效率的工作意见》要求，对于有特殊需求的客户群体，提供办电（　　）。

    A．提前服务　　　　　　　　B．特色服务

    C．预约上门服务　　　　　　D．套餐服务

答案：C

6. 根据《进一步精简业扩手续、提高办电效率的工作意见》要求，应精简申请资料，优化审验时序，减少（　　）。

    A．流程环节　　　　　　　　B．收费项目

    C．客户临柜次数　　　　　　D．审批环节

答案：C

7. 《进一步精简业扩手续、提高办电效率的工作意见》规定，110kV 及以上项目，由客户委托具备资质的单位开展接入系统设计，（   ）委托经研院（所）根据客户提交的接入系统设计编制供电方案，由发展部组织进行网上会签或集中会审。

    A．营销部   B．营销部（客服中心）

    C．客服中心   D．发展部

答案：D

8. 《进一步精简业扩手续、提高办电效率的工作意见》要求优化现场勘查模式，实行合并作业和联合勘查，提高现场勘查效率，低压客户实行（   ）"一岗制"作业。

    A．勘查设计   B．设计验收   C．验收装表   D．勘查装表

答案：D

9. 《进一步精简业扩手续、提高办电效率的工作意见》要求优化项目计划和物资供应流程，加快业扩电网配套工程建设，确保与客户工程（   ），满足客户，特别是电动汽车充电桩和分布式电源接网需求。

    A．同步实施、同步验收   B．同步设计、同步实施

    C．同步验收、同步投运   D．同步实施、同步投运

答案：D

10. 《进一步精简业扩手续、提高办电效率的工作意见》要求优化项目计划和物资供应流程，对于项目包资金范围内的业扩电网配套工程，由市、县公司按照"（   ）"的原则，在 ERP 系统直接审批，并通过省公司协议库存供应物资。

    A．分级审批，逐级审核   B．分级审批，随报随批

    C．按月申报，集中审批   D．按季申报，集中审批

答案：B

11. 《进一步精简业扩手续、提高办电效率的工作意见》要求完善服务质量监测体系，实行业扩报装（   ）管控。

    A．闭环   B．过程   C．环节   D．质量

答案：A

12. 《进一步精简业扩手续、提高办电效率的工作意见》要求优化停（送）电计划安排，完善业扩项目停（送）电计划制订、告知、执行机制。运检部门负责确定是否具备（   ）条件并制订实施方案。

    A．验收   B．装表   C．不停电作业   D．接电

答案：C

13. 根据《进一步精简业扩手续、提高办电效率的工作意见》要求，对低压居民客户，具备直接装表条件的，应在受理后（   ）个工作日完成供电方案答复及送电。

    A．1   B．3   C．5   D．7

答案：A

14. 根据《进一步精简业扩手续、提高办电效率的工作意见》要求，低压居民客户受理申请后，对于有电网配套工程的居民客户，在供电方案答复后，应在（ ）个工作日内完成电网配套工程建设，工程完工当日送电。

    A. 1   B. 3   C. 5   D. 7

答案：B

15. 根据《进一步精简业扩手续、提高办电效率的工作意见》要求，低压非居客户受理申请后，1个工作日内完成现场勘查及供电方案答复；对于无电网配套工程的，在受理申请后，应在（ ）个工作日内送电。

    A. 1   B. 3   C. 5   D. 7

答案：B

16. 根据《进一步精简业扩手续、提高办电效率的工作意见》要求，低压非居客户受理申请后，1个工作日内完成现场勘查及供电方案答复；对于有电网配套工程的客户，在供电方案答复后，应在（ ）个工作日完成电网配套工程建设，工程完工当日送电。

    A. 1   B. 3   C. 5   D. 7

答案：C

17. 根据《进一步精简业扩手续、提高办电效率的工作意见》要求，电网配套工程由运检部根据工程前期条件，与客户受电工程同步组织实施。其中，10kV项目应在（ ）个工作日内完成配套工程建设。

    A. 30   B. 45   C. 60   D. 75

答案：C

18. 根据《进一步精简业扩手续、提高办电效率的工作意见》要求，对重要客户和有特殊负荷的客户，应在（ ）个工作日内完成设计文件审查。

    A. 5   B. 10   C. 15   D. 20

答案：A

19. 根据《进一步精简业扩手续、提高办电效率的工作意见》要求，对有隐蔽工程的重要客户和有特殊负荷的客户，在（ ）个工作日内完成中间检查。

    A. 5   B. 10   C. 15   D. 20

答案：A

20. 根据《进一步精简业扩手续、提高办电效率的工作意见》要求，高压客户的竣工验收时限为（ ）个工作日，合同签订时限为（ ）个工作日。

    A. 3，5   B. 5，5   C. 5，7   D. 7，7

答案：B

21. 根据《进一步精简业扩手续、提高办电效率的工作意见》要求，10kV客户的竣工验收时限为（　　　）个工作日，35kV 客户的竣工验收时限为（　　　）个工作日。

    A．3，5   B．5，5   C．5，7   D．7，7

答案：B

22．根据《进一步精简业扩手续、提高办电效率的工作意见》要求，10kV 单电源客户确定供电方案的时限为（　　　）个工作日。

    A．10   B．15   C．25   D．30

答案：A

23．根据《进一步精简业扩手续、提高办电效率的工作意见》要求，10kV 双电源客户确定供电方案的时限为（　　　）个工作日。

    A．10   B．15   C．25   D．30

答案：C

24．根据《进一步精简业扩手续、提高办电效率的工作意见》要求，低压充换电设施报装客户受理申请、答复供电方案后，应在（　　　）个工作日内完成工程建设及送电。

    A．3   B．5   C．7   D．10

答案：B

25．根据《进一步精简业扩手续、提高办电效率的工作意见》要求，高压充换电设施报装客户，确定供电方案时限为（　　　）个工作日。

    A．10   B．12   C．15   D．18

答案：B

26．《进一步精简业扩手续、提高办电效率的工作意见》规定，优化业扩流程方面：对低压客户，合并（　　　）和装表接电环节。

    A．业务受理   B．现场勘查

    C．供电方案答复   D．竣工检验

答案：B

27．《进一步精简业扩手续、提高办电效率的工作意见》规定，强化考核评价，国网客服中心负责开展业扩客户回访；各级运监中心负责业扩报装专业协同质量和时限的监测；国网（　　　）、运监中心根据监测结果提出考核意见，并纳入业绩考核。

    A．客户服务中心   B．人资部

    C．营销部   D．安监部

答案：C

28．《进一步精简业扩手续、提高办电效率的工作意见》规定，业扩停（送）电计划安排由调控中心负责组织相关部门协商确定（　　　），并由营销部（客户服务中心）正式答复客户最终接电时间。

    A．施工作业方式   B．停（送）电时间

C. 电网方式调整　　　　　D. 施工许可方式

答案：B

29.《进一步精简业扩手续、提高办电效率的工作意见》规定，如果居民客户申请时提供了与用电人身份一致的有效产权证明原件及复印件的，（　　）签署承诺书。

  A. 必须要求　　　　　　　B. 可不要求

  C. 一般要求　　　　　　　D. 还需要求

答案：B

30.《进一步精简业扩手续、提高办电效率的工作意见》规定，10kV 业扩电网配套工程两个项目包，纳入各省生产技改和电网基建年度计划，实行（　　）管理。

  A. 统筹　　　B. 打捆　　　C. 单列　　　D. 单独

答案：B

31.《国家电网公司关于简化业扩手续提高办电效率深化为民服务的工作意见》规定，对于 110（66）kV 及以上业扩项目，由（　　）委托具备相应资质的单位编制接入系统可研设计。

  A. 客户　　　　　　　　　B. 营销部（客户服务中心）

  C. 发展部　　　　　　　　D. 调控部门

答案：A

32.《国家电网公司关于简化业扩手续提高办电效率深化为民服务的工作意见》规定，对于 110（66）kV 及以上业扩项目，由（　　）委托经研院（所）编制供电方案（含接入系统方案）。

  A. 客户　　　　　　　　　B. 营销部（客户服务中心）

  C. 发展部　　　　　　　　D. 调控部门

答案：C

33.《国家电网公司关于简化业扩手续提高办电效率深化为民服务的工作意见》规定，对于 110（66）kV 及以上业扩项目，由（　　）组织相关部门对供电方案（含接入系统方案）进行集中审查。

  A. 客户　　　　　　　　　B. 营销部（客户服务中心）

  C. 发展部　　　　　　　　D. 调控部门

答案：B

34.《国家电网公司业扩报装管理规则》规定，公司各级（　　）是业扩报装业务的归口管理部门。

  A. 营销部门　　　　　　　B. 发展部门

  C. 运检部门　　　　　　　D. 基建部门

答案：A

35.《国家电网公司业扩报装管理规则》规定，供电方案变更，应严格履行审批程序，如由于客户需求变化造成方案变更，应书面通知客户（　　）用电申请手续。

  A．办理变更   B．重新办理

  C．暂缓办理   D．不需变更

答案：B

36.《国家电网公司业扩报装管理规则》规定，（　　）前应将施工企业资质、施工进度安排报供电企业审核备案。

  A．正式开工   B．用电申请

  C．中间检查   D．竣工检验

答案：A

37.《国家电网公司业扩报装管理规则》规定，在具备条件的地区，优先采用业扩（　　）接引。

  A．带电 B．不带电 C．部分停电 D．停电

答案：A

38.《国家电网公司业扩报装管理规则》规定，对于不具备带电作业条件的，优化停电计划，实现停电计划与（　　）进度合理衔接。

  A．客户业扩工程建设 B．施工人员力量

  C．许可人员力量   D．配网改造工程进度

答案：A

39.《国家电网公司业扩报装管理规则》规定，正式接电前，完成接电条件审核，并对全部电气设备做外观检查，确认已拆除所有（　　），并对二次回路进行联动试验，抄录电能表编号、主要铭牌参数、止度数等信息，填写电能计量装接单，并请客户签字确认。

  A．临时电源   B．保护压板

  C．联合接线盒电压连接片 D．联合接线盒电流连接片

答案：A

40.《国家电网公司业扩报装管理规则》规定，接电完成后，应在（　　）个工作日内收集、整理并核对归档信息和资料，形成资料清单，建立客户档案。

  A．1   B．2   C．3   D．4

答案：C

41．根据《国网营销部关于进一步简化客户报装资料和受电工程资质审查的通知》要求，竣工验收环节，客户需提交的许可证有（　　）。

  A．施工单位安全生产许可证

  B．建筑业企业资质证书

C. 施工单位承装（修、试）电力设施许可证

D. 工程设计与施工资质证书

答案：C

三、多选题

1. 对于申请阶段暂不能提供（   ）的业扩项目，可先行答复供电方案，并在后续环节收齐以上申请资料。

A. 环评报告

B. 节能评估报告（登记表）

C. 生产许可证

D. 税务登记证

答案：ABCD

2. 由（   ）负责营配数据采集和治理，加快推进营配贯通实用化应用。

A. 信通部　　B. 运检部　　C. 营销部　　D. 调控中心

答案：BC

3. 强化流程时限管控，深化时限预警功能应用，在系统中固化各业务环节、岗位办理时限，采用邮件、短信、弹出框等提醒方式，对业务办理进行（   ）和监督考核。

A. 人工催办

B. 到期预警

C. 自动催办

D. 全过程监控

答案：BC

4. 严格工作质量监督考核。利用（   ）等方式，开展客户满意度调查。

A. 95598 服务热线

B. 调查问卷

C. 第三方评价

D. 领导检查

答案：ABC

5. 深化方案编制，推行方案自动比选和辅助制订，实现供电方案（   ）。

A. 模块化设定

B. 代码化编制

C. 菜单化选择

D. 自动化生成

答案：ABCD

6. 进一步精简业扩手续、提高办电效率的工作原则是（   ）。

A. 一次告知、手续最简、流程最优快捷

B. 协同运作、一口对外

C. 全环节量化、全过程管控

D. 互动化、差异化服务

答案：ABCD

7. 简化客户工程查验，对于重要电力客户，重点查验（   ）、多电源闭锁装置、电

能计量装置等内容。

  A．供电电源配置   B．自备应急电源

  C．非电性质保安措施   D．涉网自动化装置

答案：ABCD

8．要求简化竣工检验内容，竣工检验的资料审验主要审查设计、施工、试验单位资质，

（ ）。

  A．设备试验报告   B．保护定值调试报告

  C．接地电阻测试报告   D．调度许可设备命名

答案：ABC

9．进一步精简业扩手续、提高办电效率的"协同运作、一口对外"是指健全跨部门协

同机制，深化系统集成应用，实现流程融合、信息共享和（ ）。

  A．一口对外   B．内转外不转

  C．全环节服务   D．全流程管控

答案：AB

10．取消供电方案（ ），实行直接开放、（ ）或（ ），缩短方案答复周期。

  A．分级审批   B．联合审批

  C．网上会签   D．集中会审

答案：A，C，D

11．强化信息化手段支撑，集成（ ）等系统数据。

  A．营销业务应用   B．GIS

  C．生产 PMS   D．调度、电网规划

答案：ABCD

12．提供（ ）、（ ）受理服务，根据预约时间完成现场勘查并收资。

  A．网上   B．电话   C．自助   D．现场

答案：A，B

13．在满足接入条件的前提下，按照"（ ）、（ ）、（ ）"的原则，确定客户

接入的公共连接点。

  A．符合规划   B．安全经济

  C．运行可靠   D．就近接入

答案：A，B，D

14．简化竣工检验内容，资料审验主要审查（ ）单位资质，设备试验报告、保护

定值调试报告和接地电阻测试报告。

  A．设计   B．施工   C．试验   D．供货

答案：ABC

15. 信息公开，建立（　　　）、（　　　）、（　　　）信息的公开机制，形成跨专业、跨部门的信息协同。

    A. 服务项目　　　　　　　　B. 业务进程

    C. 收费标准　　　　　　　　D. 电网资源

答案：B，C，D

16. 信息公开，其中收费标准信息包括（　　　）、（　　　）及其他物价部门出台的业务收费标准和依据。

    A. 高可靠性供电费　　　　　B. 临时接电费

    C. 业务费　　　　　　　　　D. 手续费

答案：A，B

17. 完善服务质量监测体系，实行业扩报装闭环管控。国网客服中心负责分别在（　　　）环节开展回访，核查各环节实际完成时间、"三指定"及收费情况，调查客户满意度，开展业扩报装服务质量评价。

    A. 受理　　　B. 验收　　　C. 装表　　　D. 送电

答案：AD

18. 10kV 业扩电网配套工程需要设立的两个项目包是指"（　　　）"和"（　　　）"项目包。

    A. 业扩配套电网技改项目　　B. 业扩配套电网基建项目

    C. 配网大修技改项目　　　　D. 配网网架完善建设项目

答案：A，B

19. 强化信息化手段支撑，优化营销系统功能、界面，构建（　　　）等标准化模板库，便捷信息录入和业务处理。

    A. 业务受理　　　　　　　　B. 现场勘查

    C. 典型设计　　　　　　　　D. 供电方案

答案：ABD

20. 强化信息化手段支撑，推进营销系统与公司门户网站、协同办公平台的集成融合，提升（　　　）。

    A. 数据综合运用　　　　　　B. 跨专业协同运作

    C. 专业分工明确　　　　　　D. 数据交互效率

答案：BD

21. 严格执行档案（　　　）等作业流程和标准，实行纸质档案与电子档案全寿命周期管理。

    A. 生成　　　B. 保存　　　C. 销毁　　　D. 查询

答案：ABCD

22．供电方案中计量计费方案包括计量点的设置、（　　）、用电信息采集终端安装方案，计量柜（箱）等计量装置的核心技术要求；（　　）、电价说明、功率因数考核办法、线路或变压器损耗分摊办法。

    A．计量方式   B．配置类别

    C．用电类别   D．用电性质

答案：A C

23．实行电网资源、业务进程、收费标准信息的（　　）。

    A．公开   B．发布   C．公布   D．透明

答案：AD

24．居民客户用电地址、房屋产权以及用电人身份的（　　）是完成用电报装、合法用电的必备条件。

    A．真实性   B．合法性   C．有效性   D．一致性

答案：ABCD

25．重要电力客户需提交（　　）等资料并办理设计审查申请。

    A．设计审查申请表

    B．设计单位资质等级证书复印件

    C．设计单位资质等级证书原件

    D．设计图纸及说明（设计单位盖章）

答案：ABD

26．《国家电网公司关于简化业扩手续提高办电效率深化为民服务的工作意见》的主要目标是：坚持以客户为导向，全面构建公司统一的"（　　）、智能互动"的供电服务模式，进一步提高办电效率、工作质量和服务水平。

    A．一口对外   B．流程精简

    C．协同高效   D．全程管控

答案：ABCD

27．业务受理阶段统一业务办理告知书，履行一次性告知义务，维护客户对业务办理以及（　　）的知情权和自主选择权。

    A．设计   B．施工   C．试验   D．设备采购

答案：ABD

28．下列选项中属于拓展服务渠道的措施有（　　）。

    A．开通 95598 网站、电话、手机客户端等业务办理渠道

    B．推广应用自助服务终端

    C．推行客户资料电子化管理，逐步取消纸质业务单的流转

    D．对于有特殊需求的客户群体，提供办电预约上门服务

答案：ABCD

29. 低压居民客户提交申请资料时，下列选项中可作为低压居民客户有效身份证明的有（   ）。

    A．身份证   B．军人证

    C．护照   D．户口簿或公安机关户籍证明

答案：ABCD

30. 申请充换电设施报装的低压客户应提交的申请资料有：（   ）。

    A．客户有效身份证明

    B．固定车位产权证明或产权单位许可证明

    C．电动汽车购买合同或车辆行驶证

    D．物业出具同意使用充换电设施的证明材料

答案：ABD

31. 申请充换电设施报装的高压客户应提交的申请资料有：（   ）。

    A．客户有效身份证明

    B．固定车位产权证明或产权单位许可证明

    C．报装申请单

    D．物业出具同意使用充换电设施的证明材料

答案：ABC

32. 高压架空线路供电客户充换电设施配套接网工程建设中，由供电企业负责投资的有（   ）。

    A．客户围墙或变电所外第一基杆塔

    B．客户围墙或变电所外第一基杆塔上的柱上开关

    C．客户围墙或变电所外第一基杆塔上的熔断器

    D．开断设备出线及以下部分

答案：ABC

33. 低压供电客户充换电设施配套接网工程建设中，由供电公司负责投资的有（   ）。

    A．表箱   B．表前开关

    C．电能表出线   D．表后开关

答案：AB

34. 低压供电客户充换电设施配套接网工程建设中，由客户负责投资的有（   ）。

    A．表箱   B．表前开关

    C．电能表出线   D．表后开关

答案：CD

35. 业扩报装管理包括业务受理、现场勘查、供电方案确定及答复、（   ）、供用电

合同签订、装表接电、资料归档、服务回访全过程的作业规范、流程衔接及管理考核。

  A．业务收费　　　　　　　　B．设计文件审查

  C．中间检查　　　　　　　　D．竣工检验

  答案：ABCD

36．供用电合同文本经双方审核批准后，可由双方的下列哪几类人签订？（ ）

  A．法定代表人　　　　　　　B．企业负责人

  C．授权委托人　　　　　　　D．电气负责人

  答案：ABC

37．供用电合同双方审核时，如有异议，由双方协商一致后确定合同条款。利用（ ）等先进技术，推广应用供用电合同网上签约。

  A．密码认证　　　　　　　　B．智能卡

  C．手机令牌　　　　　　　　D．电子章

  答案：ABC

38．采集终端、电能计量装置安装结束后，应核对（ ）等重要信息，及时加装封印，记录现场安装信息、计量印证使用信息，请客户签字确认。

  A．二次接线　　　　　　　　B．电能表起度

  C．变比　　　　　　　　　　D．装置编号

  答案：BCD

39．纸质资料应保留原件，确实不能保留原件的，保留与原件核对无误的复印件。（ ）必须保留原件。

  A．供用电合同　　　　　　　B．相关协议

  C．试验报告　　　　　　　　D．营业执照

  答案：AB

40．业务受理环节，煤矿客户需提交的许可证或资格证有（ ）。

  A．煤炭生产许可证　　　　　B．矿长资格证

  C．矿长安全资格证　　　　　D．采矿许可证

  E．安全生产许可证

  答案：DE

四、判断题

1．110kV 及以上业扩项目接入系统设计，由发展部负责并组织经研院（所）进行评审，同步出具供电方案，并将接入系统设计审查意见和供电方案提交营销部。（ ）

  答案：√

2.《关于进一步简化业扩报装手续优化流程的意见》（国家电网营销〔2014〕168号）规定，简化业扩报装手续、优化流程是打造客户导向型窗口企业的主要措施。　　（　　）

答案：√

3.《关于进一步简化业扩报装手续优化流程的意见》（国家电网营销〔2014〕168号）规定，简化业扩报装手续、优化流程的主要目标是坚持客户导向，构建公司统一的"一口对外、流程精简、智能互动、协同高效、全程管控"的业扩报装精益化管理新模式，进一步提高业扩报装运作效率、工作质量和服务水平。　　（　　）

答案：√

4.《关于进一步简化业扩报装手续优化流程的意见》（国家电网营销〔2014〕168号）规定，健全跨部门协同机制和周会商制度，实现流程融合、客户需求、配电网资源等信息共享和业扩报装服务"一口对外、内转外不转"。　　（　　）

答案：√

5.《关于进一步简化业扩报装手续优化流程的意见》（国家电网营销〔2014〕168号）规定，严格工作质量监督考核，利用95598服务热线、调查问卷、领导检查等方式，开展客户满意度调查。　　（　　）

答案：×

6.《关于进一步简化业扩报装手续优化流程的意见》（国家电网营销〔2014〕168号）规定，严格工作质量监督考核。实行高压客户100%回访，对客户集中反映的难点、热点问题进行跟踪督办。　　（　　）

答案：√

7.《关于进一步简化业扩报装手续优化流程的意见》（国家电网营销〔2014〕168号）规定，如客户委托供电企业设计、施工，时限不纳入考核。　　（　　）

答案：×

8.《关于进一步简化业扩报装手续优化流程的意见》（国家电网营销〔2014〕168号）规定，健全业扩全过程管控机制，建立营销业务应用系统与办公自动化系统数据接口，将各业务环节、岗位纳入统一管理。　　（　　）

答案：√

9.《关于进一步简化业扩报装手续优化流程的意见》（国家电网营销〔2014〕168号）规定，强化信息技术系统支撑。由运检部、营销部负责营配数据采集和治理，加快推进营配贯通实用化应用。　　（　　）

答案：√

10.《关于进一步简化业扩报装手续优化流程的意见》（国家电网营销〔2014〕168号）规定，营销部建立重点业扩项目信息库和电网瓶颈受限项目信息库，及时收集、定期发布客户用电需求和报装受限信息。　　（　　）

答案：√

11.《关于进一步简化业扩报装手续优化流程的意见》（国家电网营销〔2014〕168号）规定，110kV及以上业扩项目，由客户委托具备相应资质的单位开展接入系统设计，由调控中心负责并组织经研院（所）进行评审，同步出具供电方案，并将接入系统设计审查意见和供电方案提交营销部。 （ ）

答案：×

12.《进一步精简业扩手续、提高办电效率的工作意见》（国家电网营销〔2015〕70号）的全环节量化、全过程管控是指明确所有环节办理时限和质量要求，健全服务质量监测评价体系，实行全过程信息公示，主动接受政府监管和社会监督。 （ ）

答案：√

13.《进一步精简业扩手续、提高办电效率的工作意见》（国家电网营销〔2015〕70号）要求的互动化、差异化服务是指拓展互动服务渠道，基于客户分群提供可选择"套餐服务"。

（ ）

答案：√

14.《进一步精简业扩手续、提高办电效率的工作意见》（国家电网营销〔2015〕70号）要求对已有的客户资料或资质证件但已超出有效期的，客户可不再提供。 （ ）

答案：×

15.《进一步精简业扩手续、提高办电效率的工作意见》（国家电网营销〔2015〕70号）规定，10kV及以下项目，原则上直接开放，由各专业联合勘查人员编制供电方案，并经系统推送至发展、运检、调控部门备案。 （ ）

答案：×

16.《进一步精简业扩手续、提高办电效率的工作意见》（国家电网营销〔2015〕70号）规定，10kV及以下项目，对于确因负荷受限无法接入的，应纳入配电网改造计划，改造完成时限由各省公司自行确定并公布。 （ ）

答案：√

17.《进一步精简业扩手续、提高办电效率的工作意见》（国家电网营销〔2015〕70号）要求优化停（送）电计划安排，完善业扩项目停（送）电计划制订、告知、执行机制。营销部（客户服务中心）在现场勘查时，负责与客户洽谈意向接电时间，并将意向接电时间安排送调控、运检部门。 （ ）

答案：×

18.《进一步精简业扩手续、提高办电效率的工作意见》（国家电网营销〔2015〕70号）规定客户在用电申请时，已有客户资料或资质证件尚在有效期内，则无需客户再次提供。

（ ）

答案：√

19.《进一步精简业扩手续、提高办电效率的工作意见》（国家电网营销〔2015〕70号）要求优化停（送）电计划安排，对于已确定停（送）电时间，因客户原因未实施停（送）电的项目，经营销部（客户服务中心）负责与客户沟通，可按原计划顺延执行。（　　）

答案：×

20.《进一步精简业扩手续、提高办电效率的工作意见》（国家电网营销〔2015〕70号）规定，因天气等不可抗因素未按计划实施的项目，若电网运行方式没有重大调整，可按原计划顺延执行。（　　）

答案：√

21.《进一步精简业扩手续、提高办电效率的工作意见》（国家电网营销〔2015〕70号）要求信息公开，其中电网资源信息包括：变电站、线路负荷受限信息，变电站（开闭所、环网柜）可利用间隔，电缆管沟信息，电网规划信息和在建配套工程信息。（　　）

答案：√

22.《进一步精简业扩手续、提高办电效率的工作意见》（国家电网营销〔2015〕70号）要求信息公开，其中电网规划信息由发展部负责；变电站、线路负荷受限信息，变电站（开闭所、环网柜）可利用间隔，电缆管沟信息由调控中心负责。（　　）

答案：×

23.《进一步精简业扩手续、提高办电效率的工作意见》（国家电网营销〔2015〕70号）要求信息公开，其中在建电网配套工程信息由运检部、基建部负责。（　　）

答案：√

24.《进一步精简业扩手续、提高办电效率的工作意见》（国家电网营销〔2015〕70号）规定，推广应用营销档案纸质化，在各环节业务办理的同时收集纸质文档。（　　）

答案：×

25.《进一步精简业扩手续、提高办电效率的工作意见》（国家电网营销〔2015〕70号）规定，实现档案信息的自动采集、动态更新、实时传递和在线查阅。（　　）

答案：√

26.《进一步精简业扩手续、提高办电效率的工作意见》（国家电网营销〔2015〕70号）要求信息公开，其中业务进程信包括各环节业务办理时限，当前业务办理环节及经办人员信息，电网配套工程建设进度，以及业扩项目停（送）电计划安排。由营销部（客户服务中心）负责发布。（　　）

答案：√

27.《进一步精简业扩手续、提高办电效率的工作意见》（国家电网营销〔2015〕70号）要求完善服务质量监测体系，实行业扩报装闭环管控。国网客服中心负责分别在受理和送电环节开展回访，核查各环节实际完成时间、"三指定"及收费情况，调查客户满意度，开展业扩报装服务质量评价。（　　）

答案：√

28.《进一步精简业扩手续、提高办电效率的工作意见》（国家电网营销〔2015〕70号）要求每一个客户签订承诺书，客户对其所提供各类资料的真实性、合法性、有效性负责。（　　）

答案：×

29.《进一步精简业扩手续、提高办电效率的工作意见》（国家电网营销〔2015〕70号）规定，用电申请概况包括户名、用电地址、用电容量、行业分类、负荷特性及分级、保安负荷容量，不包括电力客户重要性等级。（　　）

答案：×

30.《进一步精简业扩手续、提高办电效率的工作意见》（国家电网营销〔2015〕70号）要求供电方案包含客户用电申请概况、接入系统方案、受电系统方案、计量计费方案、送电启动方案等五部分内容。（　　）

答案：×

31.《进一步精简业扩手续、提高办电效率的工作意见》（国家电网营销〔2015〕70号）规定，营销部（客户服务中心）负责统一答复客户供电方案。（　　）

答案：√

32. 根据《进一步精简业扩手续、提高办电效率的工作意见》（国家电网营销〔2015〕70号），供电方案中受电系统方案包括投资界面及产权分界点，客户电气主接线及运行方式，受电装置容量及电气参数配置要求；无功补偿配置、自备应急电源及非电性质保安措施配置要求；谐波治理、调度通信、继电保护及自动化装置要求；配电站房选址要求；变压器、进线柜、保护等一、二次主要设备或装置的核心技术要求。（　　）

答案：×

33. 根据《进一步精简业扩手续、提高办电效率的工作意见》（国家电网营销〔2015〕70号）要求，对第一类380（220）V接入电网分布式电源客户，无需审查设计文件。

（　　）

答案：×

34. 根据《进一步精简业扩手续、提高办电效率的工作意见》（国家电网营销〔2015〕70号）要求，低压客户具备直接装表条件的，勘查确定供电方案后当场装表接电。

（　　）

答案：√

35. 根据《进一步精简业扩手续、提高办电效率的工作意见》（国家电网营销〔2015〕70号）要求，低压客户不具备直接装表条件的，现场勘查时答复供电方案，根据与客户约定时间或电网配套工程竣工当日装表接电。（　　）

答案：√

36. 根据《进一步精简业扩手续、提高办电效率的工作意见》（国家电网营销〔2015〕70号）规定，对于超出项目包资金范围，但未超出 10kV 总投资规模的业扩电网配套工程，可先行组织实施，年底由各单位提出综合计划及预算调整建议并逐级上报。（　　）

答案：√

37. 根据《进一步精简业扩手续、提高办电效率的工作意见》（国家电网营销〔2015〕70号）规定，35kV 及以上业扩电网配套工程，按照公司工程管理要求实施。（　　）

答案：√

38.《进一步精简业扩手续、提高办电效率的工作意见》（国家电网营销〔2015〕70号）要求简化竣工检验内容，竣工检验的现场查验重点：检查是否符合经审查合格的设计文件要求，以及影响电网安全运行的设备，包括与电网相连接的设备、自动化装置、电能计量装置、谐波治理装置和多电源闭锁装置等。（　　）

答案：×

39. 精简业扩手续、提高办电效率是贯彻落实党的群众路线教育实践活动，适应电力改革、新能源发展的新形势，提高公司市场竞争能力、保障公司持续健康发展的重要举措。（　　）

答案：√

40.《进一步精简业扩手续、提高办电效率的工作意见》（国家电网营销〔2015〕70号）规定，国网发展、运检、调控、基建、运监中心等部门负责修订与业扩报装新流程变化相关的专业通用制度。（　　）

答案：√

41. 根据《进一步精简业扩手续、提高办电效率的工作意见》（国家电网营销〔2015〕70号）规定，供电方案中接入系统方案不包括电源进线敷设方式。（　　）

答案：×

42. 根据《进一步精简业扩手续、提高办电效率的工作意见》（国家电网营销〔2015〕70号）规定，供电电源配置、自备应急电源及非电性质保安措施等，应满足有关规程、规定的要求是重要电力客户的设计审查重点。（　　）

答案：√

43. 根据《进一步精简业扩手续、提高办电效率的工作意见》（国家电网营销〔2015〕70号）规定，电源接入方式、受电容量、电气主接线、运行方式、无功补偿、自备电源、计量配置、保护配置等是否符合供电方案是竣工检验的内容。（　　）

答案：√

44. 根据《进一步精简业扩手续、提高办电效率的工作意见》（国家电网营销〔2015〕70号）规定，竣工检验查验试验报告时只需查验试验项目是否齐全、结论是否合格。（　　）

答案：√

45．根据《进一步精简业扩手续、提高办电效率的工作意见》（国家电网营销〔2015〕70号）规定，竣工检验应查验双（多）路电源闭锁装置是否可靠，自备电源管理是否完善、单独接地、投切装置是否符合要求。（　　）

答案：√

46．《国家电网公司关于简化业扩手续提高办电效率深化为民服务的工作意见》（国家电网营销〔2014〕1049号）规定，若前期已提交资料或资质证件尚在有效期内，则无需客户再次提供。（　　）

答案：√

47．《国家电网公司关于简化业扩手续提高办电效率深化为民服务的工作意见》（国家电网营销〔2014〕1049号）规定，因充换电设施接入引起的公共电网改造工程由客户投资建设。（　　）

答案：×

48．《国家电网公司关于简化业扩手续提高办电效率深化为民服务的工作意见》（国家电网营销〔2014〕1049号）规定，对于分布式电源，其接入系统工程由电网公司负责投资建设。（　　）

答案：×

49．《国家电网公司关于简化业扩手续提高办电效率深化为民服务的工作意见》（国家电网营销〔2014〕1049号）规定，因分布式电源接入引起的公共电网建设和改造，由项目业主投资。（　　）

答案：×

50．《国家电网公司关于简化业扩手续提高办电效率深化为民服务的工作意见》（国家电网营销〔2014〕1049号）规定，对于电动汽车充换电设施，从产权分界点至公共电网的配套接网工程，由公司负责建设和运行维护，公司收取接网费用。（　　）

答案：×

51．《国家电网公司关于简化业扩手续提高办电效率深化为民服务的工作意见》（国家电网营销〔2014〕1049号）规定，低压充换电设施客户，受理申请后，次日（法定节假日顺延）完成现场勘查并答复供电方案。（　　）

答案：√

52．《国家电网公司关于简化业扩手续提高办电效率深化为民服务的工作意见》（国家电网营销〔2014〕1049号）规定，对于10kV及以上业扩项目，电网配套工程建设按照公司工程管理要求实施。（　　）

答案：×

53．《国家电网公司关于简化业扩手续提高办电效率深化为民服务的工作意见》（国家电网营销〔2014〕1049号）规定，结合客户工程进度和意向接电时间，合理确定停（送）

电时间，35kV 及以上业扩项目实行月度停（送）电计划管理，强化计划刚性管理。

（　　）

答案：√

54.《国家电网公司关于简化业扩手续提高办电效率深化为民服务的工作意见》（国家电网营销〔2014〕1049 号）规定，结合客户工程进度和意向接电时间，合理确定停（送）电时间，10kV 及以下业扩项目推广试行双周停（送）电计划管理，强化计划刚性管理。

（　　）

答案：×

55.《国家电网公司关于简化业扩手续提高办电效率深化为民服务的工作意见》（国家电网营销〔2014〕1049 号）规定，对于 35kV 及以上业扩项目，其电网配套工程按照合理工期实施。

（　　）

答案：√

56.《国家电网公司关于简化业扩手续提高办电效率深化为民服务的工作意见》（国家电网营销〔2014〕1049 号）规定，并行推进业务流程，提前做好启动送电准备工作，按照验收、装表、送电"三位一体"原则，同步协助客户办结合同签订、费用结算等送电前置手续。

（　　）

答案：√

57.《国家电网公司关于简化业扩手续提高办电效率深化为民服务的工作意见》（国家电网营销〔2014〕1049 号）规定，实施业扩流程"串改并"并行处理营业收费、配表装表、工程检查、合同签订（含调协议和电费结算协议签订）等环节。

（　　）

答案：√

58.《国家电网公司关于简化业扩手续提高办电效率深化为民服务的工作意见》（国家电网营销〔2014〕1049 号）规定，对于客户有特殊要求的，按照与客户约定时间装表接电。

（　　）

答案：√

59.《国家电网公司关于简化业扩手续提高办电效率深化为民服务的工作意见》（国家电网营销〔2014〕1049 号）规定，低压供电客户，充换电设施配套接网工程建设投资界面以电能表为分界点，电能表（含表箱、表前开关等）及以上部分由供电公司投资建设；电能表出线（含表后开关）及以下部分由客户投资建设。

（　　）

答案：√

60.《国家电网公司业扩报装管理规则》（国家电网企管〔2014〕1082 号）规定，依据国家电网公司业扩供电方案编制有关规定和技术标准要求，根据现场勘查结果、电网规划、用电需求及当地供电条件等因素，经过技术经济比较、与客户协商一致后，拟定供电方案。

（　　）

答案：√

61.《国家电网公司业扩报装管理规则》（国家电网企管〔2014〕1082号）规定，50kVA及以下，0.4kV及以下电压等级供电的客户，直接开放负荷，由营销部（客户服务中心）直接编制供电方案并答复客户。 （ ）

答案：×

62.《国家电网公司业扩报装管理规则》（国家电网企管〔2014〕1082号）规定，供电方案变更，如由于电网原因，应与客户沟通协商，重新确定供电方案后再答复客户。

（ ）

答案：√

63.《国家电网公司业扩报装管理规则》（国家电网企管〔2014〕1082号）规定，严格按照国家、行业技术标准以及供电方案要求，开展设计图纸文件审查，审查意见应一次性书面答复客户。 （ ）

答案：√

64.《国家电网公司业扩报装管理规则》（国家电网企管〔2014〕1082号）（DL/T 448—2000）规定，电能计量和用电信息采集装置的配置应符合《电能计量装置技术管理规程》、国家电网公司智能电能表以及用电信息采集系统相关技术标准。 （ ）

答案：√

65.《国家电网公司业扩报装管理规则》（国家电网企管〔2014〕1082号）规定，进户线缆截面、配电装置应满足电网安全及客户用电要求。 （ ）

答案：√

66.《国家电网公司业扩报装管理规则》（国家电网企管〔2014〕1082号）规定，接电后应检查采集终端、电能计量装置运行是否正常，由客户现场抄录电能表示数，记录送电时间、变压器启用时间等相关信息。 （ ）

答案：×

67.《国家电网公司业扩报装管理规则》（国家电网企管〔2014〕1082号）规定，档案资料和电子档案相关信息不完整、不规范、不一致，档案管理员应配合相关部门补充完善。

（ ）

答案：×

68.《国家电网公司业扩报装管理规则》（国家电网企管〔2014〕1082号）规定，对于回访不满意或回访发现投诉举报的，由国网客服中心报国网营销部，国网营销部派发工单，省公司在6个工作日内反馈调查结果。 （ ）

答案：×

五、简答题

1.《关于进一步简化业扩报装手续优化流程的意见》中提出"坚持手续最简、流程最优"原则的具体内容是什么？

答案：

最大限度减少客户提交的资料，取消冗余环节，串行改并行。

2.《关于进一步简化业扩报装手续优化流程的意见》中提出"坚持协同运作、一口对外原则"的具体内容是什么？

答案：

健全跨部门协同机制和周会商制度，实现流程融合，客户需求、配电网资源等信息共享和业扩报装服务"一口对外、内转外不转"。

3.《关于进一步简化业扩报装手续优化流程的意见》规定，优化资料审验时序的措施有哪些？

答案：

履行一次性告知义务，切实维护客户对用电业务，申请资料以及设计、施工、设备采购的知情权和自主选择权。对于申请阶段暂不能提供环评报告、节能评估报告（登记表）、生产许可证、税务登记证的业扩项目，可先行答复供电方案，并在后续环节收齐以上申请资料；若前期已提交资料或资质证件尚在有效期内，则无需客户再次提供。

4.《关于进一步简化业扩报装手续优化流程的意见》规定，强化流程时限管控的措施有哪些？

答案：

健全业扩全过程管控机制，建立营销业务应用系统与办公自动化系统数据接口，将各业务环节、岗位纳入统一管理；深化时限预警功能应用，在系统中固化各业务环节、岗位办理时限，采用邮件、短信、弹出框等提醒方式，对业务办理进行到期预警、自动催办和监督考核。

5.《关于进一步简化业扩报装手续优化流程的意见》规定，健全业扩报装保障机制的工作要求有哪些？

答案：

发展部定期向营销部提供年度配电网规划方案；运检部或基建部依据合理工期，加快电网配套工程建设进度；营销部建立重点业扩项目信息库和电网瓶颈受限项目信息库，及时收集、定期发布客户用电需求和报装受限信息；物资部全力保障电网配套工程建设物资供应；调控中心牵头负责定期发布变电站变压器和线路"可开放容量"信息。

6.《进一步精简业扩手续、提高办电效率的工作意见》规定，用电申请开展"一证受理"业务后，非居民客户应承诺哪些内容？

答案：

（1）已清楚了解各项资料是完成用电报装的必备条件，不能在规定的时间提交将影响后续业务办理，甚至造成无法送电的结果。若因客户方无法按照承诺时间提交相应资料，由此引起的流程暂停或终止、延迟送电等相应后果由客户方自行承担。

（2）已清楚了解所提供各类资料的真实性、合法性、有效性、准确性是合法用电的必备条件。若因客户方提供资料的真实性、合法性、有效性、准确性问题造成无法按时送电，或送电后引发电力安全事故，或被政府有关部门责令中止供电、关停、取缔等情况，所造成的法律责任和各种损失后果由客户方全部承担。

7. 根据《进一步精简业扩手续、提高办电效率的工作意见》规定，高压客户竣工检验收资清单的内容有哪些？

答案：

（1）高压客户竣工报验申请表。

（2）设计、施工、试验单位资质证书复印件。

（3）工程竣工图及说明。

（4）电气试验及保护整定调试记录，主要设备的型式试验报告。

8.《国家电网公司关于简化业扩手续提高办电效率深化为民服务的工作意见》规定，拓展服务渠道的措施有哪些？

答案：

开通95598网站、电话、手机客户端等业务办理渠道，推广应用自助服务终端，推行客户资料电子化管理，逐步取消纸质业务单的流转；开展低压居民客户申请免填单服务，实现同一地区可跨营业厅受理办电申请，为客户提供选择多样．方便快捷．智能互动的服务。对于有特殊需求的客户群体，提供办电预约上门服务。

9.《国家电网公司关于简化业扩手续提高办电效率深化为民服务的工作意见》规定，业务受理阶段优化的主要内容有哪些？

答案：

统一业务办理告知书，履行一次性告知义务，维护客户对业务办理以及设计、施工、设备采购的知情权和自主选择权。拓展办电服务渠道，精简申请资料，优化审验时序，推广应用档案电子化、现场申请免填单，杜绝业务系统外流转，减少客户临柜次数，最大程度便捷客户办电申请。

10.《国家电网公司关于简化业扩手续提高办电效率深化为民服务的工作意见》规定，优化停电计划安排的措施有哪些？

答案：

完善业扩项目停（送）电计划制订、发布机制，分电压等级确定停（送）电计划报送周期，结合客户工程进度和意向接电时间，合理确定停（送）电时间，其中，35kV 及以上业扩项目实行月度计划，10kV 及以下业扩项目推广试行周计划管理，强化计划刚性管理。具备条件的单位，推行不停电作业。

11.《国家电网公司业扩报装管理规则》规定什么是"一口对外"原则？

答案：

"一口对外"原则，指建立有效的业扩报装管理体系和跨部门协同机制，营销部门统一受理客户用电申请，承办业扩报装具体业务，并对外答复客户；规划、运检、运行、建设、物资等部门按照职责分工和流程要求，完成业扩报装相应工作内容；实现营销业务系统与相关系统的数据共享和流程贯通，支撑客户需求、电网资源、可开放容量、停电计划、业扩办理进程信息以及跨部门工作安排信息自动发布。

12.《国家电网公司业扩报装管理规则》规定什么是"便捷高效"原则？

答案：

"便捷高效"原则，指简化客户报装手续和资料种类，优化报装流程，供电方案编审推行网上会签、集中会审；业扩配套工程与受电工程推行设计、施工、验收"三同步"；收费、装表、合同签订、工程检查流程"串改并"；严格按照《供电监管办法》和公司"十项承诺"时限要求，办理业扩报装各环节业务，并通过系统进行全环节量化、全过程管控、全业务考核。

13.《国家电网公司业扩报装管理规则》规定什么是"三不指定"原则？

答案：

"三不指定"原则，指严格执行国家有关规范客户受电工程市场的规定，按照统一标准开展业扩报装服务工作，健全客户委托受电工程、新建居住区配套工程招投标制度，保障客户对设计、施工、设备供应单位的知情权、自主选择权，不以任何形式指定设计、施工和设备材料供应单位。

14.《国家电网公司业扩报装管理规则》规定什么是"办事公开"原则？

答案：

"办事公开"原则，指通过营业场所、95598 网站、手机客户端等渠道，公开业扩报装服务流程、收费标准等信息，公布具备资质的受电工程设计、施工单位信息以及有关政策，方便客户查询业务办理进程，主动接受客户及社会监督。

15.《国家电网公司业扩报装管理规则》规定，纸质资料应重点核实哪些内容？

答案：

纸质资料应重点核实：

（1）有关签章是否真实、齐全。

（2）资料填写是否完整、清晰。

（3）营销信息档案应重点核实与纸质档案是否一致。

16.《国家电网公司关于简化业扩手续提高办电效率深化为民服务的工作意见》规定，推行供电方案标准化制订的措施有哪些？

答案：

（1）按照电压等级、容量审批权限，编制供电方案标准化模板。

（2）加快推进营配贯通，深化营销业务应用、营销 GIS、生产 PMS 等系统集成应用，依托信息技术手段，实现供电方案辅助制定。

（3）实行供电方案统一编码（二维码）管理和网上审核会签，通过营销业务应用系统打印方案并答复客户，统一编码和时间戳由系统自动生成，提高供电方案制订效率。

六、论述题

1. 某 10kV 客户扩建需增容。该客户联系供电企业大客户经理班长要求开展业扩勘查，班长当即通知在附近工作的李某、王某前往。到达现场后李某、王某二人即在客户电工带领下进入工作现场，并开展客户变配电所查勘工作。王某在查看现场设备时，因安全距离不足导致高压设备对人放电，发生触电事故。请结合国家电网公司《营销业扩报装工作全过程防人身事故十二条措施（试行）》《营销业扩报装工作全过程安全危险点辨识与预控手册（试行）》分析该次工作中暴露的安全风险问题有哪些，以及应采取哪些措施防止事故的发生。

答案：

安全风险问题：

（1）工作无计划，临时动议安排工作。（危险点辨识与预控手册 1.1）

（2）未对现场危险点、安全措施等情况进行了解。

（3）现场作业未按规定使用工作票（单）。（危险点辨识与预控手册 2.1）

（4）查看带电设备时，安全措施不到位，安全距离无法保证。（危险点辨识与预控手册 8.3）

（5）人员缺乏安全意识，安全风险防范意识差。

改进措施：

（1）严格业扩报装组织管理，严格工作计划的刚性管理，不临时动议安排工作。

（2）严格落实现场风险预控措施。依据《营销业扩报装工作全过程安全危险点辨识与预控手册（试行）》，根据工作内容和现场实际，认真做好现场风险点辨识与预控，做到对现场危险点、安全措施等情况清楚了解。

（3）严格执行工作票（单）制度，在高压供电客户的电气设备上作业必须填用工作票，严禁无票（单）作业。

（4）严格落实安全技术措施。在客户电气设备上从事相关工作，必须落实保证现场作业安全的技术措施（停电、验电、装设接地线、悬挂标识牌和安装遮栏等）。

（5）加强安全学习培训。以学习《电力安全工作规程》等安全规章制度为重点，结合专业实际开展案例教育、岗位培训，进一步提高营销人员安全意识、安全风险辨识能力和现场操作技能。

2. 某机械厂于 2014 年 9 月 1 日到供电营业厅申请 1000kVA 高压新装用电，客户填写了报装申请单，并递交了营业执照、政府核准文件、土地证的复印件，因客户未提供生产许可证等资料，受理员主动向客户提供了《用电业务办理缺件通知单》，暂缓办理客户申请。次日客户补齐资料后，受理员将该业务录入营销系统。9 月 10 日供电部门客户经理组织运检、调控部门人员开展现场勘查，将接电点定于客户厂区围墙外 50m 处 10 千伏开关站，并于 9 月 12 日将供电方案答复客户。客户委托设计单位完成设计后，将图纸送至供电营业窗口，受理人员查询发现客户专变采集终端费用未缴，遂告知客户客户需先缴清费用后方可办理后续业务。客户缴清费用后，供电部门按照"十项承诺"的时限，陆续组织开展了图纸审核、中间检查、竣工检验、合同签订等工作，在检验合格后通知计量人员装表，并完成送电工作。接电后一周，调控中心发现该客户所在线路电流超限额，立即联系运检部门安排停电计划进行负荷分流。

根据《进一步精简业扩手续、提高办电效率的工作意见》的相关规定，请分析，此案例中供电部门存在哪些问题？应该如何改进？

答案：

存在问题：

（1）客户申请时提供了报装申请单、营业执照、政府核准文件、土地证资料，受理员因客户未提供生产许可证等资料而暂缓办理客户申请。

（2）客户经理未在受理申请后 2 个工作日内完成现场勘查。

（3）现场勘查人员未仔细分析接电点供电能力，且未对供电方案进行网上会签或会议审查，导致客户接电后供电能力不足。

（4）业务受理员因客户未缴专变终端费而拒绝受理图纸审核申请。

（5）客户经理在竣工检验合格后再安排装表，延长了业扩办理时限。

改进措施：

根据《进一步精简业扩手续、提高办电效率的工作意见》，供电部门应进行如下改进：

（1）高压客户申请时应实行"一证受理"。对于在申请阶段不能提供全部报装资料的，可在后续环节（合同或协议签订前）补充完善。

（2）客户经理应该在受理申请后 2 个工作日内完成现场勘查。

（3）10kV 及以下容量原则直接开放，营销部门据此开展供电方案编制，确保方案的合理性。

（4）根据国网公司文件要求，并行处理营业收费与图纸审核、中间检查环节，在竣工报验前缴清业务费用即可。

（5）应在工程竣工检验环节同步完成配表装表工作。

3．请根据《进一步精简业扩手续、提高办电效率的工作意见》的相关规定，请简述业扩报装过程中电网配套工程的建设流程和要求？

答案：

（1）低压业扩电网配套工程，按照抢修领料模式管理，年初由运检、营销部门预测全年低压业扩电网配套工程量，统筹列支电网配套工程建设资金。

（2）10kV 业扩电网配套工程，由各省设立"业扩配套电网技改项目"和"业扩配套电网基建项目"两个项目包，纳入各省生产技改和电网基建年度计划，实行打捆管理，年初由省公司编入年度招标采购计划，所需物资纳入协议库存管理。对于项目包资金范围内的业扩电网配套工程，由市、县公司按照"分级审批，随报随批"的原则，在 ERP 系统直接审批，并通过省公司协议库存供应物资；对于超出项目包资金范围，但未超出 10kV 总投资规模的业扩电网配套工程，可先行组织实施，年底由各单位提出综合计划及预算调整建议并逐级上报。

（3）35kV 及以上业扩电网配套工程，按照公司工程管理要求实施。

4．请根据《进一步精简业扩手续、提高办电效率的工作意见》的相关规定，简述业扩报装过程中业扩停（送）电计划安排是如何规定的。

答案：

（1）35kV 及以上业扩项目实行月度计划，10kV 及以下业扩项目推广试行周计划管理。

（2）营销部（客户服务中心）在受理客户竣工报验申请时，负责与客户洽谈意向接电时间，并将意向接电时间安排送调控、运检部门。

（3）运检部门负责确定是否具备不停电作业条件并制订实施方案。

（4）调控中心负责组织相关部门协商确定停（送）电时间，并由营销部（客户服务中心）正式答复客户最终接电时间。

（5）对于已确定停（送）电时间，因客户原因未实施停（送）电的项目，营销部（客户服务中心）负责与客户确定接电时间调整安排，调控中心组织重新制订停（送）电计划。

（6）因天气等不可抗因素未按计划实施的项目，若电网运行方式没有重大调整，可按原计划顺延执行。

业扩服务类

立足当下

我们给地球留下了深深的烙印
曾经的家园变得满目疮痍
天空已不再那么湛蓝，绿水也不再那么清澈
如果我们不过度排放、不过度砍伐……
我一直在想怎样才能得到你的原谅

赢在未来

我们已在改过
曾经高耸的烟囱的黑烟已在逐步变淡
绿色出行也是我们的首选
阳光、风、地热等高效利用是最迫切希望
不敢奢求但期盼
湛蓝的天空、清澈的河水

一、填空题

1. 国家电网公司为列入＿＿＿＿＿＿补助目录的分布式电源项目提供补助电量计量和补助资金结算服务。

答案：国家可再生能源

2. 逆变器应符合国家、行业相关技术标准，具备高/低压闭锁、＿＿＿＿＿＿自动并网功能。

答案：检有压

3. 分布式电源项目可以＿＿＿＿＿＿或 T 接方式接入系统。

答案：专线

4. 分布式电源自受理并网验收申请之日起，供电公司与项目业主、用电客户在＿＿＿＿＿＿个工作日内完成发用电合同、调度协议和用电安全协议签订工作。

答案：8

5. 根据国家规定，对＿＿＿＿＿＿、＿＿＿＿＿＿项目不收取系统备用容量费。

答案：分布式光伏发电，分布式风电

6. 第一类分布式电源是指 10kV 及以下电压等级接入，且单个并网点总装机容量不超过＿＿＿＿＿＿的分布式电源。

答案：6MW

7. 分布式电源项目工程设计和施工建设应符合国家相关规定，并网性能和并网点的＿＿＿＿＿＿应满足国家和行业相关标准。

答案：电能质量

8. 公司为＿＿＿＿＿＿分布式光伏发电项目提供项目备案服务。

答案：自然人

9. 对于自然人利用自有住宅及其住宅区域内建设的分布式光伏发电项目，公司收到接入系统方案项目业主确认单后，＿＿＿＿＿＿向当地能源主管部门进行项目备案。

答案：按月集中

10. 以 35kV、10kV 接入的分布式电源，项目业主在项目核准（或备案）后、在接入系统工程施工前，将接入系统工程设计相关资料提交客户服务中心，客户服务中心收到资料后＿＿＿＿＿＿个工作日内出具答复意见并告知项目业主。

答案：10

11. 公司在受理并网验收及并网调试申请后，＿＿＿＿＿＿个工作日内完成关口计量和发电量计量装置安装服务，与 35kV、10kV 接入的项目业主（或电力用户）同步签署购售电合同和＿＿＿＿＿＿。

答案：10，并网调度协议

12．公司在电能计量装置安装、合同和协议签署完毕后，_____个工作日内组织并网验收及并网调试，向项目业主出具并网验收意见，并网调试通过后直接转入并网运行。

答案：10

13．地市或县级公司营销部_____负责将35kV、10kV接入项目的_____确认单、_____告知项目业主。

答案：客户服务中心，接入系统方案，接入电网意见函

14．公共连接点是指用户系统_____接入_____的连接处。

答案：发电或用电，公用电网

15．分布式电源并网电压等级可根据装机容量进行初步选择，最终并网电压等级应根据电网条件，通过技术经济比选论证确定。如果高低两级电压均具备接入条件，优先采用_____等级接入。

答案：低电压

16．380V接入的分布式电源，或10kV接入的分布式光伏发电、风电、海洋能发电项目，暂只需上传电流、电压和_____信息，条件具备时，预留上传并网点开关状态能力。

答案：发电量

17．分布式电源项目应在并网点设置易操作、可闭锁，且具有_____的并网开断设备。

答案：明显断开点

18．10kV及以下接入用户侧电源项目，不要求具备_____穿越能力。

答案：低电压

19．分布式电源接入电网意见函有效期为_____年。

答案：1

20．10kV及以下接入分布式电源按接入电网形式分为_____和_____两类。

答案：逆变器，旋转电机

21．旋转电机类型分布式电源分为_____和_____两类。

答案：同步电机，感应电机

22．分布式电源继电保护和_____配置应符合相关继电保护技术规程、运行规程和反事故措施的规定。

答案：安全自动装置

23．逆变器应符合国家、行业相关技术标准，具备高、低电压闭锁、_____自动并网功能。

答案：检有压

24．逆变器应符合国家、行业相关技术标准，当 $110\%U_N \leqslant U < 135\%U_N$，其电压保护动作时间要求为最大分闸时间不超过_____秒。

答案：2.0

25．逆变器应符合国家、行业相关技术标准，当 $135\%U_\text{N}{\leqslant}U$，其电压保护动作时间要求为最大分闸时间不超过_____秒。

答案：0.2

26．分布式电源采用专线方式接入时，专线线路可_____重合闸。

答案：不设或停用

27．公共电网线路投入自动重合闸时，宜增加_____功能。

答案：重合闸检无压

28．逆变器类型分布式电源接入 10kV 配电网，分布式电源功率因数应在_____范围内可调。

答案：0.95（超前）～0.95（滞后）

29．逆变器类型分布式电源接入 220/380V 配电网，并网点应安装易操作，具有明显开断指示、具备_____能力的低压并网专用开关。

答案：开断故障电流

30．同步电机类型分布式电源，并网点开关应配置低周、电压保护装置，具备故障解列及_____合闸功能，低周保护定值宜整定为 48Hz、0.2 秒。

答案：检同期

31．感应电机类型分布式电源，并网点开关应配置高/低压保护装置，具备电压保护跳闸及_____合闸功能。

答案：检有压

32．相邻线路故障可能引起同步电机类型分布式电源并网点开关误动时，并网点开关应加装_____保护。

答案：电流方向

33．分散式充电桩要求加装_____保护，不允许倒送电。

答案：逆功率

34．地市公司营销部（客户服务中心）负责按照公司统一格式合同文本办理发用电合同签订工作。对于发电项目业主与电力用户为_____的，与电力用户、项目业主签订三方发用电合同。

答案：不同法人

35．地市公司营销部（客户服务中心）负责按照公司统一格式合同文本办理发用电合同签订工作。对于发电项目业主与电力用户为不同法人的，与电力用户、项目业主签订_____。

答案：三方发用电合同

36．分布式电源的发电出口以及与公用电网的连接点均应安装_____装置，原则上应通过一套用电信息采集设备，实现对用户上、下网电量信息的自动采集。

答案：电能计量

37．分布式电源的接地方式应与_____侧接地方式一致，并应满足人身设备安全和保护配合的要求。

答案：配电网

38．分布式电源中采用 10kV 电压等级直接并网的同步发电机中性点需经_____接地。

答案：避雷器

39．分布式光伏接入公网 380V 系统，当接入容量超过本台区配变额定容量 25%时，相应公网配变低压侧刀熔总开关应改造为低压总开关，并在配变低压母线处装设_____。

答案：反孤岛装置

40．分布式光伏接入公网 380V 系统，低压总开关应与反孤岛装置间具备_____功能。

答案：操作闭锁

41．同步电机、感应电机类型分布式电源，无需专门设置孤岛保护。分布式电源切除时间应与线路保护、重合闸、备自投等配合，以避免_____合闸。

答案：非同期

42．分布式发电系统接入配电网前，应明确上网电量和下网电量关口计量点，原则上设置在_____，上、下网电量分开计量，分别结算。

答案：产权分界点

43．变更为"全额上网"模式的分布式光伏发电项目，原则上接入方案维持不变，用户用电量由电网提供，上、下网电量分开结算，上网电价执行当地光伏电站标杆上网电价政策，高出当地燃煤机组标杆上网电价部分，通过_____基金予以补贴，用电电价执行国家相关政策。

答案：可再生能源发展

44．根据国家发改委关于印发《国家发展改革委关于发挥价格杠杆作用促进光伏产业健康发展的通知》（发改价格〔2013〕1638 号）文件规定，供电公司与客户的发电结算电价由上网电量结算电价和_____两部分组成。

答案：自发电量补贴电价

45．根据国家发改委关于印发《国家发展改革委关于发挥价格杠杆作用促进光伏产业健康发展的通知》（发改价格〔2013〕1638 号）文件规定，分布式光伏发电系统自用有余上网的电量，由电网企业按照当地燃煤机组_____电价收购。

答案：标杆上网

46．《国家电网公司分布式电源并网相关意见和规范（修订版）》规定，分布式电源涉网设备，应按照并网调度协议约定，纳入_____调度管理。

答案：地市公司调控中心

47．《进一步精简业扩手续、提高办电效率的工作意见》（国网营销〔2015〕70 号文）

规定，并网验收及并网调试申请受理后，地市公司营销部（客户服务中心）负责安装关口计量和发电量计量装置。工作时限为_____。

答案：10个工作日

48.《国家电网公司分布式电源并网相关意见和规范（修订版）》中，35kV、10kV 接入项目，购售电合同与_____同步签署。

答案：调度协议

49.《国家电网公司分布式电源并网相关意见和规范（修订版）》中，营销部（客户服务中心）负责分布式电源并网咨询服务_____管理。

答案：归口

50.《国家电网公司分布式电源并网相关意见和规范（修订版）》中，专线接入，是指分布式电源接入点处设置分布式电源专用的_____，如分布式电源直接接入变电站、开闭站、_____或环网柜等方式。

答案：开关设备（间隔），配电室母线

51.《国家电网公司分布式电源并网相关意见和规范（修订版）》中，T 接，是指分布式电源接入点处未设置专用的_____，如分布式电源直接接入_____或_____线路方式。

答案：开关设备（间隔），架空，电缆

52.《国家电网公司分布式电源并网相关意见和规范（修订版）》中，第一类分布式电源，受理时不需校核_____比例。

答案：自发自用电量

53.《国家电网公司分布式电源并网相关意见和规范（修订版）》中，分布式电源并网申请，对其申报的项目总容量不作要求：用户按照一户_____原则可对多个并网点项目打捆申报；对于政府出具的路条项目，按照路条明确的总容量予以受理。

答案：一关口表

54.《国家电网公司分布式电源并网相关意见和规范（修订版）》中，接入系统方案的内容应包括：分布式电源项目建设规模、_____、投产时间、系统一次和二次方案及主设备参数、_____设置、计量关口点设置、关口电能计量方案等。

答案：开工时间，产权分界点

55.《国家电网公司分布式电源并网相关意见和规范（修订版）》中，最终并网电压等级应根据电网条件，通过_____确定。

答案：技术经济比选论证

56.《国家电网公司分布式电源并网相关意见和规范（修订版）》中，380V 接入的分布式电源，10kV 接入的分布式光伏发电、风电、海洋能发电项目，可采用_____通信方式，光纤到户的可采用_____，但应采取_____措施。

答案：无线公网，光纤通信方式，信息安全防护

57.《国家电网公司分布式电源并网相关意见和规范（修订版）》中，分布式电源项目所采用的逆变器、_____应通过国家认可资质机构的检测或认证。

答案：旋转电机

58.《国家电网公司分布式电源并网相关意见和规范（修订版）》中，分布式电源送出线路的继电保护不要求_____，可不配置光纤纵差保护。

答案：双重配置

59.《国家电网公司分布式电源并网相关意见和规范（修订版）》中，分布式电源的接入用户侧，因接入引起的公共电网改造工程列为_____。

答案：技改项目

60.《国家电网公司分布式电源并网相关意见和规范（修订版）》中，项目业主确认接入系统方案后，运检部组织地市经研所_____个工作日内完成公共电网改造工程项目建议书，提出投资计划建议并送发展部，发展部安排投资计划并报省公司发展部、财务部备案。

答案：20

61.《国家电网公司分布式电源并网相关意见和规范（修订版）》中，财务部将新增项目纳入_____，安排落实预算资金，并报省公司财务部备案。

答案：预算管理

62.《国家电网公司分布式电源并网相关意见和规范（修订版）》中，地市（县）公司客户服务中心_____负责受理分布式电源并网咨询，安排客户经理为项目业主_____提供当面咨询服务。

答案：营业窗口，电力用户

63.《国家电网公司分布式电源接入配电网相关技术规范（修订版）》中，分布式电源接入系统方案应明确用户进线开关、并网点位置，并对接入分布式电源的_____、变压器容量进行校核。

答案：配电线路载流量

64.《国家电网公司分布式电源接入配电网相关技术规范（修订版）》中，配电自动化系统故障自动隔离功能应适应分布式电源接入，确保_____准确，隔离策略正确。

答案：故障定位

65.《国家电网公司分布式电源接入配电网相关技术规范（修订版）》中，分布式电源继电保护和_____配置应符合相关继电保护技术规程、运行规程和反事故措施的规定。

答案：安全自动装置

66.《国家电网公司分布式电源并网相关意见和规范（修订版）》中，对逆变器类型分布式电源接入 10kV 配电网的情况，公共电网线路投入自动重合闸时，宜增加重合闸检无压功能；条件不具备时，应校核重合闸时间是否与分布式电源_____控制时间配合（重合闸时间宜整定为 2+δt 秒，δt 为保护配合级差时间）。

答案：并、离网

67.《国家电网公司分布式电源并网服务工作的意见（修订版）》中，分布式电源对优化_____、推动_____、实现经济可持续发展具有重要意义。

答案：能源结构，节能减排

68.《国家电网公司分布式电源并网服务工作的意见（修订版）》中，分布式电源上、下网电量分开结算，电价执行国家相关政策；公司免费提供_____和发电量计量用电能表。

答案：关口计量表

69.《国家电网公司分布式电源并网服务工作的意见（修订版）》中，公司为列入国家可再生能源补助目录的分布式电源项目提供补助电量计量和补助资金结算服务。公司收到财政部拨付补助资金后，根据项目补助电量和国家规定的电价补贴标准，按照_____支付项目业主。

答案：电费结算周期

70.《国家电网公司分布式电源并网服务工作的意见（修订版）》中，380V 接入项目，_____等同于接入电网意见函。

答案：接入系统方案

71.《国家电网公司分布式电源并网服务工作的意见（修订版）》中，验收和调试标准按国家有关规定执行。若验收或调试不合格，公司向项目业主提出_____。

答案：解决方案

72.《国家电网公司分布式电源并网服务工作的意见（修订版）》中，公司在并网申请受理、项目备案、接入系统方案制订、接入系统工程设计审查、电能表安装、合同和协议签署、并网验收和并网调试、补助电量计量和补助资金结算服务中，_____服务费用。

答案：不收取任何

73. 国家电网公司发布的《分布式电源并网服务管理规则》中，小水电项目应执行国家电网公司_____相关管理规定。

答案：常规电源

74. 地市公司发展部负责组织相关部门审定 35kV、10 kV 接入项目，对于多点并网项目，按并网点_____确定接入系统方案，出具评审意见、接入电网意见函并转至地市公司营销部（客户服务中心）。

答案：最高电压等级

75. 国家电网公司发布的《分布式电源并网服务管理规则》中，分布式电源项目业主确认接入系统方案后，根据确认的接入系统方案开展项目核准或_____和_____等工作。

答案：备案，工程建设

76.《国家电网公司关于印发分布式电源接入系统典型设计的通知》中，分布式电源发电系统并网点应设置并网电能表，用于分布式电源_____统计和电价补偿。

答案：发电量

77. 《国家电网公司关于印发分布式电源接入系统典型设计的通知》中，10kV及以下电压等级接入配电网，关口计量装置一般选用不低于_____类电能计量装置。380/220V电压等级接入配电网，关口计量装置一般选用不低于_____类电能计量装置。

答案：Ⅱ，Ⅲ

78. 电能计量装置配置应符合DL/T448《电能计量装置技术管理规程》的要求。分布式电源的_____以及与公用电网的连接点均应安装电能计量装置，原则上应通过一套用电信息采集设备，实现对用户_____电量信息的自动采集。

答案：发电出口，上、下网

79. 分布式电源计量表、用电信息采集设备均应集中安装在电能计量箱（柜）中，其中_____客户的所有计量表计须安装在便于管理的户外公共场所。

答案：居民

80. 分布式电源现场电能计量装置的计量屏（柜、箱）互感器二次接线盒、联合接线盒、电能表接线端钮盒均应实施专用_____，并签字认可。

答案：封印

81. 客户充换电设施_____由客户投资建设，其设计、施工及设备材料供应单位由客户自主选择。

答案：受电及接入系统工程

82. 《关于做好电动汽车充换电设施用电报装服务的意见（试行）》中，竣工验收时，对于居民客户，若验收合格并办结有关手续，在竣工检验时同步完成_____工作。

答案：装表接电

83. 《关于做好电动汽车充换电设施用电报装服务的意见（试行）》中，地市/区县公司营销部（客户服务中心）负责办理与客户《供用电合同》的签订工作，其中居民低压客户采取_____方式；其他客户签订《供用电合同》。

答案：背书

84. 国网《业扩供电方案编制导则》新增加部分，在供电方案中明确电动汽车充换电设施_____、性能要求、接口标准、谐波治理等均须满足国家或行业标准。

答案：电气参数

85. 电动汽车充换电设施用电计量宜实施"_____"，单个用户安装多个充电桩的应设置一个计量点，安装智能电能表，计量点原则上设置在产权分界点处。

答案：一桩一表

86. 电动汽车充换电设施计量装置配置应符合DL/T448《电能计量装置技术管理规程》，具备_____及双向计量功能，并实现开关状态、电量、电压、电流、有功功率、无功功率等信息实时采集和数据上传。

答案：三相电流不平衡监测

87．《国家发展改革委关于电动汽车用电价格政策有关问题的通知》中，鼓励电动汽车在电力系统用电_____时段充电，提高电力系统利用效率，降低充电成本。

答案：低谷

88．《国家发展改革委关于电动汽车用电价格政策有关问题的通知》中，充换电设施经营企业可向电动汽车用户收取_____及_____两项费用。

答案：电费，充换电服务费

89．《国家发展改革委关于电动汽车用电价格政策有关问题的通知》中，电费执行国家规定的电价政策，_____用于弥补充换电设施运营成本。

答案：充换电服务费

90．《国家电网公司转发国家能源局关于进一步落实分布式光伏发电有关政策的通知》中，对于利用建筑屋顶及附属场地新建的分布式光伏发电项目，发电量可以"全部自用""自发自用剩余电量上网"或"_____"，由用户自行选择。

答案：全额上网

91．《国家电网公司转发国家能源局关于进一步落实分布式光伏发电有关政策的通知》中，纳入分布式光伏发电规模指标管理的光伏电站项目，并网工作执行公司_____规定。

答案：常规电源管理

92．《国家发展改革委关于电动汽车用电价格政策有关问题的通知》中，当电动车发展达到一定规模并在交通运输市场具有一定竞争力后，结合充换电设施服务市场发展情况，逐步放开_____，通过市场竞争形成。

答案：充换电服务费

93．充换电站如需通过利用储能电池向电网送电，必须按照公司分布式电源要求办理相关手续，并采取_____、_____等措施。

答案：专用开关，反孤岛装置

94．根据《国家发展改革委关于发挥价格杠杆作用促进光伏产业健康发展的通知》（发改价格〔2013〕1638号）规定，分布式光伏发电项目补助标准为每kWh_____元（含17%的增值税），分布式光伏发电项目应向公司开具税率为17%的增值税专用发票。

答案：0.42

95．按照《可再生能源法》，光伏电站、大型风力发电、地热能、海洋能、生物质能等可再生能源发电补贴资金的补贴对象是_____。

答案：电网企业

96．风电场并网点电压正、负偏差绝对值之和不超过标称电压的_____，正常运行方式下，其电压偏差应在标称电压_____的范围内。

答案：10%，－3%～+7%

97．风电场应配置_____设备，以实时监测风电场电能质量指标是否满足要求；若不满足要求，风电场需安装电能质量治理设备，以确保风电场合格的电能质量。

答案：电能质量监测

二、单选题

1．地市公司营销部（客服中心）负责并网验收及并网调试申请资料存档，并报地市公司财务部、调控中心、运检部。工作时限为（　　）个工作日。

  A．2　　　　　　B．3　　　　　　C．4　　　　　　D．5

答案：A

2．（　　）kV 单点并网的分布式电源项目不进行设计审查。

  A．0.38（0.22）　　　　　　B．35

  C．10　　　　　　D．110

答案：A

3．逆变器的检有压自动并网功能要求检有压（　　）U_N 时自动并网。

  A．75%　　　　B．80%　　　　C．85%　　　　D．90%

答案：C

4．电动汽车充换电设施用电报装服务中，对于居民低压客户，由各单位编制供电方案模板，在（　　）时直接答复供电方案。

  A．受理申请　　　　　　B．现场勘查

  C．业务缴费　　　　　　D．现场勘查且无异议

答案：A

5．地市公司营销部（客户服务中心）负责按照公司统一格式合同文本办理发用电合同签订工作。对于发电项目业主与电力用户为不同法人的，签订（　　）方发用电合同。

  A．二　　　　B．三　　　　C．四　　　　D．五

答案：B

6．有分布式电源并网的公共电网线路投入自动化重合闸时，宜增加（　　）功能。

  A．低电压闭锁　　　　　　B．重合闸检有压

  C．高电压闭锁　　　　　　D．重合闸检无压

答案：D

7．（　　）kV 及以下接入用户侧分布式电源项目，不要求具备低电压穿越能力。

  A．0.38　　　B．10　　　C．35　　　D．110

答案：B

8. （　　）系统自用电量不收取随电价征收的各类基金和附加。

    A. 分布式光伏发电　　　　B. 核电

    C. 分布式天然气发电　　　D. 分布式风电

答案：A

9. 公司为分布式电源项目业主提供接入系统方案制订和咨询服务。接入申请受理后第一类分布式光伏发电多点并网项目（　　）工作日内，公司负责将 380V 接入项目的接入系统方案确认单，或 35kV、10 kV 接入项目的接入系统方案确认单、接入电网意见函告知项目业主。

    A. 20 个　　　B. 30 个　　　C. 40 个　　　D. 60 个

答案：B

10. 地市公司营销部（客户服务中心）负责将接入申请资料存档，报地市公司发展部。地市公司发展部通知地市经研所（直辖市公司为经研院，下同）制订接入系统方案。工作时限为（　　）工作日。

    A. 2 个　　　B. 3 个　　　C. 5 个　　　D. 10 个

答案：A

11. 地市经研所负责研究制订接入系统方案。第一类分布式光伏发电单点并网项目工作时限为（　　）工作日。

    A. 10 个　　　B. 20 个　　　C. 30 个　　　D. 60 个

答案：A

12. 地市经研所负责研究制订接入系统方案。第一类分布式光伏发电多点并网项目工作时限为（　　）工作日。

    A. 10 个　　　B. 20 个　　　C. 30 个　　　D. 60 个

答案：B

13. 地市公司营销部（客户服务中心）负责组织相关部门审定 380V 接入项目接入系统方案，出具评审意见。工作时限为（　　）工作日。

    A. 2 个　　　B. 3 个　　　C. 5 个　　　D. 10 个

答案：C

14. 地市公司（　　）负责组织相关部门审定 380V 接入项目接入系统方案，出具评审意见。

    A. 经研院　　C. 发展部　　　B. 调控中心　　　D. 营销部

答案：D

15. 地市或县级公司营销部（客户服务中心）负责将 35kV、10 kV 接入项目的接入系统方案确认单、接入电网意见函告知项目业主，工作时限为（　　）工作日。

A. 2个　　　B. 3个　　　　C. 5个　　　　D. 10个

答案：B

16. 地市公司营销部（客户服务中心）负责将接入系统工程设计相关资料存档，组织发展部、运检部、调控中心等部门（单位）审查接入系统工程设计，出具答复意见并告知项目业主、抄送调控中心，工作时限为（　　）工作日。

A. 2个　　　B. 3个　　　　C. 5个　　　　D. 10个

答案：D

17. 地市公司（　　）负责办理与项目业主（或电力用户）关于调度协议方面的签订工作。

A. 经研院　　B. 调控中心　　C. 发展部　　　D. 营销部

答案：B

18. 地市公司调控中心负责办理与35 kV、10 kV接入项目的项目业主（或电力用户）关于调度协议方面的签订工作。工作时限为（　　）工作日。

A. 2个　　　B. 5个　　　　C. 8个　　　　D. 10个

答案：D

19. 35 kV、10 kV接入项目，地市公司（　　）负责组织相关部门开展项目并网验收工作，出具并网验收意见，开展并网调试有关工作，调试通过后直接转入并网运行。

A. 经研院　　B. 调控中心　　C. 发展部　　　D. 营销部

答案：B

20. 公司总部财务部负责（　　）向财政部请求拨付补助资金，并在收到财政部拨付补助资金后，及时拨付给省公司。

A. 按月　　　B. 按季　　　　C. 按年　　　　D. 按期

答案：B

21. （　　）负责分布式电源并网信息归口管理。

A. 经研院　　B. 调控中心　　C. 发展部　　　D. 营销部

答案：C

22. （　　）负责分布式电源并网咨询服务归口管理。

A. 经研院　　　　　　　　　B. 调控中心

C. 发展部　　　　　　　　　D. 营销部（客户服务中心）

答案：D

23. 分布式电源并网电压等级可根据装机容量进行初步选择，若客户装机容量为400～6000 kW，可选择接入（　　）电网。

A. 220V　　　B. 380V　　　C. 10 kV　　　D. 5 kV

答案：C

24．380V 接入的分布式电源，10 kV 接入的除分布式（　　）项目，可采用无线公网通信方式（光纤到户的可采用光纤通信方式），但应采取信息安全防护措施。

    A．光伏发电　　　　　　　　B．生物质能

    C．风电　　　　　　　　　　D．海洋能发电

答案：B

25．0.38 kV 接入的分布式电源，或 10 kV 接入的除分布式（　　）项目，暂只需上传电流、电压和发电量信息，条件具备时，预留上传并网点开关状态能力。

    A．光伏发电　　　　　　　　B．生物质能

    C．风电　　　　　　　　　　D．海洋能发电

答案：B

26．分布式电源的接入用户侧，因接入引起的公共电网改造工程列为技改项目。项目业主确认接入系统方案后，运检部组织地市经研所（　　）工作日内完成公共电网改造工程项目建议书。

    A．10 个　　　B．20 个　　　C．30 个　　　D．60 个

答案：B

27．地市公司（　　）负责统计属地分布式电源并网信息，收集分布式电源发展相关重要情况及存在的问题，按月填报相关数据。

    A．经研院　　　B．调控中心　　　C．发展部　　　D．营销部

答案：C

28．逆变器应符合国家、行业相关技术标准，当 $50\%U_N \leq U < 85\%U_N$，其电压保护动作时间要求为最大分闸时间不超过（　　）。

    A．0.2 秒　　　B．2.0 秒　　　C．5 秒　　　D．10 秒

答案：B

29．逆变器应符合国家、行业相关技术标准，当 $U < 50\%U_N$，其电压保护动作时间要求为最大分闸时间不超过（　　）。

    A．0.2 秒　　　B．2.0 秒　　　C．5 秒　　　D．10 秒

答案：A

30．逆变器类型分布式电源接入 220/380V 配电网，专用开关应具备失压跳闸及检有压合闸功能，失压跳闸定值宜整定为（　　），检有压定值宜整定为大于 $85\%U_N$。

    A．$50\%U$、0.2 秒　　　　　　B．$85\%U_N$、0.5 秒

    C．$85\%U_N$、2 秒　　　　　　D．$20\%U_N$、10 秒

答案：D

31．分布式电源接入容量超过本台区配变额定容量（　　）时，配变低压侧刀熔总开关应改造为低压总开关，并在配变低压母线处装设反孤岛装置。

A．25%　　 B．50%　　 C．75%　　 D．80%

答案：A

32．由营销部门牵头负责分布式电源并网服务相关工作,向分布式电源业主提供(　　)优质服务。

A．四个统一 B．便捷高效　 C．一口对外　 D．办事公开

答案：C

33．地市/区县公司(　　)负责组织35kV、10 kV接入系统方案审查,出具接入电网意见函,参与380(220)V接入系统方案审查,参与设计文件审查工作。

A．经研院　 B．调控中心　 C．发展部　　 D．营销部

答案：C

34．地市/区县公司营销部(客户服务中心)负责组织地市公司发展部、运检部(检修公司)、调控中心、经研所等部门(单位)开展现场勘查,并填写现场勘查工作单。工作时限:(　　)工作日。

A．2个　　 B．5个　　 C．8个　　 D．10个

答案：A

35．地市公司经研所负责按照国家、行业、企业相关技术标准及规定,参考《分布式电源接入系统典型设计》制订接入系统方案。工作时限:第二类(　　)工作日。

A．20个　　 B．30个　　 C．40个　　 D．50个

答案：D

36．地市、县供电企业营销部(客户服务中心)负责组织相关部门审定多并网点380/220V分布式电源接入系统方案,并出具评审意见。工作时限:(　　)工作日。

A．2个　　 B．5个　　 C．8个　　 D．10个

答案：B

37．地市公司发展部负责组织相关部门审定35kV、10 kV接入项目(对于多点并网项目,按并网点最高电压等级确定)接入系统方案,出具评审意见、接入电网意见函并转至地市公司营销部(客户服务中心)。工作时限:(　　)工作日。

A．2个　　 B．5个　　 C．8个　　 D．10个

答案：B

38．国网客服中心应建立分布式电源并网服务关键环节过程回访机制,开展业主回访和满意度调查,定期提出改进分布式电源并网服务工作的建议。回访率应达到(　　)。

A．99%　　 B．99.9%　　 C．99.99%　　 D．100%

答案：D

39．10kV分布式电源并网点断路器开断能力应根据(　　)水平来选择。

A．最大发电量电流　　　　　　 B．故障电流

C．短路电流　　　　　　　　　D．最大负荷电流

答案：C

40．光伏发电（逆变器型）接入系统的，其光伏发电系统向公共连接点注入的直流电流分量不应超过其交流额定值的（　　　）。

A．0.2%　　　B．0.5%　　　C．1.0%　　　D．2.0%

答案：B

41．对2台及以上升压变压器的升压变电站或汇集站的分布式电源，10kV线路可配置1套（　　　），采用过流保护作为其后备保护。

A．（方向）过流保护　　　　　B．距离保护

C．纵联电流差动保护　　　　　D．无延时过流保护

答案：C

42．经（　　　）直接接入系统的分布式电源，应在必要位置配置同期装置。

A．同步电机　　B．逆变器　　　C．感应电机　　D．异步电机

答案：A

43．当无法确定光伏逆变器具体短路特征参数情况下，考虑一定裕度，光伏发电提供的短路电流按照（　　　）倍额定电流计算。

A．1.0　　　　B．1.2　　　　C．1.5　　　　D．1.8

答案：C

44．公司（　　　）根据分布式电源项目补助补贴标准，按照电费结算周期支付项目业主。

A．完成周期抄表计算后　　　B．收到用户申请报告后

C．审核完成用户结算资料后　D．收到财政部拨付补助资金后

答案：D

45．根据国家发改委关于印发《国家发展改革委关于发挥价格杠杆作用促进光伏产业健康发展的通知》（发改价格〔2013〕1638号）文件规定，供电公司与分布式电源发电上网客户的发电结算电价由上网电量结算电价和（　　　）两部分组成。

A．自发自用电量补贴电价　　B．自发电量补贴电价

C．标杆上网电价　　　　　　D．上网电价

答案：B

46．分布式电源项目主体工程和接入系统工程竣工后，（　　　）受理项目业主并网验收及并网调试申请，接收相关资料。

A．运检室　　　　　　　　　B．调控中心

C．客户服务中心　　　　　　D．计量室

答案：C

47．分布式电源采用专线方式接入时，（　　　）线路可不设或停用重合闸。

A．公用　　　B．末端线路　　　C．线路分支　　　D．专线

答案：D

48. 分布式电源并网电压等级可根据装机容量进行初步选择，参考标准如下：8～400kW 可接入（　　）。

A．220V　　　B．380V　　　C．10 kV　　　D．35 kV

答案：B

49.《国家电网公司分布式电源并网服务管理规则（国网企管〔2014〕1082号）》规定，地市/区县公司营销部（客户服务中心）受理客户并网申请时，应主动提供并网咨询服务，履行"（　　）"义务，接受、查验并网申请资料，协助客户填写并网申请表，并于受理当日录入营销业务应用系统。

A．一次性告知　　　　　　　　B．不推诿、不塞责、不懈怠

C．首问负责　　　　　　　　　D．当日

答案：A

50.《关于做好电动汽车充换电设施用电报装服务的意见（试行）》中，分散式充电桩要加装（　　）保护，不允许倒送电。

A．电压　　　B．逆功率　　　C．电流　　　D．过负荷

答案：B

51.《关于做好电动汽车充换电设施用电报装服务的意见（试行）》中，发展部门负责充换电设施配套电网规划，参与供电方案的制订，以及安排列入基建投资的配套电网工程投资计划；（　　）负责将电网配套工程建设纳入预算管理。

A．营销部门　　B．基建部门　　　C．运检部门　　　D．财务部门

答案：D

52.《关于做好电动汽车充换电设施用电报装服务的意见（试行）》中，发展部门负责充换电设施配套电网规划，参与（　　），以及安排列入基建投资的配套电网工程投资计划；财务部门负责将电网配套工程建设纳入预算管理。

A．申请业务的受理　　　　　　B．供电方案的制订

C．设计图纸的审核　　　　　　D．竣工验收的检验

答案：B

53.《关于做好电动汽车充换电设施用电报装服务的意见（试行）》中，（　　）负责配合开展充换电设施报装业务的现场勘查、确定供电方案、设计审查、竣工检验等工作；调控中心负责配合完成调度管辖范围内客户充换电设施的送电工作。

A．营销部门　　B．基建部门　　　C．运检部门　　　D．财务部门

答案：C

54.《关于做好电动汽车充换电设施用电报装服务的意见（试行）》中，受理客户报装

申请时，应主动为客户提供用电咨询服务，接收并查验客户的申请资料。对于（   ）客户，由各单位编制供电方案模板，在受理申请时直接答复供电方案。

  A．居民低压   B．非居民低压

  C．居民高压   D．非居民高压

  答案：A

55．《关于做好电动汽车充换电设施用电报装服务的意见（试行）》中，地市/区县公司营销部（客户服务中心）在组织现场勘查时，应重点核实客户负荷性质、用电容量、用电类别等信息，结合现场供电条件，确定电源、计量、计费方案，并填写《现场勘查工作单》。现场勘察工作时限：在受理申请后（   ）个工作日内完成。

  A．1   B．2   C．3   D．5

  答案：A

56．《关于做好电动汽车充换电设施用电报装服务的意见（试行）》中，地市/区县公司营销部（客户服务中心）根据国家、行业相关技术标准组织确定供电方案，并答复客户。同时告知客户委托（   ）的有关要求及注意事项。

  A．设计   B．施工   C．监理   D．试验

  答案：A

57．《关于做好电动汽车充换电设施用电报装服务的意见（试行）》中，地市/区县公司营销部（客户服务中心）在受理客户设计审查申请时，接收并查验客户设计资料，审查合格后正式受理，并组织（   ），按照国家、行业标准及供电方案要求进行设计审查。

  A．发展策划部   B．运维检修部（检修公司）

  C．营销部（客户服务中心） D．调控中心

  答案：B

58．国家电网公司关于印发《进一步精简业扩手续、提高办事效率的工作意见》的通知（国家电网营销〔2015〕70号）中规定对电动汽车充换电设施用电报装服务的设计审查工作时限：受理设计审查申请后（   ）个工作日内完成。

  A．3   B．5   C．8   D．10

  答案：B

59．电动汽车充换电设施总额定输出功率在（   ）kW以上的，宜采用高压供电，优先选择高压侧计量。

  A．30   B．50   C．80   D．100

  答案：D

60．国网《业扩供电方案编制导则》新增加部分，电动汽车充换电设施用电计量宜实施"一桩一表"，单个用户安装多个充电桩的应设置（   ）个计量点，安装智能电能表，计量点原则上设置在产权分界点处。

A. 1   B. 2

C. 多   D. 实际充电桩

答案：A

61. 国家发展改革委关于电动汽车用电价格政策有关问题的通知中，对向电网经营企业直接报装接电的经营性集中式充换电设施用电，执行（　　）用电价格。

A. 居民   B. 一般工商业及其他

C. 大工业   D. 趸售

答案：C

62. 国家发展改革委关于电动汽车用电价格政策有关问题的通知中，对党政机关、企事业单位和社会公共停车场中设置的充电设施用电执行（　　）用电价格。

A. 居民   B. 一般工商业及其他

C. 大工业   D. 趸售

答案：B

63. 国家发展改革委关于电动汽车用电价格政策有关问题的通知中，2020 年前对电动汽车（　　）实行政府指导价管理。

A. 电费   B. 报装服务费

C. 基本电费   D. 充换电服务费

答案：D

64. 《国家电网公司转发国家能源局关于进一步落实分布式光伏发电有关政策的通知》中，发电量选择"（　　）"项目，就近接入公共电网，用户用电量由电网提供，上、下网电量分开结算，上网电价执行当地光伏电站标杆上网电价政策，用电电价执行国家相关政策。

A. 全部自用   B. 自发自用剩余电量上网

C. 全额上网   D. 补助资金

答案：C

65. 为促进分布式电源快速发展的"四个统一"原则包括统一管理模式、（　　）、统一工作流程、统一服务规则。

A. 统一技术标准   B. 统一验收标准

C. 统一工程建设   D. 统一装表接电

答案：A

66. 常规可再生能源发电及其接网工程的项目单位，填写可再生能源电价附加资金补助目录申报表，按属地原则向所在地省级财政、价格、（　　）主管部门提出纳入补助目录申请。

A. 税务   B. 能源   C. 审计   D. 电力

答案：C

67. 地市公司发展部负责于每月第（　　）个工作日前，将经当地财政、价格、能源主管部门审核的"分布式补助目录申报表"，以及已通过公司集中代理上报备案的"自然人备案登记表"，报送地市公司财务部、营销部。

    A．1   B．3   C．2   D．4

答案：B

三、多选题

1．充换电设施是指与电动汽车发生电能交换的相关设施的总称，一般包括（　　）等。

    A．充电站   B．充电塔

    C．换电站   D．分散充电桩

答案：ABCD

2．以下哪种 10 kV 接入的分布式发电项目，可采用无线公网通信方式（光纤到户的可采用光纤通信）？（　　）

    A．光伏发电   B．风电   C．天然气   D．海洋能

答案：ABD

3．380/220V 逆变器接入分布式电源项目应在并网点设置具备（　　）特点的并网开断设备。

    A．可闭锁   B．具有明显开断指示

    C．具备开断故障电流能力   D．易操作

答案：BCD

4．380V 接入的分布式电源，或 10kV 接入的分布式（　　）发电项目，暂只需上传电压、电流和发电量信息。

    A．光伏   B．海洋能   C．风能   D．生物质能

答案：ABC

5．（　　）项目不收取系统备用费。

    A．分布式光伏发电   B．核电

    C．分布式天然气发电   D．分布式风电

答案：AD

6．国家电网公司为分布式电源项目并网提供（　　）等多种咨询渠道，向项目业主提供并网办理流程说明、相关政策规定解释、并网工作进度查询等服务，接受项目业主投诉。

    A．客户服务中心   B．网上营业厅

    C．95598 服务热线   D．上门受理

答案：ABC

7. 分布式电源接入后，其与公共电网连接（如用户进线开关）处的（　　）、间谐波等电能质量指标应满足 GB/T 12325、GB/T 12326、GB/T 14549、GB/T 15543、GB/T 24337 等电能质量国家标准要求。

    A．电压偏差　　　　　　　　B．谐波

    C．电压波动和闪变　　　　　D．三相电压不平衡

答案：ABCD

8. 逆变器类型分布式电源接入 10 千伏配电网技术要求：并网点应安装（　　）、可开断故障电流的开断设备。

    A．易操作　　　　　　　　　B．具有明显开断点

    C．可闭锁　　　　　　　　　D．带接地功能

答案：ABCD

9. 对分布式光伏发电自发自用电量免收（　　）等针对电量征收的政府性基金。

    A．可再生能源电价附加

    B．国家重大水利工程建设基金

    C．大中型水库移民后期扶持基金

    D．农网还贷资金

答案：ABCD

10. 分布式电源接入系统典型设计应满足分布式电源与电网互适性要求，遵循（　　）的设计原则。

    A．安全可靠　　　　　　　　B．投资合理

    C．运行高效　　　　　　　　D．技术先进

    E．标准统一

答案：ABCDE

11. 对于统购统销的光伏发电客户，其 10kV 对应接入点可选择为（　　）。

    A．公共电网变电站 10kV 母线

    B．公共电网开关站、配电室或箱变 10kV 母线

    C．T 接公共电网 10kV 线路

    D．用户开关站、配电室或箱变 10kV 母线

答案：ABC

12. 对于单个并网点，接入的电压等级应按照（　　）的原则，根据分布式电源容量、导线载流量、上级变压器及线路可接纳能力、地区配电网情况综合比选后确定。

    A．安全性　　　B．灵活性　　　C．多样性　　　D．经济性

答案：ABD

13. 根据分布式电源接入系统典型设计的要求，升压用变压器容量单台宜采用的容量

有（   ），电压等级为 10/0.4kV。

    A．400kVA   B．500kVA

    C．1250kVA   D．1600kVA

    E．2000kVA

答案：ABC

14．以下哪些电源类项目执行国家电网公司常规电源相关管理规定？（　　　　）

    A．10kV 接入，且单个并网点总装机容量不超过 6MW 的分布式电源

    B．35kV 接入，且单个并网点总装机容量不超过 6MW 的分布式电源

    C．小水电

    D．10kV 接入，接入点为公共连接点、发电量全部上网的发电项目

答案：CD

15．分布式电源接入系统典型设计应满足分布式电源与电网互适性要求，遵循（　　　　）的设计原则。

    A．安全可靠   B．技术先进

    C．投资合理   D．标准统一；运行高效

答案：ABCD

16．分布式电源接入系统设计内容包括（　　　　）、计量与结算的相关方案设计。

    A．接入方案   B．系统继电保护及自动装置

    C．系统调度自动化   D．系统通信

答案：ABCD

17．分布式电源接入系统设计中接入电网方式包括（　　　　）。

    A．逆变器   B．同步电机   C．感应电机   D．异步电机

答案：ABC

18．分布式电源当有（　　　　）要求时，不应采用无线专网或 GPRS、CDMA 等无线公网通信方式。

    A．遥信   B．遥测   C．遥控   D．遥调

答案：CD

19．分布式电源并网电压等级可根据装机容量进行初步选择，5500kW 可接入（　　　　）。

    A．380V   B．10 kV   C．35 kV   D．110kV

答案：BC

20．哪些分布式电源可采用无线公网通信方式？（　　　　）

    A．380V 接入的分布式电源

    B．10 kV 接入的分布式光伏发电

    C．10 kV 接入的分布式风电

D. 10 kV 接入的分布式海洋能发电项目

E. 10 kV 接入的分布式生物质能发电项目

答案：ABCD

21. 鼓励结合分布式发电应用建设（   ），提高分布式能源的利用效率和安全稳定运行水平。

    A. 智能电网   B. 微电网

    C. 分布电网   D. 配电网

答案：AB

22. 符合补贴条件的项目可向所在地电网企业提出申请，经同级（   ）主管部门审核后逐级上报。

    A. 财政   B. 价格   C. 能源   D. 电力

答案：ABC

23. 补贴标准综合考虑分布式光伏（   ）等情况确定，并适时调整。

    A. 上网电价   B. 发电成本   C. 销售电价   D. 发电量

答案：ABC

24. 为促进分布式电源快速发展，规范分布式电源并网服务工作，提高分布式电源并网服务水平，践行公司"四个服务"宗旨及"（   ）"要求。

    A. 欢迎   B. 支持   C. 开放   D. 服务

答案：ABD

25. 以下哪些部门参加分布式电源设计文件审查工作？（   ）

    A. 发展部   B. 营销部   C. 运检部   D. 调控中心

答案：ABCD

26. 分布式电源并网逆变器应具备（   ），在频率电压异常时自动脱离系统的功能。

    A. 过压保护   B. 短路保护   C. 过流保护   D. 孤岛检测

答案：BCD

27. 《分布式电源接入系统典型设计》中规定，电能表应具备（   ），配有标准通信接口，具备本地通信和通过电能信息采集终端远程通信的功能，电能表通信协议符合 DL/T 645。

    A. 双向有功   B. 事件记录功能

    C. 四象限无功计量功能   D. 分时计价

答案：ABC

28. 光伏电站接入系统方案需结合电网规划、分布式电源规划，按照就近（   ）的原则进行设计。

    A. 分散接入   B. 集中接入

C. 就地平衡消纳 　　　　　D. 优先满足自用电量

答案：AC

29. 380V多点接入公共电网组合方案典型设计采用多回线路将分布式光伏接入公共
电网（　　　）。

A. 配电箱 　　　　　　　　B. 三相四线刀闸

C. 配电室 　　　　　　　　D. 箱变低压母线

答案：ACD

30. 分布式电源系统通信的通信方式有（　　　）。

A. 光纤通信 　　　　　　　B. 电力线载波

C. 无线方式 　　　　　　　D. 宽带

答案：ABC

31. 国网营销部负责制订充换电设施报装（　　　），并对公司充换电设施报装工作实行
服务监督、质量控制和管理考核；总部其他相关部门履行公司规定的专业管理职责。

A. 管理规则　B. 建章立制　C. 技术标准　D. 业务流程

答案：ACD

32. 地市/区县公司营销部（客户服务中心）是充换电设施报装业务实施部门，负责承
担辖区内充换电设施报装的具体业务办理，包括受理申请，承接95598转派业务，牵头组
织开展（　　　）、设计审查、（　　　）、（　　　）、（　　　）、装表送电等工作。

A. 现场勘查 　　　　　　　B. 确定供电方案

C. 竣工检验 　　　　　　　D. 签订供用电合同

答案：A、B、C、D

33. 《关于做好电动汽车充换电设施用电报装服务的意见（试行）》中，答复供电方案工作
时限：在自受理之日起低压客户（　　　）个工作日，高压客户（　　　）个工作日
内完成。

A. 1 　　　　B. 5 　　　　C. 10 　　　　D. 15

答案：A、D

34. 《关于做好电动汽车充换电设施用电报装服务的意见（试行）》中，竣工检验工作
时限：在受理竣工检验申请后，低压客户（　　　）个工作日，高压客户（　　　）个工作日
内完成。

A. 1 　　　　B. 3 　　　　C. 5 　　　　D. 7

答案：AC

35. 《关于做好电动汽车充换电设施用电报装服务的意见（试行）》中，在验收合格，
且客户签订合同并办结相关手续后，地市/区县公司营销部（客户服务中心）组织完成装表
接电工作。装表接电工作时限：非居民低压客户（　　　）个工作日，高压客户（　　　）个

工作日内完成。

    A．1   B．3   C．5   D．7

答案：A、C

36．《国家发展改革委关于电动汽车用电价格政策有关问题的通知》中，制订充换电服务费标准应遵循"（　　）"的原则，在国家及地方政府通过财政补贴、无偿划拨充换电设施建设场所等方式降低充换电设施建设运营成本的基础上，确保电动汽车使用成本显著低于燃油（或低于燃气）汽车使用成本，增强电动汽车在终端市场的竞争力。

    A．有倾斜   B．有优惠   C．有补助   D．有补贴

答案：AB

37．《国家电网公司转发国家能源局关于进一步落实分布式光伏发电有关政策的通知》中，发电量选择"（　　）"和"（　　）"项目，接入用户侧，用户不足用电量由电网提供，上、下网电量分开结算，上网电价执行分布式光伏发电价格政策，用电电价执行国家相关政策。

    A．全部自用   B．全额上网

    C．自发自用剩余电量上网   D．补助资金

答案：A、C

38．《国家电网公司关于分布式光伏发电项目补助资金管理有关意见的通知》中，非自然人分布式光伏发电项目单位，按有关规定取得所在地能源主管部门出具的（　　）、电网企业出具的（　　），在具备并网条件后，向电网企业申请并网验收，同时申请纳入分布式光伏发电补助目录。

    A．申请意见函   B．项目建设备案意见

    C．接入意见函   D．供电方案意见函

答案：B、C

39．《国家电网公司关于分布式光伏发电项目补助资金管理有关意见的通知》中，关于"自发自用，余电上网"分布式光伏发电项目电价补贴叙述正确的是（　　）。

    A．电价补贴标准为 0.2 元/kWh（不含税）

    B．实行全电量补贴政策

    C．通过可再生能源发展基金予以支付，由电网企业垫转付

    D．自用有余上网的电量，由电网企业按照当地燃煤机组标杆上网电价（含脱硫脱硝除尘，含税）收购

答案：BCD

40．《国家电网公司关于分布式光伏发电项目补助资金管理有关意见的通知》中，关于暂免征收部分小微企业增值税的叙述正确的是（　　）。

    A．自 2013 年 8 月 1 日起，对月销售额不超过 2 万元的小规模纳税人免征增值税

B．月销售额计算应包括上网电费和补助资金，不含增值税

C．自 2014 年 10 月 1 日起至 2015 年 12 月 31 日，月销售额不超过 3 万元的小规模纳税人也免征增值税

D．具体免税操作按照各地税务部门有关规定执行

答案：ABCD

41.《国家电网公司关于分布式光伏发电项目补助资金管理有关意见的通知》中，分布式光伏发电项目信息报送管理要求，营销部门负责向财务部门提供分布式光伏发电项目（　　）和补助资金等相关信息，财务部门负责填写"分布式光伏发电项目补助资金统计表"，逐级审核汇总。

　　A．发电量　　B．上网电量　　C．自用电量　　D．上网电费

答案：ABD

42.《国家电网公司关于分布式光伏发电项目补助资金管理有关意见的通知》中，符合申请补助目录的分布式光伏发电项目在完成并网后，各级电网企业可按照合同签订的结算周期（原则上不超过两个月）进行（　　）预结算，待财政部公布分布式光伏发电补助目录后清算。

　　A．发电量　　B．上网电费　　C．自用电量　　D．补助资金

答案：BD

43.《国家电网公司关于分布式光伏发电项目补助资金管理有关意见的通知》中，符合申请消纳模式变更的分布式光伏发电项目在电网企业完成申请受理，即可重新签订购售电合同，按（　　）进行上网电费预结算，待财政部公布可再生能源补助目录后进行清算。

　　A．合同结算周期

　　B．上网电量

　　C．当地燃煤机组标杆上网电价

　　D．光伏电站标杆上网电价

答案：ABD

44.《国家电网公司关于分布式光伏发电项目补助资金管理有关意见的通知》中，按分布式光伏发电项目结算流程，下面哪些是项目所在地电网企业营销部门（客户服务中心）流程？（　　）

　　A．负责按合同约定的结算周期抄录分布式光伏发电项目上网电量和发电量

　　B．计算应付上网电费和补助资金，与分布式光伏发电项目业主确认

　　C．收取增值税发票或代开普通发票

　　D．及时将项目补助电量、上网电量、补助资金、上网电费和发票等信息报送给财务部门

答案：ABCD

45.《国家电网公司关于分布式光伏发电项目补助资金管理有关意见的通知》中，按分布式光伏发电项目结算流程，下面哪些是项目所在地电网企业财务部门流程？（　　）

　　A．负责汇总审核项目收款人信息、发票金额，核对一致后，进行会计处理

　　B．收取增值税发票或代开普通发票

　　C．按照合同约定的收款单位账户信息及时通过转账方式支付上网电费和补助资金

　　D．并将上网电费和补助资金支付情况及时反馈营销部门

答案：ACD

四、判断题

1．分布式电源项目主体工程和接入系统工程竣工后，由调控中心受理项目业主并网验收及并网调试申请。　　　　　　　　　　　　　　　　　　　　　（　　）

答案：×

2．服务电动汽车充换电设施用电报装时，装表接电工作时限为：非居民低压客户 1 个工作日，高压客户 5 个工作日内完成。　　　　　　　　　　　　　　（　　）

答案：√

3．分布式电源中的逆变器可在 $85\%U_n \leqslant U \leqslant 105\%U_n$ 范围内连续运行。　（　　）

答案：×

4．分布式电源并网申请受理、接入系统方案制订、接入系统工程设计审查、电能表安装、合同和协议签署、并网调试和并网验收、政府补助电量计量和补助资金结算服务中，不收取任何服务费用。　　　　　　　　　　　　　　　　　　（　　）

答案：√

5．分布式电源接入系统工程和由其接入引起的公共电网改造部分由电力公司投资建设。　　　　　　　　　　　　　　　　　　　　　　　　　　　　（　　）

答案：×

6．所有分布式电源的功率因数应在 0.95（超前）～0.95（滞后）范围内可调。

　　　　　　　　　　　　　　　　　　　　　　　　　　　　　　（　　）

答案：×

7．分布式电源接入容量 400～6000kW 只能接入 35kV 电网。　　　　（　　）

答案：×

8．分布式电源接入系统工程由项目业主投资建设，由其接入引起的公共电网改造部分由供电企业投资建设。　　　　　　　　　　　　　　　　　　（　　）

答案：√

9．公司为所有分布式电源项目提供补助电量计量和补助资金结算服务。（　　）

答案：×

10. 项目业主签字确认后，根据接入电网意见函开展项目核准（或备案）和工程设计等工作。380V 接入项目，接入系统方案等同于接入电网意见函。　　　（　　）

答案：√

11. 公司在并网申请受理、项目备案、接入系统方案制订、接入系统工程设计审查、电能表安装、合同和协议签署、并网验收和并网调试、补助电量计量和补助资金结算服务中，可根据相关标准收取费用。　　　（　　）

答案：×

12. 分布式电源并网点开关（属用户资产）的倒闸操作，须经地市公司和项目方人员共同确认后，由地市公司相关部门许可。　　　（　　）

答案：√

13. 分布式电源并网点开关（属用户资产）的倒闸操作，须经地市公司和项目方人员共同确认后，由地市公司相关部门许可。其中 380V 接入项目，由地市公司调控中心确认和许可。　　　（　　）

答案：×

14. 接入点是指分布式电源接入公共电网（非用户电网）的连接处。　　　（　　）

答案：×

15. 分布式电源并网电压等级可根据装机容量进行初步选择，最终并网电压等级应根据电网条件，通过技术经济比选论证确定。若高低两级电压均具备接入条件，优先采用高电压等级接入。　　　（　　）

答案：×

16. 分布式电源送出线路的继电保护不要求双重配置，可不配置光纤纵差保护。

　　　（　　）

答案：√

17. 95598 坐席代表负责答复有关分布式电源并网的电话或网络咨询，对于坐席代表无法准确答复的咨询问题，建议项目业主（电力用户）前往指定的地市（县）公司客户服务中心与客户经理当面咨询，并通知客户服务中心予以接待。　　　（　　）

答案：√

18. 接有分布式电源的 10kV 配电台区，不得与其他台区建立低压联络（配电室、箱式变低压母线间联络除外）。　　　（　　）

答案：√

19. 逆变器类型分布式电源接入 220/380V 配电网，专用开关应具备失压跳闸及检有压合闸功能，失压跳闸定值宜整定为 $20\%U_N$、10 秒，检有压定值宜整定为大于 $50\%U_N$。

　　　（　　）

答案：×

20．感应电机类型分布式电源与公共电网连接处（如用户进线开关）功率因数应在 0.95（超前）～0.95（滞后）之间。 （   ）

答案：×

21．分布式电源接入 220V 配电网前，应校核同一台区单相接入总容量，防止三相功率不平衡情况。 （   ）

答案：√

22．地市/区县公司营销部（客户服务中心）负责分布式电源并网服务归口管理；组织 380（220）V 接入项目并网验收与调试、安排 380（220）V 接入项目并网运行、组织合同会签等。 （   ）

答案：√

23．地市/区县公司运检部门负责组织实施分布式电源接入引起的公共电网改造工程，参与现场勘查、接入系统方案和设计文件审查、组织并网验收与调试工作。 （   ）

答案：×

24．地市/区县公司发展部门负责组织 35kV、10kV 接入系统方案审查，出具接入电网意见函，参与 380（220）V 接入系统方案审查，组织设计文件审查工作。 （   ）

答案：×

25．地市/区县公司营销部（客户服务中心）负责受理项目业主设计审查申请，接受并查验客户提交的设计文件，审查合格后方可正式受理。 （   ）

答案：√

26．地市/区县公司负责分布式电源接入引起的公共电网改造工程，但不包括随公共电网线路架设的通信光缆及相应公共电网变电站通信设备改造等建设。 （   ）

答案：×

27．经过逆变器并网的风力发电、微燃机发电等接入系统一次设计可参照光伏发电进行设计。 （   ）

答案：√

28．经过逆变器和异步机同时并网的双馈式风力发电等接入系统一次设计可参照光伏发电进行设计。 （   ）

答案：×

29．经过同步机并网的生物质、资源综合利用等发电接入系统一次设计可参照燃机发电进行设计。 （   ）

答案：√

30．分布式电源直接接入环网柜的方式为 T 接。 （   ）

答案：×

31．同步机类型分布式发电系统接入时，不配置电能质量在线监测装置。　　（　　）

答案：√

32．在分布式电源接入系统设计中应充分考虑雷击及内部过电压的危害，10kV 系统采用交流无间隙金属氧化物避雷器进行过电压保护。　　（　　）

答案：√

33．为了防止雷击感应影响二次设备安全及可靠性，全部金属物包括设备、机架、金属管道、电缆的金属外皮等均应单独与接地干网可靠联接。　　（　　）

答案：√

34．分布式电源 380V 电压等级接入时，需独立配置安全自动装置。　　（　　）

答案：×

35．经逆变器和感应电机并网的分布式电源需配置防逆流保护装置。　　（　　）

答案：×

36．10kV 接入系统的分布式电源电站内需配置 UPS 交流电源，供关口电能表、电能量终端服务器、交换机等设备使用。　　（　　）

答案：√

37．分布式电源并网逆变器应具备过流保护与短路保护、孤岛检测，在频率电压异常时自动脱离系统的功能。　　（　　）

答案：√

38．分布式发电系统接入配电网前，应明确上网电量和下网电量关口计量点，原则上设置在产权分界点，上、下网电量分开计量，电费互抵。　　（　　）

答案：×

39．对于利用建筑屋顶及附属场地建成的分布式光伏发电项目（不含金太阳等已享受中央财政投资补贴项目），发电量已选择为"全部自用"或"自发自用剩余电量上网"，当用户用电负荷显著减少（含消失）或供用电关系无法履行时，允许其电量消纳模式变更为"全额上网"模式。　　（　　）

答案：√

40．电网企业要积极为光伏发电项目提供必要的并网接入、计量等电网服务，及时与光伏发电企业按规定结算电价。　　（　　）

答案：√

41．对分布式光伏发电所发电量免收可再生能源电价附加、国家重大水利工程建设基金、大中型水库移民后期扶持基金、农网还贷资金等 4 项针对电量征收的政府性基金。
　　（　　）

答案：×

42．分布式光伏发电系统自用电量不收取随电价征收的各类基金和附加。　　（　　）

答案：√

43．10kV 接入的分布式电源项目业主或（电力用户）需签署购售电合同和并网调度协议。（ ）

答案：√

44．分布式电源并网验收和调试阶段，380V 接入项目并网点开关的倒闸操作，由地市公司营销部（客户服务中心）确认和许可。（ ）

答案：√

45．分布式电源 10kV 逆变器类项目，需提交项目可行性研究报告和接入系统工程设计报告、图纸及说明书。（ ）

答案：√

46．自然人利用自有住宅及其住宅区域内建设的分布式光伏发电项目，业主在收到接入系统方案项目确认单后，应及时向当地能源主管部门进行项目备案。（ ）

答案：×

47．对于有升压站的分布式电源，并网点为分布式电源升压站高压侧母线或节点；对于无升压站的分布式电源，并网点为分布式电源的输出汇总点。（ ）

答案：√

48．分布式光伏电源 10kV 接入时，需在并网点配置电能质量在线监测装置。

（ ）

答案：√

49．分布式电源 380V 电压等级接入时，不独立配置安全自动装置。（ ）

答案：√

50．分布式电源接入系统通信信道可按单通道考虑。（ ）

答案：√

51．分布式发电系统，关口计量点应安装同型号、同规格、准确度相同的主、副电能表各一套。（ ）

答案：×

52．分布式光伏电源 380V 接入时，计量电能表应具备电能质量在线监测功能。

（ ）

答案：√

53．分布式光伏设计为不可逆并网方式时（自发自用但余量不上网运营模式），公共连接点处应装设防逆流保护装置。（ ）

答案：×

54．综合能源利用效率高于 70%且电力就地消纳的天然气热电冷联供项目属于分布式发电。（ ）

答案：√

55．分布式发电应遵循因地制宜、清洁高效、分散布局、就近利用的原则，充分利用当地可再生能源和综合利用资源，替代和减少化石能源消费。 （　　）

答案：√

56．根据有关法律法规及政策规定，对符合条件的分布式发电给予建设资金补贴或单位发电量补贴。建设资金补贴方式仅限于电力普遍服务范围。享受建设资金补贴的，不再给予单位发电量补贴。 （　　）

答案：√

57．电网企业按用户抄表周期对列入分布式光伏发电项目补贴目录内的项目发电量、上网电量和自发自用电量等进行抄表计量，作为计算补贴的依据。 （　　）

答案：√

58．电网企业根据项目发电量和国家确定的补贴标准，按电费结算周期及时支付补贴资金。 （　　）

答案：√

59．按照《可再生能源法》，光伏电站、大型风力发电、地热能、海洋能、生物质能等可再生能源发电补贴资金的补贴对象是电网企业。 （　　）

答案：√

60．享受金太阳示范工程补助资金、太阳能光电建筑应用财政补助资金的项目属于分布式光伏发电补贴范围。 （　　）

答案：×

61．支持在学校、医院、党政机关、事业单位、居民社区建筑和构筑物等推广小型分布式光伏发电系统。 （　　）

答案：√

62．对不需要国家资金补贴的分布式光伏发电项目，如具备接入电网运行条件，可放开规模建设。 （　　）

答案：√

63．分布式光伏发电全部电量纳入全社会发电量和用电量统计，并作为地方政府和电网企业业绩考核指标。 （　　）

答案：√

64．对个人利用住宅（或个人所有的营业性建筑）建设的分布式光伏发电项目，电网企业直接受理并网申请后代个人向当地能源主管部门办理项目备案。 （　　）

答案：√

65．利用建筑屋顶及附属场地建设的分布式光伏发电项目，在项目备案时只能选择"自发自用、余电上网"模式。 （　　）

答案：×

66. 电网企业应按规定的并网点及时完成应承担的接网工程，在符合电网运行安全技术要求的前提下，尽可能在用户侧以较低电压等级接入，允许内部多点接入配电系统，避免安装不必要的升压设备。 （ ）

答案：√

67. 《国家电网公司分布式电源并网相关意见和规范（修订版）》规定，分布式电源适用范围第一类 10kV 及以下电压等级接入，且单个并网点总装机容量不超过 7MW 的分布式电源。 （ ）

答案：×

68. 分布式光伏发电实行按照全电量补贴的政策，电价补贴标准为 0.42 元/kWh，由电网企业支付。 （ ）

答案：×

69. 享受金太阳示范工程补助资金、太阳能光电建筑应用财政补贴资金的项目不属于分布式光伏发电补贴范围。 （ ）

答案：√

70. 《国家电网公司分布式电源并网服务管理规则（修订版）》中规定地市/区县公司营销，户服务中心）负责组织地市公司发展部、运检部（检修公司）、调控中心、经研所等部门（单位）开展现场勘查，并填写现场勘查工作单。工作时限：3 个工作日。 （ ）

答案：×

71. 《国家电网公司分布式电源并网服务管理规则（修订版）》中规定，因客户自身原因需要变更设计的，应将变更后的设计文件提交供电公司，审查通过后方可实施。

（ ）

答案：√

72. 总部营销部负责贯彻落实国家新能源发展相关政策规定，负责制订分布式电源并网服务管理规则。（《国家电网公司分布式电源并网服务管理规则 （ ）

答案：√

73. 国家电网公司发布的《分布式电源并网服务管理规则》中，地市/区县公司营销部负责组织 35kV、10kV 接入系统方案审查。 （ ）

答案：×

74. 《国家发展改革委关于电动汽车用电价格政策有关问题的通知》中，对向电网经营企业直接报装接电的经营性集中式充换电设施用电，执行大工业用电价格。2020 年前，暂收基本电费。 （ ）

答案：×

75. 《国家发展改革委关于电动汽车用电价格政策有关问题的通知》中，其他充电设施按其所在场所执行分类目录电价。其中，居民家庭住宅、居民住宅小区、执行居民电价的非居民用户中设置的充电设施用电，执行居民用电价格。　　　　　　（　）

答案：×

76.《国家发展改革委关于电动汽车用电价格政策有关问题的通知》中，电动汽车充换电设施用电执行峰谷分时电价政策。　　　　　　　　　　　（　）

答案：√

77.《国家发展改革委关于电动汽车用电价格政策有关问题的通知》中，充换电服务费标准上限由省级人民政府价格主管部门或其授权的单位制订并调整。　（　）

答案：√

78.《国家电网公司转发国家能源局关于进一步落实分布式光伏发电有关政策的通知》中，纳入分布式光伏发电规模指标管理的光伏电站项目，相关部门根据职责分工，本着简便高效原则，可参考公司常规电源管理规定工作时限，做好并网服务工作。　（　）

答案：×

79.《国家电网公司关于分布式光伏发电项目补助资金管理有关意见的通知》中，若非自然人分布式光伏发电项目没有取得项目建设备案意见，不能申请纳入分布式光伏发电补助目录。　　　　　　　　　　　　　　　　　　　　　　　　　　（　）

答案：√

80.《国家电网公司关于分布式光伏发电项目补助资金管理有关意见的通知》中，分布式光伏发电项目由"全部自用"或"自发自用剩余电量上网"变更为"全额上网"消纳模式，需向所在地电网企业申请项目变更备案。　　　　　　　（　）

答案：×

81.《国家电网公司关于分布式光伏发电项目补助资金管理有关意见的通知》中，"全额上网"分布式光伏发电项目补助标准按照分布式电源相关政策规定执行。　（　）

答案：×

82.《国家电网公司关于分布式光伏发电项目补助资金管理有关意见的通知》中，符合免税条件的分布式光伏发电项目由所在地电网企业财务部门代开普通发票。　（　）

答案：×

83.《国家电网公司关于分布式光伏发电项目补助资金管理有关意见的通知》中，符合小规模纳税人条件的分布式光伏发电项目须在所在地税务部门开具5%税率的增值税发票。　　　　　　　　　　　　　　　　　　　　　　　　　　（　）

答案：×

84.《国家电网公司关于分布式光伏发电项目补助资金管理有关意见的通知》中，一般纳税人分布式光伏发电项目须开具17%税率的增值税发票。　　　　（　）

答案：√

85．相邻线路故障可能引起同步电机类型分布式电源并网点开关误动时，并网点开关可不加装电流方向保护。　　　　　　　　　　　　　　　　　　　　　　　（　　　）

答案：×

五、简答题

1．请简述分布式电源接入系统并网点定义。

答案：

并网点对于有升压站的分布式电源，并网点为分布式电源升压站高压侧母线或节点；对于无升压站的分布式电源，并网点为分布式电源的输出汇总点。

2．如何选择分布式电源的并网电压？

答案：

分布式电源并网电压等级可根据装机容量进行初步选择，参考标准如下：8kW 及以下可接入 220V；8~400kW 可接入 380V；400~6000kW 可接入 10kV；5000~30000kW 以上可接入 35kV。最终并网电压等级应根据电网条件，通过技术经济比选论证确定。若高低两级电压均具备接入条件，优先采用低电压等级接入。

3．《国家电网公司分布式电源并网服务管理规则》对分布式电源的定义是什么？

答案：

分布式电源是指在用户所在场地或附近建设安装、运行方式以用户侧自发自用为主、多余电量上网，且在配电网系统平衡调节为特征的发电设施或有电力输出的能量综合梯级利用多联供设施。包括太阳能、天然气、生物质能、风能、地热能、海洋能、资源综合利用发电（含煤矿瓦斯发电）等。

4．分布式电源项目的并网开断设备应具备哪些条件？

答案：

分布式电源项目应在并网点设置易操作、可闭锁，且具有明显断开点的并网开断设备。

5．列举分布式电源的类型（至少四种）。

答案：

分布式电源的类型包括太阳能、天然气、生物质能、风能、地热能、海洋能、资源综合利用发电（含煤矿瓦斯发电）。

6．什么是分布式电源的专线接入？

答案：

专线接入，是指分布式电源接入点处设置分布式电源专用的开关设备（间隔），如分布式电源直接接入变电站、开闭站、配电室母线，或环网柜等方式。

7．什么是分布式电源的 T 接？

答案：

T接，是指分布式电源接入点处未设置专用的开关设备（间隔），如分布式电源直接接入架空或电缆线路方式。

8．简述充换电设施的定义。

答案：

本规则所指充换电设施，是指与电动汽车发生电能交换的相关设施的总称，一般包括充电站、换电站、充电塔、分散充电桩等。

9．简述充换电设施用电报装业务的分类。

答案：

分为两类：第一类：居民客户在自有产权或拥有使用权的停车位（库）建设的充电设施。第二类：其他非居民客户（包括高压客户）在政府机关、公用机构、大型商业区、居民社区等公共区域建设的充换电设施。

10．受理充换电设施申请时，需提供哪些资料？

答案：

客户提供资料如下：居民低压客户需提供居民身份证或户口本、固定车位产权证明或产权单位许可证明、物业出具同意使用充换电设施的证明材料；非居民客户需提供身份证、固定车位产权证明或产权单位许可证明、停车位（库）平面图、物业出具允许施工的证明等资料，高压客户还需提供政府职能部门批复文件等证明材料。

11．充换电设施在验收过程应重点检查哪些内容？

答案：

验收过程应重点检查是否存在超出电动汽车充电以外的转供电行为，充换电设施的电气参数、性能要求、接口标准、谐波治理等是否符合国家或行业标准。

12．电动汽车充换电设施低压供电，按照什么原则确定电压等级和供电方式？

答案：

电动汽车充换电设施总额定输出功率在100kW及以下的，可采用低压供电，其中50～100kW（含50kW），采用0.4kV专用线路供电；10～50kW（含10kW），采用0.4kV公用线路供电；10kW以下的，采用0.22kV供电。

13．《国家发展改革委关于电动汽车用电价格政策有关问题的通知》中，对电动汽车充换电设施配套电网改造如何要求？

答案：

电网企业要做好电动汽车充换电配套电网建设改造工作，电动汽车充换电设施产权分界点至电网的配套接网工程，由电网企业负责建设和运行维护，不得收取接网费用，相应成本纳入电网输配电成本统一核算。

14．《国家电网公司转发国家能源局关于进一步落实分布式光伏发电有关政策的通知》

中，什么类型的小型光伏电站纳入分布式光伏发电规模指标管理，上网电价怎么执行？

答案：

对于在地面或利用农业大棚等无电力消费设施建设、以 35kV 及以下电压等级接入电网（东北地区 66kV 及以下）、单个项目容量不超过 2 万 kW 且所发电量主要在并网点变电台区消纳的光伏电站项目，纳入分布式光伏发电规模指标管理，接入公共电网，上网电价执行当地光伏电站标杆上网电价。

15.《国家电网公司关于分布式光伏发电项目补助资金管理有关意见的通知》中，分布式光伏发电项目单位和业主如何申请纳入发电补助目录？

答案：

非自然人分布式光伏发电项目单位，按有关规定取得所在地能源主管部门出具的项目建设备案意见、电网企业出具的接入意见函，在具备并网条件后，向电网企业申请并网验收，同时申请纳入分布式光伏发电补助目录。若非自然人分布式光伏发电项目没有取得项目建设备案意见，不能申请纳入分布式光伏发电补助目录。自然人分布式光伏发电项目业主直接向所在地电网企业营销部门（客户服务中心）申请办理并网接入意见函，所在地电网企业负责向能源主管部门申请项目建设备案，在完成并网验收后，电网企业代办申请纳入分布式光伏发电补助目录。

16．什么是分布式光伏发电？

答案：

分布式光伏发电是指在用户所在场地或附近建设运行，以用户侧自发自用为主、多余电量上网且在配电网系统平衡调节为特征的光伏发电设施。

17．数字化变电站新技术主要特征体现在哪几个方面？

答案：

（1）数字化采集技术。（2）系统分层分布化技术。（3）设备操作智能化技术。（4）IEC 61850 通信及建模标准。（5）信息应用集成与状态检修。（6）网络通信技术。

六、论述题

1.《国家电网公司转发国家能源局关于进一步落实分布式光伏发电有关政策的通知》中，由"全部自用"或"自发自用剩余电量上网"变更为"全额上网"有哪些规定及具体步骤？

答案：

对于利用建筑屋顶及附属场地建成的分布式光伏发电项目（不含金太阳等已享受中央财政投资补贴项目），发电量已选择为"全部自用"或"自发自用剩余电量上网"，当用户用电负荷显著减少（含消失）或供用电关系无法履行时，允许其电量消纳模式变更为"全额上网"模式。变更为"全额上网"模式的分布式光伏发电项目，原则上接入方案维持不变，用户用电量由电网提供，上、下网电量分开结算，上网电价执行当地光伏电站标杆上网电价政策，高出当地燃煤机组标杆上网电价部分，通过可再生能源发展基金予以补贴，用电电价执行国家相关政策。变更为"全额上网"模式的分布式光伏发电项目，由项目单位（含自然人）向当地能源主管部门申请项目备案变更，项目备案变更完成后，地市公司营销部（客户服务中心）负责受理项目电量消纳模式变更申请，并办理购售电和供用电方面的合同变更；国网财务部按国家有关规定负责组织向财政部、国家发展改革委和国家能源局申报项目补助目录变更。项目列入《可再生能源电价附加资金补助目录》后，按项目备案变更之日起进行可再生能源电价补助资金清算支付工作。

2．请论述分布式光伏发电项目结算原则和流程。

答案：

符合申请补助目录的分布式光伏发电项目在完成并网后，各级电网企业可按照合同签订的结算周期（原则上不超过两个月）进行上网电费和补助资金预结算，待财政部公布分布式光伏发电补助目录后清算。符合申请消纳模式变更的分布式光伏发电项目在电网企业完成申请受理，即可重新签订购售电合同，按合同结算周期、上网电量和光伏电站标杆上网电价进行上网电费预结算，待财政部公布可再生能源补助目录后进行清算。项目所在地电网企业营销部门（客户服务中心）负责按合同约定的结算周期抄录分布式光伏发电项目上网电量和发电量；计算应付上网电费和补助资金，与分布式光伏发电项目业主确认；收取增值税发票或代开普通发票后，及时将项目补助电量、上网电量、补助资金、上网电费和发票等信息报送给财务部门。财务部门负责汇总审核项目收款人信息、发票金额，核对一致后，进行会计处理，并按照合同约定的收款单位账户信息（为方便在线支付，原则上同一市县公司应在同一银行开具分布式光伏发电项目结算账户）及时通过转账方式支付上网电费和补助资金，并将上网电费和补助资金支付情况及时反馈营销部门。

3．某居民用户于2月份办理分布式光伏发电新装项目（自发自用，余电上网），新装容量为3kW，3月份累计发电量为100kWh，上网电量为20kWh。请问：（1）《国家电网公司转发国家能源局关于进一步落实分布式光伏发电有关政策的通知》（国家电网发展〔2014〕1325号）文件适用于该用户的补助政策是什么？（2）拟定：电价补贴标准为0.42元/kWh，上网电价为0.4044元/kWh，则3月份供电企业与用户的结算电费是多少？

答案：

（1）《国家电网公司转发国家能源局关于进一步落实分布式光伏发电有关政策的通知》规定，"自发自用余电上网"分布式光伏发电项目，实行全电量补贴政策，通过可再生能源发展基金予以支付，由电网企业转付；分布式光伏发电系统自用有余上网的电量，由电网企业按照当地燃煤机组标杆上网电价（含脱硫脱硝除尘，含税）收购。

（2）全部发电量应结算电费：100kW·h×0.42元/kW·h=42元；上网电量应结算电费：

20kW·h×0.4044 元/kW·h=8.088 元；合计结算电费：42+8.088=50.088 元。

4.《国家电网公司关于简化业扩手续提高办电效率深化为民服务的工作意见》对充换电设施配套接网工程建设投资界面是如何规定的？

答案：

（1）低压供电客户，以电能表为分界点，电能表（含表箱、表前开关等）及以上部分由供电公司投资建设；电能表出线（含表后开关）及以下部分由客户投资建设。

（2）高压架空线路供电客户，以客户围墙或变电所外第一基杆塔为分界点，杆塔（含柱上开关、熔断器等开断设备及其他附属设备）及以上部分由供电公司投资建设；开断设备出线及以下部分由客户投资建设。

（3）高压电缆供电客户，以客户围墙或变电所外第一配电设施（环网柜、开闭所等）为分界点，第一配电设施由供电公司投资建设，配电设施出线及以下部分由客户投资建设。

（4）因充换电设施接入引起的公共电网改造工程由供电公司投资建设。

（5）用电计量点设在双方产权分界处。

法律法规综合类

违法，法如剑

不懂法的人说法律是紧箍咒
不断钻空子，不断地突破底线
这样的人最后往往在人海中迷失自我
殊不知法网恢恢，疏而不漏
谁把法律当儿戏，谁最终也会亡于法律

守法，法如伞

懂法的人说法律是我们的护身符
法律本就是人生的必修课
这样的人明白不以规矩，不能成方圆
法律给予我们权利同时也赋予我们义务
我们要做的是学法、知法、守法、用法
撑起我们的保护伞

一、填空题

1.《中华人民共和国电力法》自_____起施行。

答案：1996 年 4 月 1 日

2．电价是指电力生产企业的_____、_____、_____。

答案：上网电价，电网间的互供电价，电网销售电价。

3.《中华人民共和国电力法》第六十九条规定：在依法划定的电力设施保护区内修建建筑物、构筑物或者种植植物、堆放物品，危及电力设施安全的，由_____责令强制拆除、砍伐或者清除。

答案：当地人民政府

4．供电企业和用户应当根据_____、_____的原则签订供用电合同。

答案：平等自愿，协商一致

5.《中华人民共和国电力法》规定，电力事业投资，实行_____、_____的原则。

答案：谁投资，谁收益

6.《中华人民共和国电力法》规定，国家鼓励和支持利用_____能源和_____能源发电。

答案：可再生，清洁

7.《中华人民共和国电力法》规定，电网运行应当_____、_____，保证供电可靠性。

答案：连续，稳定

8．电力企业应当加强安全生产管理，坚持_____、_____方针，建立、健全安全生产责任制度。

答案：安全第一，预防为主

9.《中华人民共和国电力法》规定，供电企业在批准的_____内向用户供电。

答案：供电营业区

10．供电企业应当按照国家核准的_____和_____的记录，向用户计收电费。

答案：电价，用电计量装置

11．电力法规定，农业用电价格按照_____、_____的原则确定。

答案：保本，微利

12.《中华人民共和国电力法》第六十条规定：电力运行事故由于_____、_____等原因造成的，电力企业不承担赔偿责任。

答案：不可抗力，用户自身的过错

13．电网运行实行_____、_____。任何单位和个人不得非法干预电网调度。

答案：统一调度，分级管理

14．《供电营业规则》第五十条规定：因建设引起建筑物、构筑物与供电设施相互妨碍，需要迁移供电设施或采取防护措施时，应按_____的原则，确定其担负的责任。

答案：建设先后

15．电网装机容量在_____kW 以下的，供电频率的允许偏差为±0.5Hz；在电力系统非正常状况下，供电频率的允许偏差为_____Hz。

答案：300 万，±1.0

16．在电力系统非正常状况下，用户受电端的电压最大允许偏差不应超过额定值的_____。

答案：±10%

17．用户遇有特殊情况，需延长供电方案有效期的，应在有效期到期前_____向供电企业提出申请，供电企业应视情况予以办理延长手续。但延长时间不得超过前款规定期限。

答案：十天

18．暂换变压器的使用时间，10kV 及以下的不得超过_____个月，35kV 及以上的不得超过_____个月。

答案：二，三

19．互感器或电能表误差超出允许范围时，以_____为基准，按验证后的误差值退补电量。退补时间从上次校验或换装后投入之日起至误差更正之日止的二分之一时间计算。

答案："0"误差

20．《供电营业规则》规定：引起停电或限电的原因消除后，供电企业应在_____内恢复供电。

答案：三日

21．电力客户申请减容必须是_____的停止或更换为小容量变压器用电。

答案：整台或整组变压器

22．电力客户迁移后的新址不在原供电点供电的，新址用电按_____用电办理。

答案：新装

23．用户连续六个月不用电，也不申请办理_____用电手续者，供电企业须以销户终止其用电。

答案：暂停

24．当客户用电计量装置不安装在产权分界处时，线路与变压器损耗的有功与无功电量均须由_____负担。

答案：产权所有者

25．供电频率超出允许偏差，给用户造成损失的，供电企业应按用户每月在频率不合格的累计时间内所用的电量，乘以当月用电的平均电价的_____给予赔偿。

答案：百分之二十

26．窃电时间无法查明时，窃电日数至少以_____天计算，每日窃电时间：电力用户按_____小时计算；照明用户按_____小时计算。

答案：180，12，6

27．在供电企业的供电设施上，擅自接线用电的，所窃电量按私接设备额定容量（kVA视同kW）乘以_____计算确定。

答案：实际使用时间

28．窃电者应按所窃电量补交电费，并承担补交电费_____倍的违约使用电费。

答案：三

29．_____后的用户以及_____、_____用户两年内不得申办减容或暂停。如确需继续办理减容或暂停的，减少或暂停部分容量的基本电费应按百分之五十计算收取。

答案：减容期满，新装，增容

30．用电计量装置，应当安装在供电设施与受电设施的_____。安装在用户处的用电计量装置，由_____负责保护。

答案：产权分界处，用户

31．用户单相用电设备总容量不足_____kW的可采用低压220V供电。

答案：10

32．有重要负荷的用户在取得供电企业供给的保安电源的同时，还应有_____的应急措施，以满足安全的需要。

答案：非电性质

33．供电企业应在用电营业场所公告办理各项用电业务的_____、_____和_____。

答案：程序，制度，收费标准

34．按最大需量计收基本电费的用户，申请暂停用电必须是_____（含不通过受电变压器的高压电动机）的暂停。

答案：全部容量

35．供电企业应根据电力系统情况和电力负荷的重要性，编制_____方案，并报电力管理部门审批或备案后执行。

答案：事故限电序位

36．计算电量的倍率或铭牌倍率与实际不符的，以_____为基准，按正确与错误倍率的差值退补电量，退补时间以抄表记录为准确定。

答案：实际倍率

37．基本电费以月计算，但新装、增容、变更与终止用电当月的基本电费，可按实用天数（日用电不足24小时的，按一天计算）每日按全月基本电费_____计算。

答案：三十分之一

38．装置一次侧装有连锁装置互为备用的变压器（含高压电动机），按可能同时使用的变压器（含高压电动机）容量之和的_____计算其基本电费。

答案：最大值

39．用户的责任造成供电企业对外停电，用户应按供电企业对外停电时间少供电量，乘以上月份供电企业_____给予赔偿。

答案：平均售电单价

40．《供电营业规则》规定，供电企业对查获的窃电者，应予制止并可_____。窃电者应按所窃电量补交电费，并承担补交电费_____的违约使用电费。

答案：当场中止供电，三倍

41．在电价低的供电线路上，擅自接用电价高的用电设备或私自改变用电类别的，应按实际使用日期补交其差额电费，并承担_____差额电费的违约使用电费。

答案：二倍

42．《供电营业规则》第二十一条规定：供电方案的有效期系指从供电方案正式通知书发出之日起至_____为止，高压供电方案的有效期为_____，低压供电方案的有效期为_____，逾期注销。

答案：受电工程开工日，一年，三个月

43．《供电营业规则》第九条规定：客户用电设备容量在_____或需用变压器容量在_____者可采用低压三相四线制供电，特殊情况也可采用高压供电。

答案：100kW 及以下，50kVA 及以下

44．《供电营业规则》第十二条规定：临时用电期限除经供电企业准许外，一般不得超过_____，逾期不办理延期或永久性正式用电手续的，供电企业应_____。

答案：六个月，终止供电

45．《供电营业规则》第三十九条规定：供电企业对低压供电的客户受电工程进行设计审查时，客户应提供_____和_____。

答案：负荷组成，用电设备清单

46．《供电营业规则》第二十四条规定：客户暂停全部（含不通过受电变压器的高压电动机）或部分用电容量每一日历年内可申请_____次，每次不得少于_____天，一年累计不得超过_____。

答案：两，十五，六个月

47．《供电营业规则》第六十七条规定，除因故中止供电外，供电企业需对客户停止供电时，应按下列程序办理停电手续，在停电前_____天内，将停电通知书送达客户，对重要客户的停电，应将停电通知书报送同级_____；在停电前_____分钟，将停电时间再通知客户一次，方可在通知规定时间实施停电。

答案：三至七，电力管理部门，30

48．《供电营业规则》第一百条规定：私自迁移、变动和擅自操作供电企业的用电计量

装置，属于居民客户的应承担每次_____的违约使用电费。

答案：500 元

49.《供电营业规则》第九十三条规定，供用电合同书面形式可分为_____和_____两类。

答案：标准格式，非标准格式

50.《供电营业规则》规定，供电企业对申请用电的用户提供的供电方式，应从供用电的_____、_____、_____和_____出发，依据_____、_____、_____以及_____等因素，进行技术经济比较，与用户协商确定。

答案：安全，经济，合理，便于管理，国家的有关政策和规定，电网的规划，用电需求，当地供电条件

51.《供电营业规则》规定，对_____、_____、_____等非永久性用电，可供给临时电源。临时用电期限除经供电企业准许外，一般不得超过_____月，逾期不办理延期或永久性正式用电手续的，供电企业应_____。

答案：基建工地，农田水利，市政建设，六个，终止供电

52.《供电营业规则》规定，使用临时电源的用户不得向外转供电，也不得转让给其他用户，供电企业也不受理其变更用电事宜。如需改为正式用电，应按_____办理。

答案：新装用电

53.《供电营业规则》规定，因抢险救灾需要紧急供电时，供电企业应迅速组织力量，架设临时电源供电。架设临时电源所需的工程费用和应付的电费，由地方人民政府有关部门负责从_____中拨付。

答案：救灾经费

54.《供电营业规则》规定，用户申请新装或增加用电时，应向供电企业提供用电工程项目批准的文件及有关的用电资料，包括_____、_____、_____；_____、_____、_____、用电规划等，并依照供电企业规定的格式如实填写用电申请书及办理所需手续。

答案：用电地点，电力用途，用电性质，用电设备清单，用电负荷，保安电力

55.《供电营业规则》规定，用户对供电企业答复的供电方案有不同意见时，应在_____月内提出意见，双方可再行协商确定。

答案：一个

56. 供电企业供电的额定频率为_____Hz。

答案：交流 50

57.《供电营业规则》规定，供电企业对已受理的用电申请，供电方案答复期限，居民用户最长不超过_____；低压电力用户最长不超过_____；高压单电源用户最长不超过_____；高压双电源用户最长不超过_____。

答案：五天，十天，一个月，二个月

58.《供电营业规则》规定，供电企业对用户送审的受电工程设计文件和有关资料审核

的时间，对高压供电的用户最长不超过_____；对低压供电的用户最长不超过_____。供电企业对用户的受电工程设计文件和有关资料的审核意见应以（书面形式）连同审核过的一份受电工程设计文件和有关资料一并退还用户，以便用户据以施工。

答案：一个月，十天

59.《供电营业规则》规定，无功电力应_____。

答案：就地平衡

60.《供电营业规则》规定，供用电设备计划检修应做到统一安排。供用电设备计划检修时，对35kV及以上电压供电的用户的停电次数，每年不应超过_____；对10kV供电的用户，每年不应超过_____。

答案：一次，三次

61.《供电营业规则》规定，临时用电的用户，应安装_____。对不具备安装条件的，可按其_____、_____、_____计收电费。

答案：用电计量装置，用电容量，使用时间，规定的电价

62.《供电营业规则》规定，基本电费以月计算，但新装、增容、变更与终止用电当月的基本电费，可按_____（日用电不足24小时的，按一天计算）每日按全月基本电费_____计算。_____、_____、_____不扣减基本电费。

答案：实用天数，三十分之一，事故停电，检修停电，计划限电

63.《供电营业规则》规定，临时用电用户未装用电计量装置的，供电企业应根据其用电容量，按双方约定的每日_____和_____预收全部电费。用电终止时，如实际使用时间不足约定期限_____的，可退还预收电费的_____；超过约定期限_____的，预收电费不退；到约定期限时，得终止供电。

答案：使用时数，使用期限，二分之一，二分之一，二分之一

64.《供电营业规则》规定，在电价低的供电线路上，擅自接用电价高的用电设备或私自改变用电类别的，应按_____日期补交其差额电费，并承担_____的违约使用电费。使用起迄日期难以确定的，实际使用时间按_____计算。

答案：实际使用，二倍差额电费，三个月

65.《供电营业规则》规定，私自超过合同约定的容量用电的，除应_____外，属于两部制电价的用户，应补交私增设备容量_____的基本电费，并承担_____私增容量基本电费的违约使用电费；其他用户应承担私增容量每kW（kVA）_____的违约使用电费。如用户要求继续使用者，按新装增容办理手续。

答案：拆除私增容设备，使用月数，三倍，50元

66.《供电营业规则》规定，擅自超过计划分配的用电指标的，应承担高峰超用电力每次每kW_____和超用电量与现行电价电费_____的违约使用电费。

答案：1元，五倍

67.《供电营业规则》规定，擅自使用已在供电企业办理暂停手续的电力设备或启用供电企业封存的电力设备的，应_____违约使用的设备。属于两部制电价的用户，应补交擅自使用或启用封存设备容量和使用月数的基本电费，并承担_____补交基本电费的违约使用电费；其他用户应承担擅自使用或启用封存设备容量每次每 kW（kVA）_____的违约使用电费。

答案：停用，二倍，30 元

68.《供电营业规则》规定，私自迁移、更动和擅自操作供电企业的用电计量装置、电力负荷管理装置、供电设施以及约定由供电企业调度的用户受电设备者，属于居民用户的，应承担每次_____的违约使用电费；属于其他用户的应承担每次_____的违约使用电费。

答案：500 元，5000 元

69.《供电营业规则》规定，未经供电企业同意，擅自引入_____电源或将备用电源和其他电源私自并网的，除_____外，应承担其引入（供出）或并网电源容量每 kW（kVA）_____的违约使用电费。

答案：供出，当即拆除接线，500 元

70.《供电营业规则》第八十一条规定：用电计量装置计量或计算出现错误时，在退补电量未正式确定前，客户应先按_____交付电费。

答案：正常月用电量

71．用户在供电企业规定的期限内未交清电费时，应承担电费滞纳的违约责任。电费违约金从逾期之日起计算至_____止。

答案：交纳日

72．以变压器容量计算基本电费的客户，备用变压器属_____并经供电企业加封的，不收基本电费，属_____状态或未经加封的，无论使用与否均计收基本电费。

答案：冷备用，热备用

73《电力供应与使用条例》第二十五、二十六条规定：供电企业应当按照国家有关规定实行_____电价、_____电价。

答案：分类，分时

74.《电力供应与使用条例》供电企业职工违反规章制度造成供电事故的，或者_____、_____的，依法给予行政处分；构成犯罪的，依法追究刑事责任。

答案：滥用职权，利用职务之便谋取私利

75.《电力供应与使用条例》自_____起施行。

答案：1996 年 9 月 1 日

76．违反《电力供应与使用条例》第三十一条规定，盗窃电能的，由电力管理部门责令停止违法行为，追缴电费并处应交电费_____的罚款；构成犯罪的，依法追究刑事责任。

答案：5 倍以下

77.《电力供应与使用条例》规定在中华人民共和国境内，电力供应企业（以下称供电企业）和电力使用者（以下称用户）以及与电力供应、使用有关的_____，必须遵守本条例。

答案：单位和个人

78.《电力供应与使用条例》规定_____负责全国电力供应与使用的监督管理工作。

答案：国务院电力管理部门

79.《电力供应与使用条例》规定_____负责本行政区域内电力供应与使用的监督管理工作。

答案：县级以上地方人民政府电力管理部门

80.《电力供应与使用条例》电网经营企业依法负责本供区内的电力供应与使用的业务工作，并接受_____的监督。

答案：电力管理部门

81.《电力供应与使用条例》国家对电力供应和使用实行_____、_____、_____的管理原则。供电企业和用户应当遵守国家有关规定，采取有效措施，做好安全用电、节约用电、计划用电工作。

答案：安全用电，节约用电，计划用电

82.《电力供应与使用条例》供电企业和用户应当根据_____、_____的原则签订供用电合同。

答案：平等自愿，协商一致

83.《电力供应与使用条例》电力管理部门应当加强对供用电的监督管理，协调供用电各方关系，禁止_____和_____的行为。

答案：危害供用电安全，非法侵占电能

84.《电力供应与使用条例》供电企业在批准的供电营业区内向用户供电。供电营业区的划分，应当考虑电网的结构和供电合理性等因素。一个供电营业区内只设立_____供电营业机构。

答案：一个

85.《电力供应与使用条例》省、自治区、直辖市范围内的供电营业区的设立、变更，由_____提出申请，经省、自治区、直辖市人民政府电力管理部门会同_____审查批准后，由省、自治区、直辖市人民政府电力管理部门发给《供电营业许可证》。

答案：供电企业，同级有关部门

86.《电力供应与使用条例》跨省、自治区、直辖市的供电营业区的设立、变更，由_____审查批准并发给《供电营业许可证》。供电营业机构持《供电营业许可证》向工商行政管理部门申请领取营业执照，方可营业。

答案：国务院电力管理部门

87.《电力供应与使用条例》电网经营企业应当根据电网结构和供电合理性的原则协助

电力管理部门划分供电营业区。供电营业区的划分和管理办法，由_____制订。

答案：国务院电力管理部门

88.《电力供应与使用条例》用户用电容量超过其所在的供电营业区内供电企业供电能力的，由_____指定的其他供电企业供电。

答案：省级以上电力管理部门

89.《电力供应与使用条例》县级以上各级人民政府应当将城乡电网的建设与改造规划，纳入_____的总体规划。各级电力管理部门应当会同有关行政主管部门和电网经营企业做好城乡电网建设和改造的规划。供电企业应当按照规划做好_____工作。

答案：城市建设和乡村建设，供电设施建设和运行管理

90.《电力供应与使用条例》地方各级人民政府应当按照城市建设和乡村建设的总体规划统筹安排城乡_____、电缆通道、区域变电所、区域配电所和_____的用地。供电企业可以按照国家有关规定在规划的线路走廊、电缆通道、区域变电所、区域配电所和营业网点的用地上，架线、敷设电缆和建设公用供电设施。

答案：供电线路走廊，营业网点

91.《电力供应与使用条例》公用路灯由乡、民族乡、镇人民政府或者县级以上地方人民政府有关部门负责建设，并负责运行维护和交付电费，也可以委托_____代为有偿设计、施工和维护管理。

答案：供电企业

92.《电力供应与使用条例》供电设施、受电设施的_____、_____、_____和_____，应当符合国家标准或者电力行业标准。

答案：设计，施工，试验，运行

93.《电力供应与使用条例》用户受电端的供电质量应当符合_____或者_____。

答案：国家标准，电力行业标准

94.《电力供应与使用条例》供电方式应当按照_____、_____、_____、_____和_____的原则，由电力供应与使用双方根据国家有关规定以及电网规划、用电需求和当地供电条件等因素协商确定。在公用供电设施未到达的地区，供电企业可以委托有供电能力的单位就近供电。非经供电企业委托，任何单位不得擅自向外供电。

答案：安全，可靠，经济，合理，便于管理

95.《电力供应与使用条例》因_____需要紧急供电时，供电企业必须尽速安排供电。所需工程费用和应付电费由有关地方人民政府有关部门从抢险救灾经费中支出，但是_____应当由用户交付电费。

答案：抢险救灾，抗旱用电

96.《电力供应与使用条例》用户对供电质量有特殊要求的，供电企业应当根据其_____，提供相应的电力。

答案：必要性和电网的可能

97.《电力供应与使用条例》申请_____、_____、_____、_____和_____，均应当到当地供电企业办理手续，并按照国家有关规定交付费用；供电企业没有不予供电的合理理由的，应当供电。供电企业应当在其营业场所公告用电的程序、制度和收费标准。

答案：新装用电，临时用电，增加用电容量，变更用电，终止用电

98.《电力供应与使用条例》规定用户应当安装用电计量装置。用户使用的电力、电量，以_____依法认可的用电计量装置的记录为准。用电计量装置，应当安装在供电设施与受电设施的产权分界处。安装在用户处的用电计量装置，由用户负责保护。

答案：计量检定机构

99.《电力供应与使用条例》供电企业应当按照_____和_____的记录，向用户计收电费。用户应当按照国家批准的电价，并按照规定的期限、方式或者合同约定的办法，交付电费。

答案：国家核准的电价，用电计量装置

100.《电力供应与使用条例》规定县级以上人民政府电力管理部门应当遵照国家产业政策，按照统筹兼顾、保证重点、择优供应的原则，做好计划用电工作。供电企业和用户应当制订节约用电计划，推广和采用节约用电的_____、_____、_____、_____，降低电能消耗。供电企业和用户应当采用先进技术、采取科学管理措施，安全供电、用电，避免发生事故，维护公共安全。

答案：新技术，新材料、新工艺、新设备

101.《电力供应与使用条例》供电企业和用户应当在供电前根据_____和_____的供电能力签订供用电合同。

答案：用户需要，供电企业

102.《电力供应与使用条例》供电企业应当按照合同约定的_____、_____、_____、_____，合理调度和安全供电。用户应当按照合同约定的数量、条件用电，交付电费和国家规定的其他费用。

答案：数量，质量，时间，方式

103.《电力供应与使用条例》电力管理部门应当加强对_____、_____的监督和管理。供电、用电监督检查工作人员必须具备相应的条件。供电、用电监督检查工作人员执行公务时，应当出示_____。供电、用电监督检查管理的具体办法，由国务院电力管理部门另行制定。

答案：供电，用电，证件

104.《电力供应与使用条例》逾期未交付电费的，供电企业可以从逾期之日起，每日按照电费总额的_____加收违约金，具体比例由供用电双方在供用电合同中约定；自逾期之日起计算超过_____日，经催交仍未交付电费的，供电企业可以按照国家规定的程序停

止供电。

答案：1‰至3‰，30

105．《电力供应与使用条例》为了加强电力供应与使用的管理，保障供电、用电双方的合法权益，维护供电、用电秩序，_____、_____、_____地供电和用电，根据《中华人民共和国电力法》制定本条例。

答案：安全，经济，合理

106．在用户受送电装置上作业的电工，必须经电力管理部门考核合格，取得电力管理部门颁发的_____，方可上岗作业。

答案：《电工进网作业许可证》

107．对损坏家用电器的修复，修复所发生的元件购置费、检测费、修理费均由_____负担。

答案：供电企业

108．供电企业在接到居民用户家用电器损坏投诉后，应在_____小时内派员赴现场进行调查、核实。

答案：24

109．不属于责任损坏或未损坏的元件，受害居民用户也要求更换时，所发生的元件购置费与修理费应由_____负担。

答案：提出要求者

110．对不可修复的家用电器，其购买时间在_____及以内的，按原购货发票价，供电企业全额予以赔偿。

答案：六个月

111．根据营销业务特点，营销安全风险归类为_____、_____、_____、_____和_____。

答案：供用电安全风险，电费安全风险，现场作业安全风险，供电服务安全风险，营销自动化系统安全风险

112．供用电安全风险主要包括：_____、_____、_____、法律风险。

答案：业扩管理风险，安全用电服务风险，重要客户安全风险

113．电费安全风险主要包括：_____、管理风险、_____、_____、发票风险、_____、法律风险、合作单位风险。

答案：欠费风险，抄表风险，核算风险，收费风险

114．现场作业安全风险主要包括：管理风险、_____、_____、_____、实验室工作风险。

答案：装拆风险，现场检验风险，电能计量异常处置风险

115．有序用电是指在_____电力供需紧张的情况下，通过_____、_____、_____，依法

控制部分用电需求，维护供用电秩序平稳的管理工作。

答案：可预知，行政措施，经济手段，技术方法

116．有序用电工作应遵循＿＿＿＿、＿＿＿＿、＿＿＿＿、＿＿＿＿、＿＿＿＿、＿＿＿＿的原则。

答案：政府主导，统筹兼顾、安全稳定、有保有限、注重预防、节控并举

117．编制有序用电方案原则上应按照＿＿＿＿、＿＿＿＿、＿＿＿＿、＿＿＿＿的顺序安排限电措施。

答案：先错峰，后避峰，再限电，最后拉路

118．根据限电时段及程度不同，可分为＿＿＿＿、＿＿＿＿、＿＿＿＿，一般会减少电能使用。

答案：临时限电，轮停限电，停产限电

119．省级常规有序用电方案指标四级标准分别为：Ⅰ级的最大限电负荷指标不小于预计最大用电负荷的＿＿＿＿，且不小于预测最大电力缺口；Ⅱ级：最大限电负荷指标不小于预计最大负荷的＿＿＿＿；Ⅲ级：最大限电负荷指标不小于预计最大负荷的＿＿＿＿；Ⅳ级：最大限电负荷指标不小于预计最大负荷的＿＿＿＿。

答案：30%，20%，10%，5%

120．各省公司应建立＿＿＿＿机制，在预测到将出现电力供需缺口时，及时向＿＿＿＿汇报，经批准后报送＿＿＿＿及＿＿＿＿、＿＿＿＿，并向所属各级供电企业发布＿＿＿＿。

答案：电力供需预警，省公司有序用电工作领导小组，省级电力运行主管部门，国网营销部，国调中心，内部预警信号

121．省公司营销部应会同本单位外联部门，积极配合省级政府电力运行主管部门，通过会议、电视、报纸、广播、网络等渠道，开展有序用电＿＿＿＿发布工作。

答案：预警外部信息

122．各级供电企业应严格执行＿＿＿＿的有序用电方案。

答案：政府批准

123．供电企业应当按照国家有关电力需求侧管理规定，采取有效措施，指导用户＿＿＿＿、合理和＿＿＿＿，提高＿＿＿＿。

答案：科学，节约用电，电能使用效率

124．供电企业应当遵守国家有关供电营业区、＿＿＿＿、＿＿＿＿和＿＿＿＿等规定。

答案：供电业务许可，承装电力设施许可，电工进网作业许可

125．《供电监管办法》规定，供电企业办理用电业务的期限应当符合下列规定：向用户提供供电方案的期限，自受理用户用电申请之日起，＿＿＿＿用户不超过 3 个工作日，＿＿＿＿用户不超过 8 个工作日，＿＿＿＿用户不超过 20 个工作日，＿＿＿＿用户不超过 45 个工作日。

答案：居民，其他低压供电，高压单电源供电，高压双电源供电

126．《供电监管办法》规定，对用户受电工程设计文件和有关资料审核的期限，自受理之日起，_____用户不超过 8 个工作日，_____不超过 20 个工作日。

答案：低压供电，高压供电用户

127．《供电监管办法》规定，对用户受电工程启动中间检查的期限，自接到用户申请之日起，_____不超过 3 个工作日，_____不超过 5 个工作日。

答案：低压供电用户，高压供电用户

128．《供电监管办法》规定，对用户受电工程启动竣工检验的期限，自_____和检验申请之日起，_____用户不超过 5 个工作日，_____用户不超过 7 个工作日。

答案：接到用户受电装置竣工报告，低压供电，高压供电

129．《供电监管办法》规定，给用户装表接电的期限，自_____并办结相关手续之日起，_____不超过 3 个工作日，其他低压供电用户不超过 5 个工作日，_____不超过 7 个工作日。

答案：受电装置检验合格，居民用户，高压供电用户

130．《供电监管办法》规定，电力监管机构对供电企业公平、无歧视开放供电市场的情况实施监管。供电企业不得_____拒绝用户用电申请。

答案：无正当理由

131．《供电监管办法》规定，电力监管机构对供电企业公平、无歧视开放供电市场的情况实施监管。供电企业不得对趸购转售电企业符合国家规定条件的输配电设施，_____或者_____接入系统。

答案：拒绝，拖延

132．《供电监管办法》规定，电力监管机构对供电企业公平、无歧视开放供电市场的情况实施监管。供电企业不得对用户受电工程指定_____、_____和_____。

答案：设计单位，施工单位，设备材料供应单位

133．《供电监管办法》规定，供电企业应当严格执行国家电价政策，按照_____或者_____，依据计量检定机构依法认可的_____的记录，向用户计收电费。

答案：国家核准电价，市场交易价，用电计量装置

134．《供电监管办法》规定，供电企业不得_____电价，不得擅自_____电价，不得擅自在电费中_____或者_____国家政策规定以外的其他费用。

答案：自定，变更，加收，代收

135．《供电监管办法》规定，供电企业不得自立项目或者自定_____；对国家已经明令取缔的收费项目，不得向用户收取费用。

答案：标准收费

136．《供电监管办法》规定，供电企业应当按照《电力企业信息报送规定》向电力

监管机构报送信息。供电企业报送信息应当_____、_____、_____。

答案：真实，及时，完整

137．电力监管机构对供电企业执行国家有关_____和环境保护政策的情况实施监管。供电企业应当严格执行政府有关部门依法作出的对_____、_____或者_____采取停限电措施的决定。

答案：节能减排，淘汰企业，关停企业，环境违法企业

138．供电监管应当依法进行，并遵循_____、_____、_____的原则。

答案：公开，公正，效率

139．《供电监管办法》中所称供电企业是指_____、_____。

答案：依法取得电力业务许可证，从事供电业务的企业

140．供电企业选择电压监测点，低压供电用户，每百台配电变压器选择具有代表性的用户设置_____个以上电压监测点，所选用户应当是对供电质量有较高要求的重要电力用户和具有代表性的线路末端用户。

答案：1

141．供电企业对用户受电工程设计文件和有关资料审核的期限，自受理之日起，低压电力用户不超过_____个工作日，高压供电用户不超过_____个工作日。对用户受电工程启动中间检查的期限，自接到用户申请之日起，低压供电用户不超过_____个工作日，高压供电用户不超过_____个工作日。

答案：8，20，3，5

142．因供电设施计划检修需要停电的，供电企业应当提前_____日公告停电区域、停电线路、停电时间；因供电设施临时检修需要停电的，供电企业应当提前_____小时公告停电区域、停电线路、停电时间。

答案：7，24

143．因电网发生故障或者电力供需紧张等原因需要停电、限电的，供电企业应当_____执行。

答案：按照所在地人民政府批准的有序用电方案或者事故应急处置方案

144．引起停电或者限电的原因消除后，供电企业应当_____。

答案：尽快恢复正常供电

145．供电企业对重要电力用户实施_____、_____、_____供电或者恢复供电，应当按照国家有关规定执行。

答案：停电，限电，中止

146．供电企业应当建立完善的报修服务制度，公开_____，保持电话畅通，_____小时受理供电故障报修。

答案：报修电话，24

147．供电企业工作人员到达现场报修的时限，自接到报修之时起，城区范围不超过_____分钟，农村地区不超过_____分钟，边远、交通不便地区不超过_____分钟。因天气、交通等特殊原因无法在规定时限内到达现场的，应当向用户解释。

答案：60，120，240

148．因_____、_____需要紧急供电时，供电企业应当及时提供电力供应。

答案：抢险救灾，突发事件

149．电力监管机构具体负责_____管理工作。

答案：电力安全监督

150．电力监管机构有权责令_____、_____交易机构按照国家有关电力监管规章、规则的规定如实披露有关信息。

答案：电力企业，电力调度

151．《电力监管条例》已经_____年_____月_____日国务院第_____次常务会议通过，现予公布，自_____年_____月_____日起施行。

答案：2005，2，2，80，2005，5，1

152．电力监管应当依法进行，并遵循_____、_____和效率的原则。

答案：公开，公正

153．任何_____和_____对违反本条例和国家有关电力监管规定的行为有权向电力监管机构和政府有关部门举报，电力监管机构和政府有关部门应当及时处理，并依照有关规定对举报有功人员给予奖励。

答案：单位，个人

154．电力监管机构应当接受国务院_____、监察、_____等部门依法实施的监督。

答案：财政，审计

155．电力监管机构对发电厂_____、电网_____以及发电厂与电网协调运行中执行有关规章、规则的情况实施监管。

答案：并网，互联

156．电力监管机构对_____、_____交易机构执行电力市场运行规则的情况，以及_____交易机构执行电力调度规则的情况实施监管。

答案：电力企业，电力调度，电力调度

157．电力监管机构对_____按照国家规定的电能质量和供电服务质量标准向用户提供供电服务的情况实施监管。

答案：供电企业

158．承装（修、试）电力设施单位在颁发许可证的派出机构辖区以外承揽工程的，应当自_____起十日内，向工程所在地派出机构报告，依法接受其监督检查。

答案：工程开工之日

159．派出机构在承装（修、试）电力设施单位的营业执照有效期内_____、_____，或者_____、_____的，应当自作出决定之日起五日内通知工商行政管理部门，并责令当事人向工商行政管理部门办理变更登记手续。

答案：撤销，撤回许可，收缴，吊销许可证

160．取得_____承装（修、试）电力设施许可证的，可以从事 35kV 以下电压等级电力设施的安装、维修或者试验业务。

答案：四级

161．取得四级承装（修、试）电力设施许可证的，可以从事_____kV 以下电压等级电力设施的安装、维修或者试验活动。

答案：35

162．《承装（修、试）电力设施许可证》有效期为_____年。

答案：六

163．在中华人民共和国境内从事_____、_____、_____电力设施活动的，应当按照《承装（修、试）电力设施许可证管理办法》的规定取得许可证。

答案：承装，承修，承试

164．取得一级许可证的，可以从事_____电压等级电力设施的安装、维修或者试验活动。

答案：所有

165．《承装（修、试）电力设施许可证管理办法》所称承装、承修、承试电力设施，是指对_____、_____、_____的_____、_____和试验。

答案：输电，供电，受电电力设施，安装，维修

166．取得_____承装（修、试）电力设施许可证的，可以从事 110kV 以下电压等级电力设施的安装、维修或者试验活动。

答案：三级

167．_____对派出机构实施承装（修、试）电力设施许可工作进行监督检查，及时纠正工作中的违法行为。

答案：电监会

168．业护管理风险：因用电项目审核不严，客户重要负荷识别不准确、供电方案制订不合理、受电工程设计审核不到位、中间检查和竣工检验不规范等原因，引起的重要用户供电方式不符合_____要求、客户受电装置带隐患接入电网等风险。

答案：安全可靠性

169．应加强业扩现场标准化作业管理。实现业扩现场作业全过程的安全控制和质量控制，避免_____、物的不安全状态、环境的不安全因素出现和失控。

答案：人的不安全行为

170．《营销业扩报装工作全过程防人身事故十二条措施》规定，按照"_____、谁负责"、"_____、谁负责"、"_____、谁负责"的原则，进一步明确发策、安全、营销、生产、基建、调度等相关部门在业扩报装工作中的安全职责。

答案：谁主管，谁组织，谁实施

171．《营销业扩报装工作全过程防人身事故十二条措施》规定，严格执行现场送电程序，对高压供电客户侧_____设备进行操作_____，必须经调度或运行维护单位许可。

答案：第一断开点，工作

172．《营销业扩报装工作全过程防人身事故十二条措施》规定，业扩报装工作要按照_____、_____、_____"三个百分之百"的要求，抓基础、抓基层、抓基本功，严肃安全纪律，强化安全责任制落实。

答案：人员，时间，力量

173．《营销业扩报装工作全过程防人身事故十二条措施》规定，业扩报装组织要加强作业计划编制和刚性执行，减少和避免_____、临时工作。

答案：重复

174．《营销业扩报装工作全过程防人身事故十二条措施》规定，业扩报装组织要加强作业计划编制和刚性执行，减少和避免重复、_____工作。

答案：临时

175．业扩报装组织和工作要建立客户_____制度，严格执行现场送电程序，对高压供电客户侧第一断开点设备进行操作（工作），必须经调度或运行维护单位许可。

答案：停送电联系

176．客户电气工作票实行由供电方签发人和客户方签发人共同签发的"_____"管理。

答案：双签发

177．在高压供电客户的主要受电设施上从事相关工作，实行供电方、客户方"双许可"制度，其中，客户方许可人由具备资质的电气工作人员许可，并对工作票中所列安全措施的_____、完备性，现场安全措施的完善性以及现场停电设备有无突然来电的危险等内容负责。双方签字确认后方可开始工作。

答案：正确性

178．在高压供电客户的主要受电设施上从事相关工作，实行供电方、客户方"双许可"制度，其中，客户方许可人由具备资质的电气工作人员许可，并对工作票中所列安全措施的正确性、_____，现场安全措施的完善性以及现场停电设备有无突然来电的危险等内容负责。双方_____后方可开始工作。

答案：完备性，签字确认

179．在高压供电客户的主要受电设施上从事相关工作，实行供电方、客户方"双许可"制度，其中，客户方许可人由具备资质的电气工作人员许可，并对工作票中所列安全措施的正确性、完备性，现场安全措施的完善性以及现场停电设备有无_____的危险等内容负责。双方签字确认后方可开始工作。

答案：突然来电

180．在高压供电客户的主要受电设施上从事相关工作，实行供电方、客户方"_____"制度，其中，客户方许可人由具备资质的电气工作人员许可，并对工作票中所列安全措施的正确性、完备性，现场安全措施的完善性以及现场停电设备有无突然来电的危险等内容负责。双方签字确认后方可开始工作。

答案：双许可

181．在客户电气设备上从事相关工作，现场工作负责人或专责监护人在作业前必须向全体作业人员统一进行现场安全交底，使所有作业人员做到"_____"，并签字确认。在作业过程中必须认真履行监护职责，及时纠正不安全行为。

答案：四清楚

182．业扩现场工作应依据《营销业扩报装工作全过程安全危险点辨识与预控手册（试行）》，根据工作内容和现场实际，认真做好现场风险点辨识与预控，重点防止走错间隔、误碰带电设备、高空坠落、电流互感器二次回路开路、电压互感器二次短路等，坚决杜绝不验电、不采取安全措施以及强制解锁、擅自操作_____等违章行为。

答案：客户设备

183．业扩现场工作应依据《营销业扩报装工作全过程安全危险点辨识与预控手册（试行）》，根据工作内容和现场实际，认真做好现场风险点辨识与预控，重点防止_____、误碰带电设备、高空坠落、电流互感器二次回路开路、电压互感器二次短路等，坚决杜绝不验电、不采取安全措施以及强制解锁、擅自操作客户设备等违章行为。

答案：走错间隔

184．业扩现场工作应依据《营销业扩报装工作全过程安全危险点辨识与预控手册（试行）》，根据工作内容和现场实际，认真做好现场风险点辨识与预控，重点防止走错间隔、_____、高空坠落、电流互感器二次回路开路、电压互感器二次短路等，坚决杜绝不验电、不采取安全措施以及强制解锁、擅自操作客户设备等违章行为。

答案：误碰带电设备

185．业扩现场工作应依据《营销业扩报装工作全过程安全危险点辨识与预控手册（试行）》，根据工作内容和现场实际，认真做好现场风险点辨识与预控，重点防止走错间隔、误碰带电设备、_____、电流互感器二次回路开路、电压互感器二次短路等，坚决杜绝不验电、不采取安全措施以及强制解锁、擅自操作客户设备等违章行为。

答案：高空坠落

186．进入客户受电设施作业现场，所有人员必须正确_____、穿棉制工作服，正确使用合格的安全工器具和安全防护用品。

答案：佩戴安全帽

187．进入客户受电设施作业现场，所有人员必须正确佩戴安全帽、穿棉制工作服，正确使用合格的_____和_____。

答案：安全工器具，安全防护用品

188．3200kVA 及以上的高压供电电力排灌站应执行_____功率因数标准。

答案：0.9

189．100kVA（kW）及以上的电力排灌站应执行_____功率因数标准。

答案：0.85

190．大工业用户未划由电业直接管理的趸售用户应执行_____功率因数标准。

答案：0.85

191．凡实行功率因数调整电费的用户，应装设_____，按用户每月实用有功电量和无功电量，计算月平均功率因数。

答案：带有防倒装置的无功电度表

192．凡装有无功补尝设备且有可能向电网倒送无功电量的用户，应随其负荷和电压变动及时投入或切除部分无功补偿设备，电业部门并应在计费计量点加装有防倒装置的反向无功电度表，按倒送的无功电量与实用无功电量两者的_____，计算月平均功率因数。

答案：绝对值之和

193．按照 1976 版《电、热价格》，电价分为照明电价、_____、_____、大工业电价、_____、趸售电价、网间互供电价及其他。

答案：非工业电价，普通工业电价，农业生产电价

194．按照 1976 版《电、热价格》，铁道、航运等信号灯用电按照_____电价计收电费。

答案：照明

195．按照 1976 版《电、热价格》，总容量不足 3kW 的晒图机、医疗用 X 光机、无影灯、消毒等用电按照_____电价计收电费。

答案：照明

196．按照 1976 版《电、热价格》，工业用单相电动机，其总容量不足_____kW，或工业用单相电热，其总容量不足_____kW，而又无其他工业用电者执行照明电价。

答案：1，2

197．按照 1976 版《电、热价格》，凡以电为原动力，或以电冶炼、烘焙、熔焊、电解、电化的试验和非工业生产，其总容量在_____kW 及以上者执行_____电价。

答案：3，非工业

198．按照 1976 版《电、热价格》，非工业用户的照明用电（包括生活照明和生产照明），应_____计量。如一时不能分表，可根据实际情况合理分算照明电度，按_____电价计收电费，执行照明电价。

答案：分表，照明

199．按照 1976 版《电、热价格》，凡以电为原动力，或以电冶炼、烘焙、熔焊、电解、电化的一切工业生产，其受电变压器容量不足 320kVA 或低压受电的用电应执行_____电价。

答案：普通工业

200．完成工作许可后，工作负责人、专职监护人应向工作班人员交代工作内容和现场_____。工作班成员履行确认手续后方可开始工作。

答案：安全措施

201．高压验电应戴绝缘手套。直接验电应使用相应电压等级的验电器在设备的接地处_____验电。

答案：逐相

202．装设接地线时，应先装_____，再装导线端。

答案：接地端

203．雷雨天气，需要巡视室外高压设备时，应穿_____，并不准靠近避雷器和避雷针。

答案：绝缘靴

204．运行中的电压互感器二次侧严禁_____。

答案：短路

205．绝缘靴的试验周期是_____一次。

答案：六个月

206．接地体和接地线的总和，称为_____。

答案：接地装置

207．任何人发现有违反《国家电网公司电力安全工作规程》的情况，应_____，经纠正后才能恢复作业。各类作业人员有权拒绝违章指挥和强令冒险作业；在发现直接危及人身、电网和设备安全的紧急情况时，有权停止作业或者在采取可能的紧急措施后撤离作业场所，并立即报告。

答案：立即制止

208．因故间断电气工作连续_____个月以上者，应重新学习电力安全工作规程，并经考试合格后，方能恢复工作。

答案：3

209．所谓运用中的电气设备，系指全部带有电压、_____或一经操作即带有电压的电气设备。

答案：一部分带有电压

210．成套接地线应用有透明护套的多股软铜线组成，其截面不得小于_____ mm^2，同时应满足装设地点_____的要求。

答案：25，短路电流

211．室内高压设备的隔离室设有的遮栏高度应在 _____m 以上。

答案：1.7

212．触电急救必须分秒必争，立即就地迅速用_____进行急救。

答案：心肺复苏法

213．接地线必须使用_____固定在导体上，严禁用缠绕的方法进行接地或短路。

答案：专用的线夹

214．经常有人工作的场所及施工车辆上宜配备_____，存放急救用品，并应指定专人经常检查、补充或更换。

答案：急救箱

215．事故紧急处理和拉合断路器（开关）的单一操作可不使用_____。

答案：操作票

216．在进行高处作业时，除有关人员外，不准他人在工作地点的下面通行或逗留，工作地点下面应有围栏或装设其他保护装置，防止_____。

答案：落物伤人

217．装设接地线时，_____不准碰触未接地的导线。

答案：人体

218．工具经试验合格后，应在不妨碍_____性能且醒目的部位粘贴合格证。

答案：绝缘

219．公司的企业精神是：_____。

答案：努力超越，追求卓越

220．公司科学发展的战略保障是_____、_____、_____。

答案：党的建设，企业文化建设，队伍建设

二、单选题

1.《中华人民共和国电力法》自（　　　）起施行。

　　A．1994 年 4 月 1 日　　　　　B．1996 年 4 月 1 日

　　C．1997 年 4 月 1 日　　　　　D．1995 年 4 月 1 日

答案：B

2.《中华人民共和国电力法》第三十二条规定，对危害供电、用电安全和扰乱供电、用电秩序的，（　　　）有权制止。

　　A．政府机关　　　　　　　　　B．公安机关

　　C．供电企业　　　　　　　　　D．电力使用者

答案：C

3．违反《中华人民共和国电力法》和国家有关规定，未取得"供电营业许可证"而从事电力供应业务者，电力管理部门可以书面形式责令其停业，没收非法所得，并处以违法所得（ ）以下的罚款。

    A．10 倍   B．7 倍   C．5 倍   D．3 倍

答案：C

4．《中华人民共和国电力法》第六十条规定：电力运行事故由下列原因（ ）造成的，电力企业不承担赔偿责任。

    A．因供电企业的输配电设备故障

    B．不可抗力

    C．未事先通知用户中断供电给用户造成损失

    D．意外事故

答案：B

5．在依法划定的电力设施保护区内修建建筑物或者种植植物、堆放物品，危及电力设施安全的，由（ ）责令强制拆除砍伐或者清除。

    A．供电企业   B．电力管理部门

    C．当地人民政府   D．电力使用者

答案：C

6．《中华人民共和国电力法》规定：盗窃电能的，由电力管理部门责令停止违法行为，追缴电费并处应交电费（ ）的罚款。

    A．3 倍   B．5 倍以下   C．3 至 6 倍   D．3 倍以下

答案：B

7．《中华人民共和国电力法》规定：电价实行（ ）。

    A．自主经营、自负盈亏

    B．谁投资，谁收益

    C．统一政策，统一定价，分级管理

    D．安全、优质、经济

答案：C

8．居民用户以外的其他用户私自移表，应承担（ ）违约使用电费。

    A．正常用电量 3 倍   B．5000 元

    C．设备容量 30 元/kVA   D．1000 元

答案：B

9．建筑物与供电设施相互妨碍，应按（ ）的原则，确定其担负责任。

    A．安全第一   B．建设先后

    C．供电设施优先   D．建筑物优先

答案：B

10.《供电营业规则》第七十一条规定：在客户受电点内难以按电价类别分别装设用电计量装置时，可以（　　），然后按其不同电价类别的用电设备容量的比例或实际可能的用电量确定不同电价类别用电量的比例或定量进行分算，分别计价。

    A．与客户协商每月定量计量　B．装设总的用电计量装置

    C．多月计量用电量　　　　　　D．在方便的位置装设计量装置

答案：B

11.《供电营业规则》第七十六条规定：对不具备安装计量装置条件的临时用电客户，可以按其（　　）、使用时间、规定的电价计收电费。

    A．用电容量　B．设备容量　　C．用电类别　　D．支付能力

答案：A

12.《供电营业规则》第九条规定：客户设备容量在 100kW 及以下或需用变压器容量在（　　）kVA 及以下者，可采用低压三相四线制供电，特殊情况也可以采用高压供电。

    A．50　　　　　B．100　　　　　C．160　　　　　D．110

答案：A

13.《供电营业规则》于（　　）年 10 月 8 日发布施行。

    A．1996　　　B．1997　　　　C．1998　　　　D．1999

答案：A

14．不经过批准即可中止供电的是（　　）。

    A．确有窃电行为

    B．私自向外转供电力者

    C．拖欠电费经通知催交后仍不交者

    D．私自增容者

答案：A

15.《供电营业规则》第三十三条规定：用户连续（　　）个月不用电，也不申请办理暂停用电手续，供电企业须以销户终止其供电。

    A．3　　　　　B．6　　　　　C．9　　　　　D．12

答案：B

16．用户迁址，须在（　　）前向供电企业提出申请。

    A．10 天　　B．5 天　　　　C．3 天　　　　D．1 天

答案：B

17．在同一供电点，同一（　　）的相邻两个及以上用户允许办理并户。

    A．电力用途　B．用电地址　　C．用电容量　　D．供电点

答案：B

17.《供电营业规则》规定对 35kV 及以上电压供电的用户的停电次数，每年不应超过（　　）次；对 10kV 供电的用户，每年不应超过（　　）次。

　　　A．1，3　　　B．2，3　　　C．1，2　　　D．3，1

答案：A

19. 用户认为供电公司装设的计费电能表不准时，有权向供电公司提出校验申请，在用户交付验表费后，供电公司应在（　　）天内检验，并将检验结果通知用户。

　　　A．3　　　　B．5　　　　C．7　　　　D．10

答案：C

20. 自备电厂如需伸入或跨越供电公司所属的供电营业区供电的，应经（　　）同意。

　　　A．国务院

　　　B．省（自治区、直辖市）发改委

　　　C．省电网经营企业

　　　D．省级电力管理部门

答案：C

21. 电力用户窃电时间无法查明时，最少窃电日数及时间的计算标准是（　　）。

　　　A．180 天 12 小时　　　　B．360 天 12 小时

　　　C．180 天 6 小时　　　　 D．360 天 6 小时

答案：C

22. 供电频率超出允许偏差，给用户造成损失的，供电企业应按用户每月在频率不合格的累计时间内所用的电量，乘以当月用电的平均电价的（　　）给予赔偿。

　　　A．10%　　　B．15%　　　C．20%　　　D．30%

答案：C

23. 在电力系统非正常状况下，220V 供电的到用户受电端的电压最大允许偏差不应超过（　　）。

　　　A．−10%～7%　　　　 B．−7%～7%

　　　C．−10%～10%　　　　D．−7%～10%

答案：C

24.《供电营业规则》对用户办理减容时规定：用户减容，须在（　　）天前向供电企业提出申请。供电企业应按下列规定办理。

　　　A．3　　　　B．5　　　　C．7　　　　D．10

答案：B

25. 对 250kVA 工业用户，由于供电企业电力运行事故造成用户停电时，供电企业应按用户在停电时间内可能用电量的电度电费的（　　）倍给予赔偿。

A．2   B．3   C．4   D．5

答案：C

26．未经供电企业同意，擅自引入（供出）电源的，应承担（   ）元每 kW（kVA）的违约使用电费。

A．30   B．50   C．500   D．5000

答案：C

27．根据《供电营业规则》规定，互感器倍率错误，退补电量的时间应以（   ）确定。

A．抄表记录为准   B．6 个月

C．3 个月   D．1 个月

答案：A

28．根据《供电营业规则》规定，供用双方在合同中订有电力运行事故责任条款的，由于供电企业电力运行事故造成大工业用户停电的，供电企业应按用户在停电时间内可能用电量的电度电费的（   ）倍给予赔偿。

A．2   B．3   C．4   D．5

答案：D

29．《供电营业规则》规定，用户需要的电压等级在（   ）时，其受电装置应作为终端变电站设计，方案需经省电网经营企业审批。

A．1kV 及以上   B．10kV 及以上

C．35kV 及以上   D．110kV 及以上

答案：D

30．对于暂停用电不足 15 天的大工业电力用户，计算其基本电费时，应（   ）。

A．全部减免其基本电费

B．按全部基本电费的一半收取

C．按 15 天的基本电费收取

D．按正常用电时计收全部基本电费

答案：D

31．窃电时间无法查明时，每日窃电时间：照明用户按（   ）小时计算。

A．6   B．8   C．10   D．12

答案：A

32．临时用电的用户，应安装用电计量装置。对不具备安装条件的，可按其（   ）计收电费。

A．用电容量、使用时间、规定的电价

B．负荷重要性、使用时间、规定的电价

C．用电容量、使用时间、商定的电价

D．负荷重要性、使用时间、商定的电价

答案：A

33．《供电营业规则》规定，引起停电或限电的原因消除后，供电企业应在（　　　）内恢复供电。

　　A．30 分钟　　B．24 小时　　　C．3 日　　　　D．7 日

答案：C

34．为提高客户电容器的投运率，并防止无功倒送，宜采用（　　　）投切方式。

　　A．手动　　　　B．自动　　　　C．半自动　　　D．定时

答案：B

35．在计算转供户用电量、最大需量及功率因数调整电费时，最大需量按下列规定折算：农业用电：每月用电量（　　　）kVA，折合为 1kW。

　　A．180　　　　B．270　　　　C．360　　　　D．450

答案：B

36．用户暂拆（因修缮房屋等原因需要暂时停止用电并拆表），应持有关证明向供电企业提出申请。暂拆时间最长不得超过（　　　）。

　　A．两个月　　B．三个月　　　C．六个月　　　D．一年

答案：C

37．在电力系统非正常情况下，供电频率允许偏差不应超过（　　　）Hz。

　　A．0.2　　　　B．±0.2　　　　C．±0.50　　　D．±1.0

答案：D

38．用户自备电厂应自发自供厂区内的用电，不得将自备电厂的电力向厂区外供电。自发自用有余的电量可与供电企业签订（　　　）。

　　A．电量购销合同　　　　　　　B．发售电合同

　　C．供用电合同　　　　　　　　D．电量上网协议

答案：A

39．用户用电功率因数达到规定标准，而供电电压超出本规则规定的变动幅度，给用户造成损失的，供电企业应按用户每月在电压不合格的累计时间内所用的电量，乘以用户当月用电的平均电价的（　　　）给予赔偿。

　　A．20%　　　B．30%　　　　C．40%　　　　D．50%

答案：A

40．在电价低的供电线路上，擅自接用电价高的用电设备或私自改变用电类别的，应按实际使用日期补交其差额电费，并承担（　　　）差额电费的违约使用电费。

　　A．两倍　　　B．三倍　　　　C．四倍　　　　D．五倍

答案：A

41．私自超过合同约定的容量用电的，除应拆除私增容设备外，属于两倍制电价的用户，应补交私增设备容量使用月数的基本电费，并承担（　　）私增容量基本电费的违约使用电费。

　　A．两倍　　　B．三倍　　　　C．四倍　　　　D．五倍

答案：B

42．擅自使用已在供电企业办理暂停手续的电力设备或启用供电企业封存的电力设备的，应停用违约使用的设备。属于两部制电价的用户，应补交擅自使用或启用封存设备容量和使用月数的基本电费，并承担（　　）补交基本电费的违约使用电费。

　　A．两倍　　　B．三倍　　　C．四倍　　　　D．五倍

答案：A

43．窃电者应按所窃电量补交电费，并承担补交电费（　　）的违约使用电费。

　　A．两倍　　　B．三倍　　　C．四倍　　　　D．五倍

答案：B

44．因抢险救灾需要紧急用电而架设临时电源所需的工程费用和应付的电费，由（　　）负责从救灾经费中拨付。

　　A．所在地人民政府

　　B．地方人民政府有关部门

　　C．省级电网企业

　　D．电力主管部门

答案：B

45．以下行为不属于窃电的是（　　）。

　　A．绕越供电企业用电计量装置用电

　　B．故意损坏供电企业用电计量装置

　　C．故意使供电企业用电计量装置不准或者失效

　　D．擅自操作供电企业的用电计量装置

答案：D

46．自备电厂如需伸入或跨越供电企业所属的供电营业区供电的，应经（　　）同意。

　　A．地方人民政府相关部门　　B．省电网经营企业

　　C．电力管理部门　　　　　　D．国务院电力管理部门

答案：B

47．互感器或电能表误差超出允许范围时，以"0"误差为基准，按验证后的误差值退补电量。退补时间从上次校验或换装后投入之日起至误差更正之日止的（　　）时间计算。

　　A．1/2　　　B．1/3　　　C．1/4　　　　D．全部

答案：A

48.《供电营业规则》规定，新建受电工程项目在立项阶段，用户应与供电企业联系，就工程供电的可能性、用电容量和供电条件等达成意向性协议，方可定址，确定项目。未按前款规定办理的，供电企业有权（　　　）其用电申请。

  A．拒绝受理   B．暂缓受理

  C．及时受理   D．协商受理

  答案：A

49.《供电营业规则》规定，如因供电企业供电能力不足或政府规定限制的用电项目，供电企业可通知用户（　　　）办理。

  A．拒绝受理 B．暂缓 C．及时 D．协商

  答案：B

50.《供电营业规则》于（　　　）年10月8日发布施行。

  A．1996 B．1997 C．1998   D．1999

  答案：A

51.《供电营业规则》规定，用户对计费电能表检验结果有异议时，可向（　　　）申请检定。

  A．上级供电企业   B．同级及上级电力管理部门

  C．电力监管部门   D．供电企业上级计量检定机构

  答案：D

52.《供电营业规则》规定，用户单相用电设备总容量不足（　　　）kW的可采用低压220V供电。

  A．4   B．6   C．8   D．10

  答案：D

53.《供电营业规则》规定：供电企业供电的额定频率为交流（　　　）。

  A．100Hz B．50Hz C．80Hz   D．40Hz

  答案：B

54.《供电营业规则》中规定，用电设备容量在（　　　）或需用变压器容量在（　　　）者，可采用三相四线制供电，特殊情况也可采用高压供电。

  A．100kW、50kVA

  B．100kW及以下、50kVA以下

  C．100kW以下、50kVA及以下

  D．100kW及以下、50kVA及以下

  答案：D

55.《供电营业规则》中规定，高、低压用户供电方案有效期分别为（　　　）、（　　　）。

  A．三个月，一个月   B．一个月，十五天

C．一年，一个月　　　　　　D．一年，三个月

答案：D

56.《供电营业规则》中规定，用户在每一日历年内，可申请全部（含不通过受电变压器的高压电动机）或部分用电容量的暂时停止用电（　　）次，每次不得少于（　　），一年累计暂停时间不得超过（　　）。

　　A．一，十五天，六个月　　　B．两，十五天，六个月

　　C．两，三十天，六个月　　　D．两，十天，三个月

答案：B

57.《供电营业规则》中规定，在暂停期限内，用户申请恢复暂停用电容量用电时，须在预定恢复日前（　　）向供电企业提出申请。

　　A．五天　　　　　　　　　　B．七天

　　C．五个工作日　　　　　　　D．七个工作日

答案：A

58.《供电营业规则》中规定，用户移表费用由（　　）负担。

　　A．供电企业　　　　　　　　B．用户

　　C．双方协商确定　　　　　　D．其他

答案：B

59.《供电营业规则》中规定，在（　　）内，电力用途发生变化而引起用电电价类别改变时，允许办理改类手续。

　　A．同一供电点　　　　　　　B．同一用电地址

　　C．同一供电设施　　　　　　D．同一受电装置

答案：D

60.《供电营业规则》中规定，从破产用户分离出去的新用户，必须在偿清原破产用户电费和其他债务后，方可办理变更用电手续，否则，供电企业可按（　　）处理。

　　A．新装　　　B．窃电　　　C．违约用电　　　D．销户

答案：C

61.《供电营业规则》中规定，对规划中安排的线路走廊和变电站建设用地，应当优先满足（　　）建设的需要，确保土地和空间资源得到有效利用。

　　A．供电企业设施　　　　　　B．用户用电设施

　　C．电网输电设施　　　　　　D．公用供电设施

答案：D

62.《供电营业规则》中规定，供电企业对用户送审的受电工程设计文件和有关资料，应根据本规则的有关规定进行审核。审核的时间，对高压供电的用户最长不超过（　　）。

　　A．七天　　　B．十天　　　　C．十五天　　　D．一个月

答案：D

63.《供电营业规则》中规定，无功电力应（　　）。

　　A．就地补偿　B．集中补偿　　C．就地平衡　　D．分散平衡

答案：C

64.《供电营业规则》中规定，农业用电高峰负荷时，功率因数为（　　）。

　　A．0.9　　　B．0.85　　　C．0.8　　　　D．1

答案：C

65.《供电营业规则》中规定，产权属于用户且由用户运行维护的线路，以公用线路分支杆或专用线路接引的公用变电站外第一基电杆为分界点,专用线路第一基电杆属(　　)。

　　A．供电企业　　　　　　B．用户

　　C．供电企业与用户协商　　D．产权所有者

答案：B

66.《供电营业规则》中规定，因建设引起建筑物、构筑物与供电设施相互妨碍，需要迁移供电设施或采取防护措施时，应按建设先后的原则，确定其担负的责任。不能确定建设的先后者，由（　　）。

　　A．供电设施建设单位负责　　B．建筑物建设单位

　　C．电力管理部门协调解决　　D．双方协商解决

答案：D

67.《供电营业规则》中规定，电网公共连接点电压正弦波畸变率和用户注入电网的谐波电流不得超过国家标准（　　）的规定。

　　A．GB/T 14549—93　　　　B．GB 12326—90

　　C．GB/T 15543—1995　　　D．GB/T 14549—98

答案：A

68.《供电营业规则》规定：三相四线制低压用电，供电的额定线电压为（　　）。

　　A．220V　　B．380V　　　C．450V　　　D．10kV

答案：B

69.《供电营业规则》规定：低压单相用电，供电的额定线电压为（　　）。

　　A．220V　　B．380V　　　C．450V　　　D．11kV

答案：A

70.《供电营业规则》中规定，移表是移动用电（　　）位置的简称。

　　A．配电装置　B．供电装置　　C．计量装置　　D．受电装置

答案：C

71.《供电营业规则》中规定，改压是改变（　　）等级的简称。

　　A．输出电压　B．供电电压　　C．用电电压　　D．变电电压

答案：B

72.《供电营业规则》中规定，过户实际上涉及新旧用户之间用电权和经济责任与义务关系的（　　）。

  A．继续 B．改变 C．维持 D．分开

答案：B

73.《供电营业规则》规定：电价由电力部门的成本、税收和利润三个部分组成，由（　　）统一制定。

  A．国家 B．省市 C．县 D．地区

答案：A

74.《供电营业规则》规定：以下不属于窃电行为的是（　　）。

  A．在供电企业的供电设施上，擅自接线用电

  B．绕越供电的用电计量装置用电

  C．用电计量装置计量不准或者失效

  D．故意使供电企业的用电计量装置计量不准或者失效

答案：C

75.《中华人民共和国电力法》规定：对非法占用变电设施用地、输电线路走廊或者电缆通道的应（　　）。

  A．由供电部门责令限期改正；逾期不改正的，强制清除障碍

  B．由县级以上地方人民政府责令限期改正；逾期不改正的，强制清除障碍

  C．由当地地方经贸委责令限期改正；逾期不改正的，强制清除障碍

  D．由当地公安部门责令限期改正；逾期不改正的，强制清除障碍

答案：B

76.《供电营业规则》规定：擅自使用已在供电企业办理暂停手续的电力设备的，除两部制电价用户外，其他用户应承担擅自使用或启用封存设备容量每次每 kW（kVA）（　　）元的违约使用电费。

  A．20 B．30 C．40 D．50

答案：B

77．减容期满后的客户以及新装、增容客户，（　　）不得申办减容或暂停。

  A．半年内 B．一年内 C．二年内 D．三年内

答案：C

78.《供电营业规则》规定：某客户申请的用电容量为 100kW，一般可采用（　　）电压供电。

  A．10kV B．380V C．35kV D．220V

答案：B

79.《供电营业规则》规定：电力客户在减容期限内，供电企业（　　）客户减少容量的使用权。

    A．保留　　　　　　　　　　B．不保留

    C．保留 6 个月　　　　　　　D．保留 2 年

答案：A

80.《供电营业规则》中规定，电力客户减容期满后，如确需继续办理减容或暂停的，减少或暂停部分容量的基本电费应按（　　）计算收取。

    A．不收　　　B．1　　　　C．0.75　　　D．0.5

答案：D

81.《供电营业规则》规定：供电企业不受理（　　）用电的变更用电事宜。

    A．新装　　　B．正式　　　C．临时　　　D．增容

答案：D

82.《供电营业规则》中规定，销户是合同到期（　　）用电的简称。

    A．终止　　　B．暂停　　　C．继续　　　D．减容

答案：A

83.《供电营业规则》中规定，改类是改变用电（　　）的简称。

    A．方式　　　B．方案　　　C．容量　　　D．类别

答案：D

84.《供电营业规则》中规定，暂拆是指暂时停止用电，并（　　）的简称。

    A．拆除房屋　　　　　　　　B．拆除配电柜

    C．拆除电能表　　　　　　　D．撤销户名

答案：C

85.《供电营业规则》规定：有一电力客户在电价低的供电线路上，擅自接用电价高的用电设备，供电企业无法确认起讫日期时，（　　）。

    A．应按 6 个月使用时间计算补交的差额电费，并承担 2 倍差额电费的违约使用电费

    B．应按 6 个月使用时间计算补交的差额电费，并承担 3 倍差额电费的违约使用电费

    C．应按 3 个月使用时间计算补交的差额电费，并承担 2 倍差额电费的违约使用电费

    D．应按 3 个月使用时间计算补交的差额电费，并承担 3 倍差额电费的违约使用电费

答案：C

86.《供电营业规则》规定，委托专供电时，向被转供户供电的公用线路与变压器的损

耗电量应由（　　）负担。

    A．转供户　　　　　　　　B．被转供户

    C．转供户与被转供户按比例　D．供电企业

答案：D

87．《供电营业规则》规定，用电业务变更分为（　　）大类。

    A．10　　　B．12　　　C．14　　　D．16

答案：B

88．《供电营业规则》规定，暂换变压器的使用时间，10kV及以下的不超过（　　　）。

    A．一个月　B．二个月　　C．三个月　　D．六个月

答案：B

89．《供电营业规则》省电网经营企业可根据用电类别、用电容量、电压等级的不同，分类制订出适应不同类型用户需要的（　　）的供用电合同。

    A．标准格式　　　　　　　B．正式格式

    C．非标准格式　　　　　　D．非正式格式

答案：A

90．《供电营业规则》供电企业一般不采用（　　）方式供电，以减少中间环节。特殊情况需开放此种方式供电时，应由省级电网经营企业报国务院电力管理部门批准。

    A．直供　　　　　　　　　B．趸售

    C．趸售转供电　　　　　　D．直供或趸售

答案：B

91．《供电营业规则》规定，对月用电量较大的客户，供电企业可按客户月电费确定每月分若干次收费，并于抄表后结清当月电费。收费次数由供电企业与客户协商确定，一般每月不少于（　　）次。

    A．一　　　　B．二　　　　C．三　　　　D．四

答案：C

92．《供电营业规则》规定，以其他行为窃电的，所窃电量按计费电能表（　　）所指的容量（kVA视同kW）乘以实际窃用的时间计算确定。

    A．标定电流值　　　　　　B．标定电压值

    C．额定电流值　　　　　　D．额定电压值

答案：A

93．《供电营业规则》规定，用户对供电企业确定的供电方案有不同意见时，应在（　　　）内提出意见，双方可再行协商确定。

    A．7日　　B．15日　　　C．3日　　　D．30日

答案：D

94.《供电营业规则》中，10kV 及以下电压供电的用户，应配置（   ）。

A. 专用的电能计量柜（箱）

B. 专用的电流互感器二次线圈

C. 专用的电压互感器二次连接线

D. 专用的负荷控制装置

答案：A

95.《供电营业规则》中，在用电地址、用电容量、用电类别不变条件下，允许办理哪些变更用电手续？（   ）

A. 移表　　　B. 更名或过户　C. 分户　　　　D. 并户

答案：B

96.《供电营业规则》中关于转供电，下列说法不正确的是（   ）。

A. 委托转供电的委托费用，按委托单业务项目多少，由双方协商确定

B. 不得委托重要的国防军工用户转供电

C. 转供户视同供电企业的直供户，与直供户享有同样的用电权利

D. 向转供户供电的公用线路与变压器损耗应由转供户负担，不得摊入被转供户用电量中

答案：D

97.《供电营业规则》中规定，供电企业对用户的受电装置竣工检验时，重复检验收费标准，由（   ）提出，报经省有关部门批准后执行。

A. 供电企业　　　　　　　B. 省电网经营企业

C. 省物价部门　　　　　　D. 当地物价部门

答案：B

98.《供电营业规则》中规定，供电企业应在用户每一个受电点内按不同（   ），分别安装用电计量装置，每个受电点作为用户的一个计费单位。

A. 用电性质　　　　B. 用电类别

C. 用电容量　　　　D. 电价类别

答案：D

99.《供电营业规则》中规定，用户新装、增装或受电工程的设计安装、试验与运行应符合国关标准；国家尚未制订标准的，应符合（   ）标准。

A. 电力行业　　　　B. 相关

C. 政府规定　　　　D. 供电公司

答案：A

100.《供电营业规则》中规定，产权分界处不适宜装表的，对专线供电的高压用户，可在（   ）装表计。

A．配电变压器低压侧　　　B．供电变压器出口

C．用户受电装置的低压侧　　D．供电线路首段

答案：B

101.《供电营业规则》中规定，产权分界处不适宜装表的，对公用线路供电的高压用，可在（　　）计量。

A．用户受电装置高压侧　　　B．供电变压器出口

C．用户受电装置的低压侧　　D．线路末端

答案：C

102.《供电营业规则》中规定，连接线的电压降超出允许范围时，以（　　）为基准，按（　　）补收电量，补收时间从（　　）。

A．允许电压降，验证后实际值与允许值之差，连接线投入或负荷增加之日起至电压降更正之日止

B．允许电压降，验证后实际值与允许值之差，连接线投入或负荷增加之日起至电压降更正之日止

C．用户正常月份用电量，正常月与故障月的差额，抄表记录或按失压自动记录仪记录

D．实际倍率，正确与错误倍率的差值，抄表记录为准

答案：B

103.《供电营业规则》中规定，其他非人为原因致使计量记录不准时，以（　　）基准退补电量，退补时间按（　　）确定。

A．抄见用电量为，抄表记录

B．用户正常月份的用电量为，采集记录

C．用户正常月份的用电量为，抄表记录

D．用户异常月份的用电量为，抄表记录

答案：C

104.《供电营业规则》中规定，计费计量装置接线错误的，以（　　）为基数，按（　　）退补电量，退补时间从（　　）。

A．用户正常月份用电量，正常月与故障月的差额，抄表记录或按失压自动记录仪记录

B．实际倍率，正确与错误倍率的差值、抄表记录为准

C．其实际记录的电量，正确与错误接线的差额率，上次校验或换装投入之日起至接线错误更正之日止

D．允许电压降，验证后实际值与允许值之差，连接线投入或负荷增加之日起至电压降更正之日止

答案：C

105.《供电营业规则》中规定，电压互感器保险熔断的，按规定计算方法计算值补收相应电量的电费；无法计算的，以（　　）为基准，按（　　）补收相应电量的电费，补收时间按（　　）确定。

A．其实际记录的电量、正确与错误接线的差额率，上次校验或换装投入之日起至接线错误更正之日止

B．实际倍率，正确与错误倍率的差值，抄表记录为准

C．允许电压降，验证后实际值与允许值之差，连接线投入或负荷增加之日起至电压降更正之日止

D．用户正常月份用电量，正常月与故障月的差额，抄表记录或按失压自动记录仪记录

答案：D

106.《供电营业规则》中规定，计算电量的倍率或铭牌倍率与实际不符的，以（　　）为基准，按（　　）退补电量，退补时间以（　　）确定。

A．实际倍率，正确与错误倍率的差值，抄表记录为准

B．用户正常月份用电量，正常月与故障月的差额，抄表记录或按失压自动记录仪记录

C．其实际记录的电量，正确与错误接线的差额率，上次校验或换装投入之日起至接线错误更正之日止

D．允许电压降，验证后实际值与允许值之差，连接线投入或负荷增加之日起至电压降更正之日止

答案：A

107.《供电营业规则》中规定，在受电装置一次侧装有连锁装置互为备用的变压器（含高压电动机），按可能同时使用的变压器（含高压电动机）容量之和的（　　）计算其基本电费。

A．最小值　　B．最大值　　　C．平均值　　　D．中间值

答案：B

108.《供电营业规则》中规定，用户在供电企业规定的期限内未交清电费时，应承担电费滞纳的违约责任。电费违约金从逾期之日起计算至交纳日止。其他用户属跨年度欠费的每日按欠费总额的（　　）计算。

A．千分之一　　　　　　　B．千分之二

C．千分之三　　　　　　　D．千分之四

答案：C

109.《供电营业规则》中规定，用户在供电企业规定的期限内未交清电费时，应承担

电费滞纳的违约责任。电费违约金从逾期之日起计算至交纳日止。其他用户属当年欠费的每日按欠费总额的（   ）计算。

    A．千分之一   B．千分之二

    C．千分之三   D．千分之四

答案：B

110.《供电营业规则》规定，用户对供电企业答复的供电方案有不同意见时，应在（   ）内提出意见，双方可再行协商确定。

    A．十五日   B．一个月   C．二个月   D．三个月

答案：B

111.《供电营业规则》规定，用户擅自使用已报暂停的电气设备，属于（   ）行为。

    A．窃电   B．违约用电

    C．正常用电   D．计划外用电

答案：B

112.《供电营业规则》规定，居民用户以外的其他用户私自移表，应承担每次（   ）违约使用电费。

    A．正常月电费 3 倍   B．5000 元

    C．设备容量 30 元/kW   D．500 元

答案：B

113.《供电营业规则》规定，迁移后的新址不在原供电点供电的，新址用电按（   ）用电办理。

    A．移表   B．迁址   C．并户   D．新装

答案：D

114.《供电营业规则》规定，电能计量装置原则上应装在（   ）。

    A．受电点

    B．便于装设计量装置的并符合安全规定的地方

    C．供电设施的产权分界处

    D．有明显标志的地方

答案：C

115.《供电营业规则》：对基建工地、农田水利、市政建设等非永久性用电，可供给（   ）电源。

    A．备用   B．常用   C．临时   D．保安

答案：C

116．根据《供电营业规则》规定，互感器倍率错误，退补电量的时间应以（   ）确定。

A．抄表记录为准　　　　　B．6个月

C．3个月　　　　　　　　D．1个月

答案：A

117.《供电营业规则》规定：供电企业每年至少对同一用户不同电价类别用电量的比例或定量核定（　　）次，用户不得拒绝。

A．1　　　　B．2　　　　C．3　　　　D．4

答案：A

118.《供电营业规则》第十四条规定：供电企业在计算转供户用电量、最大需量及功率因数调整电费时，应扣除（　　）。

A．被转供户公用线路损耗的有功、无功电量

B．被转供户变压器损耗的有功、无功电量

C．转供户损耗的有功、无功电量

D．被转供户公用线路及变压器损耗的有功、无功电量

答案：D

119.擅自使用已在供电企业办理暂停电手续的电力设备或启用供电企业封存的电力设备的，应停用违约使用的设备。属于两部制电价的，应补交擅自使用或启用封存设备容量和使用月数的基本电费，并承担（　　）补交基本电费的违约使用电费。

A．一倍　　B．二倍　　　C．三倍　　　D．四倍

答案：B

120.临时用电一般不得超过（　　）个月，逾期不办理延期或永久性正式用电手续，应终止供电。

A．3　　　　B．6　　　　C．9　　　　D．12

答案：B

121.供电企业与电力用户一般应签订"供用电合同"，明确双方的权利、义务和（　　）。

A．利益　　B．经济责任　　C．要求　　D．制度

答案：B

122.客户每个受电点允许作为用户的（　　）个计费单位。

A．1　　　　B．2　　　　C．3　　　　D．4

答案：A

123.对于暂停用电不足15天的大工业电力用户，计算基本电费时原则是（　　）。

A．全部减免　　　　　　B．按10天计算

C．不扣减　　　　　　　D．按15天计算

答案：C

124.供电方案的有效期是从（　　）起始。

A．供电方案通知书发出之日

B．交供电贴费之日

C．用电申请受理之日

D．用户申请之日

答案：A

125．用户在供电企业规定的期限内未交清电费时，应承担电费滞纳的违约责任。电费违约金从逾期之日计算至交纳日止，居民用户每日按欠费总额的（　　）计算。

A．1‰　　　B．2‰　　　C．3‰　　　D．5‰

答案：A

126．《供电营业规则》规定，城乡建设与改造需迁移供电设施时，供电企业和用户都应积极配合，迁移所需的材料和费用，（　　）。

A．应由供电企业、用户与政府共同解决

B．应由设施产权所有者解决

C．应由工程实施方负责解决

D．应在城乡与改造投资中解决

答案：D

127．《供电营业规则》规定，供电企业对用户的受电装置检验合格后，应在（　　）内派员装表接电。

A．三天　　B．五天　　　C．七天　　　D．十天

答案：D

128．《供电营业规则》规定，供电企业接到用户重要电气设备损坏的事故报告后，应派员赴现场调查，在（　　）内协助用户提出事故调查报告。

A．三天　　B．五天　　　C．七天　　　D．十天

答案：C

129．《供电营业规则》规定，供用电双方在合同中订有电力运行事故责任条款的，由于供电企业电力运行事故造成用户停电的，供电企业应按用户在停电时间内可能用电量的电度电费的（　　）给予赔偿。

A．三倍

B．五倍

C．两部制电价四倍，单一制电价五倍

D．两部制电价五倍，单一制电价四倍

答案：D

130．《供电营业规则》规定，供用电双方在合同中订有频率质量责任条款的，供电频率超出允许偏差，给用户造成损失的，供电企业应按用户每月在频率不合格的累计时间内

所用的电量，乘以（　　）的百分之二十给予赔偿。

  A．当月用电的平均电价

  B．上月用电的平均电价

  C．上一年度用电的平均电价

  D．上年同期用电的平均电价

答案：A

131．《供电营业规则》规定，以下哪种情形，按规定计算方法计算值补收相应电量的电费；无法计算的，以用户正常月份用电量为基准，按正常月与故障月的差额补收相应电量的电费，补收时间按抄表记录或按失压自动记录仪记录确定？（　　）

  A．连接线的电压降超出允许范围

  B．计费计量装置接线错误

  C．电压互感器保险熔断

  D．计算电量的倍率与实际不符

答案：C

132．《供电营业规则》规定，用户按不同电价类别用电量的比例或定量进行分算，分别计价的，供电企业（　　）至少对上述比例或定量核定一次，用户不得拒绝。

  A．每月 B．每三个月 C．每半年 D．每年

答案：D

133．《供电营业规则》规定，用户暂换变压器的使用时间，10kV 及以下的不超过（　　），35kV 及以上的不超过（　　）。

  A．一个月，三个月   B．二个月，三个月

  C．三个月，六个月   D．六个月，一年

答案：D

134．《供电营业规则》规定，引起停电或限电的原因消除后，供电企业应在（　　）内恢复供电。

  A．30 分钟 B．24 小时 C．3 日 D．7 日

答案：C

135．《供电营业规则》：在电力系统正常状况下，电网装机容量在 300 万 kW 及以上的，供电频率的允许偏差为（　　）。

  A．±0.2Hz   B．±0.5Hz

  C．±1.0Hz   D．±0.3Hz

答案：A

136．《供电营业规则》中规定，除因故中止供电外，供电企业需对用户停止供电时，在停电（　　）前内，将停电通知书送达用户，对重要用户的停电，应将停电通知书报送

同级电力管理部门。

    A．三天   B．七天   C．三至七天   D．五天

答案：B

137.《供电营业规则》规定：在电力系统正常情况下，220V单相供电的，电压偏移不得大于额定值的（   ）。

    A．±7%   B．+5%、−10%

    C．+7%、−10%   D．+5%、−7%

答案：C

138.《供电营业规则》规定，遇有紧急检修停电时，供电企业应按规定提前通知（   ）。

    A．电力监管部门   B．电力主管部门

    C．高压用户   D．重要用户

答案：D

139.《供电营业规则》中规定，对用户独资、合资或集资建设的输电、变电、配电等供电设施，属于公用性质或占用公用线路规划走廊的，由（   ）统一管理。

    A．用户   B．产权所有者

    C．供电企业   D．供用双方协商

答案：C

140.《供电营业规则》中规定，对用户独资、合资或集资建设的输电、变电、配电等供电设施，属于用户专用性质，但不在公用变电站内的供电设施，由（   ）运行维护管理。

    A．用户   B．产权所有者

    C．供电企业   D．供用双方协商

答案：A

141.《供电营业规则》中规定，对用户独资、合资或集资建设的输电、变电、配电等供电设施，属于用户共用性质的供电设施，由（   ）共同运行维护管理。

    A．用户   B．产权所有者

    C．拥有产权的用户   D．供用双方协商

答案：C

142.《供电营业规则》中规定，对用户独资、合资或集资建设的输电、变电、配电等供电设施，属于临时用电等其他性质的供电设施，原则上由（   ）运行维护管理，或由双方协商确定，并签订协议。

    A．用户   B．产权所有者

    C．拥有产权的用户   D．供用双方协商

答案：B

143.《供电营业规则》中规定，虽因用户过错，但由于供电企业责任而使事故扩大造

成其他用户损害的，扩大部分赔偿责任由（ ）承担。

    A．用户   B．供电企业

    C．扩大部分用户   D．双方协商解决

答案：B

144.《供电营业规则》中规定，用户用电功率因数达到规定标准，而供电电压超出本规定的变动幅度，给用户造成损失的，供电企业应按所用的电量，乘以（ ）给予赔偿。

    A．用户每月在电压不合格的累计时间内、用户当月用电的平均电价的百分之二十

    B．电压不合格的累计时间内、用户当月用电的平均电价的百分之二十

    C．用户每月在电压不合格的累计时间内、用户当月用电的平均电价的百分之十

    D．用户每月在电压不合格的时间内、用户当月用电的平均电价的百分之二十

答案：A

145.《供电营业规则》中规定，电压变动超出允许变动幅度的时间，以（ ）为准，如用户未装此项仪表，则以（ ）为准。

    A．经供企业认可的电压自动记录仪表的记录，供电企业的电压记录

    B．用户自备并经供企业认可的电压自动记录仪表的记录，供电企业的电压记录

    C．用户自备并经供企业认可的电压自动记录仪表的记录，表计记录

    D．用户自备电压自动记录仪表的记录，供电企业的电压记录

答案：B

146.《供电营业规则》中规定，供电频率超出允许偏差，给用户造成损失的，供电企业应按所用的电量，乘以（ ）给予赔偿。

    A．频率不合格的累计时间内、当月用电的平均电价的百分之二十

    B．用户每月在频率不合格的累计时间内、当月用电的电价的百分之二十

    C．用户每月在频率不合格的累计时间内、当月用电的平均电价的百分之二十

    D．用户每月在频率不合格的时间内、当月用电的平均电价的百分之二十

答案：C

147.《供电营业规则》中规定，频率变动超出允许偏差的时间，以（ ）为准，如用户未装此项仪表，则以（ ）为准。

    A．经供电企业认可的频率自动记录仪表的记录，供电企业的频率记录

    B．用户自备频率自动记录仪表的记录，供电企业的频率记录

    C．用户自备并经供电企业认可的频率自动记录仪表的记录，实测频率记录

    D．用户自备并经供电企业认可的频率自动记录仪表的记录，供电企业的频率记录

答案：D

148．《供电营业规则》中规定，供电企业和用户应共同加强对电能质量的管理。因电能质量某项指标不合格而引起责任纠纷时，不合格的质量责任由认定的（　　）负责技术仲裁。

    A．电力管理部门、计量检定机构

    B．电力管理部门、电能质量技术检测机构

    C．县级以上电力管理部门、电能质量技术检测机构

    D．电力管理部门、授权计量检测机构

答案：B

149．《供电营业规则》规定，供用电双方在合同中订有电力运行事故责任条款的，由于供电企业电力运行事故造成用户停电的，供电企业对执行单一制电价的用户，应按用户在停电时间内可能用电量的电度电费的（　　）给予赔偿。

    A．2倍　　　B．3倍　　　　C．4倍　　　　　D．5倍

答案：D

150．关于《供电营业规则》对用户办理分户的规定中下列说法错误的是（　　）。

    A．在用电地址、供电点、用电容量不变，且其受电装置具备分装的条件时，允许办理分户

    B．在原用户与供电企业结清债务的情况下，再办理分户手续

    C．原用户的用电容量由分户者自行协商分割，需要增容者，分户后不用另行向供电企业办理增容手续

    D．分户引起的工程费用由分户者负担

答案：C

151．电力客户申请减少用电容量的期限，应根据电力客户所提出的申请确定，但最长期限不得超过（　　）。

    A．6个月　　　　　　　　　B．1年

    C．2年　　　　　　　　　　D．3年

答案：C

152．供电设施计划检修需要停止供电，供电企业应当提前（　　）通知用户或者进行公告。

    A．24小时　　B．3天　　　C．7天　　　　D．15天

答案：C

153．供电设施临时检修需停止供电，供电企业应当提前（　　）通知重要用户。

    A．24小时　　B．3天　　　C．7天　　　　D．15天

答案：A

154. 用户用电容量超过其所在的供电营业区内供电企业供电能力的，由（　　）以上电力管理部门指定的其他供电企业供电。

    A. 县级   B. 地市级   C. 省级   D. 国务院

答案：C

155. 根据《电力供应与使用条例》规定，盗窃电能的，由电力管理部门责令停止违法行为，追缴电费并处应缴电费（　　）倍以下罚款。构成犯罪的，依法追究刑事责任。

    A. 三   B. 四   C. 五   D. 六

答案：C

156.《电力供应与使用条例》是根据（　　）制定的。

    A.《中华人民共和国电力法》

    B.《合同法》

    C.《供电营业规则》

    D.《电网调度条例》

答案：A

157. 一个供电营业区域内只设立（　　）供电营业机构。

    A. 4个   B. 3个   C. 2个   D. 1个

答案：D

158.《居民用户家用电器损坏处理办法》第七条规定：从家用电器损坏之日起（　　）日内，受害居民客户未向供电企业投诉并提出索赔要求的，即视为受害者已自动放弃索赔权。

    A. 5   B. 7   C. 10   D. 15

答案：B

159.《居民用户家用电器损坏处理办法》第十二条所指电光源类家用电器的平均使用年限为（　　）年。

    A. 2   B. 5   C. 10   D. 12

答案：A

160.《居民用户家用电器损坏处理办法》第十二条所指电机类家用电器的平均使用年限为（　　）年。

    A. 8   B. 10   C. 12   D. 15

答案：C

161.《居民家用电器损坏处理办法》规定，电饭煲、电炒锅的平均使用年限（寿命）为（　　）。

    A. 2年   B. 5年   C. 10年   D. 12年

答案：B

162．不属于责任损坏或为损坏的元件，受害居民用户也要求更换时，所发生的元件购置费与修理费由（　　）负担。

　　A．居民用户　　　　　　　B．提出要求者

　　C．受害居民　　　　　　　D．供电企业

答案：B

163．由于供电质量问题引起的家用电器损坏，需对家用电器进行修复时，供电企业应承担（　　）责任。

　　A．赔偿　　　　　　　　　B．被损坏元件的修复

　　C．更换　　　　　　　　　D．维修

答案：B

164．从家用电器损坏之日起（　　）天内，受害用户未向供电企业投诉并提出索赔要求的，供电企业不再负责其赔偿。

　　A．10　　　　B．8　　　　C．7　　　　D．6

答案：C

165．《承装（修、试）电力设施许可证管理办法》规定，承装（修、试）电力设施许可证分为（　　）。

　　A．1～3级　　　　　　　　B．1～4级

　　C．1～5级　　　　　　　　D．1～6级

答案：C

166．《承装（修、试）电力设施许可证管理办法》规定，取得五级承装（修、试）电力设施许可证的，可以从事（　　）电压等级电力设施的安装、维修或者试验业务。

　　A．110kV以下　　　　　　B．35kV以下

　　C．10kV以下　　　　　　　D．6kV以下

答案：C

167．《承装（修、试）电力设施许可证管理办法》规定，承装（修、试）电力设施许可证有效期为（　　）年。

　　A．7　　　　B．6　　　　C．5　　　　D．4

答案：B

168．《承装（修、试）电力设施许可证管理办法》规定，许可机关自《受理通知书》发出之日起20日内不能作出决定的，经许可机关负责人批准，可以延长（　　）日，并将延长期限的理由告知申请人。

　　A．15　　　　B．10　　　　C．7　　　　D．5

答案：B

169．《承装（修、试）电力设施许可证管理办法》规定，有效期届满需要延续的，应

当在有效期届满（　　）日前，向许可机关提出申请。

  A．45   B．30   C．20   D．15

  答案：B

170．《承装（修、试）电力设施许可证管理办法》规定，申请人隐瞒有关情况或者提供虚假申请材料的，许可机关不予受理或者不予许可，并给予警告，（　　）年内不再受理其许可申请。

  A．4   B．30   C．2   D．1

  答案：D

171．《承装（修、试）电力设施许可证管理办法》规定，许可证有效期为六年，有效期届满需要延续的，应当在有效期届满（　　）日前向派出机构提出申请。

  A．5   B．10   C．15   D．30

  答案：D

172．由（　　）负责指导、监督全国的《承装（修、试）电力设施许可证》颁发和管理。

  A．国家电监会各派出机构 B．国务院

  C．国家电力监管委员会 D．省级经济贸易主管部门

  答案：C

173．《承装（修、试）电力设施许可证管理办法》规定，被许可人名称、住所或者法定代表人发生变化，被许可人应当自（　　）依法办理变更登记之日起30日内，向许可机关提出登记事项变更申请。

  A．工商行政管理部门 B．国务院电力管理部门

  C．省电网经营企业 D．电力监管机构

  答案：A

174．取得四级承装（修、试）电力设施许可证的，可以从事（　　）等级电力设施的安装、维修或者试验业务。

  A．10kV 以下   B．35kV 以下电压

  C．110kV 以下   D．220kV 以下

  答案：B

175．《承装（修、试）电力设施许可证管理办法》被许可人涂改、倒卖、出租、出借许可证，或者以其他形式非法转让许可证的，许可机关应当给予警告，并处罚款（　　）。

  A．1 万元以上 2 万元以下 B．1 万元以上 3 万元以下

  C．1 万元以上 5 万元以下 D．1 万元以上 4 万元以下

  答案：B

176．《承装（修、试）电力设施许可证管理办法》自（　　）起施行。

  A．2010 年 5 月 28 日 B．2010 年 3 月 1 日

C．2010 年 6 月 2 日　　　　　　D．2010 年 9 月 1 日

答案：B

177．为了加强供电监管，规范供电行为，维护供电市场秩序，保护（　　）的合法权益和社会公共利益，根据《电力监管条例》和国家有关规定，制定了《供电监管办法》。

A．供电企业　　　　　　B．电力使用者

C．电力企业　　　　　　D．用电企业

答案：C

178．供电监管应当依法进行，并遵循公开、公正和（　　）的原则。

A．效率　　B．公平　　C．依法

答案：A

179．《供电监管办法》规定，供电监管应当依法进行，并遵循（　　）、公正和效率的原则。

A．公开　　B．公平　　C．依法

答案：A

180．《供电监管办法》规定，供电监管应当依法进行，并遵循公开、（　　）和效率的原则。

A．公平　　B．公正　　C．依法

答案：B

181．《供电监管办法》规定，在电力系统正常的情况下，供电企业向用户提供的电能质量符合国家标准或者（　　）标准。

A．电力企业　　　　　　B．供电企业

C．发电企业　　　　　　D．电力行业

答案：D

182．《供电监管办法》规定，在电力系统正常的情况下，供电企业向用户提供的电能质量符合（　　）或者电力行业标准。

A．国家标准　　　　　　B．供电企业

C．发电企业　　　　　　D．当地标准

答案：A

183．《供电监管办法》规定，（　　）应当审核用电设施产生谐波、冲击负荷的情况，按照国家有关规定拒绝不符合规定的用电设施接入电网。

A．用电企业　　　　　　B．发电企业

C．供电企业　　　　　　D．电力管理部门

答案：C

184．《供电监管办法》规定，用电设施产生谐波、冲击负荷影响供电质量或者干扰电

力系统安全运行的，供电企业应当及时告知用户采取有效措施予以消除；用户不采取措施或者采取措施不力，产生的谐波、冲击负荷仍超过国家标准的，供电企业可以按照国家有关规定拒绝其接入电网或者（ ）。

    A. 限制负荷   B. 终止供电

    C. 中止供电   D. 终止合同

答案：C

185.《供电监管办法》规定，35kV 专线供电用户和（ ）kV 以上供电用户应当设置电压监测点。

    A. 66   B. 110   C. 220   D. 10

答案：B

186.《供电监管办法》规定，35kV 非专线供电用户或者 66kV 供电用户、10（6、20）kV 供电用户，每（ ）kW 负荷选择具有代表性的用户设置 1 个以上电压监测点，所选用户应当包括对供电质量有较高要求的重要电力用户和变电站 10（6、20）kV 母线所带具有代表性线路的末端用户。

    A. 1000   B. 10000   C. 100000   D. 20000

答案：B

187.《供电监管办法》规定，35kV 非专线供电用户或者 66kV 供电用户、10（6、20）kV 供电用户，每 10000kW 负荷选择具有代表性的用户设置（ ）个以上电压监测点，所选用户应当包括对供电质量有较高要求的重要电力用户和变电站 10（6、20）kV 母线所带具有代表性线路的末端用户。

    A. 1   B. 2   C. 3   D. 5

答案：A

188.《供电监管办法》规定，低压供电用户，（ ）配电变压器选择具有代表性的用户设置 1 个以上电压监测点，所选用户应当是重要电力用户和低压配电网的首末两端用户。

    A. 每百台   B. 每十台   C. 每一台   D. 每五十台

答案：A

189.《供电监管办法》规定，供电企业应当按照国家有关规定选择、安装、校验电压监测装置，监测和统计用户电压情况。监测数据和统计数据应当及时、（ ）、完整。

    A. 及时   B. 真实   C. 完整   D. 有效

答案：B

190.《供电监管办法》规定，供电企业应当按照国家有关规定选择、安装、校验电压监测装置，（ ）用户电压情况。监测数据和统计数据应当及时、真实、完整。

    A. 监测   B. 统计   C. 监测和统计   D. 分析

答案：C

191．《供电监管办法》规定，供电企业应当按照国家有关规定加强重要电力用户安全供电管理，指导重要电力用户（　　）自备应急电源。

    A．配置和使用　　　　　　　B．配置

    C．使用　　　　　　　　　　D．安装

答案：A

192．《供电监管办法》规定，供电企业应当按照国家有关规定加强重要电力用户安全供电管理，指导（　　）配置和使用自备应急电源。

    A．所有电力用户　　　　　　B．一般电力用户

    C．重要电力用户　　　　　　D．高压电力用户

答案：C

193．《供电监管办法》规定，供电企业发现用电设施存在安全隐患，应当（　　）用户采取有效措施进行治理。

    A．告知　　B．及时告知　　C．当面告知　　D．通知

答案：B

194．《供电监管办法》规定，用户应当按照国家有关规定消除用电设施安全隐患。用电设施存在严重威胁（　　）的隐患，用户拒不治理的，供电企业可以按照国家有关规定对该用户中止供电。

    A．电力系统安全运行和人身安全

    B．电力系统安全运行

    C．人身安全

    D．电力系统安全运行和设备安全

答案：A

195．《供电监管办法》规定，用户应当按照国家有关规定消除用电设施安全隐患。用电设施存在严重威胁电力系统安全运行和人身安全的隐患，用户拒不治理的，供电企业可以按照国家有关规定对该用户（　　）。

    A．限制负荷　　　　　　　　B．终止供电

    C．中止供电　　　　　　　　D．终止合同

答案：C

196．《供电监管办法》规定，供电企业应当按照国家规定履行电力社会普遍服务义务，依法保障（　　）能够按照国家规定的价格获得最基本的供电服务。

    A．用户　　B．客户　　C．自然人　　D．任何人

答案：D

197．《供电监管办法》规定，供电企业应当按照国家规定履行电力社会普遍服务义务，依法保障任何人能够按照国家规定的价格获得最基本的（　　）。

A. 用电权利   B. 供电服务

C. 用电保障   D. 供电安全

答案：B

198.《供电监管办法》规定，供电企业向用户提供供电方案的期限，自受理用户用电申请之日起，居民用户不超过（   ）个工作日。

A. 1   B. 2   C. 3   D. 5

答案：C

199.《供电监管办法》规定，供电企业向用户提供供电方案的期限，自（   ）起，居民用户不超过 3 个工作日。

A. 受理用户用电申请之日

C. 完成之日

B. 用户用电申请之日

D. 现场勘查

答案：A

200.《供电监管办法》规定，供电企业向用户提供供电方案的期限，自受理用户用电申请之日起，其他低压供电用户不超过（   ）个工作日。

A. 8   B. 3   C. 5   D. 7

答案：A

201.《供电监管办法》规定，供电企业向用户提供供电方案的期限，自受理用户用电申请之日起，高压单电源供电用户不超过（   ）个工作日。

A. 8   B. 20   C. 10   D. 15

答案：B

202.《供电监管办法》规定，供电企业向用户提供供电方案的期限，自受理用户用电申请之日起，高压双电源供电用户不超过（   ）个工作日。

A. 20   B. 30   C. 45   D. 60

答案：C

203.《供电监管办法》规定，对用户受电工程设计文件和有关资料审核的期限，自受理之日起，低压供电用户不超过（   ）个工作日。

A. 5   B. 8   C. 10   D. 15

答案：B

204.《供电监管办法》规定，对用户受电工程设计文件和有关资料审核的期限，自（   ）之日起，低压供电用户不超过 8 个工作日。

A. 受理   B. 申请   C. 工作计划   D. 电话通知

答案：A

205.《供电监管办法》规定，对用户受电工程设计文件和有关资料审核的期限，自受理之日起，高压供电用户不超过（　　）个工作日。

　　A．5　　　　B．10　　　　C．15　　　　D．20

答案：D

206.《供电监管办法》规定，对用户受电工程启动中间检查的期限，自接到用户申请之日起，低压供电用户不超过（　　）个工作日。

　　A．1　　　　B．3　　　　C．5　　　　D．10

答案：B

207.《供电监管办法》规定，对用户受电工程启动中间检查的期限，自接到用户申请之日起，高压供电用户不超过（　　）个工作日。

　　A．1　　　　B．3　　　　C．5　　　　D．10

答案：C

208.《供电监管办法》规定，对用户受电工程启动竣工检验的期限，自接到用户受电装置竣工报告和检验申请之日起，低压供电用户不超过（　　）个工作日。

　　A．3　　　　B．5　　　　C．7　　　　D．10

答案：B

209.《供电监管办法》规定，对用户受电工程启动竣工检验的期限，自接到用户受电装置竣工报告和检验申请之日起，高压供电用户不超过（　　）个工作日。

　　A．3　　　　B．5　　　　C．7　　　　D．10

答案：C

210.《供电监管办法》规定，对用户受电工程启动竣工检验的期限，自接到（　　）之日起，高压供电用户不超过7个工作日。

　　A．用户受电装置竣工报告和检验申请

　　B．用户受电装置竣工报告

　　C．用户检验申请

　　D．用户完工

答案：A

211.《供电监管办法》规定，给用户装表接电的期限，自受电装置检验合格并办结相关手续之日起，居民用户不超过（　　）个工作日。

　　A．3　　　　B．5　　　　C．7　　　　D．10

答案：A

212.《供电监管办法》规定，给用户装表接电的期限，自受电装置检验合格并办结相关手续之日起，其他低压供电用户不超过（　　）个工作日，高压供电用户不超过7个工作日。

A. 3　　　B. 5　　　　C. 7　　　　D. 10

答案：B

213.《供电监管办法》规定，给用户装表接电的期限，自（　　）之日起，其他低压供电用户不超过 5 个工作日，高压供电用户不超过 7 个工作日。

A. 受电装置检验合格

B. 办结相关手续

C. 受电装置检验合格并办结相关手续

D. 完工

答案：C

214.《供电监管办法》规定，给用户装表接电的期限，自受电装置检验合格并办结相关手续之日起，高压供电用户不超过（　　）个工作日。

A. 3　　　B. 5　　　　C. 7　　　　D. 10

答案：C

215.《供电监管办法》规定，供电企业应当对用户受电工程建设提供必要的业务咨询和技术标准咨询；发现用户受电设施存在故障隐患时，应当及时（　　）告知用户并指导其予以消除。

A. 书面　　　　　　　　B. 一次

C. 一次性书面　　　　　D. 现场

答案：C

216.《供电监管办法》规定，供电企业应当对用户受电工程建设提供必要的业务咨询和技术标准咨询；发现用户受电设施存在严重威胁电力系统安全运行和人身安全的隐患时，应当指导其（　　）消除，在隐患消除前不得送电。

A. 立即　　　B. 定期　　　　C. 尽快　　　D. 现场

答案：A

217.《供电监管办法》规定，供电企业应当对用户受电工程建设提供必要的（　　）；发现用户受电设施存在严重威胁电力系统安全运行和人身安全的隐患时，应当指导其立即消除，在隐患消除前不得送电。

A. 业务咨询　　　　　　B. 技术标准咨询

C. 业务咨询和技术标准咨询 D. 帮助和服务

答案：C

218.《供电监管办法》规定，在电力系统正常的情况下，供电企业应当连续向用户供电。因供电设施计划检修需要停电的，供电企业应当提前（　　）日公告停电区域、停电线路、停电时间。

A. 3　　　B. 5　　　　C. 7　　　　D. 10

答案：C

219.《供电监管办法》规定，在电力系统正常的情况下，供电企业应当连续向用户供电。因供电设施临时检修需要停电的，供电企业应当提前（　　　）小时公告停电区域、停电线路、停电时间。

A. 12　　　B. 36　　　C. 48　　　　D. 24

答案：D

220.《供电监管办法》规定，在电力系统正常的情况下，供电企业应当连续向用户供电。因供电设施临时检修需要停电的，供电企业应当提前 24 小时公告（　　　）。

A．停电计划

B．停电区域

C．停电线路

D．停电区域、停电线路、停电时间

答案：D

221.《供电监管办法》规定，在电力系统正常的情况下，供电企业应当连续向用户供电。引起停电或者限电的原因消除后，供电企业应当（　　　）恢复正常供电。

A．立即　　B．定期　　　C．尽快　　　D．现场

答案：C

222.《供电监管办法》规定，在电力系统正常的情况下，供电企业应当连续向用户供电。引起（　　　）的原因消除后，供电企业应当尽快恢复正常供电。

A．停电　　　　　　　　B．限电

C．停电或者限电　　　　D．事故

答案：C

223.《供电监管办法》规定，供电企业应当建立完善的报修服务制度，公开报修电话，保持电话畅通，（　　　）受理供电故障报修。

A. 24 小时　B．及时　　　C．工作日　　　D．专人的

答案：A

224.《供电监管办法》规定，供电企业工作人员在规定时限内到达现场抢修。因天气、交通等特殊原因无法在规定时限内到达现场的，应当向（　　　）做出解释。

A．用户　　B．单位　　　C．监管部门　　D．派工人员

答案：A

225.《供电监管办法》规定，供电企业工作人员到达现场抢修的时限，自接到报修之时起，城区范围不超过（　　　）分钟。因天气、交通等特殊原因无法在规定时限内到达现场的，应当向用户做出解释。

A. 30　　　B. 60　　　C. 120　　　D. 240

答案：B

226.《供电监管办法》规定，供电企业工作人员到达现场抢修的时限，自接到报修之时起，农村地区不超过（　　）分钟。因天气、交通等特殊原因无法在规定时限内到达现场的，应当向用户做出解释。

　　A. 30　　　B. 60　　　C. 120　　　D. 240

答案：C

227.《供电监管办法》规定，供电企业工作人员到达现场抢修的时限，自接到报修之时起，边远、交通不便地区不超过（　　）分钟。因天气、交通等特殊原因无法在规定时限内到达现场的，应当向用户做出解释。

　　A. 30　　　B. 60　　　C. 120　　　D. 240

答案：D

228.《供电监管办法》规定，供电企业应当建立用电投诉处理制度，公开投诉电话。对用户的投诉，供电企业应当自接到投诉之日起（　　）个工作日内提出处理意见并答复用户。

　　A. 3　　　B. 5　　　C. 10　　　D. 15

答案：C

229.《供电监管办法》规定，供电企业应当严格执行国家电价政策，按照国家核准电价或者市场交易价，依据（　　）依法认可的用电计量装置的记录，向用户计收电费。

　　A. 计量检定机构　　　　　B. 供电企业
　　C. 计量检定机构和供电企业 D. 计量检定机构或供电企业

答案：A

230.《供电监管办法》规定，供电企业不得自定电价，不得擅自变更电价，不得擅自在电费中加收或者代收（　　）规定以外的其他费用。

　　A. 国家政策　　　　　　　B. 企业规定
　　C. 行业规定　　　　　　　D. 上级规定

答案：A

231.《供电监管办法》规定，供电企业应用户要求对产权属于用户的电气设备提供有偿服务时，应当执行（　　）。没有政府定价和政府指导价的，参照市场价格协商确定。

　　A. 政府定价　　　　　　　B. 政府指导价
　　C. 政府定价或者政府指导价 D. 低于市场价格

答案：C

232.《供电监管办法》规定，供电企业应当严格执行政府有关部门依法作出的对淘汰企业、关停企业或者环境违法企业采取停限电措施的决定。未收到政府有关部门决定恢复送电的通知，供电企业不得擅自对政府有关部门责令限期整改的用户（　　）。

A．恢复送电　　　　　　B．临时送电

C．私自送电　　　　　　D．受理报装申请

答案：A

233.《供电监管办法》规定，（　　）可以在用户中依法开展供电满意度调查等供电情况调查，并向社会公布调查结果。

A．电力监管机构　　　　B．用户

C．供电企业　　　　　　D．第三方

答案：A

234.《供电监管办法》规定，供电企业违反国家有关供电监管规定的，电力监管机构应当依法查处并予以记录；造成重大损失或者重大影响的，电力监管机构可以对供电企业的（　　）依法提出处理意见和建议。

A．主管人员

B．直接责任人员

C．主管人员和其他直接责任人员

D．有关人员

答案：C

235.《供电监管办法》是国家电监管委员会令中的第（　　）号令。

A．8　　　B．25　　　C．27　　　D．28

答案：C

236.《供电监管办法》自（　　）起施行。

A．2009年12月1日　　　B．2009年12月31日

C．2010年1月1日　　　D．2010年1月31日

答案：C

237.《供电监管办法》规定，供电企业应当于每年（　　）前将上一年度设置电压监测点的情况报送所在地派出机构。

A．1月1日　　　　　　B．4月30日

C．10月1日　　　　　　D．3月31日

答案：D

238.《供电监管办法》规定，在电力系统（　　）的情况下，供电企业向用户提供的电能质量符合国家标准或者电力行业标准。

A．一般　　　B．正常　　　C．允许　　　D．事故

答案：B

239.《供电监管办法》规定，在电力系统正常的情况下，城市地区年供电可靠率不低于（　　）。

A．98%　　B．99%　　　C．98.9%　　　D．99.9%

答案：B

240.《供电监管办法》规定，在电力系统正常的情况下，（　　）居民用户受电端电压合格率不低于95%。

A．城市　　　　　　　B．农村

C．城市和农村　　　　D．偏远

答案：A

241.《供电监管办法》规定，在电力系统正常的情况下，10kV以上供电用户受电端电压合格率不低于（　　）。

A．97%　　B．98%　　　C．99%　　　D．99.9%

答案：B

242.《电力监管条例》第十七条规定：电力监管机构对（　　）、电力调度交易机构执行电力市场运行规则的情况，以及电力调度交易机构执行电力调度规则的情况实施监管。

A．各级人民政府　　　B．电力客户

C．电力企业　　　　　D．物价部门

答案：C

243.《电力监管条例》规定，违反规定未取得电力业务许可证擅自经营电力业务的，由电力监管机构责令改正，没收违法所得，可以并处违法所得（　　）倍以下的罚款；构成犯罪的，依法追究刑事责任。

A．3　　　B．4　　　　C．5　　　　D．6

答案：C

244.当胸外按压与口对口（鼻）人工呼吸同时进行时，单人抢救成人时两者的节奏为（　　）。

A．5:1　　　　　　　B．30:2

C．20:3　　　　　　D．20:5

答案：B

245.在一经合闸即可送电到工作地点的断路器（开关）和隔离开关（刀闸）的操作把手上，均应悬挂（　　）的标示牌。

A．"禁止分闸!"　　　　B．"禁止合闸，有人工作!"

C．"在此工作!"　　　　D．"止步，高压危险!"

答案：B

246.在变、配电站（开关站）的带电区域内或临近带电线路处，禁止使用（　　）梯子。

A．金属　　B．木质　　　C．塑料　　　D．树脂

答案：A

247．在没有脚手架或者在没有栏杆的脚手架上工作，高度超过（　　）时，应使用安全带，或采取其他可靠的安全措施。

  A．1m B．1.5m C．2m D．2.5m

答案：B

248．工作负责人允许变更（　　）。

  A．0次 B．1次 C．2次 D．3次

答案：B

249．工作人员在工作中的正常活动范围与带电设备的安全距离35kV无遮栏时为（　　）。

  A．0.6m B．0.40m C．1.0m D．1.5m

答案：C

250．高压设备上需要部分停电的工作，应填写（　　）。

  A．第一种工作票   B．第二种工作票

  C．口头命令记录   D．不需填写

答案：A

251．35kV设备不停电时的安全距离为（　　）。

  A．0.7m B．1.0m C．1.5m D．3.0m

答案：B

252．高压设备发生接地时，室内不准接近故障点（　　）以内。

  A．1m B．2m C．4m D．8m

答案：C

253．10kV设备不停电时的安全距离为（　　）。

  A．0.35m B．0.7m C．1.5m D．3.0m

答案：B

254．高压电气设备指电压等级在（　　）V及以上者。

  A．36 B．1000 C．100000 D．5000000

答案：B

255．触电急救应分秒必争，一经明确心跳、呼吸停止的，立即就地迅速用（　　）进行抢救，并坚持不断地进行。

  A．心脏按压法   B．口对口呼吸法

  C．口对鼻呼吸法   D．心肺复苏法

答案：D

256．在工作期间，工作票应始终保留在（　　）手中。

A．工作票签发人   B．工作负责人

C．工作许可人   D．专责监护人

答案：B

257．在停电的配电设备上的工作应填用（　　）工作票。

A．第一种   B．第二种

C．事故应急抢修单   D．事故紧急抢修单

答案：A

258．工作票所列人员的安全责任中负责检查工作票所列安全措施是否正确完备，是否符合现场实际条件，必要时予以补充是（　　）的安全责任。

A．工作票签发人   B．工作许可人

C．工作负责人（监护人）   D．专责监护人

答案：C

259．工作票所列人员的安全责任中监督被监护人员遵守本规程和现场安全措施，及时纠正不安全行为是（　　）的安全责任。

A．工作负责人（监护人）   B．工作许可人

C．专责监护人   D．工作班成员

答案：C

260．工作票所列人员的安全责任中熟悉工作内容、工作流程，掌握安全措施，明确工作中的危险点，并履行确认手续是（　　）的安全责任。

A．工作负责人（监护人）   B．工作许可人

C．专责监护人   D．工作班成员

答案：D

261．10kV 及以下电压等级线路验电时人体应与被验电设备保持（　　）m 距离，并设专人监护。

A．0.35   B．0.6   C．0.7   D．1.0

答案：C

262．凡在坠落高度基准面（　　）m 及以上的高处进行的作业，都应视作高处作业。

A．1.5   B．2   C．2.5   D．3

答案：B

263．用户变、配电站的（　　）应是持有效证书的高压电气工作人员。

A．工作票签发人   B．工作负责人

C．工作许可人   D．专责监护人

答案：C

264．工作票填写应清楚，不得任意涂改。如有个别错、漏字需要修改时，应使用（　　）

的符号，字迹应清楚。

  A．专用 B．其他 C．任意 D．规范

答案：D

265．已终结的工作票、事故紧急抢修单、工作任务单应保存（ ）。

  A．3个月 B．半年 C．一年 D．两年

答案：C

266．验电前，应先在有电设备上进行试验，确认验电器良好；无法在有电设备上进行试验时可用（ ）高压发生器等确证验电器良好。

  A．工频 B．高频 C．中频 D．低频

答案：A

267．使用伸缩式验电器时应保证绝缘的（ ）。

  A．长度 B．有效 C．有效长度 D．良好

答案：C

268．在一经合闸即可送电到工作地点的断路器（开关）、隔离开关（刀闸）的操作处，均应悬挂"禁止合闸，线路有人工作！"或（ ）的标示牌。

  A．"止步，高压危险！" B．"禁止合闸，有人工作！"

  C．"高压危险！" D．"有人工作！"

答案：B

269．作业人员的基本条件之一：经（ ）鉴定，作业人员无妨碍工作的病症。

  A．领导 B．医疗机构 C．医师 D．专业机构

答案：C

270．高压设备上全部停电的工作，系指室内高压设备全部停电（包括架空线路与电缆引入线在内），并且通至邻接（ ）的门全部闭锁，以及室外高压设备全部停电（包括架空线路与电缆引入线在内）。

  A．工具室 B．控制室 C．高压室 D．蓄电池室

答案：C

271．待用间隔（母线连接排、引线已接上母线的备用间隔）应有名称、编号，并列入（ ）管辖范围。

  A．运行 B．检修 C．调度 D．规划

答案：C

272．一个（ ）不能同时执行多张工作票。

  A．工作负责人 B．施工班组

  C．施工单位 D．运行单位

答案：A

273. 雨雪天气时不得进行室外（ ）。

    A. 验电   B. 直接验电

    C. 间接验电   D. 指示验电

答案：B

274. 电压等级 110kV 时，工作人员在进行工作中正常活动范围与设备带电部分的安全距离为（ ）。

    A. 1.5m   B. 1.6m   C. 1.4m   D. 1.8m

答案：A

275. 电缆施工完成后应将穿越过的孔洞进行封堵，以达到（ ）、防火和防小动物的要求。

    A. 防水   B. 防高温   C. 防潮   D. 防风

答案：A

276. 电气设备发生故障被迫紧急停止运行，需短时间内恢复的抢修和排除故障的工作，应（ ）。

    A. 使用一种工作票   B. 使用二种工作票

    C. 执行口头或电话命令   D. 使用事故应急抢修单

答案：D

277. 国家电网公司《电力安全工作规程》规定，高压设备发生接地时，室内和室外分别不准接近故障点（ ）m 和（ ）m 以内。

    A. 8，4   B. 10，5   C. 4，8   D. 5，10

答案：C

278. 工作票一份交（ ），一份留存（ ）或（ ）处。工作票应提前交给（ ）。

    A. 工作负责人，工作票签发人，工作许可人，工作负责人

    B. 工作许可人，工作票签发人，工作负责人，工作负责人

    C. 工作负责人，工作负责人，工作票签发人，工作许可人

    D. 工作负责人，工作许可人，工作负责人，工作票签发人

答案：A

279. 工作票制度规定，需要变更工作班成员时，应经（ ）同意。

    A. 工作许可人   B. 工作负责人

    C. 变电站值班员   D. 工作票签发人

答案：B

280. 工作监护制度规定，（ ）时，工作负责人可以参加工作班工作。

    A. 全部停电   B. 邻近设备已停电

    C. 部分停电   D. 一经操作即可停电

答案：A

281. 成套接地线应用有透明护套的（　　　）组成，其截面不得小于（　　　），同时应满足装设地点（　　　）的要求。

    A. 多股软铜线，25 mm²，工作电流

    B. 多股软铜线，16 mm²，短路电流

    C. 多股软铜线，25 mm²，短路电流

    D. 单芯铜线，25 mm²，短路电流

答案：C

282. 倒闸操作人员应根据（　　　）的操作指令填写或打印倒闸操作票。

    A. 值班调度员　　　　　　B. 工作负责人

    C. 工作许可人　　　　　　D. 专责监护人

答案：A

283. 砍剪树木应有（　　　）。

    A. 工作负责人　　　　　　B. 工作监护人

    C. 专人监护　　　　　　　D. 监护

答案：C

284. 在±800kV 带电线路杆塔上工作与带电导线最小安全距离为（　　　）m。

    A. 10.1　　　B. 10.5　　　C. 10.0　　　D. 9.0

答案：A

285. 在带电线路杆塔上工作时，风力应不大于（　　　）级，并应有专人监护。

    A. 3.0　　　B. 4.0　　　C. 5.0　　　D. 4.5

答案：C

286. 邻近带电的电力线路进行工作时，作业的（　　　）应在工作地点接地。

    A. 导、地线　　　　　　　B. 地线

    C. 导线　　　　　　　　　D. 拉线

答案：A

287. 在交叉档内松紧、降低或架设导、地线的工作，应采取防止导、地线产生（　　　）或过牵引而与带电导线接近至临近或交叉其他电力线工作的安全距离以内的措施。

    A. 平移　　　B. 下滑　　　C. 跳动　　　D. 上升

答案：C

288. 放紧线过程中，如遇导、地线有卡、挂住现象，应（　　　）处理。

    A. 松线后　　　B. 紧线后　　　C. 紧线前　　　D. 松线前

答案：A

289. 跨越架与被跨 220kV 电力线路应不小于（　　　）的安全距离。

A. 2.0m　　B. 3.0 m　　C. 4.0m　　D. 5.0m

答案：C

290．在高处作业，较大的工具应用（　　）拴在牢固的构件上。

A. 钢丝　　B. 安全带　　C. 绳　　D. 扎带

答案：C

291．在进行高处作业时，工作地点（　　）应有围栏或装设其他保护装置，防止落物伤人。

A. 周围　　B. 附近　　C. 下面　　D. 旁边

答案：C

292．在变电站内使用起重机械时，应安装接地装置，接地线应用多股软铜线，其截面应满足接地短路容量的要求，但不得小于（　　）mm²。

A. 25.0　　B. 16.0　　C. 10.0　　D. 35.0

答案：B

293．链条葫芦使用前应检查吊钩、（　　）、传动装置及刹车装置是否良好。

A. 链条　　B. 制动装置　　C. 限制器　　D. 挂钩

答案：A

294．用管子滚动搬运无论上坡、下坡，均应对重物采取防止（　　）的措施。

A. 受损　　B. 下滑　　C. 落物　　D. 倾斜

答案：B

295．使用单梯工作时，梯与地面的斜角度约为（　　）左右。

A. 60°　　B. 40°　　C. 30°　　D. 45°

答案：A

296．进入阀体前，应取下（　　）和安全带上的保险钩，防止金属打击造成元件、光缆的损坏，但应注意防止高处坠落。

A. 安全帽　　B. 脚扣　　C. 手套　　D. 工作服

答案：A

297．带电更换63（66）kV绝缘子或在绝缘子串上作业，应保证作业中良好绝缘子片数不得少于（　　）片。

A. 5　　B. 3　　C. 4　　D. 2

答案：B

298．带电作业保护间隙的接地线其截面应满足接地短路容量的要求，但不得小于（　　）mm²。

A. 50　　B. 25　　C. 10　　D. 16

答案：B

299. 挖掘出的电缆或接头盒，如下面需要（　　）时，应采取悬吊保护措施。

　　　A．拆除　　　B．固定　　　C．挖空　　　D．移动

　　答案：C

300. 凿子被锤击部分有（　　）等，不准使用。

　　　A．伤痕不平整　　　　　　　B．伤痕不平整、沾有油污

　　　C．沾有油污　　　　　　　　D．伤痕不平整、脏污

　　答案：B

301. 二级动火工作票至少一式三份，一份由工作负责人收执、一份由动火执行人收执、一份保存在（　　）。

　　　A．消防管理部门　　　　　　B．检修班组

　　　C．动火部门　　　　　　　　D．安监部门

　　答案：C

302. 以下所列的安全责任中，（　　）是动火工作票负责人的一项安全责任。

　　　A．负责动火现场配备必要的、足够的消防设施

　　　B．工作的安全性

　　　C．向有关人员布置动火工作，交待防火安全措施和进行安全教育

　　　D．工作票所列安全措施是否正确完备，是否符合现场条件

　　答案：C

303. 试验装置的电源开关，应使用明显断开的双极刀闸。为了防止误合刀闸，可在（　　）上加绝缘罩。

　　　A．手柄上　　　B．开关上　　　C．刀闸　　　D．刀刃

　　答案：D

304. 变更结线或试验结束时，应首先断开试验电源、（　　），并将试验的高压部分放电、短路接地。

　　　A．放电　　　B．充电　　　C．充、放电　　　D．倒电

　　答案：A

305. 高压直流系统带线路空载加压试验前，应确认对侧换流站相应的极母线出线隔离开关（刀闸）在（　　）状态。

　　　A．合上　　　B．拉开　　　C．运行　　　D．检修

　　答案：B

306. 功率因数标准（　　），适用于160kVA以上的高压供电工业用户。

　　　A．0.70　　　B．0.80　　　C．0.90　　　D．1.00

　　答案：C

307.《功率因数调整电费办法》自（　　）年起施行。

A．1983 B．1976 C．1982 D．1984

答案：A

308．160kVA 以上的高压供电工业用户（包括社队工业用户）应执行（　　）功率因数标准。

　　A．0.90 B．0.85 C．0.80 D．不执行

答案：A

309．100kVA（kW）及以上的其他工业用户（包括社队工业用户）应执行（　　）功率因数标准。

　　A．0.90 B．0.85 C．0.80 D．不执行

答案：B

310．100kVA（kW）及以上的农业用户和趸售用户应执行（　　）功率因数标准。

　　A．0.90 B．0.85 C．0.80 D．不执行

答案：C

311．80kVA（kW）的工业用户功率因数的执行标准为（　　）。

　　A．0.90 B．0.85 C．0.80 D．不执行

答案：D

312．功率因数标准为 0.90 的适用范围为（　　）。

　　A．160kVA 以上的高压用户

　　B．100kVA 及以上的其他工业用户

　　C．100kVA 及以下的非工业用户

　　D．160kVA 及以上的工业用户

答案：A

313．按照 1976 版《电、热价格》，基建工地施工用电（包括施工照明）执行（　　）电价。

　　A．照明 B．非工业 C．工业 D．大工业

答案：B

314．按照 1976 版《电、热价格》，凡以电为原动力，或以电冶炼、烘焙、熔焊、电解、电化的一切工业生产，其受电变压器容量在（　　）kVA 及以上者执行大工业电价。

　　A．100 B．315 C．320 D．160

答案：C

315．石油和天然气开采业用电属于（　　）（行业）用电。

　　A．采矿业

　　B．制造业

　　C．电力、燃气及水的生产和供应业

　　D．其他

答案：A

316. 石油加工、炼焦及核燃料加工业用电属于（   ）（行业）用电。

    A．采矿业

    B．制造业

    C．电力、燃气及水的生产和供应业

    D．其他

答案：B

317. 根据《关于加快用电信息采集系统建设的意见（国家电网营销〔2010〕119号）》国家电网公司将利用 5 年时间（2010 至 2014 年），建成覆盖公司系统全部用户、采集全部用电信息、支持全面电费控制，即（   ）的采集系统。

    A．全覆盖、全集中、全预购

    B．全涵盖、全集中、全预购

    C．全涵盖、全采集、全费控

    D．全覆盖、全采集、全费控

答案：D

318. 国家电网公司《关于加快用电信息采集系统建设的意见》计划（   ）年实现用户采集总体覆盖率达 100%。

    A．2012   B．2013   C．2014   D．2015

答案：C

319. 《关于加快用电信息采集系统建设的意见》（国家电网营销〔2010〕119 号）规定国家电网电力用户用电信息采集系统建设总体目标是利用（   ）时间，建成覆盖公司系统全部用户、采集全部用电信息、支持全面电费控制，即 "全覆盖、全采集、全费控" 的采集系统。

    A．2010～2017 年   B．2010～2018 年

    C．2010～2014 年   D．2010～2020 年

答案：C

320. 《关于加快用电信息采集系统建设的意见》（国家电网营销〔2010〕119 号）指出（   ）是支撑阶梯电价执行的基础条件，是加强精益化管理、提高优质服务水平的必要手段，延伸电力市场、创新交易平台的重要依托。

    A．加快营销系统建设   B．加快稽查系统建设

    C．加快采集系统建设   D．加快营配协同系统建设

答案：C

321. 根据对供电可靠性的要求以及中断供电危害程度，重要电力客户可以分为（   ）。

    A．一级、二级、三级重要电力客户

    B．一级、二级重要电力客户和临时性重要电力客户

C．特级、一级、二级重要电力客户和临时性重要电力客户

D．特级、一级、二级、三级重要电力客户

答案：C

322．谐波主要是由（　　）用电设备带入电网。

　　A．线性　　　B．非线性　　　C．电感性　　　D．电容性

答案：B

323．下面哪项不是谐波对变压器发热增加的影响？（　　　）

　　A．均方根值电流

　　B．涡流损耗

　　C．铁芯损耗

　　D．电容器内损耗功率的增加从而引起电容器发热和温升增加

答案：D

324．客户缴费日期、地点和方式发生变更时，应在变更前（　　）个工作日告知客户。

　　A．5　　　　B．10　　　　C．15　　　　D．20

答案：B

325．低压供电的客户，负荷电流为（　　）以上时，电能计量装置接线宜采用经电流互感器接入式。

　　A．50A　　　B．60A　　　C．80A　　　D．100A

答案：B

326．大于 $50m^2$ 的住宅用电每户容量宜不小于（　　）。

　　A．6kW　　　B．8kW　　　C．5kW　　　D．9kW

答案：B

327．一般客户的计算负荷宜等于变压器额定容量的（　　）。

　　A．80%～85%　　　　　　　B．85%～90%

　　C．90%～95%　　　　　　　D．70%～75%

答案：D

328．（　　）及以上的方案以及特别重要电力客户，应报所属网、省电力公司审批确认后答复客户。

　　A．10kV　　　B．100kV　　　C．110kV　　　D．120kV

答案：C

329．竣工检验合格后，客户做好接电前的准备工作要求包括：结清相关业务费用、签订（　　）及相关协议、办结受电装置接入系统运行的相关手续。

　　A．《电能计量装置技术管理规程》

　　B．《业务缴费通知单》

C.《客户业扩报装办理告知书》

D.《供用电合同》

答案：D

330. 受理客户用电申请后，应在（   ）内将相关资料转至下一个流程相关部门。

A. 一个工作日　　　　　B. 二个工作日

C. 三个工作日　　　　　D. 五个工作日

答案：A

331. 国家电网公司的企业愿景是（   ）。

A. 奉献清洁能源，建设和谐社会

B. 建设世界一流电网，建设国际一流企业

C. 努力超越，追求卓越

D. 以人为本，忠诚企业，奉献社会

答案：B

332. 国家电网公司的核心价值观是（   ）。

A. 努力超越，追求卓越

B. 优质、方便、规范、真诚

C. 以人为本，忠诚企业，奉献社会

D. 诚信、责任、创新、奉献

答案：D

333. 国家电网公司提出的两个转变是指转变公司发展方式，转变（   ）。

A. 经济发展方式　　　　B. 电网发展方式

C. 电网结构方式　　　　D. 集约发展方式

答案：B

334. 国家电网公司提出的"三集五大"中的"三集"是指：（   ）

A. 集团化、集约化、集中化

B. 人力资源、财务和物资集约化

C. 人力资源、财务和信息集约化

D. 财务、信息和物资集约化

答案：B

三、多选题

1. 按照《中华人民共和国电力法》第七十条规定，下列哪些行为应当给予治安管理处罚，由公安机关依照治安管理处罚条例的有关规定给予处罚；构成犯罪的，依法追究刑事

责任？（　　）

    A．窃电

    B．违约用电

    C．殴打、公然侮辱履行职务的查电人员或者抄表收费人员的

    D．拒绝、阻碍电力监督检查人员依法执行职务的

    答案：CD

2．下列哪项属于《中华人民共和国电力法》规定的电力生产与电网运行应当遵循的原则？（　　）

    A．安全　　　　B．经济　　　　C．优质　　　　D．高效

    答案：ABC

3．《中华人民共和国电力法》规定：（　　）用户执行相同的电价标准。

    A．对同一电网内的　　　　　B．同一电压等级

    C．同一用电类别　　　　　　D．同一供电点

    答案：ABC

4．电力建设企业、电力生产企业、电网经营企业依法实行（　　），并接受电力管理部门的监督。

    A．合理投资　　B．自主经营　　C．自负盈亏　　D．平等互利

    答案：BC

5．《中华人民共和国电力法》适用于中华人民共和国境内的（　　）活动。

    A．电力建设　　B．电力生产　　C．电力供应　　D．电力使用

    答案：ABCD

6．电力发展规划，应当体现的原则包括（　　）。

    A．合理利用能源　　　　　　B．电源与电网配套发展

    C．提高经济效益　　　　　　D．有利于环境保护

    答案：ABCD

7．《中华人民共和国电力法》中提及的原则，下列选项中对应正确的有（　　）。

    A．电力事业投资的原则：谁投资、谁收益

    B．电力生产与电网运行的原则：安全用电、节约用电、计划用电

    C．电力供应与使用的原则：安全、优质、经济

    D．农业用电价格制定原则：保本、微利

    答案：AD

8．对同一电网内的（　　）用户，执行相同的电价标准。

    A．同一电压等级　　　　　　B．同一用电类别

    C．同一地区　　　　　　　　D．同一装表

答案：AB

9.《供电营业规则》中规定，对（　　　）等非永久性用电，可供给临时电源。

    A．基建工地   B．农田水利

    C．市政建设   D．救灾抢险

答案：ABCD

10．根据《供电营业规则》规定，新装、增容、变更与终止用电当月的基本电费，可按（　　　）。

      A．实用天数计算

      B．日用电不足 24 小时的，按一天计算

      C．每日按全月基本电费三十分之一计算

      D．用户申报天数计算

答案：ABC

11．根据《供电营业规则》规定，以下哪类变更用电业务要求供电点不变？（　　　）

    A．迁址   B．并户   C．更名   D．分户

答案：BD

12．在（　　　）不变条件下，允许办理更名或过户。

    A．用电地址 B．用电容量   C．用电类别   D．供电点

答案：ABC

13．《供电营业规则》第七十六条规定：对不具备安装计量装置条件的临时用电客户，可以按其（　　　）和规定的电价计收电费。

    A．用电容量 B．设备容量   C．用电性质   D．使用时间

答案：AD

14．在（　　　）等不变的情况下，可办理移表手续。

    A．用电地址 B．用电容量   C．用电类别   D．供电点

答案：ABCD

15．由于用户的原因未能如期抄录计费电能表读数时，供电企业可（　　　），待下次抄表时一并结清。

    A．通知用户待期补抄   B．停止供电

    C．不收电费   D．或暂按前次用电量计收电费

答案：AD

16．有下列情形之一的，不经批准即可中止供电，但事后应报告本单位负责人（　　　）。

    A．不可抗拒力和紧急避险   B．破坏电力设施行为

    C．恶意拖欠电费者   D．确有窃电行为

答案：AD

17. 供电企业以下行为违规的是（ 　　 ）。

　　A. 供电企业委托某专线供电的军用机场向临近村庄转供电

　　B. A 企业拖欠供电公司电费，被 B 企业整体收购后，供电公司向 B 企业追讨

　　C. 使用临时电源的用户申请转让给其他用户，供电企业拒绝受理

　　D. 某用户在房屋改造中，未经申请移动计量表计，供电企业按窃电行为进行了处理

答案：AD

18. 在（ 　　 ）等不变情况下，且其受电装置具备分装的条件时，允许办理分户。

　　A. 用电地址　　　　　　　　　B. 用电容量

　　C. 用电类别　　　　　　　　　D. 供电点

答案：ABD

19. 《供电营业规则》规定什么情况下，保安电源应由用户自备？（ 　　 ）

　　A. 在电力系统瓦解或不可抗力造成供电中断时，仍需保证供电的

　　B. 用户自备电源比从发电厂供给更为经济合理的

　　C. 在不可抗力紧急避险造成供电中断时，仍需保证供电的

　　D. 用户自备电源比从电力系统供给更为经济合理的

答案：AD

20. 《供电营业规则》规定：在电力系统正常状况下，供电频率的允许偏差为（ 　　 ）。

　　A. 电网装机容量在 300 万 kW 及以上的，为 ±0.2Hz

　　B. 电网装机容量在 300 万 kW 以下的，为 ±0.5Hz

　　C. 电网装机容量在 300 万 kW 及以上的，为 ±0.5Hz

　　D. 电网装机容量在 300 万 kW 以下的，为 ±0.2Hz

答案：AB

21. 《供电营业规则》规定，在什么情形下，须经批准方可中止供电？（ 　　 ）

　　A. 拒不在限期内拆除私增用电容量者

　　B. 拒不在限期内交付违约用电引起的费用者

　　C. 绕越供电公司用电计量装置用电

　　D. 伪造或者开启供电公司加封的用电计量装置封印用电

答案：AB

22. 以变压器容量计算基本电费的用户，其备用的变压器（含高压电动机），属冷备用状态并经供电公司加封的，不收基本电费；属热备用状态的或未经加封的，不论使用与否都计收基本电费。用户专门为调整用电功率因数的设备，如（ 　　 ）等，不计收基本电费。

　　A. 电容器　　B. 电动机　　　　C. 调相机　　　　D. 电焊机

答案：AC

23．供电企业在计算转供户用电量、最大需量及功率因数调整电费时，应扣除（　　）。

    A．被转供户公用线路消耗的有功、无功电量

    B．被转供户变压器消耗的有功、无功电量

    C．被转供户消耗的有功、无功电量

    D．公用线路与变压器消耗的有功、无功电量

答案：CD

24．用户受电工程施工、试验完工后，应向供电企业提出工程竣工报告，报告应包括（　　）。

    A．工程竣工图及说明

    B．安全用具的试验报告

    C．影响电能质量的用电设备清单

    D．运行管理的有关规定和制度

答案：ABD

25．供电企业对申请用电的用户提供供电方式时，依据（　　）等因素，进行技术经济比较，与用户协商确定。

    A．国家的有关政策和规定　　B．电网的规划

    C．用电需求　　　　　　　　D．当地供电条件

答案：ABCD

26．私自迁移、更动和擅自操作供电企业的用电计量装置、电力负荷管理装置、供电设施以及由供电企业调度的客户受电设备者（　　）。

    A．居民客户，承担每次 300 元违约使用电费

    B．居民客户，承担每次 500 元违约使用电费

    C．其他客户，承担每次 3000 元违约使用电费

    D．其他客户，承担每次 5000 元违约使用电费

答案：BD

27．根据《供电营业规则》规定，在下列哪些情况下，供电企业不扣减客户的基本电费？（　　）

    A．暂停时间少于 15 天　　　B．事故停电

    C．检修停电　　　　　　　　D．计划限电

答案：ABCD

28．用户的（　　）对供电质量产生影响或对安全运行构成干扰和妨碍时，用户必须采取措施予以消除。

    A．冲击负荷　B．波动负荷　　　C．非对称负荷　D．线性负荷

答案：ABC

29. 用电计量装置包括（　　　）。

    A．计费电能表　　　　　　　B．接线盒

    C．二次连接线导线　　　　　D．电压、电流互感器

  答案：ACD

30. 以变压器容量计算基本电费的用户，以下哪些设备不需收基本电费？（　　　）

    A．在供电企业办理暂停的变压器

    B．故障状态下的变压器

    C．用户自行加封的高压电动机

    D．属冷备用状态且经供电企业加封的高压电动机

  答案：AD

31. 下列属于用户危害供电、用电安全，扰乱正常供电、用电秩序的行为的有（　　　）。

    A．擅自改变用电类别

    B．擅自超过合同约定的容量用电

    C．擅自迁移、更动或者擅自操作供电企业的用电计量装置、电力负荷控制装置、供电设施以及约定由供电企业调度的用户受电设备

    D．故意使供电企业的用电计量装置计量不准或者失效

  答案：ABC

32. 并网运行的发电厂，应在发电厂建设项目立项前，与并网的电网经营企业联系，就（　　　）等达成电量购销意向性协议。

    A．并网容量　B．发电时间　　C．上网电价　　D．上网电量

  答案：ABCD

33. 供用电合同应采用书面形式。经双方协商同意的有关修改合同的（　　　）也是合同的组成部分。

    A．文书　　　　B．电报　　　　C．电传　　　　D．图表

  答案：ABCD

34. 当用电计量装置不安装在产权分界处时，线路与变压器损耗的有功与无功电量均须由产权所有者负担。在计算用户（　　　）时，应将上述损耗电量计算在内。

    A．基本电费（按最大需量计收时）

    B．基本电费（按变压器容量计收时）

    C．电度电费

    D．功率因数调整电费

  答案：ACD

35. 关于《供电营业规则》对用户办理分户的规定中，下列说法不正确的是（　　　）。

    A．在用电地址、供电点、用电容量、用电类别不变，且其受电装置具备分装的

条件时，允许办理分户

  B．在原用户与供电企业结清债务的情况下，再办理分户手续

  C．原用户的用电容量由分户者自行协商分割，需要增容者，分户后不用另行向供电企业办理增容手续

  D．分户引起的工程费不用由分户者负担

答案：ACD

36．《供电营业规则》对用户办理并户规定中，下列说法不正确的是（ ）。

  A．在同一供电地址相邻两个用户允许办理并户

  B．原用户应在并户前向供电企业结清债务

  C．新用户用电容量可以超过并户前各户容量之总和

  D．并户的受电装置应经检验合格，由用户重新装表计费

答案：ACD

37．在发供电系统正常情况下，供电企业应连续向用户供应电力。但是，有下列（ ）情形之一的，须经批准方可中止供电。

  A．对危害供用电安全，扰乱供用电秩序，拒绝检查者

  B．拖欠电费经通知催交仍不交者

  C．拒不在限期内拆除私增用电容量者

  D．私自向外转供电力者

答案：ABCD

38．以下属于变更用电业务的是（ ）。

  A．临时减容   B．增容

  C．暂停   D．改变用电类别

答案：ACD

39．如因（ ）致使计费电能表出现或发生故障的，供电企业应负责换表，不收费用；其他原因引起的，用户应负担赔偿费或修理费。

  A．供电企业责任   B．不可抗力

  C．被窃   D．过负荷烧坏

答案：AB

40．《供电营业规则》规定，下列（ ）行为是危害供电用电安全，扰乱正常供用电秩序行为。

  A．在电价低的供电线路上，擅自接用电价高的用电设备或私自改变用电类别

  B．擅自改变用电类别

  C．绕越供电企业的用电计量装置用电

  D．私自迁移、更动和擅自操作供电企业的用电计量装置、电力负荷管理装置

答案：ABD

41. 基本电费以月计算，但（　　）用电当月的基本电费，可按实用天数（日用电不足 24 小时的，按一天计算）每日按全月基本电费三十分之一计算。

    A. 新装　　　B. 增容　　　　C. 变更　　　　D. 终止

答案：ABCD

42. 在电力系统正常状况下，供电企业供到用户受电端的供电电压允许偏差为（　　）。

    A. 35kV 及以上电压供电的，电压正、负偏差之和不超过额定值的 10%

    B. 10kV 及以下三相供电的，为额定值的 ±7%

    C. 220V 单相供电的，为额定值的 +7%，−10%

    D. 在电力系统非正常状况下，用户受电端的电压最大允许偏差不应超过额定值的 ±10%

答案：BCD

43. 供电企业接到用户（　　）事故报告后，应派员赴现场调查，在七天内协助用户提出事故调查报告。

    A. 人身触电死亡　　　　　　B. 电气设备损坏

    C. 专线掉闸或全厂停电　　　D. 电气火灾

答案：ACD

44. 《供电营业规则》中规定，用户的冲击负荷、波动负荷、非对称负荷对供电质量产生影响或对安全运行构成干扰和妨碍时，用户必须采取措施予以消除。如不采取措施或采取措施不力，达不到国家标准（　　）规定的要求时，供电企业可中止对其供电。

    A. GB/T 14549—93　　　　　B. GB 12326—90

    C. GB/T 15543—1995　　　　D. GB/T 14549—98

答案：BC

45. 《供电营业规则》中规定，以下哪些属高压供电电压？（　　）

    A. 3kV　　　B. 6kV　　　　C. 10kV　　　　D. 63kV

答案：CD

46. 《供电营业规则》中规定，供电企业对申请用电的用户提供供电方式，应从供用电的（　　）出发。

    A. 安全　　　B. 经济　　　C. 合理　　　D. 便于管理

答案：ABCD

47. 《供电营业规则》中规定，供电企业向用户提供供电方式，应依据（　　）等因素，进行技术比较，与用户协商确定。

    A. 国家有关政策和规定　　　B. 电网的规划

    C. 用电容量　　　　　　　　D. 当地供电条件

答案：ABD

48.《供电营业规则》中规定，用户需要备用、保安电源时，供电企业应按其（　　），与用户协商确定。

    A．负荷的重要性　　　　　　B．用电容量

    C．用电性质　　　　　　　　D．供电的可能性

答案：ABD

49.《供电营业规则》中规定，下列哪些情况，保安电源应由用户自备？（　　）

    A．电力系统瓦解造成供电中断时，仍需保证供电的

    B．不可抗力造成供电中断的，仍需保证供电的

    C．电力系统供电能力不足，无法提供的

    D．用户自备电源比从电力系统供给更为经济合理的

答案：ABD

50.《供电营业规则》中规定，有单台设备容量超过 1kW 的（　　）设备时，用户必须采取有效措施以消除对电能质量的影响，否则应改为其他方式供电。

    A．单相电弧机　　　　　　　B．单相电焊机

    C．整流　　　　　　　　　　D．换流

答案：BD

51.《供电营业规则》中规定，新建受电工程项目在立项阶段，用户应与供电企业联系，就（　　）等达成意向性协议，方可定址，确定项目。

    A．工程供电的可能性　　　　B．用电容量

    C．用电时间　　　　　　　　D．供电条件

答案：ABD

52.《供电营业规则》中规定，销户必须达到以下哪些要求方可解除供用关系？（　　）

    A．停止全部用电容量　　　　B．向供电企业结清电费

    C．计量装置完好　　　　　　D．拆除接户线和计量装置

答案：ABCD

53.《供电营业规则》中规定，用户受电设施的建设与改造应当符合城乡（　　）。

    A．电网建设　B．配套政策　　C．改造规划　　D．实际情况

答案：AC

54.《供电营业规则》规定，（　　）的用户，累积暂停时间可以另议。

    A．季节性用电　　　　　　　B．国家另有规定的

    C．重点军工　　　　　　　　D．高耗能

答案：AB

55.《供电营业规则》规定，当用电计量装置不安装在产权分解处时，线路与变压器损

耗电量由产权所有者负担,供电企业计算下列哪些电费时,应将上述损耗电量计算在内( )。

    A．按容量计收基本电费   B．按最大需量计收基本电费

    C．电度电费   D．功率因数调整电费

    答案:BCD

56.《供电营业规则》规定,对不具备装表条件的临时用电户,可按其( )计收电费。

    A．负荷性质   B．用电容量

    C．使用时间   D．规定的电价

    答案:BCD

57.《供电营业规则》规定,在下列哪种情形下不扣减基本电费?( )

    A．事故停电 B．欠费停电   C．检修停电   D．计划限电

    答案:ACD

58.《供电营业规则》规定,用户并户,应持有关证明向供电企业提出申请,供电企业应按下列规定办理:( )。

    A．在同一供电点,同一用电地址的相邻两个及以上用户允许办理并户

    B．原用户应在并户前向供电企业结清债务

    C．新用户用电容量超过并户前各户容量之总和的部分按新装办理

    D．并户引起的工程费用由并户者负担

    答案:ABD

59.《供电营业规则》规定,用户申请增加用电容量时,应向供电企业提供有关的用电资料包括( )、电力用途、用电性质、保安电力等。

    A．用电地点   B．用电设备清单

    C．用电负荷   D．用电规划

    答案:ABCD

60.《供电营业规则》中,低压供电的用户应提供( )资料。

    A．负荷组成   B．用电负荷分布图

    C．用电设备清单   D．负荷性质

    答案:AC

61.《供电营业规则》中,须在变更前5天向供电企业提出申请的有( )。

    A．暂停   B．暂拆   C．减容   D．迁址

    答案:ACD

62.《供电营业规则》中规定,供电企业的用电营业机构统一归口办理用户的用电申请和报装接电工作,包括( )等项业务。

A．用电申请书的发放及审核　B．供电方案确定及批复

C．施工中间检查、竣工检验　D．供用电合同（协议）签约

答案：ABCD

63．《供电营业规则》中规定，计费电能表及附件的（　　）等，均由供电企业负责办理，用户应提供工作上的方便。

A．购置、安装、移动　　　　B．更换、室内校验

C．拆除、加封　　　　　　　D．启封及表计接线

答案：ACD

64．《供电营业规则》中规定，对 35kV，应有专用的（　　），并不得与保护、测量回路共用。

A．测量二次回路　　　　　　B．电能计量柜（箱）

C．电流互感器二次线圈　　　D．电压互感器二次连接线

答案：CD

65．《供电营业规则》中规定，因特殊原因不能实行一户一表计费时，供电企业可根据其容量按（　　）安装共用的计费电能表，居民用户不得拒绝合用。

A．城市街道　B．公安门牌　C．楼门单元　D．楼层

答案：BCD

66．《供电营业规则》中规定，共用计费电能表内的各用户，可（　　），供电企业在技术上予以指导。

A．自行装设分户电能表　　　B．自行接线用电

C．自行分算电费　　　　　　D．自行分摊电费

答案：AC

67．《供电营业规则》中规定，临时用电的用户，应安装用电计量装置。对不具备安装条件的，可按其（　　）计收电费。

A．用电容量　　　　　　　　B．用电类别

C．使用时间　　　　　　　　D．规定的电价

答案：ACD

68．《供电营业规则》中规定，计量装置安装后，发生哪些情况，用户应及时告知供电企业，以便供电企业采取措施？（　　）

A．计费电能表丢失　　　　　B．计费电能表损坏

C．计费电能表过负荷烧坏　　D．计费电能表停走

答案：ABC

69．《供电营业规则》中规定，哪些情况下，供电企业应负责换表，不收费用；其他原因引起的，用户应负担赔偿费或修理费？（　　）

A．因供电企业责任致使计费电能表出现或发生故障的

B．不可抗力致使计费电能表出现或发生故障的

C．用户私自增容致使计费电能表出现或发生故障的

D．用户故意致使计费电能表出现或发生故障的

答案：AB

70.《供电营业规则》中规定，用户应按供电企业规定的（　　）交清电费，不得拖延或拒交电费。

　　A．地点　　　　　　　　　B．期限

　　C．交费方式　　　　　　　D．人民币种

答案：BC

71.《供电营业规则》中规定，以下哪些应不计收基本电费？（　　）

　　A．属冷备用状态并经供电企业加封的

　　B．调整用电功率因数的电容器

　　C．调整用电功率因数的调相机

　　D．热备用状态的或未经加封的

答案：ABC

72.《供电营业规则》中规定，对于银行划拨电费的，（　　）三方应签订电费划拨和结清的协议书。

　　A．供电企业　　　B．用户　　C．银行　　D．中介机构

答案：ABC

73.《供电营业规则》中规定，临时用电用户未装用电计量装置的，供电企业应根据其用电容量，按（　　）预收全部电费。

　　A．双方约定的每日使用时数　B．双方约定的每月使用时数

　　C．双方约定的每日使用期限　D．双方约定的每月使用期限

答案：AC

74.《供电营业规则》中规定，供电企业和用户应当在正式供电前，根据用户用电需求和供电企业的供电能力以及办理用电申请时双方已认可或协商一致的哪些资料，签订供用电合同？（　　）

　　A．用电申请报告、用电申请书

　　B．供电意向性协议、批复的供电方案

　　C．用户受电装置施工竣工检验报告、计量装置安装完工报告

　　D．供电设施运行维护管理协议和其他双方事先约定的有关文件

答案：ABCD

75.《供电营业规则》中规定，对用电量大的用户或供电有特殊要求的用户，在签订供

用电合同时，可单独签订（　　）等。

    A．供电设施运维协议   B．电费结算协议

    C．电力调度协议   D．分次划拨电费协议

答案：BC

76.《供电营业规则》中规定，供用电合同书面形式可分为（　　）和（　　）两类。

    A．格式合同   B．标准格式

    C．标准合同   D．非标准格式

答案：CD

77.《供电营业规则》中规定，标准格式合同适用于（　　）的用户。

    A．供电方式简单   B．供电方式特殊用户

    C．一般性用电需求   D．供电容量较小

答案：AC

78.《供电营业规则》中规定，下列哪些情形下，允许变更或解除供用电合同？（　　）

    A．当事人双方经过协商同意，并且不因此损害国家利益和扰乱供用电秩序

    B．由于供电能力的变化或国家对电力供应与使用管理的政策调整，使订立供用电合同时的依据被修改或取消

    C．当事人一方依照法律程序确定确实无法履行合同

    D．由于不可抗力或一方当事人虽无过失，但无法防止的外因，致使合同无法履行

答案：ABCD

79．统一归口办理用户的用电申请和报装接电工作包括用电申请书的发放及审核、供电条件勘查、（　　）、竣工检验、供用电合同（协议）签约、装表接电等项业务。

    A．供电方案确定及批复   B．有关费用收取

    C．受电工程设计的审核   D．施工中间检查

答案：ABCD

80.《供电营业规则》规定，用户申请新装或增加用电时，应向供电企业提供用电工程项目批准的文件及有关的用电资料，包括（　　）、用电设备清单、用电负荷、保安电力、用电规划等，并依照供电企业规定的格式如实填写用电申请书及办理所需手续。

    A．用电地点 B．电力用途   C．用电性质   D．用电时间

答案：ABC

81.《供电营业规则》规定，电网高峰负荷时的功率因数，应达到下列规定：功率因数标准0.90适用于（　　）。

    A．160kVA的高压供电工业用户

    B．大工业用户未划由电业直接管理的趸售用户

C．装有负荷调整电压装置的高压供电电力用户

D．3200kVA 及以上的高压供电电力排灌站

答案：CD

82．《供电营业规则》规定，供电企业应根据（　　），编制事故限电序位方案，并报电力管理部门审批或备案后执行。

A．客户数量　　　　　　　　B．电力系统情况

C．电力负荷的重要性　　　　D．用户的历史欠费记录

答案：BC

83．《供电营业规则》规定，供电企业应在用电营业场所公告办理各项用电业务的（　　）。

A．程序　　　B．制度　　　C．收费标准　　　D．说明

答案：ABC

84．《供电营业规则》中规定，不经批准即可中止供电，但事后应报告本单位负责人的情形是（　　）。

A．不可抗力　　　　　　　　B．紧急避险

C．违约用电的　　　　　　　D．确有窃电行为

答案：ABD

85．《供电营业规则》中规定，除因故中止供电外，供电企业需对用户停止供电时，应将停电的（　　）报本单位负责人批准。

A．用户　　　B．原因　　　C．线路　　　D．时间

答案：ABD

86．《供电营业规则》中规定，哪些情况下，供电企业应按确定的限电序位进行停电或限电？（　　）

A．故障停电　　　　　　　　B．故障限电

C．计划停电　　　　　　　　D．计划限电

答案：ABCD

87．《供电营业规则》规定：供电企业供电的额定电压为（　　）。

A．低压供电：单相为 220V，三相为 380V

B．高压供电：为 10、35（63）、110、220kV

C．除发电厂直配电压可采用 3kV 或 6kV 外，其他等级的电压逐步过渡到上列额定电压

D．用户需要的电压等级不在上列范围时，应自行采取变压措施解决

答案：ABCD

88．《供电营业规则》规定，以下哪种情况经批准可对用户停电？（　　）。

A．拖欠电费经催交仍不交者　B．紧急避险

C．用户确有窃电行为　　　　D．私自向外转供电者

答案：AD

89．《供电营业规则》是根据（　　　）制定的。

A．《电力法》　　　　　　　B．《电力供应与使用条例》

C．《合同法》　　　　　　　D．国家有关规定

答案：BD

90．《供电营业规则》中规定，并网运行的发电厂，应在发电厂建设项目立项前，与并网的电网经营企业联系，就（　　　）等达成电量购销意向性协议。

A．并网容量　B．发电时间　　C．上网电价　　D．上网电量

答案：ABCD

91．《供电营业规则》中规定，电网经营企业与并网发电厂应根据（　　　），签订并网协议。

A．国家精神　B．国家法律　　C．行政法规　　D．有关规定

答案：BCD

92．《供电营业规则》中规定，并网电量购销合同应具备以下哪些条款？（　　　）

A．并网方式、电能质量和发电时间

B．并网发电容量、年发电利用小时和年上网电量

C．计量方式和上网电价、电费结算方式

D．电网提供的备用容量及计费标准

答案：ABCD

93．《供电营业规则》中规定，对停电责任的分析和停电时间及少供电量的计算，均按（　　　）办理。

A．供电企业的事故记录

B．《供电营业规则》

C．《电业生产事故调查规程》

D．行业规定

答案：AC

94．《供电营业规则》中规定，下列哪些情况，供电企业不负赔偿责任？（　　　）

A．用户用电的功率因数未达到规定标准

B．供电企业原因导致电压质量不合格的

C．其他用户原因引起的电压质量不合格的

D．供电企业责任的其他原因

答案：AC

95. 临时供电是非永久性用电，因此（　　　）。

    A．期限一般不超过 6 个月　　B．期限一般不超过 9 个月

    C．可以转让给其他客户　　　　D．不可以向外转供电

答案：AD

96. 变更用电的内容：（　　　）。

    A．临时更换变压器　　　　　　B．分户

    C．改变用电类别　　　　　　　D．迁移受电装置

答案：ABCD

97. 用户分户，应持有关证明向供电企业提出申请。供电企业应按下列规定办理：（　　　）。

    A．在用电地址、供电点、用电容量不变时

    B．在原用户与供电企业结清债务的情况下，再办理分户手续

    C．分立后的新用户应与供电企业重新建立供用电关系

    D．需要增容者，分户后另行向供电企业办理增容手续

答案：BC

98. 用户更名或过户（依法变更用户名称或居民用户房屋变更户主），应持有关证明向用电企业提出申请。供电企业应符合以下要求：（　　　）。

    A．用电地址不变

    B．用电容量不变

    C．用电类别不变

    D．原用户应与供电企业结清债务

答案：ABCD

99. 供电企业对于暂停用电不足 15 天的大工业电力客户,在计算其基本电费时,（　　　）基本电费均是错误的。

    A．不计收　　　　　　　　　　C．按 10 天计收

    B．不扣减　　　　　　　　　　D．按实际天数扣减

答案：ACD

100. 供电企业应退补相应电量的电费有：（　　　）。

    A．互感器电度表有误差　　B．计量装置接线错误

    C．倍率不符　　　　　　　　D．计量电压互感器保险熔断

答案：BCD

101.《供电营业规则》对用户办理迁址的规定中以下正确的是：（　　　）。

    A．原址按终止用电办理，供电企业予以销户。新址用电优先受理

    B．迁移后的新址不在原供电点供电的，新址用电不用按新装用电办理

C．新址用电引起的工程费用由用户负担

D．私自迁移用电地址而用电者，除按违约用电处理外，自新迁址不论是否引起供电点变动，一律按新装用电办理

答案：ACD

102．用户更名或过户时应满足以下哪些条件？（　　　）

A．用电地址不变　　　　　　B．用电容量不变

C．用电类别不变　　　　　　D．用电户名不变

答案：ABC

103．《供电营业规则》对用户办理销户规定中，用户办理销户业务需满足以下哪些条件？（　　　）

A．向供电企业提出申请

B．停止全部用电容量的使用

C．用户已向供电企业结清电费

D．在同一供电点，同一用电地址的相邻两个及以上用户

答案：ABC

104．电力运行事故对用户造成的损害由（　　　）引起时，电力企业不承担赔偿责任。

A．不可抗力　　　　　　　　B．用户自身的过错

C．第三人责任　　　　　　　D．供电企业自身过错

答案：ABC

105．《供电营业规则》规定，任何单位或个人需（　　　）都必须按本规则规定，事先到供电企业用电营业场所提出申请，办理手续。

A．新装用电　　　　　　　　B．增加用电容量

C．变更用电　　　　　　　　D．故障报修

答案：ABC

106．根据《电力供应与使用条例》规定，下列属于窃电行为的有（　　　）。

A．在供电企业的供电设施上，擅自接线用电

B．故意损坏供电企业用电计量装置

C．擅自迁移、更动或者擅自操作供电企业的用电计量装置

D．故意使供电企业的用电计量装置计量不准或者失效

答案：ABD

107．电力供应与使用的原则包括下列哪些选项？（　　　）

A．国家对电力供应和使用　　B．实行安全用电

C．节约用电　　　　　　　　D．计划用电的管理原则

答案：ABCD

108. 国家对电力供应和使用实行（　　　）。

    A. 安全用电　　　　　　　　B. 合理用电

    C. 节约用电　　　　　　　　D. 计划用电

答案：ACD

109. 县级以上人民政府电力管理部门应当遵照国家产业政策，按照（　　　）的原则，做好计划用电工作。

    A. 统筹兼顾　　　　　　　　B. 统筹规划

    C. 保证重点　　　　　　　　D. 择优供应

答案：ACD

110.《电力供应与使用条例》第二十条规定：供电方式应当按照安全、（　　　）、合理和便于管理的原则。

    A. 高效　　　B. 可靠　　　　C. 经济　　　　D. 快捷

答案：BC

111. 供电企业在发电、供电系统正常的情况下，应当连续向用户供电，不得中断。因（　　　）等原因，需要中断供电时，供电企业应当按照国家有关规定事先通知用户。

    A. 供电设施检修　　　　　　B. 依法限电

    C. 用户违法用电　　　　　　D. 用户窃电

答案：ABC

112. 下列哪些行为违反《电力供应与使用条例》规定，由电力管理部门责令改正，没收违法所得，可以并处违法所得5倍以下的罚款？（　　　）

    A. 未按照规定取得《供电营业许可证》，从事电力供应业务的

    B. 擅自伸入或者跨越供电营业区供电的

    C. 擅自向外转供电的

    D. 窃电行为

答案：ABC

113.《居民用户家用电器损坏处理办法》规定属于电阻电热类家用电器的是（　　　）。

    A. 电饭煲　　　　　　　　　B. 电茶壶

    C. 电热水器　　　　　　　　D. 电风扇

答案：ABC

114.《居民用户家用电器损坏处理办法》规定，在理赔处理过程中，供电企业与受害居民用户因赔偿问题达不成协议的，由（　　　）调解，调解不成的，可向（　　　）申请裁定。

    A. 县级以上电力管理部门　　B. 供电企业上级单位

    C. 司法机关　　　　　　　　D. 仲裁机构

答案：AC

115. 损坏的家用电器经（　　）检修单位检定。

    A．供电企业指定的　　　　　B．受害者指定的

    C．双方认可的　　　　　　　D．第三方

答案：AC

116. 供电企业如能提供证明，居民用户家用电器的损坏是（　　）等原因引起，并经县级以上电力管理部门核实无误，供电企业不承担赔偿责任。

    A．不可抗力　　　　　　　　B．第三人责任

    C．受害者自身过错　　　　　D．产品质量事故

答案：ABCD

117.《居民用户家用电器损坏处理办法》适用的电力运行事故，是指在供电企业负责运行维护的220/380V供电线路或设备上因供电企业的责任发生的下列事件（　　）。

    A．在220/380V供电线路上，发生相线与零线接错或三相相序接反

    B．在220/380V供电线路上，发生相线断线

    C．在220/380V供电线路上，发生零线断线

    D．在220/380V供电线路上，发生相间短路

答案：AC

118. 损坏家用电器修复所发生的（　　）均由供电企业负担。

    A．元件购置费　　　　　　　B．检测费

    C．修理费　　　　　　　　　D．交通费

答案：ABC

119. 自受理用户用电申请之日起，以下说法正确的有：（　　）。

    A．居民用户不超过3个工作日

    B．其他低压供电用户不超过8个工作日

    C．高压单电源供电用户不超过20个工作日

    D．高压双电源供电用户不超过45个工作日

答案：ABCD

120.《电力监管条例》规定，电力监管应当依法进行，并遵循（　　）的原则。

    A．公开　　　B．公正　　　　C．效率　　　　D．公平

答案：ABC

121.《承装（修、试）电力设施许可证管理办法》规定，有（　　）情形之一的，申请增加许可证类别或者提高许可证等级的，一年内不予受理。

    A．发生较大生产安全事故或者发生二次以上一般生产安全事故的

    B．发生重大质量责任事故的

    C．超越许可范围从事承装（修、试）电力设施活动的

D．涂改、倒卖、出租、出借许可证，或者以其他形式非法转让许可证的

答案：AB

122．《承装（修、试）电力设施许可证管理办法》所称的承装、承修、承试电力设施，是指对（   ）电力设施的安装、维修和试验。

    A．输电   B．供电   C．变电   D．受电

答案：ABD

123．取得承装、承修三级《承装（修、试）电力设施许可证》的单位可以从事（   ）活动。

    A．110kV 电压等级电力设施的安装

    B．35kV 电压等级电力设施的安装或者试验

    C．10kV 电压等级电力设施的安装

    D．低压受电工程的维修

答案：ACD

124．若从事 110kV 以下电压等级电力设施的安装、维修或者试验活动，应取得（   ）许可证。

    A．一级   B．二级   C．三级   D．四级

答案：ABC

125．《承装（修、试）电力设施许可证管理办法》适用于承装（修、试）电力设施许可证的（   ）管理和监督。

    A．申请   B．受理   C．审查   D．颁发

答案：ABCD

126．承装（修、试）电力设施单位（   ）发生变化的，应提出变更申请。

    A．名称   B．住所

    C．法定代表人   D．注册资金

答案：ABC

127．电力企业违反下列哪些规定，由派出机构责令其限期改正，给予警告，处一万元以上三万元以下罚款？（   ）

    A．将承装（修、试）电力设施业务发包给未取得许可证的单位或个人

    B．未按规定对承装（修、试）电力设施业务许可证进行审核的

    C．将承装（修、试）电力设施业务发包给超越许可范围承揽工程的单位或者个人的

    D．未按规定对承装（修、试）电力设施建设单位人员进行审查

答案：AC

128．业扩管理风险主要包括：因（   ）等原因，引起的重要用户供电方式不符合安

全可靠性要求、用户受电装置带隐患接入电网等风险。

    A．用电项目审核不严   B．用户重要负荷识别不准确

    C．供电方案制订不合理   D．中间检查和竣工检验不规范

答案：ABCD

129．供用电安全风险中的法律风险：因（　　　）、停限电操作不规范等原因，引起的用户安全用电事故由供电企业承担相应的法律责任等风险。

    A．供用电合同条款不完备

    B．供用电合同不合法

    C．产权归属与运行维护责任不清晰

    D．合同未签或过期

答案：AD

130．以下哪些合同签订主体不合法？（　　　）。

    A．不具有独立承担民事责任资格的公司内设部门、筹建处

    B．政府的所属部门直接作为用电方主体

    C．供用电合同的签订，委托代理人进行，用电方委托代理人没有出具授权委托书

    D．使用虚假伪造的授权委托书

答案：ABCD

131．为防止擅自操作用户电气设备，应采取的防范措施有（　　　）。

    A．严禁作业人员操作用户设备

    B．属于用户资产的相关设备一律由用户自己操作

    C．指定专人进行

    D．完善相关规章制度

答案：ABD

132．国家电网电力用户用电信息采集系统建设总体目标是利用 5 年时间（2010～2014年），建成（　　　），即"全覆盖、全采集、全费控"的采集系统。

    A．覆盖公司系统全部用户

    B．采集全部用电信息

    C．覆盖南方和国网公司系统全部用户

    D．支持全面电费控制

答案：ABD

133．采集系统建设包括计量关口和各类用户，涉及（　　　）应用等环节。

    A．主站   B．通信信道

    C．采集终端   D．智能电能表

答案：ABCD

134. 新建小区和新报装用户必须同步建设（　　）系统，并做到（　　）入表入户。

　　A. 采集　　　B. 有线　　　　C. 光纤　　　　D. 服务

答案：AC

135. 以下哪些说法符合国家电网营销〔2011〕756号（关于全面深化治理整改工作，坚决杜绝"三指定"问题的意见）中规定的规范营业窗口的要求？（　　）

　　A. 推行客户用电报装告知确认制度

　　B. 在受理申请环节主动向客户提供《用电报装业务办理告知确认书》

　　C. 向客户明示办理用电申请所需的资料、业扩报装的流程及时限

　　D. 明确告知客户拥有设计、施工、设备材料供应单位的自主选择权和对服务质量、工程质量的评价权，保障客户的知情权

答案：ABCD

136. 《营销业扩报装工作全过程防人身事故十二条措施》要求，按照（　　）的原则，进一步明确发策、安全、营销、生产、基建、调度等各相关部门在业扩报装工作中的安全职责。

　　A. 谁主管，谁负责　　　　　B. 谁组织，谁负责

　　C. 谁实施，谁负责　　　　　D. 谁施工，谁负责

答案：ABC

137. 鉴于电力生产的特点，用户用电功率因数的高低对（　　）有着重要影响。

　　A. 发、供、用电设备的充分利用

　　B. 节约电能

　　C. 改善电压质量

　　D. 用户用电安全

答案：ABC

138. 按照1976版《电、热价格》，下面描述正确的是（　　）。

　　A. 农副产品加工、农机农具修理等用电，均按非工业、普通工业电价计收电费

　　B. 炒茶和鱼塘的抽水、灌水等用电，均按非工业、普通工业电价计收电费

　　C. 农村照明用电，按照明电价计收电费

　　D. 农村小型化肥厂生产氨水等氮肥的电价，参照国家规定本地区的大工业合成氨价格（包括基本电价和电度电价）水平确定

答案：ABCD

139. 根据电网条件以及客户的用电容量、用电性质、用电时间、用电负荷重要程度等因素，确定（　　）。

　　A. 计费方案　　　　　　　　B. 保安措施

C. 供电方式   D. 受电方式

答案：CD

140. 供电方案的基本内容包括（   ）。

    A. 高压供电客户   B. 低压供电客户

    C. 居民用户   D. ABC 都不对

答案：ABC

141. 电力客户分为（   ）。

    A. 重要电力客户   B. 居民用户

    C. 临时性重要电力客户   D. 普通电力客户

答案：AD

142. 心肺复苏法支持生命的基本措施是（   ）。

    A. 畅通气道

    B. 口对口（口对鼻）人工呼吸

    C. 胸外按压

    D. 胸外心脏按压

答案：ABD

143. 工作人员应熟悉作业环境存在的（   ）、预防控制措施及事故应急处置措施。

    A. 逃生路线   B. 消防器材的使用方法

    C. 危险有害因素   D. 电气设备一次接线

答案：AC

144. 工作负责人（监护人）的安全职责有（   ）。

    A. 正确、安全地组织工作

    B. 确认工作票所列安全措施正确、完备，符合现场实际条件，必要时予以补充

    C. 工作前向工作班全体成员告知危险点，督促、监护工作班成员执行现场安全措施和技术措施

    D. 工作后确认工作必要性和安全性

答案：ABC

145. 关于验电，以下说法正确的有（   ）。

    A. 直接验电应使用相应电压等级的验电器在设备的接地处逐相验电

    B. 验电前，验电器应先在有电设备上确证验电器良好

    C. 在恶劣气象条件时，对户外设备及其他无法直接验电的设备，可间接验电

    D. 高压验电应戴绝缘手套，人体与被验电设备的距离应符合设备不停电时的安全距离要求

答案：ABCD

146. 10、20、35kV 户外配电装置的裸露部分在跨越人行过道或作业区时，若导电部分对地高度分别小于（　　）、（　　）、（　　），该裸露部分两侧和底部应装设护网。

    A．2.7m   B．2.8m   C．2.9m   D．3.0m

答案：ABC

147. 作业人员的基本条件包括（　　）。

    A．经医师鉴定，无妨碍工作的病症（体格检查每两年至少一次）

    B．具备必要的电气知识和业务技能，且按工作性质，熟悉本规程的相关部分，并经考试合格

    C．具备必要的安全生产知识，学会紧急救护法，特别要学会触电急救

    D．作业人员应经过系统专业知识培训学习

答案：ABC

148. 作业现场的基本条件包括（　　）。

    A．作业现场的生产条件和安全设施等应符合有关标准、规范的要求，工作人员的劳动防护用品应合格、齐备

    B．经常有人工作的场所及施工车辆上宜配备急救箱，存放急救用品，并应指定专人经常检查、补充或更换

    C．现场使用的安全工器具应合格并符合有关要求

    D．各类作业人员应被告知其作业现场和工作岗位存在的危险因素、防范措施及事故紧急处理措施

答案：ABCD

149. 各类作业人员有权拒绝（　　）。

    A．强令冒险作业   B．违章指挥

    C．加班工作   D．带电工作

答案：AB

150. 工作票许可手续完成后，工作负责人应完成下列（　　）事项，才可以开始工作。

    A．交待带电部位和现场安全措施

    B．告知危险点

    C．履行确认手续

    D．向工作班成员交待工作内容、人员分工

答案：ABCD

151. 保证安全的组织措施规定，工作中工作负责人、工作许可人任何一方若有特殊情况需要变更安全措施时，应（　　）。

    A．先取得对方同意

B．先取得调度同意

C．先取得工作票签发人同意

D．变更情况及时记录在值班日志内国家电网

答案：AD

152．下列（　　）工作需填用电力线路第二种工作票。

A．带电线路杆塔上且与带电导线最小安全距离不小于规定的工作

B．直流接地极线路上不需要停电的工作

C．在全部或部分停电的配电设备上的工作

D．在运行中的配电设备上的工作

答案：ABD

153．操作票应用黑色或蓝色的（　　）逐项填写。

A．钢笔　　　B．圆珠笔　　　C．水笔　　　D．铅笔

答案：ABC

154．工作票所列人员中的工作负责人（监护人）应由有一定（　　）、熟悉工作范围内的设备情况，并经工区（所、公司）生产领导书面批准的人员担任。

A．年龄　　　　　　　　B．熟悉工作班成员的工作能力

C．工作经验　　　　　　D．熟悉电力安全工作规程

答案：BCD

155．工作监护制度规定，若工作负责人必须长时间离开工作的现场时，应（　　）。

A．原、现工作负责人做好必要的交接

B．履行变更手续，并告知全体工作人员和工作许可人

C．由原工作票签发人变更工作负责人

D．由有权签发工作票的人变更工作负责人

答案：ABC

156．工作许可人在完成现场安全措施后，还应对负责人（　　）。

A．指明带电设备的位置和注意事项

B．证明检修设备确无电压

C．指明具体设备实际的隔离措施

D．向工作班成员交底

答案：ABC

157．进行线路停电作业前，断开危及线路停电作业，且不能采取相应安全措施的（　　）线路（包括用户线路）的断路器（开关）、隔离开关（刀闸）和熔断器。

A．交叉跨越　　　　　　B．平行线路

C．同杆架设　　　　　　D．通信线路

答案：ABC

158.（   ）的线路，可使用合格的绝缘棒或专用的绝缘绳验电。

    A．330kV 及以上的交流线路　B．交流 220kV

    C．交流线路　　　　　　　　D．直流线路

答案：AD

159．保证安全的技术措施规定，当验明设备确无电压后，接地前（   ）。

    A．电缆及电容器接地线应逐相充分放电

    B．装在绝缘支架上的电容器外壳也应放电

    C．星形接线电容器的中性点应放电

    D．串联电容器及与整组电容器脱离的电容器应逐个多次放电

答案：ABD

160．设备停电检修，在可能来电侧的断路器（开关）、隔离开关（刀闸）上，下列哪些措施必须执行？（   ）

    A．隔离开关（刀闸）操作把手应锁住

    B．断开保护出口压板

    C．断开控制电源

    D．断开合闸电源

答案：ACD

161．保证安全的技术措施规定，需要拆除全部或一部分接地线后始能进行的工作有（   ）。

    A．检查断路器触头是否同时接触

    B．测量线路参数

    C．测量电缆的绝缘电阻

    D．测量母线的绝缘电阻

答案：ABCD

162．在室外高压设备上工作，下列哪些围栏装设正确？（   ）

    A．在工作地点四周装设围栏，其出入口围至临近道路旁边

    B．在工作地点四周装设围栏，在宽敞处设置出入口

    C．大部分设备停电，只有个别地点保留有带电设备，其他设备无触及带电导体的可能，在带电设备四周装设围栏，设置出入口

    D．大部分设备停电，只有个别地点保留有带电设备，其他设备无触及带电导体的可能，在带电设备四周装设全封闭围栏

答案：AD

163．（   ）巡线应由两人进行。

A．夜间   B．电缆隧道

C．野外农村   D．偏僻山区

答案：ABD

164．雷雨、大风天气或事故巡线，巡视人员应穿（   ）。

A．绝缘服   B．绝缘鞋   C．绝缘手套   D．绝缘靴

答案：BD

165．停电检修的线路如在另一回线路的上面，而又必须在该线路不停电情况下进行放松或架设导、地线以及更换绝缘子等工作时，要有防止导、地线（   ）的后备保护措施。

A．脱落   B．平移   C．跳动   D．滑跑

答案：AD

166．在同杆塔架设的多回线路上，（   ）时，不准进行放、撤导线和地线的工作。

A．上层线路停电作业   B．下层线路停电作业

C．上层线路带电   D．下层线路带电

答案：AD

167．在邻近的高压线路附近用绝缘绳索传递大件金属物品（包括工具、材料等）时，（   ）作业人员应将金属物品接地后再接触，以防电击。

A．变电站内   B．地面上

C．室内   D．杆塔

答案：BD

168．线路施工时，在土质松软处挖坑，应加（   ）等防止塌方措施。

A．撑木   B．石头   C．砖块   D．挡板

答案：AD

169．遇有（   ）或导地线、拉线松动的杆塔，登杆前应先培土加固，支好架杆或打好临时拉线后，再行登杆。

A．上拔   B．下沉   C．起土   D．冲刷

答案：ACD

170．线前，应检查（   ）。

A．导线与牵引绳的连接应可靠

B．线盘架应稳固可靠、转动灵活、制动可靠

C．拉线、桩锚及杆塔

D．导线有无障碍物挂住

答案：ABD

171．上下脚手架应走坡道或梯子，作业人员不准沿（   ）等攀爬。

A. 栏杆　　　B. 脚手杆　　　C. 梯子　　　　D. 杆塔

答案：AB

172. 高处作业时，梯子的支柱应能承受（　　）攀登时的总重量。

A. 所携带的工具　　　　　　B. 材料

D. 作业人员　　　　　　　　C. 胖人

答案：ABD

173. 移动式起重设备应安置平稳牢固，并应设有制动和逆止装置。禁止使用制动装置（　　）的起重机械。

A. 不灵敏　　　B. 失灵　　　　C. 不合格　　　D. 未检验

答案：AB

174. 起吊物件应绑扎牢固，若物件有棱角或特别光滑的部分时，在（　　）与绳索接触处应加以包垫。

A. 滑面　　　　　　　　　　B. 物件周围

C. 物件表面　　　　　　　　D. 棱角

答案：AD

175. 在（　　）进行工作，不论线路是否停电，应先拉开低压侧刀闸，后拉开高压侧隔离开关（刀闸）或跌落熔断器，在停电的高、低压引线上验电、接地。

A. 低压配电箱处　　　　　　B. 配电变压器台架上

C. 高压配电室　　　　　　　D. 箱式变电站

答案：BCD

176. 下列可作为出线间隔间接验电辅助判断依据的有（　　）。

A. 用验电器验电　　　　　　B. 负荷电流下降为0

C. 带电显示器灯熄灭　　　　D. 用绝缘棒触试无火花

答案：BC

177. 带电作业工作票签发人和工作负责人、专责监护人应由具有（　　）的人员担任。

A. 带电作业资格　　　　　　B. 高级师

C. 带电实践经验　　　　　　D. 技师

答案：AC

178. 进行直接接触20kV及以下电压等级的带电作业时，应穿合格的绝缘防护用具，包括（　　）。

A. 绝缘服　　　B. 绝缘披肩　　　C. 绝缘鞋　　　D. 绝缘手套

答案：ABCD

179. 在带电的低压配电装置上工作时，应采取防止（　　）的绝缘隔离措施。

A. 相间短路　　　　　　　　B. 单相接地

C．导线反弹　　　　　　　　D．导线断股

答案：AB

180．卡线器规格、材质应与线材的规格、材质相匹配，卡线器有（　　）等缺陷时应予报废。

A．弯曲　　　　　　　　　　B．转轴不灵活

C．裂纹　　　　　　　　　　D．钳口斜纹磨平

答案：ABCD

181．工器具应经过国家规定的（　　）和使用中的周期性试验，并做好记录。

A．出厂试验　　　　　　　　B．型式试验

C．外观检验　　　　　　　　D．耐压试验

答案：AB

182．不得在带电导线、带电设备、变压器、油开关附近以及在（　　）内对火炉或喷灯加油及点火。

A．蓄电池室　　　　　　　　B．沟洞

C．电缆夹层　　　　　　　　D．隧道

答案：BCD

183．试验前，加压端应做好安全措施，防止人员误入试验场所。另一端应（　　）。如另一端是上杆的或是锯断电缆处，应派人看守。

A．挂警告标示牌　　　　　　B．派人看守

C．设置围栏　　　　　　　　D．挂接地线

答案：AC

184．工器具如有（　　）或有损于安全的机械损伤等故障时，应立即进行修理，在未修复前，不准继续使用。

A．保护线脱落　　　　　　　B．插头插座裂开

C．绝缘损坏　　　　　　　　D．电源线护套破裂

答案：ABCD

185．以下说法错误的有（　　）。

A．使用砂轮研磨时，应戴防护眼镜和装设防护玻璃

B．禁止使用没有防护罩的砂轮（特殊工作需要的手提式小型砂轮除外）

C．不准用砂轮的正面研磨

D．用砂轮磨工具时应使火星向上

答案：ACD

186．送电均应按照（　　）的指令执行。

A．值班调度员　　　　　　　B．变电运行值班负责人

C. 线路工作负责人   D. 线路工作许可人

答案：AD

187. 在转动着的电机上调正，清扫电刷及滑环时，不得（   ）工作。

     A. 同时接触两极   B. 同时接触一极与接地部分

     C. 两人同时进行   D. 两人分别进行

答案：ABC

188. 携带型电压互感器和其他高压测量仪器的接线和拆卸无需断开高压回路者，可以带电工作。但应使用耐高压的绝缘导线，导线长度应尽可能缩短，不准有接头，并应连接牢固，以防（   ）。必要时用绝缘物加以固定。

     A. 短路   B. 接地

     C. 触电   D. 脱落

答案：AB

189. （生产厂房）内外电缆，在进入（   ）等处的电缆孔洞，应用防火材料严密封闭。

     A. 电缆夹层   B. 控制柜

     C. 开关柜   D. 控制室

答案：ABCD

190. 使用电气工具时，不准提着电气工具的（   ）部分。

     A. 把手（手柄）   B. 转动

     C. 绝缘外壳   D. 导线

答案：BD

191. 在户外变电站和高压室内搬动梯子、管子等长物，应（   ）。

     A. 与带电部位保持一定距离

     B. 两人放倒搬运

     C. 与带电部分保持足够的安全距离

     D. 两人倾斜搬运

答案：BC

192. 国家电网公司的公司使命是（   ）。

     A. 奉献清洁能源   B. 建设智能电网

     C. 建设和谐社会   D. 服务经济发展

答案：AC

193. 国家电网公司的企业宗旨是（   ）。

     A. 服务党和国家工作大局   B. 服务电力客户

     C. 服务发电企业   D. 服务经济社会发展

答案：ABCD

四、判断题

1.《中华人民共和国电力法》从 1994 年 4 月 1 日起开始施行。 （　　）

答案：×

2. 破坏电力、煤气或者其他易燃易爆设备，危害公共安全，尚未造成严重后果的，处三年以上十年以下有期徒刑。 （　　）

答案：√

3. 电网运行应当连续、稳定，保证供电可靠性。 （　　）

答案：√

4. 电力供应与使用双方应根据平等自愿、协商一致的原则签订供用电合同，确定双方权利、义务。 （　　）

答案：×

5.《中华人民共和国电力法》第二十四条规定：国家对电力供应和使用，实行安全用电、节约用电、科学用电的管理原则。 （　　）

答案：×

6.《中华人民共和国电力法》第二十二条规定：国家提倡电力生产企业与电网、电网与电网并网运行。 （　　）

答案：√

7. 对危害供电、用电安全和扰乱供电、用电秩序的，供电企业有权制止，停止供电或罚款。 （　　）

答案：×

8.《中华人民共和国电力法》第十八条规定：电力生产与电网运行应当遵循安全、经济、合理的原则。 （　　）

答案：×

9.《中华人民共和国电力法》第二十五条规定：跨省、自治区、直辖市的供电营业区的设立、变更，由国务院电力管理部门审查批准并发给《供电营业许可证》。 （　　）

答案：√

10.《中华人民共和国电力法》第二十五条规定：一个供电营业区内只设立一个供电营业机构。 （　　）

答案：√

11.《中华人民共和国电力法》第四十四条规定：禁止供电企业在收取电费时，代收其他费用。 （　　）

答案：√

12.《中华人民共和国电力法》第六十五条规定：危害供电、用电安全或者扰乱供电、用电秩序，情节严重或者拒绝改正的，可以中止供电，可以并处一万元以上五万元以下的罚款。 （ ）

答案：×

13.临时用电到期必须办理延期手续或永久性正式用电手续，否则应终止供电。

（ ）

答案：√

14.用户办理暂拆手续后，供电企业应按用户要求，即时给予恢复供电。 （ ）

答案：×

15.破产用户的电费债务，依法由清理该破产户债务组安排偿还，破产用户分离出的新用户，在偿清原破产用户电费和其他债务前可以办理变更用电手续。 （ ）

答案：×

16.用户拖欠电费经通知催交仍不交者，可不经批准终止供电。 （ ）

答案：×

17.《供电营业规则》规定：供电企业应在媒体公告办理各项用电业务的程序、制度和收费标准。 （ ）

答案：×

18.电能表误差超出允许范围时，以"0"误差为基准，按验证后的误差值退补电量。

（ ）

答案：√

19.计算电量的倍率或铭牌倍率与实际不符的，以铭牌倍率为基准，退补电量。

（ ）

答案：×

20.伪造或开启供电企业加封的用电计量装置封印用电，属于违约用电。 （ ）

答案：×

21.受电装置经检验不合格，在指定期间未改善者，经批准可中止供电。 （ ）

答案：√

22.供电企业需采用趸售方式供电的，应由省级电网经营企业报国务院电力管理部门批准。 （ ）

答案：√

23.产权属于用户且由用户运行维护的线路，以公用线路分支杆或专用线路接引的公用变电站外第一基电杆为分界点，专用线路第一基电杆属供电企业。 （ ）

答案：×

24.私自超过合同约定的容量的，除应拆除私增容设备外，属于两部制电价的用户，

应承担私增容量每 kW（kVA）50 元的违约使用电费。 （ ）

答案：×

25.《供电营业规则》规定：供电方案的有效期，是指从客户申请之日起至交纳供电贴费并受电工程开工日为止。高压供电方案的有效期为一年，低压供电方案的有效期为三个月，逾期注销。 （ ）

答案：×

26. 我国电力系统非正常运行时，供电频率允许偏差的最大值为 55Hz，最小值为 49Hz。 （ ）

答案：×

27. 35kV 及以上公用高压线路供电的，以用户厂界外或用户变电站外第一基电杆为分界点。第一基电杆属供电企业。 （ ）

答案：√

28. 用户累计六个月不用电，也不申请办理暂停用电手续者，供电企业须以销户终止其用电。用户需再用电时，按新装用电办理。 （ ）

答案：×

29. 35kV 及以上电压供电的，用户受电端的电压最大允许偏差绝对值之和不应超额定值的 ±10%。 （ ）

答案：×

30. 35kV 及以下的供电客户暂换变压器时间不得超过二个月。 （ ）

答案：×

31.《供电营业规则》规定：10kV 及以下公用高压线路供电的，以用户厂界外或用户变电站外第一基电杆为分界点，第一基电杆属供电企业。 （ ）

答案：×

32.《供电营业规则》规定：公用低压线路供电的，以供电接户线用户端最后支持物为分界点，支持物属用户。 （ ）

答案：×

33.《供电营业规则》规定：用户暂换（因受电变压器故障而无相同容量变压器替代，需要临时更换大容量变压器），须在五天前向供电企业提出申请。 （ ）

答案：×

34.《供电营业规则》规定：在减容期限内要求恢复用电时，应在五天前向供电企业办理恢复用电手续，基本电费从受理之日起计收。 （ ）

答案：×

35.《供电营业规则》规定：用户遇有特殊情况，需延长供电方案有效期的，应在有效期到期前十天向供电企业提出申请，供电企业应视情况予以办理延长手续。 （ ）

答案：√

36.《供电营业规则》规定：用户需要的电压等级在 110kV 及以上时，其受电装置可作为终端变电站设计，方案需经省电网经营企业审批。　　　　　　　　（　　）

答案：×

37.《供电营业规则》规定：用户用电的功率因数未达到规定标准或其他用户原因引起的电压质量不合格的，供电企业不负赔偿责任。　　　　　　　　　　　　（　　）

答案：√

38. 用户申明为永久性减容的或从加封之日起期满二年又不办理恢复用电手续的，其减容后的容量已达不到实施两部制电价规定容量标准时，应改为单一制电价计费。

（　　）

答案：√

39.《供电营业规则》对用户独资、合资或集资建设的输电、变电、配电等供电设施建成后，属于公用性质或占用公用线路规划走廊的，由用电单位运维管理。　（　　）

答案：×

40. 因电能质量某项指标不合格而引起责任纠纷时，不合格的质量责任由省级电网经营企业认定的电能质量技术检测机构负责仲裁。　　　　　　　　　　（　　）

答案：×

41. 未经供电企业同意，擅自引入（供出）电源或将备用电源和其他电源私自并网的，除当即拆除接线外，应承担其引入（供出）或并网电源容量每 kW（kVA）500 元的违约使用电费。　　　　　　　　　　　　　　　　　　　　　　　　　　（　　）

答案：√

42. 因用户原因累计六个月不能如期抄到计费电能表读数时，供电企业应通知该用户得终止供电。　　　　　　　　　　　　　　　　　　　　　　　　　（　　）

答案：×

43. 自备电厂如需伸入或跨越供电企业所属的供电营业区供电的，应经省级电力管理部门审批同意。　　　　　　　　　　　　　　　　　　　　　　　　（　　）

答案：×

44. 暂换变压器的使用时间，10kV 及以下的不得超过三个月。　　　　（　　）

答案：×

45. 在电力系统非正常状况下，用户受电端的电压最大允许偏差应在额定值的+5%、−10%范围内。　　　　　　　　　　　　　　　　　　　　　　　　（　　）

答案：×

46.《供电营业规则》规定，客户申请办理暂停，供电企业应从客户申请暂停之日起，按原计费方式减收其相应容量的基本电费。　　　　　　　　　　　（　　）

答案：×

47.《供电营业规则》规定，用户到供电企业维护的设备区作业时，应征得供电企业同意，并在供电企业人员指导下进行工作。（　　）

答案：×

48.《供电营业规则》规定，供用电双方在合同中订有电压质量责任条款的，用户用电功率因数达到规定标准，而供电电压超出规定的变动幅度，给用户造成损失的，供电企业给予赔偿。（　　）

答案：√

49.《供电营业规则》规定，供电企业可以对距离发电厂较近的用户，采用发电厂直配供电方式。（　　）

答案：√

50.《供电营业规则》规定，使用临时电源的用户不得向外转供电，也不得转让给其他用户，供电企业也不受理其变更用电事宜。（　　）

答案：√

51.《供电营业规则》中规定，供电企业的原因引起用户供电电压等级变化的，改压引起的用户外部工程费用由客户负担。（　　）

答案：×

52.《供电营业规则》规定，供电企业供电的额定功率为50Hz。（　　）

答案：×

53.《供电营业规则》规定，用户重要负荷的保安电源，应由供电企业提供。（　　）

答案：×

54.《供电营业规则》规定，供电企业向有重要负荷的用户提供保安电源，宜符合独立电源的条件。（　　）

答案：×

55.《供电营业规则》规定，有重要负荷的用户在取得供电企业供给的保安电源的同时，宜有非电性质的应急措施，以满足安全需要。（　　）

答案：×

56.《供电营业规则》规定，供电企业可以对距离发电厂较近的用户，采用发电厂直配供电方式，可以发电厂的厂用电源或变电站（所）的站用电源对用户供电。（　　）

答案：×

57.《供电营业规则》规定，抢险救灾架设临时电源所需的工程费用和应付的电费由地方人民政府负责从有关部门经费中拨付。（　　）

答案：×

58.《供电营业规则》规定，电网经营企业与趸购转售电单位宜就趸购转售事宜签订供用电合同，明确双方的权利和义务。   （　　　）

答案：×

59.《供电营业规则》规定，用户不得自行转供电。在公用供电设施尚未到达的地区，供电企业可通过直供户，采用委托方式向其附近的用户转供电力，但不得委托重要的国防军工用户转供电。   （　　　）

答案：×

60.《供电营业规则》规定，转供户最大需量折算，对照明及一班制：每月用电量180kWh，折合为1 kW。   （　　　）

答案：√

61.《供电营业规则》规定，为保障用电安全，便于管理，用户应将重要负荷与非重要负荷分开配电。   （　　　）

答案：×

62.《供电营业规则》规定，对新建受电工程，如因供电企业供电能力不足或政府规定限制的用电项目，供电企业可通知用户暂缓办理。   （　　　）

答案：√

63.《供电营业规则》规定，用户申明为永久性减容的，其减容后的容量已达不到实施两部制电价规定容量标准时，应改为单一制电价计费。   （　　　）

答案：√

64.《供电营业规则》规定，超过减容期限要求恢复用电时，应按减容恢复手续办理。   （　　　）

答案：×

65.《供电营业规则》规定，在减容期限内要求恢复用电时，应在五个工作日前向供电企业办理恢复用电手续，基本电费从启封之日起计收。   （　　　）

答案：×

66.《供电营业规则》规定，减容期限内要求恢复用电时，基本电费从到期之日起计收。
                                                （　　　）

答案：×

67.《供电营业规则》规定，暂停期满或每一日历年内累计暂停用电时间超过六个月者，不论用户是否申请恢复用电，供电企业须从期满之日起，按合同约定的容量计收其基本电费。   （　　　）

答案：√

68.《供电营业规则》规定，对两部制电价用户暂换变压器，须在暂换之日起，按变压器容量计收基本电费。   （　　　）

388

答案：×

69.《供电营业规则》规定，用户私自迁移用电地址用电者，按违约用电处理。自迁新址不论是否引起供电点变动，一律按新装用电办理。　　　　　　（　　）

答案：√

70.《供电营业规则》规定，用户移表，须在五天前向供电企业提出申请。　（　　）

答案：×

71.《供电营业规则》规定，用户办理暂拆手续后，供电企业应在五个工作日内执行暂拆。　　　　　　　　　　　　　　　　　　　　　　　　（　　）

答案：×

72.《供电营业规则》规定，用户更名或过户，应持有关证明在五天前向供电企业提出申请。　　　　　　　　　　　　　　　　　　　　　　　　　　　（　　）

答案：×

73.《供电营业规则》规定，不申请办理过户手续而私自过户者，新用户不应承担原用户所负债务。　　　　　　　　　　　　　　　　　　　　　　　（　　）

答案：×

74.《供电营业规则》规定，在同一供电点，同一用电地址的相邻两个以上用户允许办理并户。　　　　　　　　　　　　　　　　　　　　　　　　　（　　）

答案：×

75.《供电营业规则》规定，办理并户后的新用户用电容量可超过并户前各户容量之总和。　　　　　　　　　　　　　　　　　　　　　　　　　　　（　　）

答案：×

76.《供电营业规则》规定，用户改压（因用户原因需要在原址改变供电电压等级），应提前五天向供电企业提出申请。　　　　　　　　　　　　　　　（　　）

答案：×

77.《供电营业规则》规定，用户改压超过原容量的，按新装手续办理。　（　　）

答案：×

78.《供电营业规则》规定，改压引起的工程费用由用户负担，由于供电企业的原因引起用户供电电压等级变化的，改压引起的用户工程费用由供电企业负担。　（　　）

答案：×

79.《供电营业规则》规定，凡功率因数不能达到《供电营业规则》规定的用户，供电企业可拒绝接电。　　　　　　　　　　　　　　　　　　　　　（　　）

答案：×

80.《供电营业规则》规定，用户的受电装置竣工检验不合格的，供电企业应以书面形式通知用户改正，改正后方予以再次检验，直至合格。　　　　　　（　　）

答案：×

81.《供电营业规则》规定，重复检验收费标准，由省电网经营企业提出，报经省有关部门批准后执行。（　　）

答案：√

82.《供电营业规则》规定，用户建设临时性受电设施，需要供电企业施工的，其施工费用应由供用双方协商负担。（　　）

答案：×

83.《供电营业规则》规定，对由供电企业统一管理的用户独资、合资或集资建设的输电、变电、配电等公用供电设施，供电企业宜保留原所有者在协议中确认的容量。

（　　）

答案：×

84.《供电营业规则》规定，35kV 及以下公用高压线路供电的，以用户厂界外或配电室前的第一断路器或第一支持物为分界点，第一断路器或第一支持物属供电企业。

（　　）

答案：×

85.《供电营业规则》规定，供电企业和用户分工维护管理的供电和受电设备，未经管辖单位同意，对方不得操作或更动。（　　）

答案：×

86.《供电营业规则》规定，用户为满足内部核算的需要，可自行在其内部装设考核能耗用的电能表，但该表所示读数，经供电企业审核，可作为计费依据。（　　）

答案：×

87.《供电营业规则》规定，供电企业应当在其营业场所公告用电的程序、制度和收费标准，并提供用户须知的资料。（　　）

答案：√

88.《供电营业规则》规定，三相四线制有功电能表第三相断压或断流时，少计 1/2 的总电量。（　　）

答案：×

89.《供电营业规则》规定，减少用户的用电设备容量称为减容。（　　）

答案：×

90.《供电营业规则》规定，临时变换所需容量的变压器称为暂换。（　　）

答案：×

91.《供电营业规则》规定，100kVA 及以上高压供电的用户功率因数为 0.90 以上。

（　　）

答案：√

92.《供电营业规则》规定，暂时停止全部或部分受电设备的用电简称暂停。

（ ）

答案：√

93.《供电营业规则》规定，用户改变自己的名称简称更名。　　　（ ）

答案：×

94.《供电营业规则》规定，用户申明为永久性减容的，供电企业在受理之日后，根据用户申请减容的日期对设备进行加封。从加封之日起，按原计费方式减收其相应容量的基本电费。

（ ）

答案：×

95.《供电营业规则》规定：二年内不得申办减容或暂停的用户有：减容或暂停期刚满以及新装、增容、暂换的用户。

（ ）

答案：×

96.《供电营业规则》规定：在暂停期限内，用户申请恢复暂停用电容量用电时，须在预定恢复日前五天向供电企业提出申请。暂停时间少于十五天者，暂停期间基本电费照收。

（ ）

答案：√

97.《供电营业规则》规定：迁移后的新址在原供电点供电的，且新址用电容量不超过原址容量，新址用电不再收取供电贴费。新址用电引起的工程费用由供电公司负担。

（ ）

答案：×

98.《供电营业规则》规定：某居民用电户本月电费为 100 元，交费时逾期 5 日，该用户应交纳的电费违约金为 100×（1/1000）×5=0.5 元。　　（ ）

答案：×

99.《供电营业规则》规定，某非工业用户装 10kV100kV·A 专用变压器用电，其计量装置在二次侧的，应免收变损电量电费。　　　（ ）

答案：×

100.《供电营业规则》规定，未经供电企业同意，某户将自备发电机 800kW 私自并网，除当即拆除接线外，还应承担违约使用电费 40 万元。　　（ ）

答案：×

101.《供电营业规则》规定，某学校校办工厂变压器容量 200kVA，应执行非工业电价。

（ ）

答案：×

102.《供电营业规则》规定，供电企业可以委托重要的国防军工用户转供电。

（ ）

答案：×

103.《供电营业规则》规定：被转供户，视同供电企业的直供户，与直供户享有同样的用电权利，但其一切用电事宜按非直供户的规定办理。　　　　　　　（　　）

答案：×

104.《供电营业规则》规定：大工业用户暂换变压器增加的容量应从暂换变压器之日起按替换后的变压器容量计收基本电费。　　　　　　　　　　　　（　　）

答案：√

105.《供电营业规则》规定：用户申请新装用电时，即使因供电企业供电能力不足或政府规定限制的用电项目，供电企业也应为用户立即办理。　　　　　（　　）

答案：×

106.《供电营业规则》规定：对执行两部制电价用户在暂换之日起，仍按暂换前的变压器容量计收基本电费。　　　　　　　　　　　　　　　　　（　　）

答案：×

107.《供电营业规则》规定，非人为原因致使表计计量不准时，以用户正常月份的用电量为基准，退补时间按 6 个月计算。　　　　　　　　　　　（　　）

答案：×

108.《供电营业规则》规定，供电方案确定后在一般情况下，不得随意更改。如需变更，应提出书面理由，经原审批单位同意后再行改动。　　　　　　　（　　）

答案：√

109.《供电营业规则》规定，普通工业按容量计收基本电费，大工业按需量计收基本电费。　　　　　　　　　　　　　　　　　　　　　　　　（　　）

答案：×

110.《供电营业规则》规定：在公用供电设施未到达的地区，有供电能力的单位可向外就近供电。　　　　　　　　　　　　　　　　　　　　　　（　　）

答案：×

111.《供电营业规则》规定：由于供电企业电力运行事故造成用户停电时，供电企业应按用户在停电时间内可能用电量的电度电费的五倍（单一制电价为四倍）给予赔偿。用户在停电时间内可能用电量，按照停电前用户正常用电月份或正常用电一定天数内的每小时平均用电量乘以停电小时求得。　　　　　　　　　　　　　　　（　　）

答案：√

112.《供电营业规则》规定，对用电量大的用户，在签订供用电合同时，可单独签订电费结算协议。　　　　　　　　　　　　　　　　　　　　　（　　）

答案：√

113.《供电营业规则》规定，高压用户的成套设备中装有自备电能表及附件时，经供

电企业检验合格、加封并移交供电企业维护管理的，可作为计费电能表。 （ ）

答案：√

114. 《供电营业规则》规定，客户的业扩、变更用电均应提前五天申请。 （ ）

答案：×

115. 《供电营业规则》规定，用户到供电企业维护的设备区作业时，应征得供电企业同意，并在供电企业人员指导下进行工作。 （ ）

答案：×

116. 《供电营业规则》规定，用户遇有紧急情况，可自行移动表位，但事后应立即向供电企业报告。 （ ）

答案：×

117. 《供电营业规则》规定，由于用户责任造成供电企业对外停电，用户应按供电企业停电时间少供电量，乘以上月份供电企业平均售电单价的 20% 给予赔偿。 （ ）

答案：×

118. 《供电营业规则》规定，有保留期的减容最短期限不得少于 6 个月，最长期限不得超过 24 个月。 （ ）

答案：√

119. 《供电营业规则》规定：用户申请改压，由改压引起的工程费用由供电企业和用户各负担 50%。 （ ）

答案：×

120. 《供电营业规则》中，在同一供电点、同一用电类别的两个及以上用户允许办理并户。 （ ）

答案：×

121. 《供电营业规则》中规定，当用电计量装置不安装在产权分界处时，线路与变压器损耗的有功与无功电量由供电企业负担。 （ ）

答案：×

122. 《供电营业规则》中规定，用户应在提高用电自然功率因数的基础上，按有关标准设计和安装无功补偿设备，并做到随其负荷和电压变动及时投入或切除，防止无功电力倒送。 （ ）

答案：√

123. 《供电营业规则》中规定，电压互感器专用回路的电压降应小于或等于允许值。超过允许值时，应予以改造或采取必要的技术措施予以更正。 （ ）

答案：×

124. 《供电营业规则》中规定，在计算用户基本电费（按最大需量计收时）、电度电费及功率因数调整电费时，不应将上述损耗电量计算在内。 （ ）

答案：×

125.《供电营业规则》中规定，计费电能表装设后，用户应妥为保护，未经供电企业许可，不应在表前堆放影响抄表或计量准确及安全的物品。 （ ）

答案：×

126.《供电营业规则》中规定，供电企业必须按规定的周期校验、轮换计费电能表，并对计费电能表进行不定期检查。发现计量失常时，应立即更换。 （ ）

答案：×

127.《供电营业规则》中规定，如计费电能表的误差在允许范围内，验表费不退；如计费电能表的误差超出允许范围时，应退还验表费。 （ ）

答案：×

128.《供电营业规则》中规定，用户在申请验表期间，电费可暂缓交纳，验表结果确认后，再行补交电费。 （ ）

答案：×

129.《供电营业规则》中规定，计量装置误差超差，退补期间，用户先按抄见电量如期交纳电费，误差确定后，再行退补。 （ ）

答案：√

130.《供电营业规则》中规定，对月用电量较大的用户，供电企业可按用户电费确定分若干次收费，并于抄表后结清当月电费。 （ ）

答案：×

131.《供电营业规则》中规定，供用双方改变开户银行或帐号时，应及时通知对方。 （ ）

答案：√

132.《供电营业规则》中规定，在供电营业区内建设的各类发电厂，可从事电力供应与电能经销业务。 （ ）

答案：×

133.《供电营业规则》中规定，用户自备电厂应自发自供厂区内的用电，不得将自备电厂的电力向厂区外供电。 （ ）

答案：√

134.《供电营业规则》中规定，自发自用有余的电量可与供电企业签订电量购销合同。 （ ）

答案：√

135.《供电营业规则》中规定，计量装置误差超差的，退补电量未正式确定前，用户应先按正常月用电量交付电费。 （ ）

答案：×

136.《供电营业规则》中规定，非标准格式合同适用于供用电方式特殊的用户。

（　）

答案：×

137.《供电营业规则》中规定，由于供电企业电力运行事故导致停电的，用户在停电时间内可能用电量，按照停电前用户正常用电月份或正常用电一定天数内的每小时平均用电量乘以停电小时求得。

（　）

答案：√

138.《供电营业规则》中规定，对停电责任的分析和停电时间不足 1 小时按 1 小时计算，超过 1 小时按实际时间计算。

（　）

答案：√

139.《供电营业规则》中规定，电费违约金收取总额按日累加计收，总额不足 1 元者按 1 元收取。

（　）

答案：√

140.《供电营业规则》中规定，拒绝承担窃电责任的，供电企业应报请电力管理部门依法处理。

（　）

答案：√

141.《供电营业规则》规定，供电企业对低压供电的用户受电工程进行设计审核时，用户应提供负荷组成和用电设备清单。

（　）

答案：√

142.《供电营业规则》规定，电力客户申请分户时，原客户的用电容量由分户者自行协商分割，分户引起的工程费由分户者承担。

（　）

答案：√

143.《供电营业规则》规定，在同一供电点、同一用电类别的两个及以上用户允许办理并户。

（　）

答案：×

144.《供电营业规则》规定，供电企业对检举、查获窃电或违约用电的有关人员应给予奖励。奖励办法由市级以上供电企业制定。

（　）

答案：×

145.《供电营业规则》规定，采用电缆供电的，按照产权所属的原则，分界点由供电企业与用户协商确定。

（　）

答案：×

146.《供电营业规则》规定，电能表误差超出允许范围时，以"0"误差为基准，按验证后的误差值退补电量。退补时间从上次校验或换装后投入之日起至误差更正之日止计算。

（　）

答案：×

147.《供电营业规则》规定，供用电双方在合同中订有电力运行事故责任条款的，由于用户的责任造成供电企业对外停电，用户应按供电企业对外停电时间少供电量，乘以当月供电企业平均售电单价给予赔偿。（　　）

答案：×

148.《供电营业规则》规定，供用电双方在合同中订有电压质量责任条款的，当供电电压超出规定的变动幅度，给用户造成损失的，供电企业必须给予赔偿。（　　）

答案：×

149.《供电营业规则》规定，受害者因违反安全或其他规章制度，擅自进入供电设施非安全区域内而发生事故引起的法律责任，由产权所有者和受害者共同承担。（　　）

答案：×

150.《供电营业规则》规定，因建设引起建筑物、构筑物与供电设施相互妨碍，需要迁移供电设施或采取防护措施时，应按建设先后的原则，确定其担负的责任。（　　）

答案：√

151.《供电营业规则》规定，因违约用电造成供电企业的供电设施损坏的，责任者必须承担供电设施的购置费用或进行赔偿。（　　）

答案：×

152.《供电营业规则》规定，用户在申请验表期间，其电费可暂缓交纳，验表结果确认后，再行据实交纳电费。（　　）

答案：×

153.《供电营业规则》规定，暂停时间少于三十天者，暂停期间基本电费照收。
（　　）

答案：×

154.《供电营业规则》规定，用户为满足内部核算的需要，可自行在其内部装设考核电能表，供电企业根据工作需要，该表所记录电量可作为供电企业计费依据。（　　）

答案：×

155.《供电营业规则》规定：互感器或电能表误差超过允许范围时，以"0"误差为基准，按检定后的误差值计算退补电量。退补时间从上次检定或换装后投入运行之日起至误差更正之日止。（　　）

答案：×

156.《供电营业规则》规定，在电力系统正常状况下，电网装机容量在 300 万 kW 及以下的，供电频率的允许偏差为±0.5Hz。（　　）

答案：×

157.《供电营业规则》规定，供用电设备计划检修时，对 35kV 以上电压供电的用户

的停电次数，每年不应超过一次。 （　　）

答案：×

158.《供电营业规则》中规定，供电企业应根据电力系统情况和电力负荷的重要性，编制事故限电序位方案，并报电力管理部门审批或备案后执行。 （　　）

答案：√

159.《供电营业规则》规定，因用户或者第三人的过错给电力企业或者其他用户造成损害的，该用户或者第三人应当依法承担赔偿责任。 （　　）

答案：√

160.《供电营业规则》中规定，窃电数额较大或情节严重的，供电企业应提请司法机关依法追究刑事责任。 （　　）

答案：√

161.《供电营业规则》中对用户办理迁址业务规定，新址用电引起的工程费用不由用户负担。 （　　）

答案：×

162.《供电营业规则》规定：用户受电工程设计文件和有关资料应一式两份送交供电企业审核。高压供电的用户应提供隐蔽工程设计资料。 （　　）

答案：√

163．农业用电，功率因数为 0.80。 （　　）

答案：√

164．属于用户共用性质的供电设施，不能由拥有产权的用户共同运行维护管理。如用户共同运行维护管理确有困难，可与供电企业协商，就委托供电企业代为运行维护管理有关事项签订协议。 （　　）

答案：×

165.《供电营业规则》规定：因电能质量某项指标不合格而引起责任纠纷时，不合格的质量责任由电力管理部门认定的电能质量技术检测机构负责技术仲裁。 （　　）

答案：√

166.《供电营业规则》规定：用户有多个受电点时，供电企业不用分别安装用电计量装置。 （　　）

答案：×

167．本着方便用户用电的原则，可将电力进行层层趸售。 （　　）

答案：×

168．临时用电期限除经供电企业准许外，一般不得超过一年，逾期不办理延期或永久性正式用电手续的，供电企业应终止供电。 （　　）

答案：×

169. 使用临时电源的用户不得向外转供电，但可以转让给其他用户。   （　　）

答案：×

170. 《供电营业规则》规定：供电企业供电的额定频率为交流 60Hz。   （　　）

答案：×

171. 《供电营业规则》规定：供电企业供电的额定电压，高压供电：为 10（20）、35（63）、110、220kV。   （　　）

答案：×

172. 《供电营业规则》规定：用户需要的电压等级在 110kV 及以上时，其受电装置应作为终端变电站设计，方案需经市电网经营企业审批。   （　　）

答案：×

173. 《供电营业规则》规定：供电企业对申请用电的用户提供的供电方式，应从电网运行和便于管理出发，依据国家的有关政策和规定、电网的规划、用电需求以及当地供电条件等因素，进行技术经济比较后确定。   （　　）

答案：×

174. 《供电营业规则》规定：用户单相用电设备总容量不足 20kW 的可采用低压 220V 供电。   （　　）

答案：×

175. 《供电营业规则》规定：用户用电设备容量在 50kW 及以下或需用变压器容量在 100kVA 及以下者，可采用低压三相四线制供电，特殊情况也可采用高压供电。 （　　）

答案：×

176. 《供电营业规则》规定：用电负荷密度较高的地区。经过技术经济比较，采用低压供电的技术经济性等于高压供电时，低压供电的容量界限可适当提高。具体容量界限由省电网经营企业作出规定。   （　　）

答案：×

177. 《供电营业规则》规定：用户重要负荷的保安电源，必须由用户自备。 （　　）

答案：×

178. 《供电营业规则》规定：用户重要负荷的保安电源，遇有下列情况者，保安电源应由用户自备：在电力系统瓦解或不可抗力造成供电中断时，仍需保证供电的。 （　　）

答案：√

179. 《供电营业规则》规定：用户重要负荷的保安电源，遇有下列情况者，保安电源应由用户自备：用户自备电源比从电力系统供给更为经济合理的。   （　　）

答案：√

180. 《供电营业规则》规定：供电企业向有重要负荷的用户提供的保安电源，应符合独立电源的条件。有重要负荷的用户在取得供电企业供给的保安电源的同时，不再配置非

电性质的应急措施。 （ ）

答案：×

181.《供电营业规则》规定：对基建工地、农田水利、市政建设等非永久性用电，可供给临时电源。 （ ）

答案：√

182.《供电营业规则》规定：电网经营企业与趸购转售电单位应就趸购转售事宜签订供用电合同，明确双方的权利和义务。趸购转售电单位需新装或增加趸购容量时，不用办理新装增容手续。 （ ）

答案：×

183.因电力运行事故给用户或者第三人造成损害的,电力企业应当依法承担赔偿责任。
（ ）

答案：√

184.根据《电力供应与使用条例》，未按照规定取得《供电营业许可证》，从事电力供应业务的，由电力管理部门责令改正，没收违法所得，可以并处违法所得 3 倍以下的罚款。
（ ）

答案：×

185.县级以上地方人民政府电力管理部门负责本行政区域内电力供应与使用的监督管理工作。 （ ）

答案：√

186.用户用电容量超过其所在的供电营业区内供电企业供电能力的，由省级电网经营企业指定的其他供电企业供电。

（ ）

答案：×

187.违反《电力供应与使用条例》第三十一条规定，盗窃电能的，由电力管理部门责令停止违法行为，追缴电费并处应交电费 3 倍以下的罚款；构成犯罪的，依法追究刑事责任。

（ ）

答案：×

188.根据《居民用户家用电器损坏处理办法》，洗衣机使用寿命为 10 年。 （ ）

答案：×

189.根据《居民用户家用电器损坏处理办法》，空调的平均使用寿命按 10 年计算。

（ ）

答案：×

190.在理赔处理中，供电企业与受害居民用户因赔偿问题达不成协议的，由县级以上电力管理部门调解，调解不成的，可向司法机关申请裁定。 （ ）

答案：√

191．对不可修复的家用电器，使用年限已超过《居民用户家用电器损坏处理办法》第十二条规定仍在使用的，或者折旧后的差额低于原价 10%的，按原价的 10%予以赔偿。使用时间以发货票开具的日期为准开始计算。 （　　）

答案：√

192．从家用电器损坏之日起 7 个工作日内，受害居民用户未向供电企业投诉并提出索赔要求的，即视为受害者已自动放弃索赔权。 （　　）

答案：×

193．供电企业在接到居民用户家用电器损坏投诉后，应在 12 小时内派员赴现场进行调查、核实。 （　　）

答案：×

194．《居民用户家用电器损坏处理办法》仅适用于由供电企业以 220V 电压供电的居民用户，因发生电力运行事故导致电能质量劣化，引起居民用户家用电器损坏时的索赔处理。 （　　）

答案：×

195．供电企业应当对用户受电工程建设提供必要的业务咨询和技术标准咨询；对用户受电进行中间检查和竣工检验，应当执行国家有关标准。 （　　）

答案：√

196．供电企业应当建立用电投诉处理制度，公开投诉电话。对用户的投诉，供电企业应当自接到投诉之日起 20 个工作日内提出处理意见并答复用户。 （　　）

答案：×

197．电力监管机构的主要职责是监督，不可以进入供电企业进行现场检查。

（　　）

答案：×

198．对违反《供电监管办法》并造成严重后果的供电企业主管人员或直接责任人员，电力监管机构可以建议将其调离现任岗位，3 年内不得担任供电企业同类职务。 （　　）

答案：√

199．供电企业提供虚假或者隐瞒重要事实的文件、资料的，由电力监管机构责令改正；拒不改正的，处 5 万元以上 50 万元以下的罚款，对直接负责的主管人员和直接责任人员，依法给予处分；构成犯罪的，依法追究刑事责任。 （　　）

答案：√

200．电力监管机构对供电企业违反国家有关供电监管规定，损害用户合法权益和社会公共利益的行为及其处理情况，不可以向社会公布。 （　　）

答案：×

201．供电企业可以在电费中加收国家政策规定以外的其他费用。　　　　　　（　　）

答案：×

202．对用户受电工程启动中间检查的期限应当符合：自接到用户申请之日起，低压供电用户不超过 3 个工作日。高压供电用户不超过 5 个工作日。　　　　　　（　　）

答案：√

203．《供电监管办法》规定：供电监管应当依法进行，并遵循公开、公正和效率的原则。　　　　　　（　　）

答案：√

204．《供电监管办法》规定：供电企业应当加强供电设施建设，具有能够满足其供电区域内用电需求的供电能力，保障供电设施的正常运行。　　　　　　（　　）

答案：√

205．《供电监管办法》规定：在电力系统正常的情况下，供电企业的供电质量应当符合下列规定：向用户提供的电能质量符合国家标准或者电力行业标准。　　　　　　（　　）

答案：√

206．《供电监管办法》规定：在电力系统正常的情况下，供电企业的供电质量应当符合下列规定：城市地区年供电可靠率不低于 99%，城市居民用户受电端电压合格率不低于 95%，10kV 以上供电用户受电端电压合格率不低于 98%。　　　　　　（　　）

答案：√

207．《供电监管办法》规定：农村地区年供电可靠率和农村居民用户受电端电压合格率符合派出机构的规定。派出机构有关农村地区年供电可靠率和农村居民用户受电端电压合格率的规定，应当报电监会备案。　　　　　　（　　）

答案：√

208．《供电监管办法》规定：供电企业应当审核用电设施产生谐波、冲击负荷的情况，按照国家有关规定协助不符合规定的用电设施接入电网。　　　　　　（　　）

答案：×

209．《供电监管办法》规定：用电设施产生谐波、冲击负荷影响供电质量或者干扰电力系统安全运行的，供电企业应当及时告知用户采取有效措施予以消除；用户不采取措施或者采取措施不力，产生的谐波、冲击负荷仍超过行业标准的，供电企业可以按照国家有关规定拒绝其接入电网或者中止供电。　　　　　　（　　）

答案：×

210．《供电监管办法》规定：供电企业应当按照下列规定选择电压监测点：35kV 专线供电用户和 110kV 以上供电用户不设置电压监测点。　　　　　　（　　）

答案：×

211．《供电监管办法》规定：35kV 非专线供电用户或者 66kV 供电用户、10（6、20）

kV 供电用户，每 20000kW 负荷选择具有代表性的用户设置 1 个以上电压监测点，所选用户应当包括对供电质量有较高要求的重要电力用户和变电站 10（6、20）kV 母线所带具有代表性线路的末端用户。   （ ）

答案：×

212.《供电监管办法》规定：低压供电用户，每千台配电变压器选择具有代表性的用户设置 1 个以上电压监测点，所选用户应当是重要电力用户和低压配电网的首末两端用户。
    （ ）

答案：×

213.《供电监管办法》规定：供电企业应当于每年 3 月 31 日前将上一年度电压监测情况报送所在地派出机构。   （ ）

答案：×

214.《供电监管办法》规定：供电企业应当坚持效益第一、预防为主、综合治理的方针，遵守有关供电安全的法律、法规和规章，加强供电安全管理，建立、健全供电安全责任制度，完善安全供电条件，维护电力系统安全稳定运行，依法处置供电突发事件，保障电力稳定、可靠供应。   （ ）

答案：×

215.《供电监管办法》规定：供电企业应当按照国家有关规定加强重要电力用户安全供电管理，指导重要电力用户配置和使用自备应急电源，建立自备应急电源基础档案数据库。   （ ）

答案：√

216.《供电监管办法》规定：供电企业发现用电设施存在安全隐患，应当及时告知用户采取有效措施进行治理。用户应当按照国家有关规定消除用电设施安全隐患。用电设施存在严重威胁电力系统安全运行和人身安全的隐患，用户拒不治理的，供电企业可以按照国家有关规定对该用户终止供电。   （ ）

答案：×

217.《供电监管办法》规定：电力监管机构对供电企业履行电力社会普遍服务义务的情况实施监管。供电企业应当按照国家规定履行电力社会普遍服务义务，依法保障任何人能够按照国家规定的价格获得最基本的供电服务。   （ ）

答案：√

218.《供电监管办法》规定：供电企业办理用电业务的期限应当符合下列规定：向用户提供供电方案的期限，自受理用户用电申请之日起，居民用户不超过 3 个工作日，其他低压供电用户不超过 8 个工作日，高压单电源供电用户不超过 20 个工作日，高压双电源供电用户不超过 45 个工作日。   （ ）

答案：√

219.《供电监管办法》规定：供电企业办理用电业务的期限应当符合下列规定：对用户受电工程设计文件和有关资料审核的期限，自受理之日起，低压供电用户不超过 8 个工作日，高压供电用户不超过 20 个工作日。　　　　　　　　　　（　　）

答案：√

220.《供电监管办法》规定：供电企业办理用电业务的期限应当符合下列规定：对用户受电工程启动中间检查的期限，自接到用户申请之日起，低压供电用户不超过 3 个工作日，高压供电用户不超过 5 个工作日。　　　　　　　　　　（　　）

答案：√

221.《供电监管办法》规定：供电企业办理用电业务的期限应当符合下列规定：对用户受电工程启动竣工检验的期限，自接到用户受电装置竣工报告和检验申请之日起，低压供电用户不超过 5 个工作日，高压供电用户不超过 7 个工作日。　　　　　（　　）

答案：√

222.《供电监管办法》规定：供电企业办理用电业务的期限应当符合下列规定：给用户装表接电的期限，自受电装置检验合格并办结相关手续之日起，居民用户不超过 3 个工作日，其他低压供电用户不超过 5 个工作日，高压供电用户不超过 7 个工作日。（　　）

答案：√

223.《供电监管办法》规定：供电企业办理用电业务的期限应当符合下列规定：受电工程设计，用户应当按照用电企业确定的供电方案进行。　　　　　　　（　　）

答案：×

224.《供电监管办法》规定：供电企业应当对用户受电工程建设提供必要的业务咨询和技术标准咨询；对用户受电工程进行中间检查和竣工检验，应当执行国家有关标准；发现用户受电设施存在故障隐患时，应当及时一次性书面告知用户并指导其予以消除；发现用户受电设施存在严重威胁电力系统安全运行和人身安全的隐患时，应当指导其立即消除，在隐患消除前不得送电。　　　　　　　　　　　　　　　　　　　　　　（　　）

答案：√

225.《供电监管办法》规定：在电力系统正常的情况下，供电企业应当连续向用户供电。需要停电或者限电的，应当符合下列规定：因供电设施计划检修需要停电的，供电企业应当提前 5 日公告停电区域、停电线路、停电时间。　　　　　　　　（　　）

答案：×

226.《供电监管办法》规定：在电力系统正常的情况下，供电企业应当连续向用户供电。因供电设施临时检修需要停电的，供电企业应当提前 12 小时公告停电区域、停电线路、停电时间。　　　　　　　　　　　　　　　　　　　　　　　　　　（　　）

答案：×

227.《供电监管办法》规定：在电力系统正常的情况下，供电企业应当连续向用户供电。因电网发生故障或者电力供需紧张等原因需要停电、限电的，供电企业应当按照所在地人民政府批准的有序用电方案或者事故应急处置方案执行。　　　　（　　　）

答案：√

228.《供电监管办法》规定：引起停电或者限电的原因消除后，供电企业应当尽快恢复正常供电。供电企业对用户中止供电应当按照国家有关规定执行。供电企业对重要电力用户实施停电、限电、中止供电或者恢复供电，应当按照国家有关规定执行。　　（　　　）

答案：√

229.《供电监管办法》规定：供电企业应当建立完善的报修服务制度，公开报修电话，保持电话畅通，24 小时受理供电故障报修。　　　　　　　　　　　　（　　　）

答案：√

230.《供电监管办法》规定：因抢险救灾、突发事件需要紧急供电时，供电企业应当及时提供电力供应。　　　　　　　　　　　　　　　　　　　　　　（　　　）

答案：√

231.《供电监管办法》规定：供电企业应当建立用电投诉处理制度，公开投诉电话。对用户的投诉，供电企业应当自接到投诉之日起 7 个工作日内提出处理意见并答复用户。

（　　　）

答案：×

232.《供电监管办法》规定：供电企业应当在供电营业场所设置公布电力服务热线电话和电力监管投诉举报电话的标识，该标识应当固定在供电营业场所的显著位置。

（　　　）

答案：√

233.《供电监管办法》规定：供电企业应当遵守国家有关供电营业区、供电业务许可、承装（修、试）电力设施许可和电工进网作业许可等规定。　　　　　（　　　）

答案：√

234.《供电监管办法》规定：供电企业不得从事下列行为：对用户受电工程指定设计单位、施工单位和设备材料供应单位。　　　　　　　　　　　　　（　　　）

答案：√

235.《供电监管办法》规定：供电企业应当严格执行国家电价政策，按照国家核准电价或者市场交易价，依据供电企业认可的用电计量装置的记录，向用户计收电费。

（　　　）

答案：×

236.《供电监管办法》规定：供电企业不得自定电价，不得擅自变更电价，不得擅自在电费中加收或者代收国家政策规定以外的其他费用。供电企业不得自立项目或者自定标准收费；对国家已经明令取缔的收费项目，不得向用户收取费用。

（　　）

答案：√

237.《供电监管办法》规定：供电企业应用户要求对产权属于用户的电气设备提供有偿服务时，应当执行政府定价或者政府指导价。没有政府定价和政府指导价的，参照市场价格协商确定。（　　）

答案：√

238.《供电监管办法》规定：供电企业应当按照国家有关规定，遵循协商一致、诚实信用的原则，与用户、趸购转售电单位签订供用电合同，并按照合同约定供电。

（　　）

答案：×

239.《供电监管办法》规定：供电企业应当方便用户查询下列信息：用电报装信息和办理进度；用电投诉处理情况；其他用户用电信息。（　　）

答案：×

240.《供电监管办法》规定：发电企业应当按照《电力企业信息报送规定》向电力监管机构报送信息。发电企业报送信息应当真实、及时、完整。（　　）

答案：×

241.《供电监管办法》规定：电力监管机构依法履行职责，可以采取下列措施，进行现场检查：进入供电企业进行检查；询问供电企业的工作人员，要求其对有关检查事项作出说明；查阅、复制与检查事项有关的文件、资料，对可能被转移、隐匿、损毁的文件、资料予以封存；对检查中发现的违法行为，可以当场予以纠正或者要求限期改正。

（　　）

答案：√

242.《供电监管办法》规定：供电企业有下列情形之一的，由电力监管机构责令改正；拒不改正的，处5万元以上50万元以下罚款，对直接负责的主管人员和其他直接责任人员，依法给予处分；构成犯罪的，依法追究刑事责任：拒绝或者阻碍电力监管机构及其从事监管工作的人员依法履行监管职责；提供虚假或者隐瞒重要事实的文件、资料的；未按照国家有关电力监管规章、规则的规定公开有关信息的。（　　）

答案：√

243.承装（修、试）电力设施许可证分为甲级、乙级、丙级。（　　）

答案：×

244.取得五级《承装（修、试）电力设施许可证》的，可以从事35kV以下电压等级电力设施的安装、维修或者试验活动。（　　）

答案：×

245.《承装（修、试）电力设施许可证》的有效期为三年。（　　）

答案：×

246．电力企业违反国家有关规定，将承装（修、试）电力设施业务发包给未取得许可证或者超越许可范围承揽工程的单位或者个人的，由派出机构责令其限期改正，给予警告，处一万元以上三万元以下罚款。　　　　　　　　　　　　　　　　　（　　）

答案：√

247．电网企业发现未取得许可证或者超越许可范围承揽用户受电工程的单位或者个人，未按照本办法规定及时报告的，由派出机构给予警告，处一万元以上三万元以下罚款。　　　　　　　　　　　　　　　　　　　　　　　　　　　　（　　）

答案：√

248．《承装（修、试）电力设施许可证》中规定许可事项变更是指许可证类别和等级的变更。　　　　　　　　　　　　　　　　　　　　　　　　　　　　（　　）

答案：√

249．在中华人民共和国境内从事承装、承修、承试电力设施业务，应当取得电工进网作业许可证。　　　　　　　　　　　　　　　　　　　　　　　　　（　　）

答案：×

250．取得承装类承装（修、试）电力设施许可证的，可以从事电力设施的维修业务。　　　　　　　　　　　　　　　　　　　　　　　　　　　　　　　　（　　）

答案：×

251．《承装（修、试）电力设施许可证管理办法》中规定采取欺骗贿赂等不正当手段取得许可证的，由派出机构撤销许可，给予警告，一年内不再受理其许可申请，情节严重的两年内不再受理其许可申请。　　　　　　　　　　　　　　　　　　（　　）

答案：×

252．《承装（修、试）电力设施许可证管理办法》中规定电监会及其派出机构违反法定程序作出准予许可的规定被撤销许可的，承装（修、试）电力设施单位基于许可取得的利益不受保护。　　　　　　　　　　　　　　　　　　　　　　　　　（　　）

答案：×

253．《承装（修、试）电力设施许可证管理办法》中规定派出机构应当按照承装（修、试）电力设施许可证管理办法第三章规定的程序，在许可证有效期届满时作出是否准予延续的决定。逾期未作出决定的，视为同意延续并补办相应手续。　　　（　　）

答案：×

254．《承装（修、试）电力设施许可证管理办法》中规定派出机构应当建立承装（修、试）电力设施单位定期综合评价制度，定期对承装（修、试）电力设施单位遵守国家有关规定的情况给予综合评价。　　　　　　　　　　　　　　　　　　　（　　）

答案：√

255．《承装（修、试）电力设施许可证管理办法》中规定在中华人民共和国境内，电监会另有规定的单位或者个人可以未取得"承装（修、试）电力设施许可证"从事承装、承修、承试电力设施活动。　　　　　　　　　　　　　　（　　）

答案：√

256．《承装（修、试）电力设施许可证管理办法》中规定，承装（修、试）电力设施单位采取欺骗、贿赂等不正当手段变更许可事项的，由派出机构撤销许可事项变更，给予警告，处一万元以上三万元以下罚款，一年内不再受理其许可事项变更申请。　（　　）

答案：×

257．《承装（修、试）电力设施许可证管理办法》中规定，承装（修、试）电力设施单位在颁发许可证的派出机构辖区以外承揽工程的，应当自工程开工之日起十日内，向工程所在地派出机构报告，依法接受其监督检查。　　　　　　　　（　　）

答案：√

258．《承装（修、试）电力设施许可证管理办法》中规定，承装（修、试）电力设施许可证分为一级、二级、三级、四级。　　　　　　　　　　（　　）

答案：×

259．《承装（修、试）电力设施许可证管理办法》中规定，取得二级承装（修、试）电力设施许可证的，可以从事 220kV 以下电压等级电力设施的安装、维修或者试验活动。

（　　）

答案：√

260．《承装（修、试）电力设施许可证管理办法》规定，承装（修、试）电力设施许可证的有效期为 6 年。　　　　　　　　　　　　　　　　（　　）

答案：√

261．供电企业应当引导用户选择依法取得电力监管机构颁发的承装（修、试）电力设施许可证的企业从事承装、承修、承试电力设施业务，并核验有关资质。　（　　）

答案：√

262．应严格按照《供电营业规则》、《关于加强重要电力用户供电电源及自备应急电源配置监督管理的意见》等规定进行负荷分级和重要用户定性判定。　　（　　）

答案：√

263．在合同履行过程中，如果发生供电企业与用户对供电方案、用电计量装置、供电设施运行维护管理、甚至触电人身损害赔偿的争议，供电企业只要保持合同完整即不会处于被动局面。　　　　　　　　　　　　　　　　　　　　（　　）

答案：×

264．《国家电网公司营销安全风险防范手册》规定，自备应急电源与电网电源之间必须正确装设切换装置和可靠的联锁装置，确保在任何情况下，不并网自备应急电源均无法

向电网倒送电。 （ ）

答案：√

265．《国家电网公司营销安全风险防范手册》规定，供电企业应在供用电合同中明确用户不具备非电性质保安措施应承担的安全责任。 （ ）

答案：√

266．《国家电网公司营销安全风险防范手册》规定，非线性用户要求其进行电能质量评估，整治方案和措施必须做到"四同步"。 （ ）

答案：√

267．用电方与供电方签订合同前，供电企业必须对其进行严格的主体资格审查。

（ ）

答案：√

268．营销安全风险防范手册规定，属于用户资产的相关设备一律由用户自己操作。

（ ）

答案：√

269．《关于加强业扩报装环节安全管理的紧急通知》国家电网营销〔2010〕1368号文规定，为防止发生业扩报装过程中营销人员触电伤亡事故，要坚持以"三铁"反"三违"，坚决遏制各类违章行为，切实落实防止人身触电事故各项安全措施。 （ ）

答案：√

270．根据电网需要，对大用户实行低谷功率因数考核，加装记录低谷时段内有功、无功电量的电度表，据以计算月平均高峰功率因数。 （ ）

答案：×

271．降低功率因数标准的用户的实际功率因数，高于降低后的功率因数标准时，不减收电费，但低于降低后的功率因数标准时，应增收电费。 （ ）

答案：√

272．农村社队用电实行两部制电价。 （ ）

答案：×

273．由两个独立的供电线路向一个用电负荷实施的供电方式叫双回路供电方式。

（ ）

答案：×

274．接地线采用三相短路式接地线，若采用分相式接地线时，应设置三相合一的接地端。 （ ）

答案：√

275．线路停电时，必须按照断路器、母线侧隔离开关、负荷侧隔离开关的顺序操作，送电时相反。 （ ）

答案：×

276．所谓运用中的电气设备，指全部带有电压、部分带有电压或一经操作即带有电压的电气设备。 （　　）

答案：√

277．电气工具和用具应由专人保管，每六个月应由电气试验单位进行定期检查。 （　　）

答案：√

278．线路的停、送电只能按照线路工作许可人的指令执行。禁止约时停、送电。 （　　）

答案：×

279．330kV 圆弧形保护间隙整定值为 1.0～1.1m。 （　　）

答案：√

280．组合绝缘的水冲洗工具工频泄漏电流试验时间 10 分钟。 （　　）

答案：×

281．六氟化硫开关进行操作时，禁止检修人员在其外壳上进行工作。 （　　）

答案：√

282．六氟化硫配电装置发生大量泄漏等紧急情况时，人员应迅速采取堵漏等相应措施。 （　　）

答案：×

283．在带电的电压互感器二次回路上工作时，除严格防止短路外，还要严格防止接地。 （　　）

答案：√

284．在带电的电流互感器二次回路上工作时，工作中禁止将回路的保护接地点断开。 （　　）

答案：√

285．使用钳形电流表时，应注意钳形电流表的电流等级。 （　　）

答案：×

286．发现有人溺水应设法迅速将其从水中救出，呼吸心跳停止者用心肺复苏法坚持抢救。绝不可在水中进行抢救。 （　　）

答案：×

287．装、拆接地线导体端均应使用绝缘棒或专用的绝缘绳。 （　　）

答案：√

288．各类作业人员应接受相应的安全生产教育，经上级批准后方能上岗。 （　　）

答案：×

289．第一种工作票需办理延期手续，应在有效时间尚未结束以前由工作负责人向工作票签发人提出申请，经同意后给予办理。 （　　）

答案：×

290．在电气设备上工作，保证安全的组织措施包括：工作票制度、工作许可制度、工作监护制度和工作终结制度。 （　　）

答案：×

291．一个电气连接部分是指：电气装置中，可以用断路器（开关）同其他电气装置分开的部分。 （　　）

答案：×

292．工作负责人在征得工作许可人同意后可变更工作票中指定的接地线位置。 （　　）

答案：×

293．第一、二种工作票及带电作业工作票的延期只能办理一次。 （　　）

答案：×

294．新参加电气工作的人员、实习人员和临时参加劳动的人员（管理人员、非全日制用工等），应经过安全知识教育后，方可下现场参加指定的工作，但不准单独工作。 （　　）

答案：√

295．工作负责人（监护人）应在工作前对工作班成员进行危险点告知，交待安全措施和技术措施，并确认每一个工作班成员都已知晓。 （　　）

答案：√

296．作业人员必须熟悉《电力安全工作规程》的相关部分，并经考试合格。 （　　）

答案：√

297．10kV 户内配电装置的裸露部分在跨越人行过道或作业区时，若导电部分对地高度小于 2.5m，该裸露部分两侧和底部应装设护网。 （　　）

答案：√

298．安规规定，事故应急处理可以不用操作票。 （　　）

答案：√

299．《国家电网公司电力安全工作规程—变电部分》规定工作场所的照明，应该保证足够的亮度。在操作盘、重要表计、主要楼梯、通道、调度室、机房、控制室等地点，还应设有事故照明。照明灯具的悬挂高度应不低于 1.5m，并不得任意挪动。 （　　）

答案：×

300．《国家电网公司电力安全工作规程—变电部分》规定在没有脚手架或者在没有栏杆的脚手架上工作，高度超过 2m 时，应使用安全带，或采取其他可靠的安全措施。

（ ）

答案：×

301．工作票应使用黑色或蓝色的钢（水）笔或圆珠笔填写与签发，一式两份，内容应正确，填写应清楚，不得任意涂改。如有个别错、漏字需要修改，应使用规范的符号，字迹应清楚。

（ ）

答案：√

302．《国家电网公司电力安全工作规程（变电部分）》规定凡在坠落高度基准面 1.5m 及以上的高处进行的作业，都应视作高处作业。凡参加高处作业的人员，应每年进行一次体检。

（ ）

答案：×

303．电压等级在 1000V 以上者为高压电气设备。

（ ）

答案：×

304．室内高压设备的隔离室设有遮栏，遮栏的高度在 1.5m 米以上，安装牢固并加锁。

（ ）

答案：×

305．高压室的钥匙至少应有 3 把，由运行人员负责保管。

（ ）

答案：√

306．国家电网公司《电力安全工作规程》规定，送电合闸操作应按照断路器（开关）—负荷侧隔离开关（刀闸）—电源侧隔离开关（刀闸）的顺序依次进行。

（ ）

答案：×

307．事故紧急处理和拉合断路器（开关）的单一操作可不使用操作票。

（ ）

答案：√

308．接户、进户装置上的低压带电工作和单一电源低压分支线的停电工作，可以执行口头或电话命令。

（ ）

答案：√

309．第一种工作票需办理延期手续，应在有效时间尚未结束以前由工作签发人向工作许可人提出申请，经同意后给予办理。

（ ）

答案：×

310．在工作期间，工作票始终保留在工作许可人手中。

（ ）

答案：×

311．《国家电网公司电力安全工作规程——电力线路部分（试行）》规定：填用第二种工作票时，不需要履行工作许可手续。

（ ）

答案：√

312. 专责监护人可以兼做其他工作。 （   ）

答案：×

313. 在工作间断期间，若有紧急需要，运行人员可在工作票未交回的情况下合闸送电。

（   ）

答案：√

314. 已终结的工作票、事故应急抢修单应至少保存 2 年。 （   ）

答案：×

315. 220kV 及以上的电气设备，可采用间接验电方法进行验电。 （   ）

答案：×

316.《国家电网公司电力安全工作规程》规定，拆接地线时，应先拆导线端，后拆接地端。 （   ）

答案：√

317. 接地线应使用缠绕的方法进行接地或短路。 （   ）

答案：×

318. 110kV 及以下设备的临时遮拦，如因工作特殊需要，可用绝缘隔板与带电部分直接接触。 （   ）

答案：×

319. 因工作原因必须短时移动或拆除遮栏（围栏）、标示牌，应征得工作负责人同意，并在工作监护人的监护下进行。 （   ）

答案：×

320. 在有同杆架设的 10kV 及以下线路带电情况下，不可进行另一回线路的停电施工作业。 （   ）

答案：√

321. 作业人员与绝缘架空地线之间的距离不应小于 0.4m（1000kV 为 0.6m）。

（   ）

答案：√

322. 凡是参加高处作业的，应每半年进行一次体检。 （   ）

答案：×

323. 雷雨天气时，可适当进行野外起重作业。 （   ）

答案：×

324. 遇有 6 级以上大风时，禁止露天进行起重作业。 （   ）

答案：√

325. 起重机具应每半年试验一次，使用前应检查。 （   ）

答案：×

326. 链条葫芦链条直径磨损量达 5% 时，禁止使用。 （ ）

答案： ×

327. 带电作业工器具使用前应进行分段绝缘监测，阻值应不低于 700MΩ。 （ ）

答案： √

328. 屏蔽服衣裤任意两点之间的电阻值不得大于 10Ω。 （ ）

答案： ×

329. 缆风绳与地面的夹角一般不大于 45°。 （ ）

答案： √

330. 任何人进入生产现场（办公室、控制室、值班室和检修班组室除外），应正确佩戴安全帽。 （ ）

答案： √

331. 填写电力电缆工作票的工作必须经调度的许可。 （ ）

答案： ×

332. 动火工作票不得代替设备停复役手续。 （ ）

答案： √

五、简答题

1.《供电营业规则》规定如何计算窃电量？

答案：

（1）在供电企业的供电设施上，擅自接线用电的，所窃电量按私接设备额定容量（kVA 视同 kW）乘以实际使用时间计算确定。

（2）以其他行为窃电的，所窃电量按计费电能表标定电流值（对装有限流器的，按限流器整定电流值）所指的容量（kVA 视同 kW）乘以实际窃用的时间计算确定。

窃电时间无法查明时，窃电日数至少以一百八十天计算，每日窃电时间：电力用户按 12 小时计算；照明用户按 6 小时计算。

2.《供电营业规则》规定哪些行为属于窃电行为？

答案：

（1）在供电企业的供电设施上，擅自接线用电。

（2）绕越供电企业用电计量装置用电。

（3）伪造或者开启供电企业加封的用电计量装置封印用电。

（4）故意损坏供电企业用电计量装置。

（5）故意使供电企业用电计量装置不准或者失效。

（6）采用其他方法窃电。

3.《供电营业规则》对供电设施的运行维护管理责任分界点如何规定？

答案：

供电设施的运行维护管理范围，按产权归属确定。责任分界点按下列各项确定：

（1）公用低压线路供电的，以供电接户线用户端最后支持物为分界点，支持物属供电企业。

（2）10kV及以下公用高压线路供电的，以用户厂界外或配电室前的第一断路器或第一支持物为分界点，第一断路器或第一支持物属供电企业。

（3）35kV及以上公用高压线路供电的，以用户厂界外或用户变电站外第一基电杆为分界点。第一基电杆属供电企业。

（4）采用电缆供电的，本着便于维护管理的原则，分界点由供电企业与用户协商确定。

（5）产权属于用户且由用户运行维护的线路，以公用线路分支杆或专用线路接引的公用变电站外第一基电杆为分界点，专用线路第一基电杆属用户。

在电气上的具体分界点，由供用双方协商确定。

4. 在电力系统正常状况下，客户受电端的供电电压允许偏差值是多少？

答案：

（1）35kV及以上电压供电的，电压正、负偏差的绝对值之和不超过额定值的10%。

（2）10kV及以下三相供电的，为额定值的±7%。

（3）220V单相供电的，为额定值的+7%，−10%。在电力系统非正常状况下，用户受电端的电压最大允许偏差不应超过额定值的±10%。

5.《供电营业规则》对于电能计量点设置是如何规定的？

答案：

电能计量点原则上应设置在供电设施与受电设施的产权分界处。如产权分界处不适宜装表的，对专线供电的高压用户，可在供电变压器出口装表计量；对公用线路供电的高压用户，可在用户受电装置的低压侧计量。当用电计量装置不安装在产权分界处时，线路与变压器损耗的有功与无功电量均须由产权所有者负担。

6.《供电营业规则》规定在用户依法破产时，供电企业应如何办理？

答案：

用户依法破产时，供电企业应按下列规定办理：

（1）供电企业应予销户，终止供电。

（2）在破产用户原址上用电的，按新装用电办理。

（3）从破产用户分离出去的新用户，必须在偿清原破产用户电费和其他债务后，方可办理变更用电手续，否则，供电企业可按违约用电处理。

7.《供电营业规则》规定在什么情况下，保安电源应由用户自备？

答案：

遇有下列情况之一者，保安电源应由用户自备：

（1）在电力系统瓦解或不可抗力造成供电中断时，仍需保证供电的；

（2）用户自备电源比从电力系统供给更为经济合理的。

供电企业向有重要负荷的用户提供的保安电源，应符合独立电源的条件。有重要负荷的用户在取得供电企业供给的保安电源的同时，还应有非电性质的应急措施，以满足安全的需要。

8.《供电营业规则》规定客户在用电过程中发生哪些事故应当及时通告供电企业？供电企业如何处理？

答案：

《供电营业规则》第六十二条规定：客户在用电过程中发生以下事故，应及时通知供电企业：

（1）人身触电死亡。

（2）导致电力系统停电。

（3）专线掉闸或全厂停电。

（4）电气火灾。

（5）重要或大型电气设备损坏。

（6）停电期间向电力系统倒送电。

供电企业接到客户上述事故报告后，应派员赴现场调查，在七天内协助客户提出事故调查报告。

9. 哪些情况下可以变更或解除供用电合同？

答案：

根据《供电营业规则》第九十四条规定：供用电合同的变更或者解除，必须依法进行，有以下情况的可以变更或解除供用电合同：

（1）双方经过协商同意，并且不因此损害国家利益和扰乱供用电秩序。

（2）由于供电能力的变化或国家对电力供应与使用管理的政策调整，使订立供用电合同时的依据被修改或取消。

（3）当事人一方依照法律程序确定确实无法履行合同。

（4）由于不可抗力或一方当事人虽无过失，但无法防止的外因，致使合同无法履行。

10. 对临时用电的客户电费如何计收？

答案：

《供电营业规则》第七十六、八十七条规定：临时用电的客户，应安装用电计量装置。对不具备安装条件的，可按其用电容量、按双方约定的每日使用时数和使用时限，预收全部电费。用电终止时，如实际使用时间不足约定期限二分之一的，可退还预收电费的二分之一；超过约定期限二分之一的，预收电费不退。到约定期限时，终止供电。

11．对私自增加用电设备容量的违约行为应如何处理？

答案：

《供电营业规则》第一百条规定：私自超过合同约定的容量用电的，除应拆除私增容设备外，属于两部制电价的用户，应补交私增设备容量使用月数的基本电费，并承担三倍私增容量基本电费的违约使用电费；其他用户应承担私增容量每 kW（kVA）50 元的违约使用电费。如用户要求继续使用者，按新装增容办理手续。

12．用户办理更名过户有哪些规定？

答案：

用户更名或过户（依法变更用户名称或居民用户房屋变更户主），应持有关证明向供电企业提出申请。供电企业应按下列规定办理：

（1）在用电地址、用电容量、用电类别不变条件下，允许办理更名或过户；

（2）原用户应与供电企业结清债务，才能解除原供用电关系；

（3）不申请办理过户手续而私自过户者，新用户应承担原用户所负债务。经供电企业检查发现用户私自过户时，供电企业应通知该户补办手续，必要时可中止供电。

13．《供电营业规则》规定：用户在当地供电企业规定的电网高峰负荷时的功率因数应符合哪些规定？

答案：

除电网有特殊要求的用户外，用户在当地供电企业规定的电网高峰负荷时的功率因数，应达到下列规定：

（1）100kVA 及以上高压供电的用户功率因数为 0.90 以上。

（2）其他电力用户和大、中型电力排灌站、趸购转售电企业，功率因数为 0.85 以上。

（3）农业用电，功率因数为 0.80。

凡功率因数不能达到上述规定的新用户，供电企业可拒绝接电。对已送电的用户，供电企业应督促和帮助用户采取措施，提高功率因数。对在规定期限内仍未采取措施达到上述要求的用户，供电企业可中止或限制供电。

14．《供电营业规则》规定供用双方在合同中订有电力运行事故责任条款的，按哪些规定确定电力运行事故造成的损失？

答案：

供用双方在合同中订有电力运行事故责任条款的，按下列规定办理：

（1）由于供电企业电力运行事故造成用户停电时，供电企业应按用户在停电时间内可能用电量的电度电费的五倍（单一制电价为四倍）给予赔偿。用户在停电时间内可能用电量，按照停电前用户正常用电月或正常用电一定天数内的每小时平均用电量乘以停电小时求得。

（2）由于用户的责任造成供电企业对外停电，用户应按供电企业对外停电时间少供电量，乘以上月份供电企业平均售电单价给予赔偿。

因用户过错造成其他用户损害的，受害用户要求赔偿时，该用户应当依法承担赔偿责任。

虽因用户过错，但由于供电企业责任而使事故扩大造成其他用户损害的，该用户不承担事故扩大部分的赔偿责任。

（3）对停电责任的分析和停电时间及少供电量的计算，均按供电企业的事故记录及《电业生产事故调查规程》办理。停电时间不足 1 小时按 1 小时计算，超过 1 小时按实际时间计算。

（4）本条所指的电度电费按国家规定的目录电价计算。

15.《供电营业规则》规定用户单相用电设备总容量不足 10kW 的采用什么方式供电？

答案：

用户单相用电设备总容量不足 10kW 的可采用低压 220V 供电。但有单台设备容量超过 1kW 的单相电焊机、换流设备时，用户必须采取有效的技术措施以消除对电能质量的影响，否则应改为其他方式供电。

16.《供电营业规则》对临时电源有什么规定？

答案：

对基建工地、农田水利、市政建设等非永久性用电，可供给临时电源。临时用电期限除经供电企业准许外，一般不得超过六个月，逾期不办理延期或永久性正式用电手续的，供电企业应终止供电。

使用临时电源的用户不得向外转供电，也不得转让给其他用户，供电企业也不受理其变更用电事宜。如需改为正式用电，应按新装用电办理。

因抢险救灾需要紧急供电时，供电企业应迅速组织力量，架设临时电源供电。架设临时电源所需的工程费用和应付的电费，由地方人民政府有关部门负责从救灾经费中拨付。

17.《供电营业规则》中，对供电企业供电的额定电压是如何规定的？

答案：

（1）低压供电：单相为 220V，三相为 380V；

（2）高压供电：为 10、35（63）、110、220kV。

除发电厂直配电压可采用 3kV 或 6kV 外，其他等级的电压应逐步过渡到上列额定电压。

用户需要的电压等级不在上列范围时，应自行采用变压措施解决。

用户需要的电压等级在 110kV 及以上时，其受电装置应作为终端变电站设计，方案需经省电网经营企业审批。

18.《供电营业规则》中，对电力系统正常状况下，供电频率的允许偏差如何规定？

答案：

（1）电网装机容量在 300 万 kW 及以上的，为 ±0.2Hz；

（2）电网装机容量在 300 万 kW 以下的，为 ±0.5Hz。

在电力系统非正常状况下，供电频率允许偏差不应超过±1.0Hz。

19.《供电营业规则》中规定有哪些情形的，不经批准即可中止供电，但事后应报告本单位负责人？

答案：

（1）不可抗力和紧急避险。

（2）确有窃电行为。

20.《供电营业规则》中规定，除因故中止供电外，供电企业需对用户停止供电时，应按哪些程序办理停电手续？

答案：

（1）应将停电的用户、原因、时间报本单位负责人批准。批准权限和程序由省电网经营企业制定。

（2）在停电前三至七天内，将停电通知书送达用户，对重要用户的停电，应将停电通知书报送同级电力管理部门。

（3）在停电前30分钟，将停电时间再通知用户一次，方可在通知规定时间实施停电。

21.《供电营业规则》中规定，因故需要中止供电时，供电企业应按哪些要求事先通知用户或进行公告？

答案：

（1）因供电设施计划检修需要停电时，应提前七天通知用户或进行公告。

（2）因供电设施临时检修需要停止供电时，应当提前24小时通知重要用户或进行公告。

（3）发供电系统发生故障需要停电、限电或者计划限、停电时，供电企业应按确定的限电序位进行停电或限电。但限电序位应事前公告用户。

22.《供电营业规则》中规定，对用户认为供电企业装设的计费电能表不准的情况，应如何处理？

答案：

用户认为供电企业装设的计费电能表不准，有权向供电企业提出校验申请，在用户交付验表费后，供电企业应在七天内检验，并将检验结果通知用户。如计费电能表的误差在允许范围内，验表费不退；如计费电能表的误差超出允许范围时，除退还验表费外，并应按本规则第八十条规定退补电费。用户对检验结果有异议时，可向供电企业上级计量检定机构申请检定。用户在申请验表期间，其电费仍应按期交纳，验表结果确认后，再行退补电费。

23.《供电营业规则》中规定，用户在供电企业规定的期限内未交清电费时，应承担电费滞纳的违约责任。电费违约金从逾期之日起计算至交纳日止。每日电费违约金如何计算？

答案：

（1）居民用户每日按欠费总额的千分之一计算。

（2）其他用户：当年欠费部分，每日按欠费总额的千分之二计算；跨年度欠费部分，每日按欠费总额的千分之三计算。

电费违约金收取总额按日累加计收，总额不足 1 元者按 1 元收取。

24.《电力供应与使用条例》规定在发电、供电系统正常运行的情况下，供电企业应当连续向用户供电；因故需要停止供电时，应当按照哪些要求事先通知用户或者进行公告？

答案：

（1）因供电设施计划检修需要停电时，供电企业应当提前 7 天通知用户或者进行公告。

（2）因供电设施临时检修需要停止供电时，供电企业应当提前 24 小时通知重要用户。

（3）因发电、供电系统发生故障需要停电、限电时，供电企业应当按照事先确定的限电序位进行停电或者限电。引起停电或者限电的原因消除后，供电企业应当尽快恢复供电。

25.《电力供应与使用条例》规定用户不得有哪些危害供电、用电安全，扰乱正常供电、用电秩序的行为？

答案：

（1）擅自改变用电类别。

（2）擅自超过合同约定的容量用电。

（3）擅自超过计划分配的用电指标的。

（4）擅自使用已经在供电企业办理暂停使用手续的电力设备，或者擅自启用已经被供电企业查封的电力设备。

（5）擅自迁移、更动或者擅自操作供电企业的用电计量装置、电力负荷控制装置、供电设施以及约定由供电企业调度的用户受电设备。

（6）未经供电企业许可，擅自引入、供出电源或者将自备电源擅自并网。

26.《电力供应与使用条例》规定供用电合同应当具备哪些条款？

答案：

（1）供电方式、供电质量和供电时间。

（2）用电容量和用电地址、用电性质。

（3）计量方式和电价、电费结算方式。

（4）供用电设施维护责任的划分。

（5）合同的有效期限。

（6）违约责任。

（7）双方共同认为应当约定的其他条款。

27.《电力供应与使用条例》有哪些行为的，由电力管理部门责令改正，没收违法所得，可以并处违法所得 5 倍以下的罚款？

答案：

（1）未按照规定取得《供电营业许可证》，从事电力供应业务的。

（2）擅自伸入或者跨越供电营业区供电的。

（3）擅自向外转供电的。

28.《居民用户家用电器损坏处理办法》规定：发生哪些电力运行事故引起居民用户家用电器损坏，应由供电企业负责赔偿？

答案：

电力运行事故，是指在供电企业负责运行维护的 220/380V 供电线路或设备上因供电企业的责任发生的下列事件：

（1）在 220/380V 供电线路上，发生相线与零线接错或三相相序接反；

（2）在 220/380V 供电线路上，发生零线断线；

（3）在 220/380V 供电线路上，发生相线与零线互碰；

（4）同杆架设或交叉跨越时，供电企业的高电压线路导线掉落到 220/380V 线路上或供电企业高电压线路对 220/380V 线路放电。

29．电力监管的任务是什么？

答案：

维护电力市场秩序，依法保护电力投资者、经营者、使用者的合法权益和社会公共利益，保障电力系统安全稳定运行，促进电力实业的健康发展。

30．电力监管机构依法履行职责，可以采取哪些措施进行现场检查？

答案：

进入电力企业、电力调度交易机构进行检查；询问电力企业、电力调度交易机构的工作人员，要求其对有关检查事项作出说明；查阅、复制与检查事项有关的文件、资料，对有可能被转移、隐匿、损毁的文件、资料予以封存；对检查中发现的违法行为，有权当场予以纠正或者要求限期改正。

31.《承装（修、试）电力设施许可证管理办法》规定，承装（修、试）电力设施许可证分为哪几级？分别从事什么业务？

答案：

承装（修、试）电力设施许可证分为一级、二级、三级、四级和五级。

取得一级承装（修、试）电力设施许可证的，可以从事所有电压等级电力设施的安装、维修或者试验业务。

取得二级承装（修、试）电力设施许可证的，可以从事 220kV 以下电压等级电力设施的安装、维修或者试验业务。

取得三级承装（修、试）电力设施许可证的，可以从事 110kV 以下电压等级电力设施的安装、维修或者试验业务。

取得四级承装（修、试）电力设施许可证的，可以从事 35kV 以下电压等级电力设施的安装、维修或者试验业务。

取得五级承装（修、试）电力设施许可证的，可以从事 10kV 以下电压等级电力设施的安装、维修或者试验业务。

32．承装（修、试）电力设施单位有哪些情形的，应当按照规定向有关派出机构报送信息？

答案：

（1）人员、资产、设备等情况发生重大变化，已不符合许可证法定条件、标准的，应当自发生重大变化之日起三十日内向颁发许可证的派出机构报告。

（2）解散、破产、倒闭、歇业、合并或者分立的，应当自工商行政管理部门办理相关手续之日起十日内向颁发许可证的派出机构报告。

（3）发生生产安全事故的，应当按照国家有关规定向事故发生地派出机构报告。

（4）发生重大质量责任事故的，应当自有关主管机关作出事故结论之日起十日内，向事故发生地派出机构报告。

33．有哪些情形的，电监会及其派出机构可以依法撤销承装（修、试）电力设施许可？

答案：

（1）派出机构工作人员滥用职权、玩忽职守作出准予许可决定的。

（2）超越法定职权作出准予许可决定的。

（3）违反法定程序作出准予许可决定的。

（4）对不具备申请资格或者不符合法定条件的申请人准予许可的。

（5）依法可以撤销许可的其他情形。

34．客户设备投运工作时的危险点有哪些？

答案：

（1）多单位工作协调配合不到位，缺乏统一组织。

（2）投运手续不完整，客户工程未竣工检验或检验不合格即送电。

（3）工作现场清理不到位，临时措施未解除，未达到投运标准。

（4）双电源及自备应急电源与电网电源之间切换装置不可靠。

35．业扩现场勘察工作中存在哪些危险点？

答案：

（1）现场勘查工作，误碰带电设备造成人身伤亡。

（2）误入运行设备区域、客户生产危险区域。

（3）查看带电设备时，安全措施不到位，安全距离无法保证。

（4）现场通道照明不足，基建工地易发生高空落物、碰伤、扎伤、摔伤等意外情况。

36．客户电气工作票实行由供电方签发人和客户方签发人共同签发的"双签发"管理，双方各应对工作票的哪些方面负责？

答案：

供电方工作票签发人对工作的必要性和安全性、工作票上安全措施的正确性、所安排工作负责人和工作人员是否合适等内容负责。客户方工作票签发人对工作的必要性和安全性、工作票上安全措施的正确性等内容审核确认。

37．根据营销业务特点，营销安全风险归类为哪几类？

答案：

供用电安全风险、电费安全风险、现场作业安全风险、供电服务安全风险和营销自动化系统安全风险。

38．在客户电气设备上从事相关工作，现场工作负责人或专责监护人在作业前必须向全体作业人员统一进行现场安全交底，使所有作业人员做到"四清楚"，"四清楚"是指？

答案：

作业任务清楚，现场危险点清楚、现场的作业程序清楚、应采取的安全措施清楚。

39．简述功率因数的标准值及其适用范围。

答案：

（1）功率因数标准 0.90，适用于 160kVA 以上的高压供电工业用户（包括社队工业用户）、装有带负荷调整电压装置的高压供电电力用户和 3200kVA 及以上的高压供电电力排灌站；

（2）功率因数标准 0.85，适用于 100kVA（kW）及以上的其他工业用户（包括社队工业用户），100kVA（kW）及以上的非工业用户和 100kVA（kW）及以上的电力排灌站；

（3）功率因数标准 0.80，适用于 100kVA（kW）及以上的农业用户和趸售用户，但大工业用户未划由电业直接管理的趸售用户，功率因数标准应为 0.85。

40．编制有序用电方案应优先保障哪几类用电需求？

答案：

（1）应急指挥和处置部门，主要党政军机关，广播、电视、电信、交通、监狱等关系国家安全和社会秩序的用户。

（2）危险化学品生产、矿井等停电将导致重大人身伤害或设备严重损坏企业的保安负荷。

（3）重大社会活动场所、医院、金融机构、学校等关系群众生命财产安全的用户。

（4）供水、供热、供能等基础设施用户。

（5）居民生活，排灌、化肥生产等农业生产用电。

（6）国家重点工程、军工企业。

41．编制有序用电方案应重点限制哪些用电需求？

答案：

（1）违规建成或在建项目。

（2）产业结构调整目录中淘汰类、限制类企业。

（3）单位产品能耗高于国家或地方强制性能耗限额标准的企业。

（4）景观照明、亮化工程。

（5）其他高耗能、高排放企业。

42．按照电力或电量缺口占当期最大用电需求比例的不同，预警信号分为几个等级？

答案：

（1）红色：特别严重（缺口占比在20%以上）。

（2）橙色：严重（缺口占比在10%～20%）。

（3）黄色：较重（缺口占比在5%～10%）。

（4）蓝色：一般（缺口占比在5%以下）。

43．各级供电企业在出现什么情形需及时启动有序用电方案？

答案：

各级供电企业应密切跟踪电力供需变化,出现以下两种情形需及时启动有序用电方案：

（1）因用电负荷增加，全网或局部电网出现电力缺口。

（2）因突发事件造成电力供应不足，且48小时内无法恢复正常供电能力。

44．作业人员的基本条件有哪些？

答案：

（1）经医师鉴定，无妨碍工作的病症（体格检查每两年至少一次）。

（2）具备必要的电气知识和业务技能，且按工作性质，熟悉本规程的相关部分，并经考试合格。

（3）具备必要的安全生产知识，学会紧急救护法，特别要学会触电急救。

45．各类作业人员应接受哪些相应的安全生产教育和考试？

答案：

（1）作业人员对电力安全工作规程应每年考试一次。

（2）因故间断电气工作连续三个月以上者，应重新学习电力安全工作规程，并经考试合格后，方能恢复工作。

（3）新参加电气工作的人员、实习人员和临时参加劳动的人员，应经过安全知识教育后，方可下现场参加指定的工作。

（4）外单位承担或外来人员参与公司系统电气工作的工作人员应熟悉电力安全工作规程并经考试合格，方可参加工作。

46．在运用中的高压设备上工作分为哪几类？

答案：

（1）全部停电的工作，系指室内高压设备全部停电（包括架空线路与电缆引入线在内），并且通至邻接高压室的门全部闭锁，以及室外高压设备全部停电（包括架空线路与电缆引入线在内）；

（2）部分停电的工作，系指高压设备部分停电，或室内虽全部停电，而通至邻接高压室的门并未全部闭锁；

（3）不停电工作，系指工作本身不需要停电并且不可能触及导电部分的工作；可在带电设备外壳上或导电部分上进行的工作。

47.《国家电网公司电力安全工作规程》规定，在电气线路上工作，保证安全的组织措施包括哪些内容？

答案：

现场勘察制度、工作票制度、工作许可制度、工作监护制度、工作间断制度、工作终结和恢复送电制度。

48. 在电气设备上工作，保证安全的组织措施有哪些？

答案：

（1）工作票制度。

（2）工作许可制度。

（3）工作监护制度。

（4）工作间断、转移和终结制度。

49.《国家电网公司电力安全工作规程—变电部分》对工作许可人规定的安全责任有哪些？

答案：

（1）负责审查工作票所列安全措施是否正确、完备，是否符合现场条件。

（2）工作现场布置的安全措施是否完善，必要时予以补充。

（3）负责检查检修设备有无突然来电的危险。

（4）对工作票所列工作内容即使发生很小疑问，也应向工作票签发人询问清楚，必要时应要求作详细补充。

50.《国家电网公司电力安全工作规程》规定，在电气线路上工作，保证安全的技术措施包括哪些内容？

答案：

停电、验电、装设接地线、使用个人保安线、悬挂标示牌和装设遮拦（围栏）。

51. 使用验电器检查线路和电气设备时应注意什么？

答案：

验电时，应使用相应电压等级而且合格的接触式验电器，在装设接地线或合接地刀闸处对各相分别验电。验电前，应先在有电设备上进行试验，确认验电器的良好；无法在有电设备上进行试验时可用高压发生器等确认验电器良好。高压验电应戴绝缘手套。验电器的伸缩式绝缘杆长度应拉足，验电时手应握在手柄处不得超过护环，人体应与验电设备保持安全距离。

52．在室外构架上工作，应怎样正确悬挂标示牌？

答案：

（1）在工作地点邻近带电部分的横梁上，悬挂"止步，高压危险！"的标示牌。

（2）在工作人员上下铁架或梯子上，应悬挂"从此上下！"的标示牌。

（3）在邻近其他可能误登的带电架构上，应悬挂"禁止攀登，高压危险！"的标示牌。

53．带电水冲洗悬垂、耐张绝缘子串、瓷横担时，应注意哪些？

答案：

应从导线侧向横担侧依次冲洗。冲洗支柱绝缘子及绝缘瓷套时，应从下向上冲洗。

54．带电作业工具的定期电气试验和机械试验的时间是如何规定的？

答案：

（1）电气试验：预防性试验每年一次，检查性试验每年一次，两次试验间隔半年。

（2）机械试验：绝缘工具每年一次，金属工具两年一次。

55．发现有人低压触电，如您在现场如何快速处理？

答案：

（1）拉开电源开关。

（2）用手拉触电者的衣服（干的）。

（3）垫几层衣服或毛巾拉开触电者。

（4）用绝缘工具拉触电者。

（5）用绝缘钳子一根一根剪断电线。

（6）向触电者脚下垫干木板使其与地绝缘。

（7）采用包含人工呼吸等必要的营救措施。

56．什么是安全电压？安全电压有哪几个等级？

答案：

在各种不同环境条件下，人体接触到有一定电压的带电体后，其各部分组织不发生任何损害，该电压称为安全电压。我国根据具体条件和环境，规定安全电压等级有 42V、36V、24V、12V、6V 五个等级。

57．《紧急救护法》规定，对于电灼伤、火焰烧伤或高温气、水烫伤，应如何防止伤口污染？

答案：

伤员的衣服鞋袜用剪刀剪开后除去。伤口全部用清洁布片覆盖，防止污染。四肢烧伤时，先用清洁冷水冲洗，然后用清洁布片或消毒纱布覆盖送医院。

58．事故应急抢修工作是指什么？

答案：

事故应急抢修工作是指：电气设备发生故障被迫紧急停止运行，需短时间恢复的抢修和排除故障的工作。

59. "两票" "三制" 的内容？

答案：

两票：工作票、操作票。

三制：交接班制、巡回检查制、设备定期试验轮换制。

60. 工作票签发人，应具备哪些基本条件？

答案：

工作票签发人应是熟悉人员技术水平、设备情况、电力安全工作规程，并具有相关工作经验的生产领导人、技术人员或经本单位分管生产领导批准的人员。工作票签发人员名单应书面公布。

61. 高压回路上的工作中，关于接地线的移动或拆除，有何严格规定？

答案：

（1）严禁工作人员擅自移动或拆除接地线。

（2）高压回路上的工作，需要拆除全部或一部分接地线后始能进行工作者，必须征得运行人员的许可（根据调度员指令装设的接地线，必须征得调度员的许可），方可进行。

（3）工作完毕后，应立即恢复接地。

62. 国家电网公司 "一强三优" 中服务优质的基本内涵是什么？

答案：

服务优质是指保障安全、经济、清洁、可持续的电力供应，服务规范、高效，品牌形象好，利益相关方综合满意度高，确保服务质量和效率在社会公共服务行业中处于领先地位。

63. "三集五大" 的基本内涵是什么？

答案：

"三集五大" 是指实施人力资源、财务、物资集约化管理，构建大规划、大建设、大运行、大检修、大营销管理体系。

64. 国家电网公司科学发展的基本工作思路是什么？

答案：

科学发展的基本工作思路是抓发展、抓管理、抓队伍、创一流。

65. 国家电网公司科学发展的工作方针是什么？

答案：

科学发展的基本工作方针是集团化运作、集约化发展、精益化管理、标准化建设。

66. 国家电网公司《员工守则》的具体内容是什么？

答案：

（1）遵纪守法，尊荣弃耻，争做文明员工。

（2）忠诚企业，奉献社会，共塑国网品牌。

（3）爱岗敬业，令行禁止，切实履行职责。

（4）团结协作，勤奋学习，勇于开拓创新。

（5）以人为本，落实责任，确保安全生产。

（6）弘扬宗旨，信守承诺，深化优质服务。

（7）勤俭节约，精细管理，提高效率效益。

（8）努力超越，追求卓越，建设一流公司。

六、论述题

1. 日常营销工作中，当用户有新装、增容等用电业务发生时，按照《电力供应与使用条例》的规定，供电公司应与用户进行供用电合同的签订或变更。2009年某工业用户将其变压器由100kVA增容到500kVA。

问：（1）供用电合同应具备哪些条款？

（2）供用电合同的种类有哪些？

（3）对上述用户供用电合同进行变更时，应变更的条款有哪些？

答案：

（1）供用电合同应当具备以下条款：

①供电方式、供电质量和供电时间；

②用电容量和用电地址、用电性质；

③计量方式和电价、电费结算方式；

④供用电设施维护责任的划分；

⑤合同的有效期限；

⑥违约责任；

⑦双方共同认为应当约定的其他条款。

（2）供用电合同的种类如下：

①高压供用电合同。

②低压供用电合同。

③临时供用电合同。

④居民供用电合同。

⑤其他供用电合同（如委托转供电合同、趸售电合同等）。

（3）应变更的条款如下：

①用电容量由100kVA增容到500kVA。

②电价类别由普通工业变为大工业。

③计量方式由高供低计变为高供高计。

④功率因数调整电费考核标准由 0.85 调整到 0.90。

⑤原供用电合同的有效期限自变更之日止，新供用电合同的有效期限自变更之日起有效。

⑥产权分界图所示容量、开关等变更。

2．某大型煤矿因拖欠电费两个月之久，经多次催缴仍无效，供电公司将对其停电，请问停电的法律依据是什么？应按什么程序办理停电？何时送电？有何注意事项？

答案：

（1）停电的法律依据：

《电力供应与使用条例》第三十九条规定：逾期未交付电费的，供电企业可以从逾期之日起，每日按照电费总额的千分之一至千分之三加收违约金，具体比例由供用电双方在供用电合同中约定；自逾期之日起计算超过 30 日，经催交仍未交付电费的，供电企业可以按照国家规定的程序停止供电。

（2）《供电营业规则》第六十七条规定：除因故中止供电外，供电企业需对用户停止供电时，应按下列程序办理停电手续：

①应将停电的用户、原因、时间报本单位负责人批准。批准权限和程序由省电网经营企业制定；

②在停电前三至七天内，将停电通知书送达用户，对重要用户（如本例中该大型煤矿）的停电，应将停电通知书报送同级电力管理部门；

③在停电前 30 分钟，将停电时间再通知用户一次，方可在通知规定时间实施停电。

（3）《国家电网公司供电服务"十项承诺"》中规定，对欠电费客户依法采取停电措施，提前七天送达停电通知书，费用结清后 24 小时内恢复供电。本例中，该大型煤矿交清电费及电费违约金后，供电企业应 24 小时内为其恢复供电。

（4）该大型煤矿属于重要客户，对重要客户和高危企业停限电，在严格执行上述法律法规条款的基础上，还要注意如下事项：

①停电前向上级电力管理部门和政府有关部门报告。

②停限电前，认真核对停限电计划和停限电通知书发送记录，确认客户在计划停限电时间前 7 天以前收到停限电通知书。

③停限电前对客户用电情况要认真了解，充分估计停限电对客户的影响，督促客户及时调整有关重要用电负荷，投入应急保安电源及非电保安措施，做好停电应急准备。

④严格按照停（限）电通知书上确定的时间实施停限电工作。

⑤在实施停限电操作 30 分钟前将停限电时间再次通知客户，详细记录通知信息，并做好电话录音。

⑥停限电前再次查询客户是否已缴清电费，已缴清电费的应及时终止停电流程。

3．《供电营业规则》对用户办理减容是如何规定的？

答：用户减容，须在五天前向供电企业提出申请。供电企业应按下列规定办理：

（1）减容必须是整台或整组变压器的停止更换小容量变压器用电。供电企业在受理之日后根据用户申请减容的日期对设备进行加封。从加封之日起，按原计费方式减收其相应容量的基本电费。但用户申明为永久性减容的或从加封之日起期满二年又不办理恢复用电手续的，其减容后的容量已达不到实施两部制电价规定容量标准时，应改为单一制电价计费。

（2）减少用电容量的期限，应根据用户所提出的申请确定，但最短期限不得少于六个月，最长期限不得超过二年。

（3）在减容期限内，供电企业应保留用户减少容量的使用权。超过减容期限要求恢复用电时，应按新装或增容手续办理。

（4）在减容期限内要求恢复用电时，应在五天前向供电企业办理恢复用电手续，基本电费从启封之日起计收。

（5）减容期满后的用户以及新装、增容用户，二年内不得申请减容或暂停。如确需继续办理减容或暂停的，减少或暂停部分容量的基本电费应按百分之五十计算收取。

4. 客户服务中心用电检查人员对某水泥厂办理变更用电过程中发现：该厂2个月前自行将已办理暂停手续的一台400kVA变压器启用，该厂办公用电接在其生活用电线路上，造成每月少计办公用电 5000kVA，其接用时间无法查明，同时该厂未经批准向周边一用户送电，经查该用户共有用电负荷 4kW，请你按照《供电营业规则》分析该厂有哪些违约用电行为，以及应该怎么处理。（假设办公用电与生活用电差价为 0.3 元/kVA）

答案：

该厂共有 3 个方面的违约用电行为，分别为：

（1）擅自使用已在供电企业办理暂停手续的电力设备或启用供电企业封存的电力设备。

（2）擅自接用电价高的用电设备或私自改变用电类别。

（3）未经供电企业同意，擅自引入（供出）电源或将备用电源和其他电源私自并网的。

处理如下：

（1）补交基本电费=20×400×2=16000 元，违约使用电费=2×16000=32000 元，停用违约使用的变压器或办理恢复变压器用电手续。

（2）补交高价低接所引起的差额电费 =5000×3×0.3=4500 元，违约使用电费=4500×2=9000 元。

（3）补交私自供出电源的违约使用电费=4×500=2000 元，总计共交费 16000+32000+4500+9000+2000=63500 元。

5. 某煤矿企业于 2014 年 3 月 17 日到供电企业申请用电报装，报装容量为 6300kVA，客户用电设备包括井下通风机、井下载人电梯、井下抽水泵等设备容量为 1000kW，允许停电时间不得超过 1 分钟，否则将造成人身伤亡。由于该煤矿地处农村，受供电条件限制（附近只有 35kV 电源），5 月 20 日，供电企业答复的供电方案为该客户拟定为一级重要客户，从某 110kV 变电站以 35kV 单回路供电，配置 1 台 6300kVA 变压器受电，配置 1200kW 容量的快速自启动发电机组作为自备应急电源。2014 年 6 月 25 日供电企业对该客户受电工程进行竣工检验，情况如下：

（1）电流互感器准确度等级为 0.5 级。

（2）主变压器进行 1 次全电压冲击合闸无异常。

供电企业下达的验收结论为"验收合格，可以送电"。

要求：请分析供电企业在办理该客户的业扩报装业务时存在哪些问题，并提出正确办理意见。

答案：

（1）该客户供电方案存在以下问题：

①客户采用单电源供电不能满足要求。根据国家电监会对一级重要客户供电电源的配置要求，该客户应采用双电源供电，两路电源应来自两个不同的变电站，当一路电源发生故障时，另一路电源能保证独立正常供电。

②客户变压器配置不能满足要求。对于一级重要客户，应配置 2 台及以上变压器受电，单台变压器容量应能满足全部一级、二级负荷的需要。

③供电方案答复超时限。供电方案答复时间有 60 多天，约 45 个工作日，明显超期。高压双电源客户供电方案应在 30 个工作日内答复。

（2）竣工检验结论应为"不合格"，问题如下：

①电流互感器准确度等级不符合要求。客户受电容量为 6300kVA，应配置Ⅱ类计量装置，电流互感器准确度等级应按不低于 0.2S 级配置。

②变压器冲击合闸试验不符合变压器工程交接验收规范。变压器应进行 5 次空载全电压冲击合闸，应无异常情况；第一次受电后持续时间不应少于 10 分钟；励磁涌流不应引起保护装置的误动。

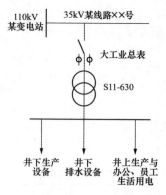

6. 某煤矿企业于 2014 年 3 月 17 日到供电企业申请用电报装，报装容量为 6300kVA，客户填写的用电设备清单上注明井下通风机、井下载人电梯、井下抽水泵等设备容量为 1000kW，允许停电时间不得超过 1 分钟。由于该煤矿地处农村，受供电条件限制（附近只有 35kV 电源），5 月 20 日，供电企业答复的供电方案为该客户为二级重要客户，从某 110kV 变电站以 35kV 单回路供电，配置 1 台 6300kVA 变压器受电，配置 1 台 500kW 容量的发电机作为自备应急电源。供电方案简图如左图所示。

要求：请分析供电企业在办理该客户的业扩报装业务时存在哪些问题并简要说明原因。

答案：

（1）按照国家电监会的相关规定，客户等级应拟定为一级重要客户。客户在报装申请时填写的用电设备清单上已注明井下通风机、井下载人电梯、井下抽水泵等设备容量为1000kW，允许停电时间不得超过1分钟，即该客户有1000kW的用电设备为一级负荷中的特别重要负荷（保安负荷）。

（2）一级重要客户需从两个不同的变电站采用35kV双电源供电，而不能采用单回路供电。

（3）对于一级重要客户，应配置2台及以上变压器受电，不能配置1台6300kVA变压器受电。

（4）对于一级重要客户的电气主接线，35kV及以上电压等级应采用单母线分段接线或双母线接线，不能采用线路变压器组方式接线。

（5）自备应急电源的容量配置标准应达到保安负荷的120%（即1000kW×120%=1200kW），需配置1200kW及以上容量的发电机，配置1台500kW容量的发电机作为自备应急电源不能满足重要客户安全用电要求。

（6）供电方案答复超时限。根据国网公司"十项承诺"的规定，高压双电源客户供电方案答复时限为30个工作日，供电企业实际答复天数有60多天，约45个工作日，明显超期。

（7）生产区用电、办公区、生活区用电应分开配电。按照《供电营业规则》的有关规定，井上生产用电负荷应与办公照明用电、员工生活用电负荷分开配电，以保障用电安全，便于管理。

生产区用电、办公区用电、生活区用电应按照不同电价类别分开装表计量。按照《供电营业规则》的有关规定，高压新装增容客户不宜采用定比定量方式。

7. 2011年9月26日8时30分，应业扩报装客户××公司要求，供电公司客服中心安排吕××组织对新安装的800kVA箱变（××××电器开关有限公司生产）进行竣工检验。10时55分，吕××带领验收人员吴×、李×、熊××和施工单位赵×等4人前往现场。到达现场后，吕××电话联系客户负责人，到现场协助竣工检验事宜。稍后，现场人员听见"哎呀"一声，便看到李×跪倒在箱变高压计量柜前的地上，身上着火。经现场施救后送往医院，11时20分确诊死亡。经调查，9月17日施工人员施工完毕并试验合格，因客户要求送电，施工人员请示公司经理薛××同意后，对箱变进行搭火，仅向用户电工进行了告知，未经项目管理部门许可。事故当天李×独自一人到箱变高压计量柜处（工作地点），没有查验箱变是否带电，强行打开具有带电闭锁功能的高压计量柜门，进行高压计量装置检查，触击计量装置10kV侧C相桩头。

（1）请对上述事故进行原因分析。

（2）你认为应采取哪些防范措施？

答案：

（1）发生事故的原因主要有以下几点：

①李×（死者）对客户设备运行状况不清楚，在未经许可且未认真检查设备是否带电（有带电显示装置）的情况下，强行打开高压计量柜门，造成人身触电，是事故的直接原因。

②设备未经竣工检验和管理部门批准，施工单位在用户要求下擅自将箱变高压电缆搭火，造成设备在竣工检验前即已带电，且未告知项目管理部门，是事故的主要原因之一。

③供电公司客户服务中心竣工检验组织不力，现场未认真交待竣工检验有关注意事项，对检验人员疏于管理，是事故的主要原因之一。

④生产厂家装配的电磁锁产品质量较差，锁具强度不够，不能在设备带电时有效闭锁，是事故的次要原因。

（2）针对上述原因，应该采取以下防范措施：

①在业扩报装工程中，严格执行电气工程（设备）竣工验收投运管理相关流程与规定，严把设备、验收人员安全关。

②强化作业现场安全管控，遵守《营销业扩报装工作全过程防人身事故十二条措施（试行）》。

③加强安全教育培训。

附录一　电力相关术语

1. 供电方案

电力供应的具体实施计划。供电方案包括：供电电源位置、出线方式，供电线路敷设，供电回路数、走径、跨越、客户进线方式、客户受（送）电装置容量、主接线、继电保护方式、电能计量方式、运行方式、调度通信等内容。

2. 供电方式

电力供应的方法与形式。供电方式包括供电电源的参数，如频率、相数、电压、供电电源的地点、数量、受电装置位置、容量、进线方式、主接线及运行方式，供用电之间的合用关系以及供电时间的时限等。

3. 双电源

由两个独立的供电线路向一个用电负荷实施的供电。这两条线路是由两个电源供电，即由两个变电站或一个有多台变压器单独运行的变压站中的两段母线分别提供的电源。其中一个电源故障时，不会因此而导致另一电源同时损坏。

4. 保安电源

供给客户保安负荷的电源，保安电源必须是与其他电源无联系而能独立存在的电源，或与其他电源有较弱的联系，当其中一个电源故障断电时，不会导致另一个电源同时损坏的电源。保安电源与其他电源之间必须设置可靠的机械式或电气式连锁装置。

5. 应急电源

在正常电源发生故障情况下，为确保一级负荷中特别重要负荷的供电电源。

6. 电能计量方式

根据计量电能的不同对象，以及确定的供电方式及电费管理制度要求，确定电能计量点及电能计量装置的种类、结构及接线等的方法。

7. 电能质量

供应到客户受电端的电能品质的优劣程度。通常以电压允许偏差、电压允许波动和闪变、电压正弦波形畸变率、三相电压不平衡度、频率允许偏差指标来衡量。

8. 谐波源

向公用电网注入谐波电流或在公用电网中产生谐波电压的电气设备。如：

电气机车、电弧炉、整流器、逆变器、变频器、相控的调速和调压装置、弧焊机、感应加热设备、气体放电类以及有磁饱和现象的机电设备。

9. 大容量非线性

指接入 110kV 及以上电压等级电力系统的电弧炉、轧钢、地铁、电气化铁路，以及单台 4000kVA 及以上土整流设备等具有波动性、冲击性、不对称性的负荷。

10. 配置系数

配置系数是综合考虑了同时率、功率因数、设备负载率等因素影响后，得出的数值。如：住宅小区的配置系数的计算方式可简化为配置变压器的容量（kVA）与住宅小区用电负荷（kW）之比值。

11. 一级负荷

中断供电将产生下列后果之一的，为一级负荷：

①引发人身伤亡的。

②造成环境严重污染的。

③发生中毒、爆炸和火灾的。

④造成重大政治影响、经济损失的。

⑤造成社会公共秩序严重混乱的。

12. 二级负荷

中断供电将产生下列后果之一的，为二级负荷：

①造成较大政治影响、经济损失的。

②造成社会公共秩序混乱的。

13. 三级负荷

不属于一级负荷和二级分负荷的为三级负荷。

14. 重要客户

具有一级负荷兼或二级负荷的客户统称为重要客户。如：国家重要广播电台、电视台、通信中心；重要国防、军事、政治工作及活动场所；重要交通枢纽；国家信息中心及信息网络、电力调度中心、金融中心、证券交易中心；重要宾馆、饭店、医院、学校；大型商场、影剧院等人员密集的公共场所；煤矿、金属非金属矿山、石油、化工、冶金等高危行业的客户。

15. 临时供电

基建施工、市政建设、抗旱打井、防汛排涝、抢险救灾、集会演出等非永久性用电，可实施临时供电。具体供电电压等级取决于用电容量和当地的供电条件。

16. 分布式电源

分布式电源是指在用户所在场地或附近建设安装，运行方式以用户侧自发自用为主、多余电量上网，且在配电网系统平衡调节为特征的发电设施或有电力输出的能量综合梯级利用多联供设施。包括太阳能、天然气、生物质能、风能、地热能、海洋能、资源综合利用发电（含煤矿瓦斯发电）等。

17. TN 系统

TN 系统：在此系统内，电源有一点与地直接连接，负荷侧电气装置的外露可导电部分则通过保护线（PE 线）与该点连接。

18. TT 系统

TT 系统：在此系统内，电源有一点与地直接连接，负荷侧电气装置的外露可导电部分连接的接地极和电源的接地极无电气联系。

19. Y，yn0 结线

Y，yn0 结线组别的三相变压器是指表示其高压绕组为星形、低压绕组亦为星形且有中性点和"0"结线组别的三相变压器。

20. 高压电气设备

电压等级在 1000V 及以上的电气设备。

21. 部分停电的工作

部分停电的工作，系指高压设备部分停电，或室内虽全部停电，而通至邻接高压室的门并未全部闭锁。

22. 动火工作负责人

动火工作负责人是具备检修工作负责人资格并经本单位考试合格的人员。

23. 跨步电压

当导线接地时，在地面上水平距离为 0.8m 的两点有电位差，如果人体两脚接触该两点，则在人体上将承受电压，该电压称为跨步电压。

24. 待用间隔

待用间隔是指母线连接排、引线已接上母线的备用间隔。

25. 全部停电的工作

全部停电的工作，系指室内高压设备全部停电（包括架空线路与电缆引入线在内），并且通至邻接高压室的门全部闭锁，以及室外高压设备全部停电（包括架空线路与电缆引入线在内）。

26. 不停电工作

（1）工作本身不需要停电并且不可能触及导电部分的工作。

（2）可在带电设备外壳上或导电部分上进行的工作。

27. 事故应急抢修工作

事故应急抢修工作是指：电气设备发生故障被迫紧急停止运行，需短时间内恢复的抢修和排除故障的工作。

28. 一个电气连接部分

一个电气连接部分是指电气装置中，可以用隔离开关同其他电气装置分开的部分。

29. 错峰

错峰是指将高峰时段的用电负荷转移到其他时段，通常不减少电能使用。

30. 避峰

避峰是指在用电高峰时段，组织用户削减或中断用电负荷，减少一天中的用电高峰需求，一般会减少电能使用。

31．限电

限电是指在特定时段限制某些用户的部分或全部用电需求。

32．拉路

各级调度机构发布调度命令，切除部分线路用电负荷的限电措施。

33．电力缺口

所有用户错峰、避峰、限电、拉路负荷之和。

34．电量缺口

电量缺口是指某一时间段内，所有用户采取避峰、限电、拉路措施减少用电量之和。

附录二 各类文件业扩时限汇总

各类文件时限要求对照表

文件名称＼客户分类	供电方案答复				受电工程设计文件审核		中间检查		竣工验收		装表接电		
	居民	低压用户	高压单电源用户	高压双电源用户	低压用户	高压用户	低压用户	高压用户	低压用户	高压用户	居民	低压用户	高压用户
十项承诺	3个工作日	7个工作日	15个工作日	30个工作日							3个工作日		5个工作日
供电服务质量标准	3个工作日	7个工作日	15个工作日	30个工作日	8个工作日	20个工作日							
供电营业规则	5天	10天	1个月	2个月	10天	1个月							
供电监管办法	3个工作日	8个工作日	20个工作日	45个工作日	8个工作日	20个工作日	3个工作日	5个工作日	5个工作日	7个工作日	3个工作日	5个工作日	7个工作日
国网供电服务规范		10天	1个月	2个月	10天	1个月	3个工作日	5个工作日					
业扩报装管理标准(2010)1247号	3个工作日	7个工作日	15个工作日	30个工作日	10个工作日	30个工作日	3个工作日	5个工作日	3个工作日	5个工作日	3个工作日	5个工作日	7个工作日
GB/T 28583—2012 供电服务规范	3个工作日	8个工作日	20个工作日	45个工作日	8个工作日	20个工作日	3个工作日	5个工作日	5个工作日	7个工作日	3个工作日	5个工作日	7个工作日

附录三 国家电网营销〔2015〕70号文业扩报装时限

国家电网公司关于印发《进一步精简业扩手续、提高办电效率的工作意见的通知》（国家电网营销〔2015〕70号）对各类业扩报装业务流程时限及部门的要求。

一、普通用电客户业务办理时限

1. 低压居民客户

阶段名称	工作内容	客户分类	业务办理参考时限（工作日）	参与部门		客户	收集资料	输出资料
				营销部	运检部			
	受理申请	所有客户	当日录入系统	★		▲	有效身份证明	—
供电方案答复及送电[1]	现场勘查、供电方案答复、供用电合同签订和装表送电	具备直接装表条件的客户	1	★		▲	核查房屋产权证明并拍照	现场影像资料、供电方案、供用电合同、装表接电单

★：牵头部门； ▲配合部门

---

[1] 对于有电网配套工程的居民客户，在供电方案答复后，3个工作日内完成电网配套工程建设，工程完工当日送电。

★：牵头部门；▲配合部门

2. 低压非居民客户

阶段名称	环节名称	客户分类	业务环节参考时限（工作日）	参与部门 营销部	参与部门 运检部	客户	收集资料	输出资料
供电方案答复	受理申请	所有客户	当日录入系统	★		▲	客户申请资料	—
	现场勘查、答复供电方案	所有客户	1	★		▲	—	现场影像资料、供电方案
工程建设及送电	电网配套工程实施²	有电网配套工程的客户			★		—	—
	签订供用电合同、装表并送电	所有客户	5	★		▲	—	现场影像资料、供用电合同、装表接电单

3. 10千伏客户

阶段	工作内容	客户分类	业务办理参考时限（工作日）	营销部	发展部	运检部	基建部	财务部	调控中心	经研院（所）	客户	收集资料	输出资料
供电方案答复	受理申请	所有客户	当日录入系统	★							▲	客户申请资料	—
	现场勘查		2	★							▲	现场影像资料	勘查意见单
	确定供电方案	所有客户	单电源：10 双电源：25	★								—	供电方案
	供电方案答复	所有客户	1	★							▲	—	—

2 对于有电网配套工程的客户，在供电方案答复后，5个工作日完成电网配套工程建设，工程完工当日送电；对于无电网配套工程的，在受理申请后，3个工作日内送电。

阶段	工作内容	客户分类	业务办理参考时限（工作日）	参与部门							客户	收集资料	输出资料
				营销部	发展部	运检部	基建部	财务部	调控中心	经研院（所）			
工程设计	工程设计	所有客户	—								★	—	设计图纸及说明
	设计图纸审查	重要客户；有特殊负荷的客户	5	★		▲					▲	设计图纸及说明	设计审查意见
工程建设	业务收费	需交纳业务费的客户	—	▲				★			▲	—	收费票据
	客户工程施工	所有客户	—								★	—	—
	电网配套工程施工³	有电网配套工程的客户	60			★						—	—
	中间检查	有隐蔽工程的重要或有特殊负荷的客户	5	★		▲					▲	隐蔽工程报验资料	现场影像资料、中间检查意见
	竣工验收	所有高压客户	5			▲			▲		▲	竣工报验资料	竣工验收意见
	装表			▲		▲					▲	—	—
	停（送）电计划制订			★					★		▲	—	停（送）电计划
送电	供用电合同签订	所有高压客户	5	★							▲	—	供用电合同
	调度协议签订	调度管辖或有调度许可权的客户		▲					★		▲	—	调度协议
	送电	所有高压客户		★		▲			▲		▲	—	现场影像资料、装表接电单

3 电网配套工程由运检部根据工程前期条件、与客户受电工程同步组织实施，其中，10千伏项目60个工作日完成配套工程建设。

4. 35千伏客户

阶段名称	工作内容	客户分类	业务办理参考时限（工作日）	营销部	发展部	运检部	基建部	财务部	调控中心	经研院（所）	客户	收集资料	输出资料
供电方案答复	受理申请	所有高压客户	当日录入系统	★							▲	客户申请资料	—
	现场勘查	35千伏	2	★	▲	▲				▲	▲	—	现场影像资料、勘查意见单
	确定供电方案	35千伏	单电源：11 双电源：26	★	▲	▲				▲	▲	供电方案	供电方案审查意见
	供电方案答复	所有高压客户	—	★							▲		
工程设计	工程设计	35千伏	—								★		设计图纸及说明
	设计图纸审查	高压重要客户	5	★		▲			▲		▲	设计图纸及说明	设计审查意见
	业务收费	需交纳业务费的客户	—	▲				★			▲		收费票据
工程建设	客户工程施工	35千伏	—								★		—
	电网配套工程施工[4]	有电网配套工程的项目	—			★	★						—

4 电网配套工程由运检部或基建部根据工程前期条件，与客户受电工程同步组织实施，其中基建部负责新建35千伏及以上工程（含新建变电站同期配套10千伏送出线路工程）。

441

阶段名称	工作内容	客户分类	业务办理参考时限（工作日）	参 与 部 门								客户	收集资料	输出资料
				营销部	发展部	运检部	基建部	财务部	调控中心	经研院（所）			
工程建设	中间检查	有隐蔽工程的重要客户	5	★		▲			▲		▲	隐蔽工程报验资料	现场影像资料、中间检查意见
	竣工验收装表	所有高压客户	5	★		▲			▲		▲	竣工报验资料	竣工验收意见
	停电计划制订	所有高压客户		▲		▲			★		▲	—	停电计划
送电	供用电合同签订	所有高压客户		★							▲	—	供用电合同
	调度协议签订	调度管辖或许可的客户		▲					★		▲	—	调度协议
	送电	所有高压客户	5	★		▲			▲		▲	—	现场影像资料、装表接电单

5. 110千伏及以上客户

阶段名称	工作内容	客户分类	业务办理参考时限（工作日）	参 与 部 门								客户	收集资料	输出资料
				营销部	发展部	运检部	基建部	财务部	调控中心	经研院（所）			
供电方案答复	受理申请	所有客户	当日录入系统	★							▲	客户申请资料	—
	现场勘查		2	★	▲	▲				▲	▲	—	现场影像资料、勘查意见单

阶段名称	工作内容	客户分类	业务办理参考时限（工作日）	营销部	发展部	运检部	基建部	财务部	调控中心	经研院（所）	客户	收集资料	输出资料
供电方案答复	确定供电方案	所有客户	单电源：11 双电源：26	▲	★	▲			▲	▲	▲	接入系统设计报告	审查意见及供电方案
	供电方案答复	所有客户	1	★							▲	—	—
工程设计	工程设计	110千伏	—								★	—	设计图纸及说明
	设计图纸审查	高压重要客户	5	★		▲			▲		▲	设计图纸及说明	设计审查意见
	业务收费	需交纳业务费用的客户	—	▲				★			▲	—	收费票据
	客户工程配套施工	110千伏及以上	—								★	—	—
工程建设	电网配套工程施工[5]	有电网配套工程的客户	—			★	★					—	—
	中间检查	有隐蔽工程的重要客户	5	★		▲					▲	隐蔽工程报验资料	现场影像资料、中间检查意见
	竣工验收	所有客户	5	★		▲			▲		▲	竣工报验资料	现场影像资料、竣工验收意见
	装表	所有客户		▲		▲					▲	—	—
	停（送）电计划制订	所有客户		▲					★		▲	—	停电计划
送电	供用电合同签订	所有客户	5	★							▲	—	供用电合同
	调度协议签订	调度管辖或许可的客户		▲					★		▲	—	调度协议
	送电	所有客户		★		▲			▲		▲	—	现场影像资料、装表接电单

5 电网配套工程由运检部或基建部根据工程前期条件，按照合理工期，与客户受电工程同步组织实施，其中基建部负责新建 35 千伏及以上工程（含新建变电站同期配套 10 千伏送出线路工程）。

二、充换电设施报装客户业务办理时限

1. 低压充换电设施报装客户

阶段名称	工作内容	业务办理参考时限（工作日）	参与部门 营销部	参与部门 运检部	客户	收集资料	输出资料
供电方案答复	受理申请	当日录入系统	★		▲	客户申请资料	—
	现场勘查	1	★		▲	—	现场影像资料、勘查意见单
	供电方案答复		★		▲	—	供电方案
工程建设及送电	工程施工、竣工验收	5	★		▲	—	竣工验收意见
	供用电合同签订、装表送电		★		▲	竣工报验资料	现场影像资料、供用电合同、装表接电单

2. 高压充换电设施报装客户

阶段名称	工作内容	业务办理参考时限（工作日）	营销部	发展部	运检部	建设部	财务部	调控中心	经研院（所）	客户	收集资料	输出资料
供电方案答复	受理申请	当日录入系统	★							▲	客户申请资料	—
	现场勘查	1	★							▲	—	现场影像资料、勘查意见单
	确定供电方案	12	★	▲	▲			▲	▲	▲	供电方案	供电方案审查意见
	供电方案答复	1	★							▲	—	—
工程设计	图纸审查	5	★							★	设计图纸及说明	设计审查意见

阶段名称	工作内容	业务办理参考时限（工作日）	营销部	发展部	运检部	建设部	财务部	调控中心	经研院（所）	客户	收集资料	输出资料
工程建设	受电工程施工	—								★	—	—
	电网配套工程施工[6]	60	★		★	★					—	—
	竣工验收	5	▲		▲			▲		▲	竣工报验资料	现场影像资料、竣工验收意见
	装表		▲		▲						—	—
送电	停（送）电计划制订		★					★		▲	—	停电计划
	供用电合同签订	5	★							▲	—	供用电合同
	调度协议签订		▲					★		▲	—	调度协议
	送电		★		▲			▲		▲	—	现场影像资料、装表接电单

三、分布式电源客户业务办理时限

1. 第一类 10 千伏接入电网分布式电源客户

★责任部门；▲配合部门

序号	工作内容	营销部（客户服务中心）	发展部	运检部/建设部	财务部	调控中心	办公室	经研院（所）	客户	开始时间	完成时间	考核时限（工作日）光伏	考核时限（工作日）其他	累计时间（工作日）光伏	累计时间（工作日）其他
1	并行 受理申请	★								受理并网申请	受理并网申请完成	当日录入系统		2	2

6 电网配套工程由运检部或基建部根据工程前期条件，与客户受电工程同步组织实施，其中，10 千伏项目 60 个工作日完成配套工程建设；35 千伏及以上项目按照合理工期执行。

序号		工作内容	参与部门								开始时间	完成时间	考核时限（工作日）		累计时间（工作日）	
			营销部（客户服务中心）	发展部	运检部/建设部	财务部	调控中心	办公室	经研院（所）	客户			光伏	其他	光伏	其他
1	并行		★								受理并网申请完成	将申请资料转发展部，并通知经研所	2			
		现场勘查	★						▲		受理并网申请完成	完成现场勘查	2			
2	一	编制方案	▲						★		完成现场勘查	制定接入系统方案并报审	10（20）[7]	30	12（22）	32
3	一	审查方案	▲	★	▲		▲		▲		收到接入系统方案	出具审查意见，接入电网意见函	5		17（27）	37
4	一	答复方案	★						▲		收到审查意见，接入电网意见函	答复接入系统方案，接入电网意见函	3		20（30）	40
5	一	审查设计文件	★		▲		▲		▲		受理审查申请	答复审查意见	10		30（40）	50
6	并行	客户工程实施							▲	★	设计审查完毕	根据施工进度	与客户工程同步或提前竣工		—	—
		电网配套工程实施	▲	▲	★	▲			▲		ERP建项	根据施工进度				
7	并行	受理验收申请	★								受理验收申请	申请资料存档，并转相关部门	2		40（50）	60
		计量装置安装	★							▲	受理验收申请	完成计量装置安装	10			

7 分布式光伏发电接入系统方案编制工作时限，单点并网项目 10 个工作日，多点并网项目 20 个工作日。

序号		工作内容	营销部（客户服务中心）	发展部	运检部/建设部	财务部	调控中心	办公室	经研院（所）	客户	开始时间	完成时间	考核时限（工作日）光伏	考核时限（工作日）其他	累计时间（工作日）光伏	累计时间（工作日）其他
7	并行	签订《发用电合同》	★			▲		▲		▲	受理验收申请	完成合同签订	10	10	40（50）	60
8	—	签订《并网调度协议》	▲				★			▲	受理验收申请	完成协议签订				
		并网验收调试	▲		▲		★				完成计量装置安装	完成并网验收及调试	10	10	50（60）	70
9	—	并网									并网验收调试合格后直接并网		—			

2. 第一类 380（220）伏接入电网分布式电源客户

序号		环节名称	营销部（客户服务中心）	发展部	运检部/建设部	财务部	调控中心	办公室	经研院（所）	客户	开始时间	完成时间	考核时限（工作日）光伏	考核时限（工作日）其他	累计时间（工作日）光伏	累计时间（工作日）其他
1	并行	受理申请	★								受理并网申请	受理并网申请完成	当日录入系统		2	2
			★								受理并网申请完成	将申请资料转发展部，并通知经研院		2		

★责任部门；▲配合部门

447

序号	环节名称	营销部（客户服务中心）	发展部	运检部/建设部	财务部	调控中心	办公室	经研院（所）	客户	开始时间	完成时间	考核时限（工作日）光伏	考核时限（工作日）其他	累计时间（工作日）光伏	累计时间（工作日）其他
1（并行）	现场勘查	★						▲		受理并网申请完成	完成现场勘查		2		
2（—）	制订方案		▲					★		完成现场勘查	制定接入系统方案并报审查部门	10（20）	30	12（22）	32
3（—）	审查方案	★		★				▲		收到接入系统方案	出具审查意见	5	5	17（27）	37
4（—）	答复方案	★			▲			▲		收到审查意见	答复接入系统方案	3	3	20（30）	40
5（并行）	客户工程实施								★	设计审查完毕[8]	根据施工进度	与客户工程同步或提前竣工		—	—
	电网配套工程实施	▲	▲	▲	▲			▲		ERP 建项	根据施工进度	—	—	—	—
6（并行）	受理验收申请	★								受理验收申请	将申请资料存档，并转有关部门	2	2	25（35）	45
	计量装置安装	★			▲				▲	受理验收申请	完成计量装置安装	5	5		
7（—）	签订《发用电合同》	★					▲		▲	受理验收申请	完成合同、协议签订	5	5		
	并网验收调试	★				▲			▲	完成计量装置安装	完成并网验收及调试	5	5	30（40）	50
8（—）	并网									并网验收调试调试合格后直接并网		—			

8 多点并网的分布式光伏项目，在答复接入系统方案后增加设计审查环节，受理设计审查申请后 10 个工作日内答复审查意见。

3. 第二类接入电网分布式电源客户

★责任部门；▲配合部门

序号	顺序	环节名称	营销部（客户服务中心）	发展部	运检部/建设部	财务部	调控中心	办公室	经研院（所）	客户	开始时间	完成时间	考核时限（工作日）	累计时间（工作日）
1	并行	受理申请	★								受理并网申请	受理并网申请完成	当日录入系统	2
			★								受理并网申请完成	申请资料转发展部、并通知经研所	2	
2	一	现场勘查	★	▲	▲		▲		▲		受理并网申请完成	完成现场勘查	2	2
3	一	制订方案		★					★		完成现场勘查	制订接入系统方案	50	52
4	一	审查方案	▲	★	▲		▲		▲		收到接入方案	出具审查意见、接入电网意见函	5	57
5	一	答复方案	★								收到审查意见、接入电网意见函	答复接入系统方案、接入电网意见函	3	60
	一	审查设计文件	★						▲		受理审查申请	答复审查申请	10	70
6	并行	客户工程实施								★	设计审查完毕	根据施工进度	—	—

449

续表

序号	环节名称	参与部门								开始时间	完成时间	考核时限（工作日）	累计时间（工作日）
		营销部（客户服务中心）	发展部	运检部/建设部	财务部	调控中心	办公室	经研院（所）	客户				
6 并行	电网配套工程实施	▲	▲	★	▲			▲		ERP建项	根据施工进度	与客户工程同步或提前竣工	—
7 并行	受理验收申请	★								受理验收申请	将申请资料存档，并转相关部门	2	80
	计量装置安装	★								受理验收申请	完成计量装置安装	10	
	签订《发用电合同》	★			▲				▲	受理验收申请	完成合同签订	10	
	签订《并网调度协议》	▲				★			▲	受理验收申请	完成协议签订	10	
8 —	并网验收及调试	▲		▲		★	▲		▲	完成计量装置安装	完成并网验收及调试	10	90
9 —	并网			—						并网验收调试合格后直接并网		—	

450

附录四 电力常用法律法规

1.《中华人民共和国电力法》(1995 年 12 月 28 日第八全国人民代表大会常务委员会第十七次会议通过，自 1996 年 4 月 1 日起施行，根据 2015 年 4 月 24 日第十二届全国人民代表大会常务委员会第十四次会议《全国人民代表大会常务委员会关于修改〈中华人民共和国电力法〉等六部法律的决定》第二次修订，由中华人民共和国主席令第 24 号发布，自公布之日起施行）。

2.《供电营业规则》(1996 年 10 月 8 日电力部第 8 号令发布并施行）。

3.《电力供应与使用条例》(1996 年 4 月 17 日国务院令第 196 号发布，自 1996 年 9 月 1 日起施行）。

4.《居民用户家用电器损坏处理办法》(1996 年 8 月 21 日电力部第 7 号令，自 1996 年 9 月 1 日起施行）。

5.《供电监管办法》(电监会 2009 年第 27 号令，自 2010 年 1 月 1 日起施行）。

6.《电力监管条例》(2005 年 2 月 2 日国务院第 80 次常务会议通过，中华人民共和国国务院令第 432 号于 2005 年 2 月 15 日公布，2005 年 5 月 1 日起施行）。

7.《电力设施保护条例》(1987 年 9 月 15 日国务院发布，根据 2011 年 1 月 8 日《国务院关于废止和修改部分行政法规的决定》第二次修正）。

参 考 文 献

1. 《国家电网公司业扩报装管理规则》。

2. 《国家电网公司业扩供电方案编制导则》。

3. 《关于加强业扩报装环节安全管理的紧急通知》（国家电网营销〔2010〕1368号）。

4. 《关于全面深化治理整改工作坚决杜绝"三指定"问题的意见》（国家电网营销〔2011〕756号）。

5. 《国家电网公司关于印发进一步简化业扩报装手续优化流程意见的通知》（国家电网营销〔2014〕168号）。

6. 《国家电网公司关于简化业扩手续提高办电效率深化为民服务的工作意见》（国家电网营销〔2014〕1049号）。

7. 《国网营销部关于进一步简化客户报装资料和受电工程资质审查的通知》（营销营业〔2015〕7号）。

8. 《国家电网公司关于印发进一步精简业扩手续、提高办电效率的工作意见的通知》（国家电网营销〔2015〕70号）。

9. 《国家电网公司分布式电源并网服务管理规则》。

10. 《国家电网公司关于印发分布式光伏发电并网方面相关意见和规定的通知》（国家电网办〔2012〕1560号）。

11. 《国家电网公司关于分布式光伏发电接入电网项目安排的意见》（国家电网发展〔2012〕1653号）。

12. 《国家电网公司关于印发分布式光伏发电接入系统典型设计的通知》（国家电网发展〔2012〕1777号（1～9章））。

13. 《国家电网公司关于印发〈国家电网公司分布式光伏发电项目并网服务管理规范（暂行）〉的通知》（国家电网营销〔2012〕1808号）。

14. 《国家电网公司关于印发分布式电源并网相关意见和规范的通知》（国家电网办〔2013〕333号）。

15. 《关于分布式光伏发电实行按照电量补贴政策等有关问题的通知》（财建〔2013〕390号）。

16. 《国家电网公司关于印发〈国家电网公司分布式电源项目并网服务管理规范〉的通知（国家电网营销〔2013〕436号）。

17. 《国家电网公司关于印发分布式电源接入系统典型设计的通知》（国家电网发展〔2013〕625号）。

18. 《国家发展改革委关于印发〈分布式发电管理暂行办法〉的通知（发改能源〔2013〕1381号）。

19. 《国家电网公司关于印发分布式电源并网相关意见和规范（修订版）的通知》（国家电网办〔2013〕1781号）。

20. 《国家电网公司关于印发分布式电源并网服务管理规则的通知》（国家电网营销〔2014〕174号）。

21. 《国家电网公司转发国家能源局关于进一步落实分布式光伏发电有关政策的通知》（国家电网发展〔2014〕1325号）。

22. 《国家电网公司关于分布式光伏发电项目补助资金管理有关意见的通知》（国家电网财〔2014〕

1515 号）。

23. 《国家电网公司关于可再生能源电价附加补助资金管理有关意见的通知》（国家电网财〔2013〕2044 号）。

24. 《国务院关于促进光伏产业健康发展的若干意见》（国发〔2013〕24 号）。

25. 《电能质量 公用电网谐波》（GB/T14549—93）。

26. 《电能质量_电压波动和闪变》（GB/T 12326—2008）。

27. 《供配电系统设计规范》（GB 50052—95）。

28. 《电能质量_三相电压不平衡》（GB/T 15543—2008）。

29. 《风电场接入电力系统技术规定》（GB/T 19963—2011）。

30. 《关于印发〈国家电网公司营销安全风险防范与管理规范（试行）〉和〈国家电网公司营销安全风险防范工作手册（试行）〉的通知》（国家电网营销〔2009〕138 号）。

31. 《关于印发〈城市配电网技术导则〉的通知》（国家电网科〔2009〕1194 号）。

32. 《营销业扩报装工作全过程防人身事故十二条措施（试行）》。

33. 《国家电网公司电力客户档案管理规定》。

34. 《国家电网公司营销信息管理办法》。

35. 《国家电网公司营销管理通则》（国家电网企管〔2014〕139 号）。

36. 《国家电网公司能效服务网络管理办法》（国家电网法〔2013〕1082 号）。

37. 《国家电网公司节约电力电量指标管理办法》（国家电网企管〔2014〕717 号）。

38. 《国家电网公司有序用电管理办法》（国家电网企管〔2014〕717 号）。

39. 《国家电网公司营销项目管理办法》（国家电网企管〔2014〕1082 号）。

40. 《国家电网公司营销信息管理办法》（国家电网企管〔2014〕1082 号）。

41. 《国家电网公司电动汽车智能充换电服务网络建设管理办法》（国家电网企管〔2014〕1429 号）。

42. 《国家电网公司电动汽车智能充换电服务网络运营管理办法》（国家电网企管〔2014〕1429 号）。

43. 《国家电网公司电费抄核收管理规则》（国家电网企管〔2014〕717 号）。

44. 《功率因数调整电费办法》（水电财字第 215 号）。

45. 《水利电力部关于颁发〈电、热价格〉的通知》（水电财字第 67 号）。